フラーレンと
ナノチューブの科学

Science of Fullerenes and CNTs

Hisanori Shinohara　Yahachi Saito
篠原久典・齋藤弥八 著

名古屋大学出版会

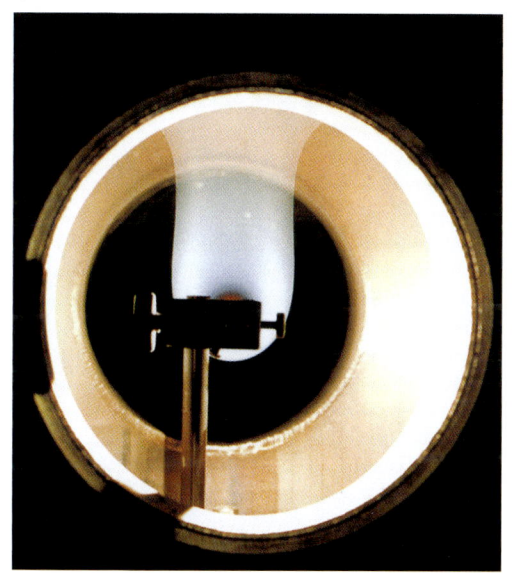

口絵1 アーク放電中のフラーレンを含んだ煙.

口絵2 C_{60} 結晶の光学顕微鏡写真.

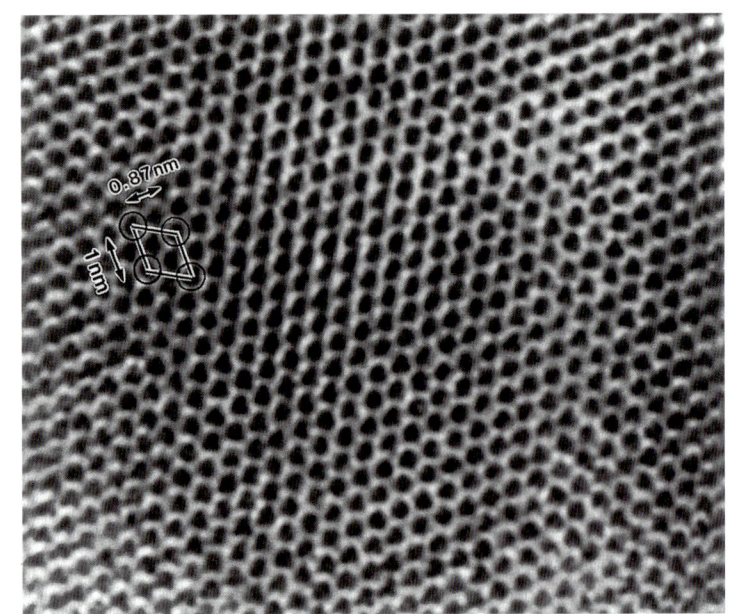

口絵3　C$_{60}$結晶の高分解能透過型電子顕微鏡（HRTEM）像．

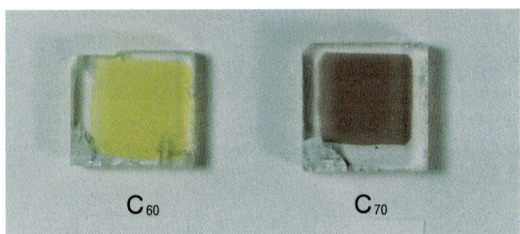

口絵4　C$_{60}$とC$_{70}$の蒸着膜．

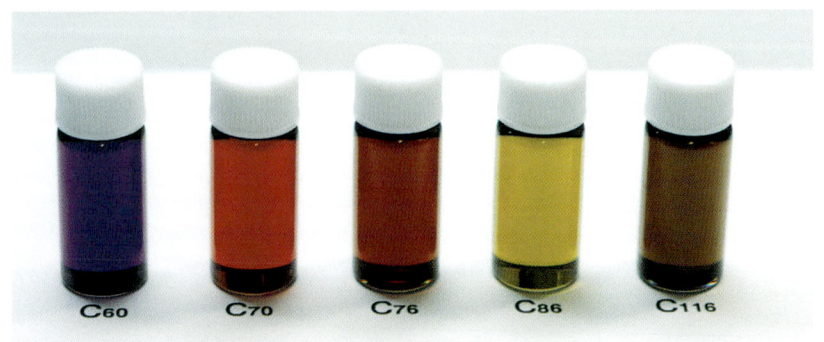

口絵5　種々のサイズのフラーレンのトルエン溶液．

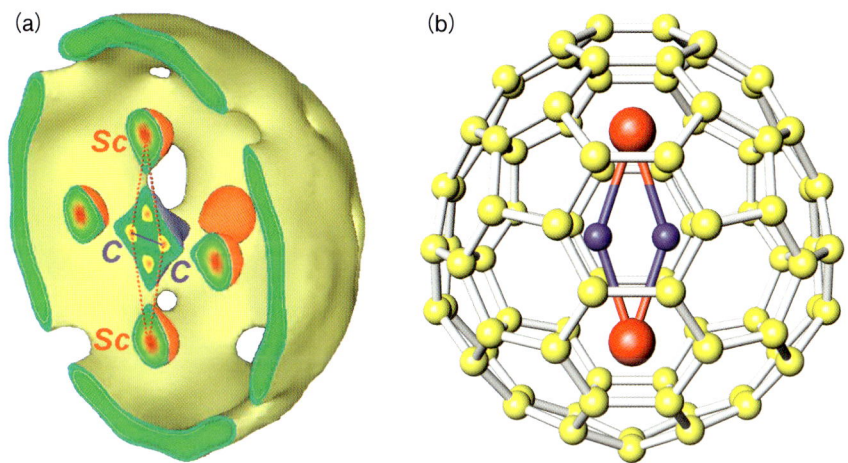

口絵6 スカンジウム・カーバイド内包フラーレン $Sc_2C_2@C_{84}$ のX線構造解析に基づく分子構造(a)とその模式図(b)．Sc原子は結晶の不規則性によりディスオーダーして観測される．

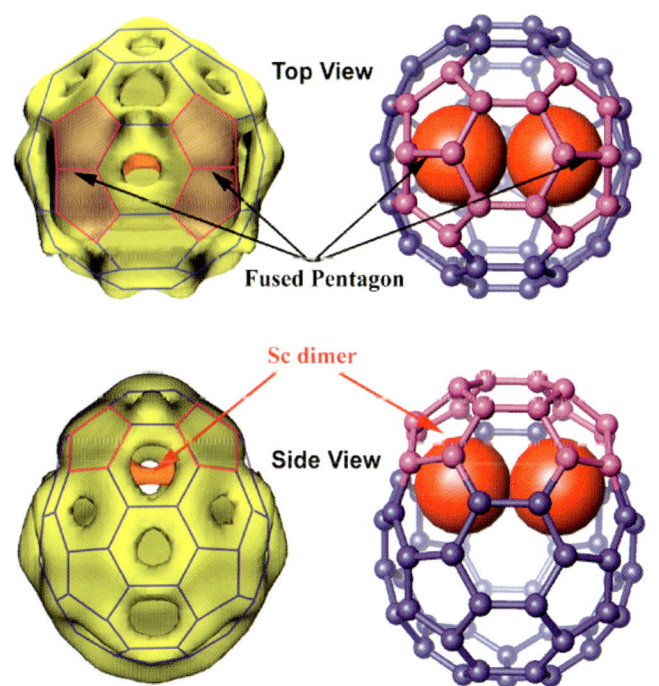

口絵7 Sc原子を2個内包した非IPRフラーレンである $Sc_2@C_{66}$ の電荷密度（左）と構造モデル（右）．IPRを破る最初のフラーレンとして発見された．

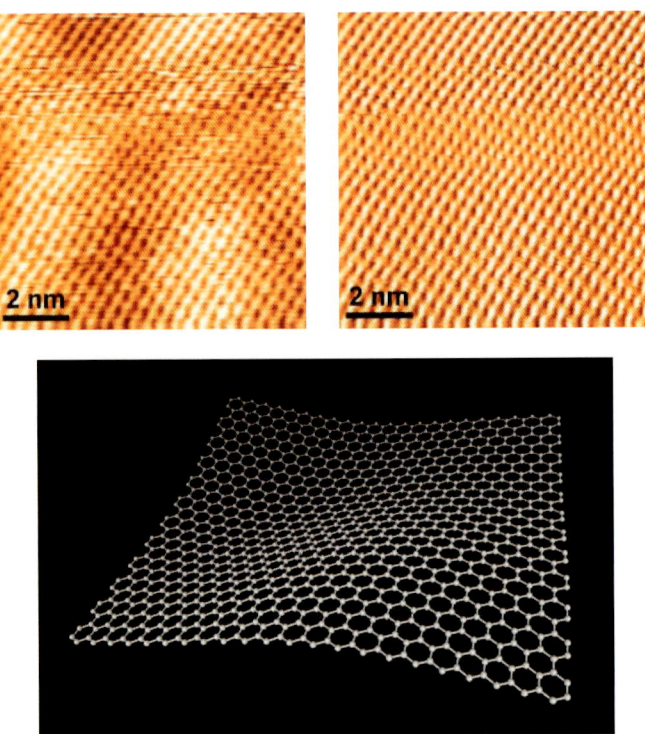

口絵 8　グラフェンの STM 像（上段．左：トポグラフ像，右：電流像）とそのモデル（下段）．

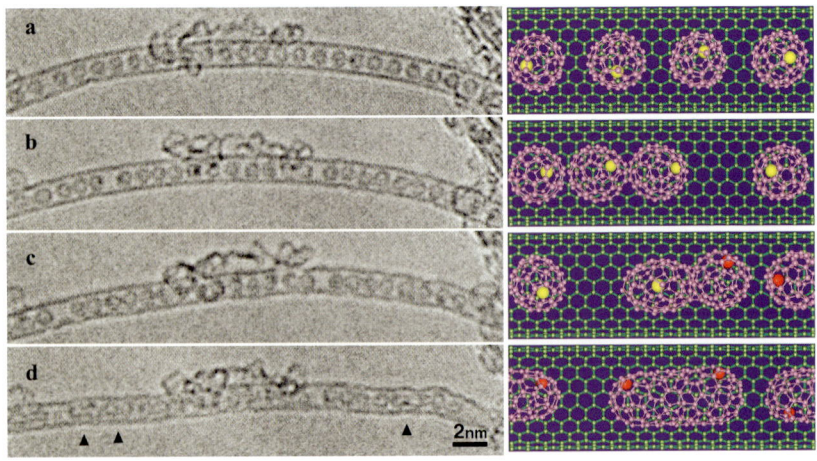

口絵 9　Sm@C$_{82}$ の融合反応．左は HRTEM 像の時間変化で，それぞれ電子線照射後，(a) 0 分，(b) 4 分，(c) 10 分，(d) 20 分．矢印部に Sm@C$_{82}$ が融合したナノカプセルが見える．右は HRTEM 像に対応する模式図で，黄色が Sm^{2+}，赤色が Sm^{3+} を表している．

はじめに

　ナノサイエンスとナノテクノロジーのフロント・ランナーといわれているナノカーボン（本書では主に，フラーレン，カーボンナノチューブ，グラフェンをさす）は，今や電子デバイス，燃料電池，パネルディスプレイ材料，ガス吸着あるいは核磁気共鳴診断（MRI）の造影剤などへの広範囲の応用・実用化研究が急速に進んでいる．また，ナノカーボンの基礎研究と研究開発は極めて広範囲にわたる．互いに密接に関連するフラーレンとカーボンナノチューブの研究開発は1990年の大量合成法の発見以後，急激に進展してきた．この間，膨大な数の論文，総説，解説あるいは学術書が出版され，新聞やテレビなどのマスコミでも大きく報道されてきた．フラーレンやカーボンナノチューブは高等学校の理科の教科書にも取りあげられ，幾つかの大学や大学院の入試問題にも出題された．今や，ナノカーボンは理工系の大学受験生の必須事項にもなってきている．

　これらのすべてが1990年に起こったKrätschmerらのフラーレン大量合成法の発見に端を発している．たかだか，20年前のことである．この間，フラーレン，金属内包フラーレン，カーボンナノチューブ，ピーポッドそしてグラフェンと，次々にナノカーボン物質が創製され探索されてきた．驚くほど，ナノカーボンの研究と開発のペースは速い．またその守備範囲も材料，エレクトロニクス，燃料，生命科学などはなはだ広い．さらに，ナノカーボン分野は基礎研究と応用・実用化研究がお互いに極めて近いところにある．大学の研究室で創製された新しいタイプのナノカーボンが，2週間後には民間企業が開発したデバイスに組み込まれて応用と実用化の研究が始まる，という例もしばしばある．

　基礎研究から応用そして実用化へと至るスピードとしては，ナノカーボンは過去に類例を見ない非常に特異な研究開発の分野である．これは21世紀の一つの新しいスタイルであると思う．また，大手の商事会社が次々とベンチャースタイルの企業を立ち上げ，フラーレンやカーボンナノチューブの開発と実用

化を目指した戦略を推進している．ビジネス戦略としてもナノカーボンは特異なのである．

　筆者らの前著『フラーレンの化学と物理』（名古屋大学出版会，1997 年）は幸いのうちに好評を博し，ナノカーボン分野の教科書あるいは参考書として多数の学生と研究者の標準的なモノグラフになっている．しかし，刊行からすでに十余年が経過しており，刊行後も急速に進展を続けるナノカーボン研究の展開を，その基礎的事項に重点を置いて述べる必要が高まっていた．本書は前著の改訂版にあたり，前著刊行後のナノカーボン研究の展開を大幅に増補した．特に，金属内包フラーレン（第 8 章），ナノチューブとナノカプセル（第 9 章），カーボンナノチューブの物性とグラフェン（第 10 章），およびピーポッド（第 11 章）の各章は，大幅に改訂あるいは新たに執筆した．また，この増補改訂を明確に示すために，書名を『フラーレンとナノチューブの科学』に変更した．

　本書はフラーレンとカーボンナノチューブの科学の全ての分野を網羅するものではない．筆者らが本書で力を注いだのは，前著と同様に，ナノカーボンの化学と物理の基本的な事項を厳選して，現在までの発展を，学問的な厳密性を失うことなく平易に述べることである．最近では，ナノカーボンの有機系や材料系の発展も目立つが，本書ではページ数の都合もあり触れられなかった．ナノカーボンの反応性や溶液化学あるいは材料科学的な応用などの研究分野の発展については，巻頭「基本的な参考文献」を参考にしていただきたい．また，本書は篠原（第 1，2，4，5，8，11，12 章分担）と齋藤（3，6，7，9，10 章分担）の二人の共同執筆である．相互に内容を議論して，統一性に十分配慮したつもりであるが，いたらぬところがあるかもしれない．読者諸氏のご意見をお寄せいただければ幸いである．

　本書を出版するにあたって，名古屋大学出版会編集部の神舘健司氏には大変にお世話になった．その編集者としての理解と熱心で辛抱強い励ましがなければ，日々，ナノカーボン研究と教育に没頭している筆者らが本書をまとめることはできなかったであろう．心より感謝したい．

　前著の原稿を脱稿した直後，1996 年度のノーベル化学賞がフラーレンの発見に与えられた．そして，昨年（2010 年）のノーベル物理学賞は，グラフェンの発見と評価に与えられた．前著の「はじめに」の最後で述べた，「この研

究の魅力がある限り，将来この分野で第二，第三のノーベル賞が生まれるであろう」という予言は，現実のものとなった．ナノカーボン研究の魅力がある限り，将来，間違いなく，さらにこの分野から第三，第四のノーベル賞が生まれるであろう．

平成 23 年 5 月

著　　者

目 次

はじめに　i

基本的な参考文献　xi

第1章 マイクロクラスターとフラーレン：歴史的な背景　1

1.1 マイクロクラスター，超微粒子，フラーレン　1
1.2 マイクロクラスターの魔法数　1
1.3 炭素クラスターの魔法数：C_{60}の発見　5
1.4 C_{60}・フラーレンの多量合成法の発見　7

第2章 炭素クラスターの構造とダイナミックス　13

2.1 炭素クラスターの生成とC_{60}　13
  (1) レーザー蒸発クラスター分子線・質量分析法
  (2) C_{60}クラスターの観測
2.2 炭素クラスターの構造　17
  (1) 直鎖状と環状構造の炭素クラスター
  (2) フラーレン構造をもつ炭素クラスター
  (3) 炭素クラスター構造のサイズによる階層性
2.3 C_{60}の解離とフラグメンテーション　23
  (1) C_2脱離の解離過程（C_2-loss）
  (2) C_{60}の固体表面との衝突とフラグメンテーション

第3章 C_{60}とフラーレンの生成法　29

3.1 加熱フローガス中レーザー蒸発法（高温レーザー蒸発法）　29
3.2 抵抗加熱法　30
3.3 アーク放電法　31

3.4 燃焼法による大量合成法　34
3.5 その他の方法　35
　(1) 高周波誘導加熱法
　(2) ナフタレン熱分解法
　(3) 製墨用スス（松煤，油煤）

第4章　フラーレンの分離と精製　39

4.1 昇華法による C_{60} の分離精製　39
4.2 フラーレンの溶媒抽出と溶解度　41
4.3 オープンカラムクロマトグラフィーによる分離精製　41
4.4 高速液体クロマトグラフィー（HPLC）による分離精製　45
　(1) ODSカラムを用いたフラーレンのHPLC
　(2) 多量分取を目的としたフラーレンのHPLC

第5章　フラーレン分子の構造と電子状態　55

5.1 C_{60}（Buckminsterfullerene）　55
　(1) C_{60} 分子の構造
　(2) C_{60} 分子の電子状態
　(3) C_{60} の電子状態のSTMプローブ
　(4) C_{60} 分子の電子励起状態
　(5) C_{60} 分子の電気化学的性質
5.2 C_{70}　69
　(1) C_{70} 分子の構造
　(2) C_{70} 分子の電子状態
5.3 高次フラーレン　72
　(1) C_{76}
　(2) C_{78}
　(3) C_{82}
　(4) C_{84}
　(5) C_{86} 以上のサイズの高次フラーレン

5.4 フラーレンネットワークの幾何学　80
　(1) Euler の定理
　(2) IPR（孤立五員環則）
　(3) フラーレンの表記法

5.5 フラーレンの生成機構　83
　(1) Stone-Wales 転移
　(2) C_{60} とフラーレンの生成モデル

第6章　固相フラーレン　93

6.1 結晶構造と分子運動　93
　(1) C_{60}
　(2) C_{70}
　(3) 高次フラーレン

6.2 電子構造　105
　(1) 固体 C_{60} の電子構造
　(2) 固体 C_{70} および高次フラーレンの電子構造

6.3 物理・化学的性質　116
　(1) 熱的・力学的性質
　(2) 電気的・磁気的性質
　(3) 光学的性質
　(4) ポリマー化
　(5) 酸化

6.4 高圧力下における物性　136
　(1) 静水圧下における相転移
　(2) C_{60} の骨格構造の再構成と分解

第7章　フラーレン化合物　151

7.1 合成法　151
7.2 アルカリ C_{60} 化合物の結晶構造　153
　(1) K, Rb および Cs との化合物

(2)　Naを含む化合物

7.3　アルカリ土類および希土類C_{60}化合物の結晶構造　167
　　(1)　アルカリ土類C_{60}化合物
　　(2)　希土類C_{60}化合物

7.4　電気的性質と電子構造　168
　　(1)　電気伝導
　　(2)　光電子分光
　　(3)　K_3C_{60}の電子構造
　　(4)　K_4C_{60}の電子構造
　　(5)　A_1C_{60}（A = Rb, Cs）の電子構造

7.5　超伝導　175
　　(1)　超伝導の観察
　　(2)　固体A_3C_{60}の伝導電子
　　(3)　転移温度と格子定数
　　(4)　A_3C_{60}メロヘドラル不規則相とNa_2AC_{60}規則相
　　(5)　アルカリ土類C_{60}化合物の超伝導
　　(6)　磁場の効果
　　(7)　電子対形成の機構

7.6　ハロゲンC_{60}化合物　186

7.7　アルカリC_{70}化合物　188

7.8　アルカリ高次フラーレン化合物　189

第8章　金属内包フラーレン　195

8.1　金属を内包したフラーレン　195
　　(1)　レーザー蒸発クラスター分子線による金属内包フラーレンの生成
　　(2)　金属は内包されるか？

8.2　金属内包フラーレンのマクロスコピック量の生成と$La@C_{82}$　198

8.3　金属内包フラーレンの表記法　201

8.4　金属内包フラーレンの特異性　201
　　(1)　金属内包フラーレン内の電子移動
　　(2)　複数の原子を内包した金属フラーレン

8.5　金属内包フラーレンの生成法　208
8.6　金属内包フラーレンの分離と精製　209
8.7　金属内包フラーレンの構造　212
　(1)　金属内包フラーレンの構造異性体
　(2)　金属内包フラーレンの分子構造
　(3)　金属内包フラーレンのX線構造解析
　(4)　金属カーバイド内包フラーレン
　(5)　金属窒化物内包フラーレン
　(6)　IPRを破る金属内包フラーレン
8.8　金属内包フラーレンの電子状態と物性　224
　(1)　金属内包フラーレンの電子状態
　(2)　金属内包フラーレンの磁性と超原子性
8.9　C_{60}内包型の金属内包フラーレン　228
　(1)　M@C_{60}型のフラーレンの生成
　(2)　M@C_{60}型フラーレンの溶媒抽出
　(3)　Li@C_{60}塩の単離と単結晶構造解析
8.10　金属内包フラーレンの生成機構と反応性　232
8.11　金属内包フラーレン研究の展開　233

第9章　カーボンナノチューブの成長と構造　247

9.1　カーボンナノチューブの発見　247
9.2　カーボンナノチューブの原子構造　249
　(1)　単層カーボンナノチューブ
　(2)　多層カーボンナノチューブ
　(3)　二層カーボンナノチューブ
9.3　アーク放電法による作製　257
　(1)　単層カーボンナノチューブ
　(2)　単層カーボンナノチューブの成長機構
　(3)　二層カーボンナノチューブ
　(4)　多層カーボンナノチューブ
　(5)　多層カーボンナノチューブとナノポリヘドロンの成長機構

9.4　特殊な放電法による作製　266
9.5　レーザー蒸発法による作製　267
9.6　化学気相成長法による作製　267
　(1)　基板成長法
　(2)　担持触媒法
　(3)　流動触媒法
9.7　カーボンナノチューブの分離精製　273
　(1)　精製
　(2)　金属・半導体分離
9.8　ナノポリヘドロンとバッキーオニオン　276
　(1)　ナノポリヘドロン
　(2)　バッキーオニオン
9.9　ナノカプセル　279
　(1)　希土類およびアクチノイド元素
　(2)　鉄族元素（Fe, Co, Ni）
　(3)　アルカリ土類元素
　(4)　その他の元素
9.10　金属内包ナノチューブ（ナノワイヤ）　287

第10章　カーボンナノチューブの物性とグラフェン　295

10.1　カーボンナノチューブの電子的性質　295
　(1)　単層カーボンナノチューブの電子構造
　(2)　多層カーボンナノチューブの電子構造
　(3)　カーボンナノチューブの電気伝導特性
10.2　カーボンナノチューブの光学的性質　300
　(1)　カーボンナノチューブの光学遷移
　(2)　ラマン散乱スペクトル
　(3)　カーボンナノチューブの光吸収と発光
10.3　カーボンナノチューブの機械的・熱的性質　303
　(1)　ヤング率
　(2)　引張強度

(3)　熱伝導率
10.4　グラフェン　306
　(1)　特異な物性
　(2)　作製方法
　(3)　バンドギャップエンジニアリング
　(4)　応用

第11章　ナノピーポッド　317

11.1　ナノピーポッドの発見　317
11.2　ナノピーポッドの合成法　319
11.3　ナノピーポッドの生成機構　321
11.4　電子顕微鏡で見るフラーレン・ピーポッドの構造　322
11.5　電子物性　323
11.6　ナノピーポッド内部での特異な化学反応　325

第12章　自然界と宇宙におけるフラーレン　331

12.1　先カンブリア時代の岩石中のC_{60}　332
12.2　恐竜絶滅時代のC_{60}　333
12.3　生物大量絶滅時代のC_{60}　334
12.4　落雷と隕石衝突によるC_{60}の生成　336
12.5　星間空間に漂うC_{60}と関連物質　337

索　引　343

基本的な参考文献

C_{60}・フラーレンとカーボンナノチューブ関連の本，総説，解説書は多数あるが，これらのうちで代表的なもののみを以下に掲げる．

[Ⅰ] C_{60}・フラーレンに関するモノグラフと解説書：

1) "Science of Fullerenes and Carbon Nanotubes", M. S. Dresselhaus, G. Dresselhaus and P. C. Eklund, Academic Press, New York (1996).
2) "An Atlas of Fullerenes", P. W. Fowler and D. E. Manolopoulos, Oxford Univ. Press, Oxford (1995).
3) "The Chemistry of Fullerenes", R. Taylor ed., World Scientific, London (1995).
4) "Fullerenes", K. M. Kadish and R. S. Ruoff eds., Wiley Interscience, New York (2000).
5) "Fullerenes", A. Hirsch and M. Brettreich eds., Wiley-VCH, Weinheim (2005).
6) 「C_{60}・フラーレンの化学」(サッカーボール分子のすべてがわかる本)，『化学』編集部 編，化学同人 (1993).
7) 「フラーレン」，谷垣勝己，菊地耕一，阿知波洋次，入山啓治 共著，産業図書 (1992).
8) 「フラーレンの化学と物理」，篠原久典，齋藤弥八 共著，名古屋大学出版会 (1997).
9) 「炭素第三の同素体 フラーレンの科学」(季刊 化学総説 No. 43)，日本化学会 編，学会出版センター (1999).

1) はフラーレン科学の全般にわたる優れた，そして最初のモノグラフ．2) は著者独特の理論によって著されたフラーレンの構造と電子状態に関するモノグラフ．巻末の付録はフラーレン研究者にとって非常に参考になる．3) と5) は本書で扱えなかった，C_{60}・フラーレンの有機化学をおもに解説している．4) はフラーレンの基礎分野を網羅したモノグラフ．6), 7) と9) はC_{60}・フラーレンの入門的な解説書．8) は本書の基礎となるフラーレンの最初の本格的な教科書・参考書．

[Ⅱ] フラーレンに関する国際会議のプロシーディングス：

10) "Buckyballs, New Materials Made from Carbon Soot", in Clusters and Clusters-Assembled Materials, MRS Symposia Proceedings, Vol. 206, R. S. Averback, J. Bernholc and D. L. Nelson eds., Materials Research Society Press, Pittsburgh (1991) pp. 601–741.
11) "Fullerenes : Recent Advances in the Chemistry and Physics of Fullerenes and Related

Materials", K. M. Kadish and R. S. Ruoff eds., The Electro-chemical Society, Pennington. Vol. I (1994)-Vol. XII (1999).

10) は1990年秋にBostonで行われた，MRSのFall Meetingの歴史的なフラーレンシンポジウムのプロシーディングス．MRSからはこのシンポジウムを記録したビデオ（全4巻）も出ている．11) はアメリカ電気化学会（ECS）のフラーレンシンポジウムのプロシーディングス．1994年に第一巻が出版され，2010年の現在も，タイトルを"Fullerenes"に変えて，毎年複数刊が発刊され続けている．第二巻（1995年）は総ページ数が1648ページにものぼっている．

[Ⅲ] フラーレンの文献集：

12) "Fullerene Research 1985-1993", T. Braun, A. Schubert, H. Maczelka and L. Vasvari eds., World Scientific, London (1995).
13) "Fullerene Research 1994-1996", T. Braun, A. Schubert, G. Schubert and L. Vasvari eds., World Scientific, London (1997).
14) "Physics & Chemistry of Fullerenes" (A Reprint Collection), P. W. Stephens ed., World Scientific, London (1993).
15) 「フラレンとその化合物」物理学論文集Ｖ，斎藤晋，谷垣勝巳，壽栄松宏仁　編集，日本物理学会（1995）．

12) と13) は1985年から1996年に出版されたフラーレン関連の論文の網羅的なインデックス．キーワード，著者名，機関名などで論文検索ができる．14) と15) は代表的なフラーレン関連の論文の論文集．

[Ⅳ] C_{60}・フラーレンの発見物語：

16) "Perfect Symmetry", J. Baggott, Oxford University Press, Oxford (1994).　日本語訳：「究極のシンメトリー」（フラーレン発見物語），小林茂樹　訳，白揚社（1996）．
17) "The Most Beautiful Molecule" (The Discovery of the Buckyball), H. Aldersey-Williams, John Wiley, New York (1995).
18) 基本文献6），pp. 35-44，および pp. 175-185．
19) 「ナノカーボンの科学―セレンディピティーから始まった大発見の物語―」，篠原久典 著，講談社ブルーバックス（2007）．

16)～19) はC_{60}・フラーレンの発見のドキュメントとフラーレン科学の初期の発展を平易に解説している．C_{60}・フラーレンの発見物語は，DNAの発見物語より数段に時間的なテンポが早い．これも時代の違いか．C_{60}・フラーレンの入門書としても優れている．19)

にはカーボンナノチューブの発見のドキュメントとその後のナノカーボンの発展も書かれている．

[V] カーボンナノチューブとナノカーボンに関するモノグラフ：

20) 基本文献1）はカーボンナノチューブの基礎に関する最初のモノグラフでもある．
21) "Physical Properties of Carbon Nanotubes", R. Saito, G. Dresselhaus and M. S. Dresselhaus, Imperial College Press, London (1998).
22) "Carbon Nanotubes-Advanced Topics in the Synthesis, Structure, Properties and Applications-", A. Jorio, M. S. Dresselhaus and G. Dresselhaus eds., Topics in Applied Physics 111, Springer, Berlin (2008).
23) "Carbon Nanotube Science-Synthesis, Properties and Applications-", P. J. F. Harris, Cambridge Univ. Press, Cambridge (2009).
24) 基本文献8）にもカーボンナノチューブの基礎に関しての章が設けられている．
25) 「カーボンナノチューブの基礎」，齋藤弥八，坂東俊治　共著，コロナ社（1998）．
26) 「カーボンナノチューブの基礎と応用」，齋藤理一郎，篠原久典　共編，培風館（2004）．
27) 「カーボンナノチューブの材料科学入門」，齋藤弥八　編著，コロナ社（2005）．
28) 「カーボンナノチューブと量子効果」（物理科学の展開3），安藤恒也，中西　毅　共著，岩波書店（2007）．

21)〜23)はカーボンナノチューブの基礎をしっかりと解説した定評のある教科書・参考書．25)〜27)はカーボンナノチューブの基礎と応用を解説した定評のある参考書．28)はカーボンナノチューブの量子効果を中心に解説した教科書・参考書．

[VI] カーボンナノチューブとナノカーボンに関する解説書など：

29) 「カーボンナノチューブ―ナノデバイスへの挑戦―」（化学フロンティア2），田中一義　編，化学同人（2001）．
30) 「ナノカーボンの新展開―世界に挑む日本の先端技術―」（化学フロンティア15），篠原久典　編，化学同人（2005）．
31) 「ナノカーボン　ハンドブック」，遠藤守信，飯島澄男　監修，エヌ・ティー・エス（2007）．
32) 「カーボンナノチューブ・グラフェンハンドブック」，フラーレン・ナノチューブ・グラフェン学会　編，コロナ社（2011）．
33) 「炭素の事典」，伊与田正彦，榎　敏明，玉浦　祐　編集，朝倉書店（2007）．

29)〜31)はカーボンナノチューブとナノカーボン（フラーレン，ナノチューブ，ピーポ

ッド）に関する基礎と応用がコンサイスに解説してある．32) はグラフェンも含めたナノカーボン全般の，また，33) はナノカーボンも含めた炭素物質全体の事典．

［Ⅶ］ カーボンナノチューブとナノカーボンに関する発見物語：

34)「カーボンナノチューブの挑戦」（岩波科学ライブラリー 66），飯島澄男　著，岩波書店（1999）．
35)「日本発ナノカーボン革命―『技術立国ニッポン』の逆襲がナノチューブで始まる―」，武末高裕　著，日本実業出版社（2002）．
36) 基本文献 19) にも，カーボンナノチューブの発見に関する詳しい記述がある．
37) "Carbon Nanotubes : Past, Present and Future", S. Iijima, *Physica*, B **323**, 1 (2002).
38) "Carbon and Metals : A Path to Single-Wall Carbon Nanotubes", D. S. Bethune, *Physica*, B **323**, 90 (2002).

34) はカーボンナノチューブの発見者が自ら語った，その魅力と発見史．35) はナノカーボン（フラーレン，ナノチューブ，ピーポッド）の応用と実用化を進める企業関係者を中心とする，R＆D のドキュメント．37) と 38) はカーボンナノチューブの発見者がその発見経緯を語っている国際会議のプロシーディングス．

問題は，偶然的発見をいかにものにするか，ということになります．

飯島澄男

(『カーボンナノチューブの挑戦』, 1999 年)

1

マイクロクラスターとフラーレン：歴史的な背景

1.1 マイクロクラスター，超微粒子，フラーレン

フラーレン（fullerene）[1]はマイクロクラスター（microcluster）と超微粒子（ultrafine particle）に密接に関係した比較的新しい炭素物質である．一般に，マイクロクラスターとは数個から千個程度までの原子あるいは分子の集合体のことであり，それ以上のサイズ数をもつ微粒子は超微粒子と呼ばれている[2]．C_{60}・フラーレンの発見は，マイクロクラスターと超微粒子の研究の発展上で起こった．それは予期しない実験結果として現れた[3]．最も代表的なフラーレンである C_{60} は，クラスター分子線中に存在する炭素クラスターの質量スペクトルに現れる，魔法数クラスター（magic number cluster）として観測されたのが最初である[4]．また，フラーレンの多量合成法の発見は，抵抗加熱法による炭素超微粒子の作製中に起こった．つまり，C_{60}・フラーレンの発見と多量合成はセレンディピティー（serendipity）そのものであった[5]．それでは，フラーレンの発見と密接に関連したマイクロクラスターの魔法数とはなんであろうか？

1.2 マイクロクラスターの魔法数

有限個の原子あるいは分子から構成されるマイクロクラスターと，有限個の核子からなるクラスターである原子核及びその性質とは多くの類似性がある．粒子間に働く相互作用は，原子核では π 中間子に起因する核力（強い相互作

用）であるが，マイクロクラスターではファンデルワールス力や共有結合力などの電磁相互作用である．このように，二つのクラスター内部で働く粒子間の相互作用の種類は大きく異なるが，クラスターの分裂や蒸発，あるいは安定性に関する基本的な考えなどに共通する性質も多い．一般に原子，分子のマイクロクラスターの質量スペクトル中で，特異的に強いシグナルを与えるサイズのマイクロクラスターは，1955年にMayerとJensenによって提唱された原子核の例[6]にならって，魔法数クラスターと呼ばれている．このサイズのマイクロクラスターや原子核は，他のサイズのものに比べ特別な安定性をもつために，「魔法数」（magic number）と名付けられている．

　マイクロクラスターの魔法数は，サイズ数が百数十程度までの原子核のそれと異なり，1,000量体を越える大きなサイズまで実際に実験的に観測することができるのが特徴である．現在までに金属クラスター，半導体クラスター，ファンデルワールスクラスターあるいは水素結合クラスターなど多くの種類のマイクロクラスターにおいて，いろいろなサイズの魔法数が観測されている．

　マイクロクラスターの魔法数が実験的に観測できるようになったきっかけは，1980年に発表されたSattlerとRecknagelらのガス蒸発法（gas evaporation）によるクラスター分子線・飛行時間質量分析装置の開発と，この装置を用いたサイズ数が500量体程度までの金属クラスター（Sb_n，Bi_n，Pb_n）の検出であった[7]．彼らは，これらの金属原子からなるマイクロクラスターを，ヘリウムガスで満たされたノズル・オーブン中で熱的に生成することに成功した．生成された金属クラスターのサイズ分布は，このクラスター源に直結した飛行時間型の質量分析計で測定された．この実験は，マイクロクラスターの化学と物理分野の研究を飛躍的に発展させるきっかけとなった，画期的なものであった．しかし実際に，マイクロクラスターのサイズ分布において魔法数が最初に観測されたのは，翌1981年に同研究グループが行ったキセノンクラスターXe_nの質量スペクトルにおいてであった[8]．彼らは，キセノンクラスターのサイズ数nが，13, 55, 147のときに質量スペクトルに特異的に強いシグナルが現れることを見いだした．

　キセノンのような原子を球形に最密充填していくと，図1.1に示すような正二十面体（icosahedron）構造を形成する．この構造は，点群（point group）

図 1.1 正十二面体(icosahedron)構造をもつ一連の原子クラスター(第 1 殻〜第 5 殻).

I_h に属する非常に高い対称性をもつ.第 2 章で詳しく述べるが,C_{60} 分子も I_h 対称をもつ.さて,原子 1 個のまわりを 12 個の原子が I_h 対称を保ちながら取り巻くと,合計 13 個で安定構造をつくる.これを第一の殻(shell)と呼ぶ.この第一殻のまわりを 42 個の原子が,やはり I_h 対称のまま取り巻くと,次に安定な殻構造(第二殻)が 55 個の原子数で完成する.同様に,第三殻はサイズ数が 147 で閉殻する.このようにキセノンクラスターの質量スペクトルに現れる魔法数は,正二十面体の最密充塡構造が閉殻となる数に見事に一致している.このような正二十面体構造に起因する魔法数は,Ne,Ar,Kr などの他の希ガス原子のクラスターにも観測されている.一般に,正二十面体において,i 番目の閉殻構造を与えるサイズ数 n は,次の式で与えられる.

$$n(i) = 1 + \sum_{k=1}^{i}(10k^2+2) \qquad (1.1)$$

この式は,Mackay の式と呼ばれ,結晶学の分野で広く知られている[9].Ar,Kr,Xe のマイクロクラスターの質量スペクトルでは,第六殻($i=6$;$n=923$)までのすべての閉殻数において,特異的に強いシグナルが観測され

ている[10]．

　魔法数クラスターは希ガスクラスターの他にも，多くの種類のマイクロクラスターの質量スペクトルに観測されている．金属クラスターでは，ナトリウムクラスター Na_n などのアルカリ金属クラスター[11]や，銀クラスター Ag_n などの貴金属クラスター[12]の質量スペクトルで，非常に顕著な魔法数が，20, 40, 58, 92 などに現れる．これらの金属クラスターの魔法数は，価電子が電子的な閉殻構造を完成するときの電子数と一致している．金属クラスターの魔法数の起源は，希ガスクラスターの場合に見られたようなクラスターの幾何学的な構造の安定性によるのではなく，クラスターの電子的な殻構造の安定性により説明される．これは，金属クラスターのジェリウム（jellium）モデルと呼ばれて，実験結果を良く説明する[13]．この電子的な殻構造に起因する魔法数クラスターの出現は，原子核の魔法数の起源と驚くほどの類似性があることが指摘されている[14]．

　さらに，代表的な水素結合クラスターである水クラスター $(H_2O)_n$ にも魔法数が観測されている．水クラスターの質量スペクトルを測定するために，水クラスターをイオン化するとクラスター内部でイオン分子反応が起こり，$(H_2O)_n$ はプロトン化した水クラスター $(H_2O)_{n-1}H^+$ になる．そして，魔法数は $(H_2O)_{21}H^+$ に観測されている[15]．この魔法数クラスターは，H_3O^+ イオン（oxonium ion）のまわりを20個の水分子が，変形した正十二面体（pentagonal dodecahedron）構造で取り囲む形の，大きな安定性をもつイオンクラスレート（ion clathlate）構造，$(H_3O^+)@(H_2O)_{20}$，で説明される[16]．つまり，水クラスターの魔法数は正十二面体構造をモデルとする，幾何学的な構造の安定性に由来するものである．

　以上に述べたいくつかの魔法数の例以外にも，多くのマイクロクラスターに種々の魔法数が観測されている．一般に，金属クラスターに観測される魔法数は電子構造の安定性に，ファンデルワールスクラスターや水素結合クラスターの魔法数は幾何学的な構造の安定性に起因することが多い．

1.3 炭素クラスターの魔法数：C_{60} の発見

さて，以上のようなマイクロクラスター科学の進展，特に魔法数クラスターの安定性についての実験，理論の両面からの重要な進展を背景に，炭素クラスターの研究が始められた．1984年，エクソン社（Exxon Research Engineering Co.）の Cox と Kaldor の研究グループは，レーザー蒸発クラスター分子線・飛行時間質量分析装置（laser-vaporization cluster beam time-of-flight mass spectrometer）を用いて，初めて，サイズ数が120程度までの炭素クラスター C_n を観測した[17]．彼らが観測した炭素クラスターの質量スペクトルには，C_{60} が他のサイズのクラスターより強い強度で観測されている（第2章2.1節参照）．しかし，Cox らはこの論文のなかで，C_{60} についてはいっさい触れていない[18]．Cox らは C_{60} の魔法数性よりもむしろ，炭素クラスターの二つの分布に注目していた（図2.2参照）．C_2 から C_{28} 程度までの C_1 ごとの第一の分布と，C_{30} 以上のクラスターに見られる C_2 ごとの第二の分布である（第2章2.1節(1)参照）．

C_{60} が炭素クラスターの魔法数であることに気づき，実際に質量スペクトル上で C_{60} を非常に強いシグナルとして観測したのは，翌1985年に行われた Kroto（当時 Sussex 大学，現在 Florida 州立大学）と Smalley（Rice 大学，故人）らの共同実験においてであった[4]．Kroto は直鎖状ポリインなどの星間分子を研究していた分光学者であった．Kroto は Smalley らが開発したレーザー蒸発クラスター分子線・飛行時間質量分析装置を用いて，実験室で非常に長い直鎖状ポリインを生成したいと考えていた．二人の仲介役は Rice 大学化学科で Smalley の同僚の教授である Bob Curl であった．11日間という短期間の共同研究は1985年8月28日水曜日に始まった[3,19]．

興味深いことに，Cox と Kaldor グループの装置（レーザー蒸発クラスター分子線・飛行時間質量分析装置）は，Rice 大学のグループがオリジナルに開発した装置の図面をもとに製作した，ほぼ同様の装置であった[20]．また，初期のレーザー蒸発クラスター分子線・飛行時間質量分析装置は，1981年に，Smalley らのグループにより初めてアルミニウムクラスター，Al_n，の生成・

 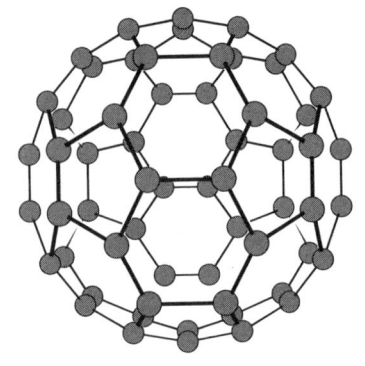

図1.2 サッカーボール(英国ではフットボール)とC_{60}の分子構造.C_{60}分子は,このボールの60個の頂点を炭素原子で置き換えた形をしている.

検出に用いられた[21].

　KrotoとSmalleyのグループは,11日間という短期間の実験と非常に集中した議論によって,C_{60}の魔法数の発見とその起源を説明する重要な仮説にたどりついた[19].C_{60}のいわゆる,「サッカーボール構造仮説」である[22].この構造は切頭二十面体(truncated icosahedron)構造とも呼ばれ,正二十面体(図1.1と1.2参照)の各頂点を切り落とした形をもち,点群I_hに属する非常に高い対称性を有している(図1.2).

　KrotoとSmalleyらのグループがC_{60}のサッカーボール構造に到達するまでには,いくつかの重要なヒントがあった[22].一つは,Krotoがかつて自分の子供に作ってあげたStardomeと呼ばれる段ボール製のサッカーボール型模型(表面に星座がプリントされている)の存在であった.Krotoは Stardomeが六員環だけでなく五員環からできていることをおぼろげながら記憶していた.五員環はフラーレンの安定性や生成機構を考える上で非常に重要な役割を果たしている(第5章5.4,5.5節参照).第二のヒントは,Richard Buckminster Fuller(1895-1983)というアメリカの建築家が建てた,一連のgeodesic domeと呼ばれている半球形のドームである(図1.3).Fullerのgeodesic domeは六員環以外に五員環も含まれていた.実際に,Krotoは以前にカナダのMontrealで開催されたExpo' 67のgeodesic dome(これはU. S. pavilionになっていた)を子供と一緒に訪れていた.

サッカーボール型のC_{60}分子は，実は，すでに1970年に大澤映二（豊橋科学技術大学）により超芳香族性をもつ炭素分子として，初めて理論的にその存在が予言されていた[19,23,24]．実際，彼の論文にはサッカーボールの挿し絵も載っている．しかし，この論文は邦文で書かれていたこともあり，残念ながら，KrotoとSmalleyの最初の論文[4]に引用されてはいない．Smalleyらが大澤の論文を知ったのは，1986年のことであった．大澤のC_{60}分子の予言は，

図1.3 Fullerが設計したgeodesic domeの一つ．1967年カナダのモントリオールで開催されたExpo' 67のU. S. Pavilion ("Buckminster Fuller Institute Bulletin"より)．現在は，biosphereと呼ばれる水族館になっている．

あまりに早すぎたのかも知れない．また，1973年には，旧ソビエトの研究グループが，初めてC_{60}のヒュッケル（Hückel）分子軌道計算を行い，C_{60}が大きなHOMO-LUMOギャップをもつことを示している[25]．

C_{60}の「サッカーボール構造仮説」が実証されるのには，KrotoとSmalleyらの実験から，さらに5年の歳月を要した．それは，思いもよらない分野の研究者によりもたらされた．ドイツとアメリカの星間塵（interstellar dust）の研究者により，C_{60}の多量合成法が発見されたのである．しかもこのC_{60}の多量合成法はレーザーや高価な真空装置を必要としない，炭素電極の抵抗加熱（あるいはアーク放電）という大変に安価な方法であり，方法自体は，特に目新しい方法ではなかった！

1.4 C_{60}・フラーレンの多量合成法の発見

KrotoとSmalleyの実験では，レーザー蒸発クラスター分子線法によりC_{60}を生成することに成功した．しかし，その生成量は極微量であったため，構造

解析を行うまでに至らなかった．X線や電子顕微鏡などを用いて構造解析するためには，ミリグラム以上のマクロ量のC_{60}が必要である．1985年11月から1986年末までに，C_{60}その他の偶数原子数の炭素クラスターに関する論文が，実験と理論を合わせて35篇発表された．その多くは，レーザー蒸発クラスター分子線法で生成した炭素クラスターの質量分析や分光についてのものであった．しかし今必要なことは，マクロ量のC_{60}を生成する新たな実験方法を見つけることであった．1985年のKrotoとSmalleyらの歴史的な実験[4]以後，いくつかの研究グループがC_{60}の多量生成を試みていたが，すべての実験が失敗していた[26]．KrotoとSmalleyらの第一論文に影響されてか，ほとんどの実験がレーザー蒸発を用いたものであった．

C_{60}研究の熱も一段落し始めた，1990年の夏，ドイツとアメリカの共同研究グループがC_{60}の多量合成に成功したというニュースが全世界を駆けめぐった．1990年5月18日，Max Planck研究所 (Heidelberg) のWolfgang Krätschmerは，彼の共同研究者であるArizona大学物理学教室のDonald Huffmanに国際電話をかけた[27]．Krätschmerの話の内容は，彼らが得た固体のC_{60}はベンゼンなどのいくつかの有機溶媒に溶解するという驚くべきものであった．KrätschmerとHuffmanらはすでにこの時までに共同で，グラファイトのヘリウム雰囲気中での抵抗加熱 (resistive heating) で生成する炭素スス (carbon soot) の中には，C_{60}が多量に存在することを報告していた[28-30]．KrätschmerとHuffmanらの歴史的な論文は*Nature*誌の表紙を飾った[31]．

KrätschmerとHuffmanはすでに1976年にMax Planck研究所で出会い，炭素微粒子に関する分光学的な共同研究を始めていた．宇宙空間には多くの未同定の拡散バンド（減光曲線）の存在が古くから知られていた．特に多くの研究者の興味を引いていたのは，赤外領域の$3.2\mu m$付近と$9.7\mu m$付近の複数のバンドと紫外領域の217nm付近のブロードなバンドであった．KrätschmerとHuffmanが特に取り組んだのは，217nmの未同定バンドを説明する起源物質の探索であった．彼らは，実験室でいろいろな炭素微粒子を作製してはその減光曲線を観測して，217nmにピークが現れないかを調べていた．彼らの研究グループは1983年2月には実験室で生成した炭素ススの中に，220nm付近に現れるC_{60}の特徴的な吸収を観測していたのだが，これを同定することはで

きなかった[22]. *Nature* 誌の歴史的な論文[31]を書くまでに, さらに7年の歳月が必要であった[19].

KrätschmerとHuffmanの方法は, Smalleyらのレーザー蒸発法と比較して大変に簡便な方法である. ヘリウムやアルゴンなどの希ガス雰囲気中で, グラファイトに高電流を通じて抵抗加熱を行いグラファイトを気化させてススを生成すると, そのススの中には10%前後のC_{60}が存在することを, 彼らは発見した[32,33]. また, この方法はレーザーのような高価な装置を使う必要もなく, 非常にコストパフォーマンスの良いC_{60}の製造方法である. 生成したススの多くは, グラファイトやアモルファスカーボンに似て不溶性であるが, C_{60}はベンゼンやトルエンなどの有機溶媒に溶けるので容易にススから抽出することができる[31]. このため, 液体クロマトグラフィー法を用いて, C_{60}を容易に分離・単離することができる(第4章参照). また, ススからはC_{60}以外にもC_{70}などの高次フラーレン(5.3節参照)が抽出された.

KrätschmerとHuffmanらは, 星間空間に存在するとされるグラファイトに似た, 炭素微粒子を作りだそうとして偶然にもC_{60}の新合成方法を発見したのであった[34]. 彼らのC_{60}多量合成法の発見はまさにセレンディピティー(serendipity)[5]の典型であるが, 7年にもおよぶ無意識の準備期間があったのである. この歴史的な発見が報告されると, 世界中でC_{60}の研究が急激に活発になった. KrätschmerとHuffmanらの実験はいくつかの実験室ですぐに再現された. Rice大学[35], IBM (Almaden) 研究所[36], UCLA (California大学Los Angeles校)[37]が先陣を切った. 日本でも, 三重大学・名古屋大学の研究グループ[38]と東京都立大学(現在, 首都大学東京)の研究グループ[39]によってKrätschmer-Huffman法によるC_{60}の生成・抽出が確認された.

そして, ついに, 1996年度のノーベル化学賞がC_{60}の発見によってKroto, CurlとSmalleyの3人に授与された.

引用文献と注

1) "フラーレン"という訳は既に定着しているので, 本書でも採用する(第5章5.4節(3)参照). フラーレンとは, 12個の五員環と2個以上の六員環からなる, C_{20}以上の

サイズの球殻状に閉じた一群の炭素分子の総称である．しかし実際上，C_{60} 以上のサイズの分子をフラーレンと呼ぶことが多い．C_{60} は最も代表的なフラーレンであり，生成・単離されている最小のサイズ数をもつフラーレンでもある．現在までに，生成・単離されているフラーレンはすべて，金属内包フラーレン（第8章）での例外を除き，IPR（isolated pentagon rule）を満足している．第5章5.4節を参照．

2) マイクロクラスターと超微粒子との間の境目のサイズ数について，はっきりしたとり決めはない．超微粒子については，次の文献に詳しい解説がある：固体物理別冊特集号，「超微粒子」，アグネ技術センター（1984）；林　主税，上田良二，田崎　明編，「超微粒子」三田出版会（1988）．

3) 『化学』編集部編，「C_{60}・フラーレンの化学」，化学同人（1993），pp. 35-44，および pp. 175-185，に詳しい背景が述べられている．

4) H. W. Kroto, J. R. Heath, S. C. O'Brien, R. F. Curl and R. E. Smalley, *Nature*, **318**, 162, (1985).

5) 偶然に（思いがけずに）大きな発見をすること．"The Three Princes of Serendip" という童話を参考に，Horace Walpole が作った言葉．

6) M. G. Mayer and J. H. D. Jensen, "Elementary Theory of Nuclear Shell Structure", John Wiley, New York (1955), Chap. II.

7) K. Sattler, J. Mühlbach and E. Recknagel, *Phys. Rev. Lett.*, **45**, 821 (1980).

8) O. Echt, K. Sattler and E. Recknagel, *Phys. Rev. Lett.*, **47**, 1121 (1981).

9) A. L. Mackay, *Acta Crystallogr.*, **15**, 916 (1962).

10) W. Miehle, O. Kandler, T. Leisner and O. Echt, *J. Chem. Phys.*, **91**, 5940 (1989).

11) W. D. Knight, K. Clemenger, W. A. de Heer, W. A. Saunders, M. Y. Chou and M. L. Cohen, *Phys. Rev. Lett.*, **52**, 2141 (1984).

12) I. Katakuse, T. Ichihara, Y. Fujita, T. Matsuo, T. Sakurai and H. Matsuda, *Int. J. Mass Spectrom. and Ion Processes*, **67**, 229 (1985).

13) Y. Ishii, S. Ohnishi and S. Sugano, *Phys. Rev.*, B **33**, 5271 (1986). また，菅野　暁，「マイクロクラスター」物理学最前線25，共立出版（1989），に優れた解説がある．

14) S. Biornholm, "Shell Structure in Atoms, Nuclei and in Metal Clusters", in "Clusters of Atoms and Molecules", H. Haberland Ed., Springer-Verlag, New York (1994), pp. 141-162；菅野　暁，「マイクロクラスター」物理学最前線25，共立出版（1989）．

15) S. S. Lin, *Rev. Sci. Instrum.*, **44**, 516 (1973); J.L. Kassner and D.E. Hagen, *J. Chem. Phys.*, **64**, 1860 (1976).

16) U. Nagashima, H. Shinohara, N. Nishi and H. Tanaka, *J. Chem. Phys.*, **84**, 209 (1986).

17) E. A. Rohlfing, D. M. Cox and A. Kaldor, *J. Chem. Phys.*, **81**, 3322 (1984)．質量スペクトルの横軸は，図8.2に示すように通常は m/z（m は質量，z は電荷）で表す．例えば，サイズ120で1価の炭素クラスターの m/z は1440となる．

18) 著者の一人（篠原）が，1991年10月に Donald Cox にこのことを質問したところ，当時 C_{60} の安定性についてはまったく考えなかった，とのことであった．Cox らは大

魚を逃してしまった！

19) 篠原久典，「ナノカーボンの科学」，講談社ブルーバックス (2007)，に詳しい背景が述べられている．
20) Donald Cox からの私信（篠原）．
21) T. G. Dietz, M. A. Duncan, D. E. Powers and R. E. Smalley, *J. Chem. Phys.*, **74**, 6511 (1981).
22) C_{60} のサッカーボール構造の着想に至るまでの詳細は，文献 3) と 19) に詳しい．また，以下の文献に当事者の詳しい回想がある：R. E. Smalley, *The Sciences,* March/April, p. 22 (1991)；H. W. Kroto, *Angew. Chem. Int. Ed. Engl.*, **31**, 111 (1992)；G. Taubes, *Science*, **253**, 1476 (1991)．また次の成書も発見に至るまでの過程が詳細に紹介されている：J. Baggott, "Perfect Symmetry", Oxford University Press, Oxford (1994)．日本語訳：「究極のシンメトリー」(フラーレン発見物語)，小林茂樹訳，白揚社 (1996)．
23) 大澤映二，化学，**25**, 850 (1970)；吉田善一，大澤映二，「芳香族性」化学モノグラフ，化学同人 (1971) pp. 174-178.
24) 大澤自身の回顧が，文献 3) に詳しく述べられている．
25) D. A. Bochvar and E. G. Gal'pern, *Dokl. Akad. Nauk SSSR*, **209**, 610 (1973)．英訳；*Proc. Acad. Sci. USSR*, **209**, 239 (1973).
26) R. F. Curl and R. E. Smalley, *Scientific American,* October issue, p. 54 (1991)；H. W. Kroto, *Angew. Chem. Int. Ed. Engl.*, **31**, 111 (1992).
27) D. R. Huffman, *Phys. Today*, Nov., p. 22 (1991).
28) W. Krätschmer, K. Fostiropoulos and D. R. Huffman, "Search for the UV and IR Spectra of C_{60} in Laboratory-Produced Carbon Dust", in Dusty Object in the Universe, eds. E. Bussoletti and A. A. Vittone, Kluwer, Dordrecht (1990) pp. 89-93.
29) 文献 28) は，1989 年 9 月 8〜13 日にイタリアの Capri で行われた，星間塵に関する国際会議 "The 4th International Workshop of the Astronomical Observatory of Capodimonte" のプロシーディングスである．まだこの論文では，Krätschmer らは十分な自信をもって C_{60} の同定を行っていないが，ススの赤外吸収スペクトルは C_{60} の存在を明確に示している．"However, definite proof whether this is in fact the case requires the same experiments to be performed with ^{13}C graphite. We plan to do this in the future" とある．^{13}C のグラファイトを用いた実験は，文献 30) で行われ，これによりスス中に C_{60} が多量に存在する決定的な証拠となった．残念なことに，この口頭発表は注目されなかった．この大きな原因は，聴衆の大多数が，天文学や宇宙物理関連の研究者であり，クラスターや超微粒子の専門家でなかったことによる．1990 年 9 月 10〜14 日にドイツの Konstanz で開催された，超微粒子とクラスターに関する国際会議 "5th International Symposium on Small Particles and Inorganic Clusters" における Krätschmer の飛び入り講演（Smalley が自身の招待講演の後半を削って招待した）により，抵抗加熱法による C_{60} の多量生成法は全世界に広まった．文献 31) は，

この会議の直前の9月7日に *Nature* に受理されている.
30) W. Krätschmer, K. Fostiropoulos and D. R. Huffman, *Chem. Phys. Lett.*, **170**, 167 (1990).
31) W. Krätschmer, L. D. Lamb, K. Fostiropoulos and D. R. Huffman, *Nature*, **347**, 354 (1990).
32) しかし，この方法は一般に，金属や半導体などの超微粒子を生成するのに用いられていた実験方法で特に新しい手法ではなかった．Krätschmer らの方法のオリジナルは，上田良二（名古屋大学工学部）らのグループの研究に見ることができる．1992年に著者の一人（齋藤）が Krätschmer に直接聞いたところによると，Krätschmer らの希ガス中抵抗加熱法は上田グループの研究を参考にしたとのことであった．しかし，Krätschmer らは，実際の論文（文献 30, 31）では，上田グループの研究を引用していない．
33) R. Uyeda, *Prog. Materials Sci.*, **35**, 1 (1991). この総説は，上田グループの研究の集大成である．また，超微粒子の生成法についてはこの文献以外に，文献2）に詳しい解説がある．
34) W. Krätschmer and D. R. Huffman, "Production and Discovery of Fullerites: New Forms of Crystalline Carbon", in The Fullerenes, eds. H. W. Kroto and D. R. M. Walton, Cambridge Univ. Press, Cambridge (1993) pp. 33-38.
35) R. E. Haufler et al., *J. Phys. Chem.*, **94**, 8634 (1990).
36) R. D. Johnson, G. Meijer and D. S. Bethune, *J. Am. Chem. Soc.*, **112**, 8983 (1990).
37) H. Ajie et al., *J. Phys. Chem.*, **94**, 8630 (1990).
38) H. Shinohara, H. Sato, Y. Saito, K. Tohji and Y. Udagawa, *Jpn. J. Appl. Phys.*, **30**, L848 (1991); Y. Saito, H. Shinohara and A. Ohshita, *Jpn. J. Appl. Phys.*, **30**, L1068 (1991).
39) T. Kato, T. Kodama, T. Shida, T. Nakagawa, Y. Matsui, S. Suzuki, H. Shiromaru, K. Yamauchi and Y. Achiba, *Chem. Phys. Lett.*, **180**, 446 (1991).

2

炭素クラスターの構造とダイナミックス

2.1 炭素クラスターの生成と C_{60}

(1) レーザー蒸発クラスター分子線・質量分析法

　炭素クラスターの生成と質量分析計による検出は，Otto Hahn らが 1940 年代初めに行った，グラファイトの高周波放電の実験[1,2] が最初である．Hahn らはこの実験で，C_{15} までの炭素クラスターを生成，検出している．また，レーザー蒸発法を用いた炭素クラスターの生成は 1960 年代より注目されていたが[3]，炭素クラスターの種々の特徴が明らかにされ始めたのは，レーザー蒸発クラスター分子線・飛行時間質量分析装置（laser-vaporization cluster beam time-of-flight mass spectrometer）[4] を用いた炭素クラスターの実験が行われるようになってからである（図 2.1）．このクラスター生成・検出法は Rice 大学の Smalley の研究グループが金属クラスター（Al，Cu）の生成・検出に初めて用いた[4]．高密度のパルス可視レーザー光を金属に集光すると一瞬のうちに，金属を原子状に気化することができる．そして，金属を蒸発した直後に，高圧のヘリウムガスを導入することで効率良くクラスターを生成することができる．このとき，クラスターは超音速膨張（supersonic expansion）により，並進温度は極低温（10 K 前後）にまで冷却される．生成した金属クラスターは，飛行時間型（time-of-flight，TOF）の質量分析計で検出・同定される．レーザー蒸発クラスター分子線法は，蒸発試料として金属以外の物質にも応用できる非常に汎用性のあるクラスター分子線源である．これは，集光された高密度のレ

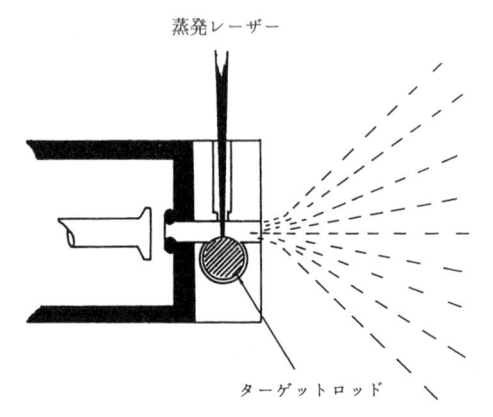

図2.1 レーザー蒸発クラスター分子線源のオリジナル装置．ターゲットロッドには各種金属が使われた（D.E. Powers et al., *J. Phys. Chem.*, **86**, 2556, 1982）．

ーザー光がほとんどあらゆる固体物質を瞬時に気化させることができるためである．

第1章1.3節ですでに述べたように，レーザー蒸発法を大きな炭素クラスターの生成に初めて応用したのは，CoxとKaldorらExxonの研究グループであった[5]．彼らはSmalleyらが開発した装置[2]と同様の装置を用いて，C_{120}程度までの炭素クラスターを生成・検出することに成功した（図2.2）．興味深い

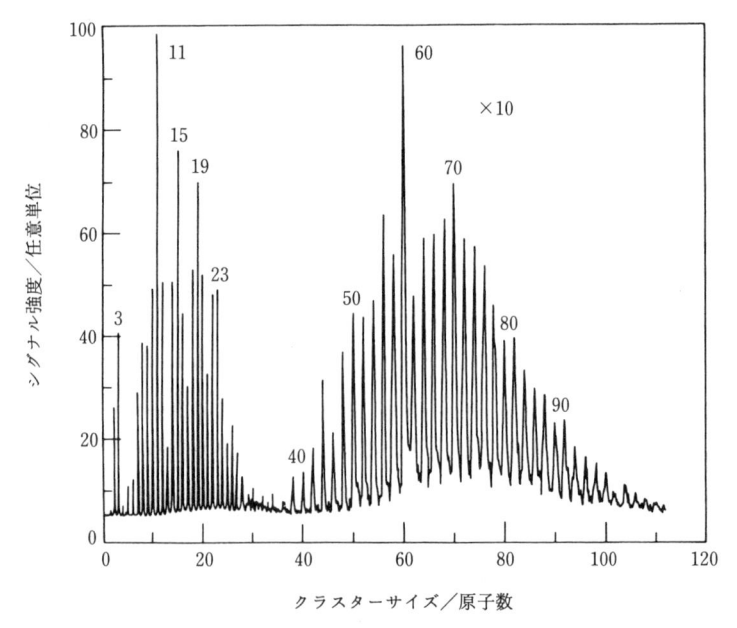

図2.2 レーザー蒸発クラスター分子線・質量分析によって初めて観測された，炭素クラスターのサイズ分布[5]．

ことに，得られた炭素クラスターのサイズ分布には特徴的な二つの分布が観測された：①偶奇のクラスターサイズの特異な分布．C_{11}, C_{15}, C_{19}, C_{23} などの奇数サイズのクラスターが特に強い（$2 \leq n \leq 28$）；②偶数サイズのクラスターのみが観測されている（$30 \leq n \leq 120$）．Cox らは第二の（偶数）分布の説明として，カルビン（carbyne）タイプの三重結合と一重結合からなる直線状の炭素クラスターを考えた[5]．しかし，この議論は実験事実を満足に説明するものではなかった．そして，この実験で初めて C_{60} が魔法数的に強く観測されているが，Cox らはその重要性に気づかなかったことはすでに述べた（第1章1.3節参照）．

(2) C_{60} クラスターの観測

Exxon グループの実験の翌年，1985 年，Kroto と Smalley らのグループは，小さなサイズの炭素クラスター（$2 \leq n \leq 28$）の化学反応性を調べているうちに，偶然に，C_{60} の魔法数性に直面した[6]．Smalley らはこの実験において，金属クラスターの生成で用いたレーザー蒸発源（図2.1）に改良を加え，シリコンや炭素などの半導体クラスターの生成も可能な，さらに汎用性の高い装置（図2.3）[7] を用いて炭素クラスターを生成させた．蒸発試料の形状がロッドからディスク状に変更された．彼らはまた，重要な改良として，超音速ノズル先端にクラスター成長管（integration cup）を取り付けた．そして，彼らはこ

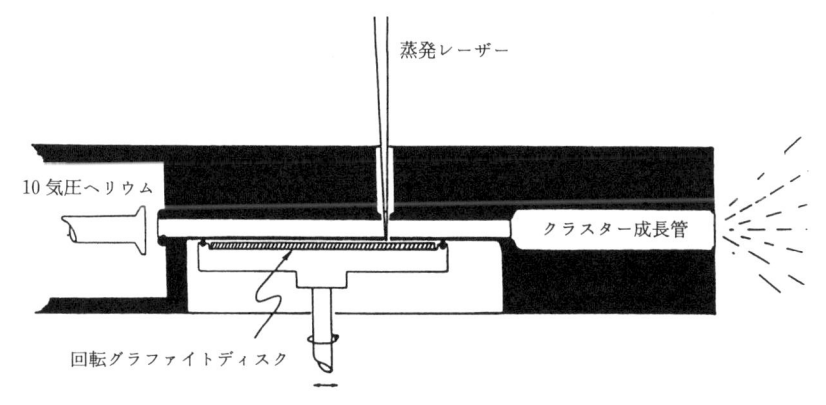

図2.3 C_{60} と炭素クラスター生成のためのレーザー蒸発クラスター分子線源．ターゲットにはディスク状のグラファイトが用いられた[7]．

のクラスター成長管の形状やサイズを変えることにより，ついに C_{60} の魔法数性の極めて高い質量スペクトルを得ることに成功した（図2.4）[7]．クラスター成長が最も効果的に起こる条件下で，C_{60} が最も顕著に観測された．クラスター成長管内でのクラスタリング反応により，反応性の高い炭素クラスターは急速に大きなクラスターや超微粒子に成長し，最終的にはススとなって成長管の内壁に堆積する．一方，サッカーボール型に成長した C_{60} はダングリングボンド[8]をもたない不活性なクラスターなので，成長管を通過してTOF質量分析計の検出器まで到達する．その結果，C_{60} が非常に顕著な魔法数クラスターとして質量スペクトルに現れる．

KrotoとSmalleyらの実験は，C_{60} の特別な安定性とともに，C_{60} は他のサイズの炭素クラスターと比較して非常に反応性が低い（不活性な）クラスターであることも明らかにした．

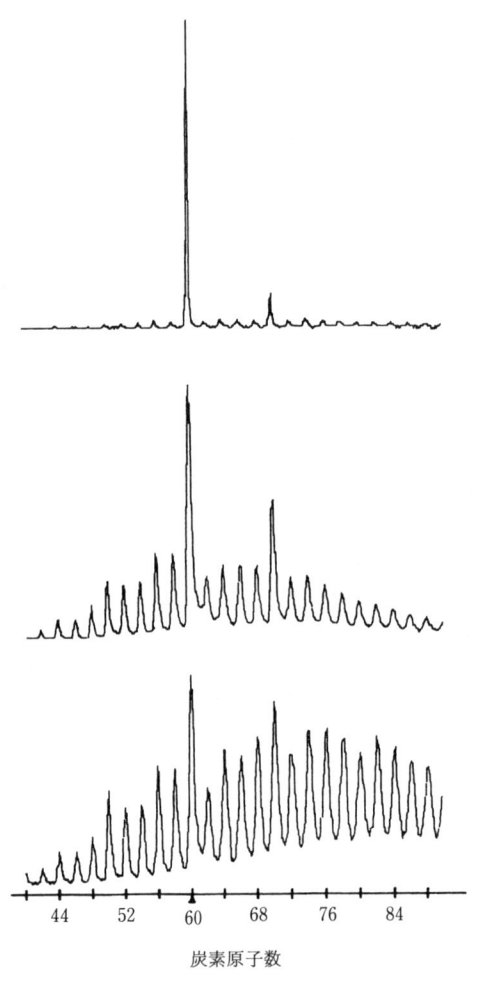

図2.4 C_{60} の強い魔法数性が観測された，炭素クラスターの質量スペクトル．下の図と中の図はそれぞれヘリウムの圧力が10 Torrと760 Torr，上の図はヘリウム圧が760 Torrでノズルの先端にクラスター成長管をつけた場合[7]．

2.2 炭素クラスターの構造

(1) 直鎖状と環状構造の炭素クラスター

炭素クラスターは，サイズ領域によって異なった安定構造をもつ．これは，Exxonの研究グループの実験結果（図2.2）に現れた，二つの分布からも予想される．第一の分布は，Hintenbergerらの初期のスパーク放電を用いた炭素クラスターの生成においても観測されており，観測された炭素クラスターの質量スペクトルにおいて$n=11$, 15, 19, 21のサイズのクラスターの強度が特に強い[9]．詳しく調べると，$n=30$までの第一の分布も大きく分けて二つの構造をもつ炭素クラスターから形成されていることがわかった．Smalleyらは，C_2〜C_{30}の炭素クラスターの垂直電子親和力（vertical electron affinity）[10]を測定した．彼らは，レーザー蒸発法（図2.3）で生成した負イオン炭素クラスター（C_n^-）について，真空紫外レーザー光（F_2エキシマーレーザー，7.9 eV）を用いた光電子脱離（photodetachment）による紫外光電子分光（ultraviolet photoelectron spectroscopy, UPS）を行い，これらのサイズ領域の炭素クラスターの電子親和力を求めた[11]．図2.5は光電子脱離の実験で得られた，クラスターサイズ（n）による電子親和力の変化を示すプロットである．また，表2.1に各炭素クラスターの電子親和力を示す．

C_{10}を境にして，二つのシリーズが観測されている．nが2から9までの炭素クラスターは，nの偶奇によって電子親和力を交代させつつ変化している．$n=11$では，4.00と2.85 eVの二つの異なる値をもつ．明らかに$n=10$を境にして，炭素クラスターの構造が大きく変化し

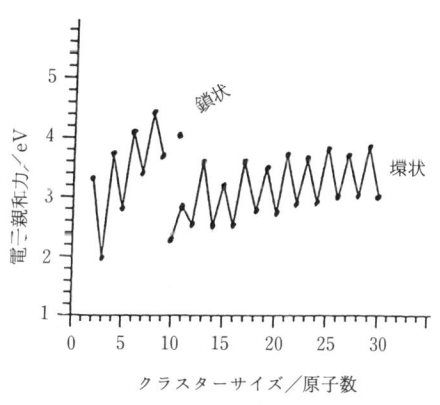

図2.5 C_2〜C_{30}の電子親和力．C_2^-〜C_{30}^-の電子脱離のしきい値から見積もった．C_{11}には2種類の値が観測されている[11]．

表 2.1 炭素クラスターの電子親和力[11].

クラスターサイズ(n)	垂直電子親和力(eV)
直鎖状クラスター	
$n=2$	3.30
3	1.95
4	3.70
5	2.80
6	4.10
7	3.10
8	4.42
9	3.70
10	—
11	4.00
単環状クラスター	
$n=10$	2.30
11	2.85
12	2.55
13	3.60
14	2.50
15	3.20
16	2.50
17	3.60
18	2.75
19	3.52
20	2.70
21	3.70
22	2.90
23	3.65
24	2.90
25	3.85
26	2.95
27	3.70
28	3.00
29	3.85

ていることを示している. Pitzer と Clementi の半経験的分子軌道計算[12]によれば, 偶数サイズの直鎖状 (linear chain) 構造の炭素クラスターは開殻 (open shell) 電子構造 ($^3\Sigma^-$ 基底状態) をもち[13], 奇数サイズの直鎖状クラスターは閉殻 (closed shell) 電子構造 ($^1\Sigma^+$ 基底状態) をもつ. 閉殻電子構造をもつ炭素クラスターは, 開殻構造のクラスターより小さな電子親和力をもつ. 同様な結果は, Ewing らのさらに精度の高い *ab initio* Hartree-Fock 計算 (double-zeta と double-zeta plus polarization 基底)[14] でも確かめられている. 実験で得られた $n=10$ 以下のクラスターの電子親和力の偶奇の変化は, これらの計算結果と一致する.

一方, 図 2.5 で $n=10$ 以上の炭素クラスターの電子親和力の変化をみると, 偶奇の変化 (こんどは, 奇数で大きい値をもつ) とともに, n が 10, 14, 18, 22 など四つのサイズが周期となって電子親和力が変化している. $n=10$, 14, 18 での低い電子親和力は, ナフタレンやアントラセンなどの環状芳香族炭化水素における安定化の規則 ($4n+2$ 則) と対応している. Strickler と Pitzer

らは，単環状（monocyclic ring）構造をもつ炭素クラスターは，偶奇サイズによって電子構造が大きく変化することをヒュッケル（Hückel）計算から予想している[15]．彼らの計算によれば，サイズ数が $4n+2$（$n=1,2,3,\ldots$）の偶数のとき炭素クラスターは，閉殻の基底一重項状態をとる．また，Hoffmannによる拡張ヒュッケル計算[16]では，炭素クラスターは $n=9$ までは直鎖構造が，$n=10$ 以上では単環状構造が炭素クラスターの安定構造である．これらの理論計算の結果は，Smalleyらの実験結果（図2.5）のように，$n=10$ 以上では偶数サイズのクラスターの電子親和力が小さくなることと良い一致をみせている．

(2) フラーレン構造をもつ炭素クラスター

さらにサイズの大きい，$n=30$ 以上（図2.2の第二の分布に対応）の炭素クラスターはどのような安定構造をもつのであろうか？ このサイズ領域の炭素クラスターの大きな特徴は，偶数のサイズのクラスターのみが観測されやすく，また C_2 がフラグメントとして脱離しやすいことである[17]．これは，直鎖状や環状の構造とは異なった構造を予想させる．このサイズ領域の炭素クラスターは，Kroto[18]やそのほかの研究者によって構造モデルが提案されているが，多くはダングリングボンドをもたない閉じた構造である．これを五員環と六員環からなる三次元的なネットワーク構造のクラスターと考えるのは自然であろう．

Smalleyらは，UPSにより C_{48} から C_{84} のクラスターの電子親和力を求めた[19]．その結果，このサイズ領域の多くのクラスターでは，UPSスペクトルに（C_2-C_{30} 領域で現れたような）特徴的な構造は観測されずブロードなスペクトルが観測された．しかし，C_{50}，C_{60} と C_{70} の三つのクラスターではUPSの立ち上がり付近にピークが観測された．また，これらのクラスターは他のサイズと比較して特に小さな電子親和力をもつこともわかった．これは，五員環と六員環からなる安定なネットワーク構造（フラーレン構造）を示唆している．図2.6に C_{60}^- の紫外光電子スペクトル[19]を示す．2.5から3eV付近の立ち上がり（電子親和力に対応する）とともに，1.9eV程度のギャップが観測されている．この1.9eVのギャップは分子軌道の言葉では，HOMO-LUMOギ

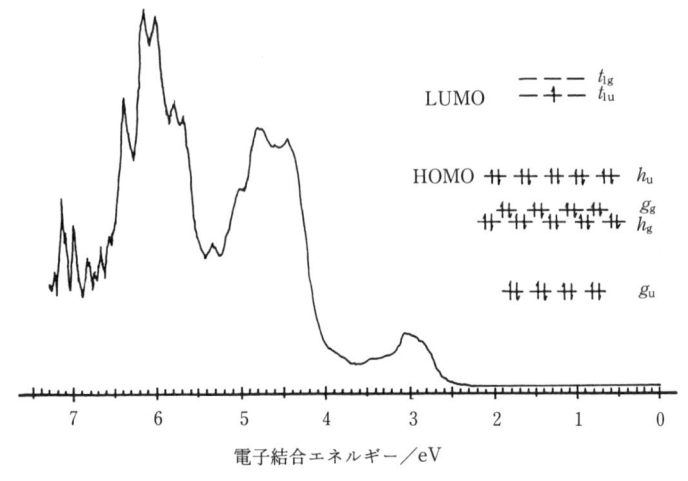

図2.6 C_{60}^- の紫外光電子スペクトル．挿入図は C_{60} が I_h 対称性をもつ場合の C_{60}^- の分子軌道．C_{60}^- はレーザー蒸発クラスター分子線でつくったもの[19]．

ャップ[20]に対応する．この大きな HOMO-LUMO ギャップは，初期の分子軌道計算[21,22]でも得られている．大きな HOMO-LUMO ギャップは，C_{60} の特別な安定性を示している．

(3) 炭素クラスター構造のサイズによる階層性

Bowers らは，気相イオンクロマトグラフィー法（gas-phase ion chromatography）を用いて，各サイズ領域ごとの炭素クラスターの構造をさらに詳細に調べることに成功した[23,24]．この方法では，質量選別された任意のサイズの炭素クラスターをヘリウムガス（2～5Torr）で満たされたドリフトセル（気相カラム）に導き，その通過時間の差を測定することによりクラスターの安定構造を推定する．気相イオンクロマトグラフィー法は通常の液体クロマトグラフィー法（第4章参照）などと同様に，化学種（この場合は，炭素クラスターイオン）がカラムを通過するときの時間差を利用して，これらを分離する一種のクロマトグラフィー法である[25]．Bowers らの実験では，レーザー蒸発クラスター分子線で生成した炭素クラスター（C_2～C_{84}）を質量選別した後，これらをヘリウムガスのカラムに導く．このとき，同一質量数のクラスターイ

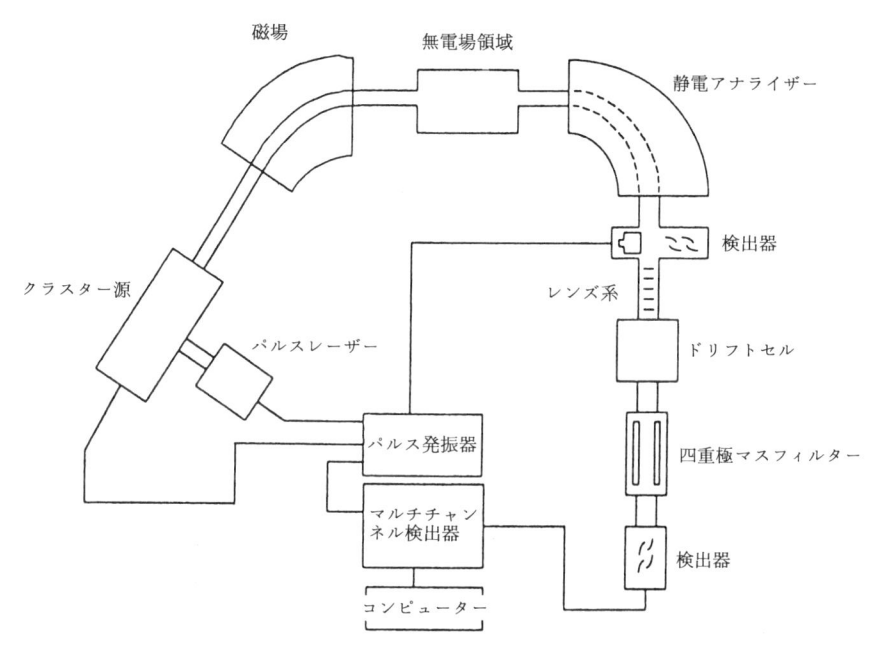

図2.7 気相イオンクロマトグラフィーの装置．レーザー蒸発で生成された炭素クラスターは質量選別された後，イオンセル（drift cell）を通り，最終段で再度，質量選別される[24]．

オンでも，その形状によってヘリウムガスとの衝突断面積が異なることから，カラムを通過する時間に差が生じ，クロマトグラムが形成される．カラムを通過したイオンは再度，質量分析にかけられ検出される（図2.7）．

Bowersらの炭素クラスターのイオンクロマトグラフィーの実験結果を図2.8に示す[24]．この図は，クラスターサイズに対して移動度[26]の逆数をプロットしたものである．Bowersらの実験では，Smalleyらが観測した炭素クラスター構造のサイズ依存性[11]よりも，はるかに詳細なサイズ依存性についての情報を与えている．つまり，正イオンの場合，C_{10}までのクラスターでは直鎖状（linear）のものが生じ，C_6からC_{40}位までは単環状（ring I）のものが安定となる．さらに，C_{20}からC_{40}位の間では平面二環状（ring II）のものが，サイズ数30台では三環状（ring III）のクラスターが存在する．また，C_{30}からは，フラーレン状のクラスターが観測され始め，C_{50}以上では，圧倒的にフラーレ

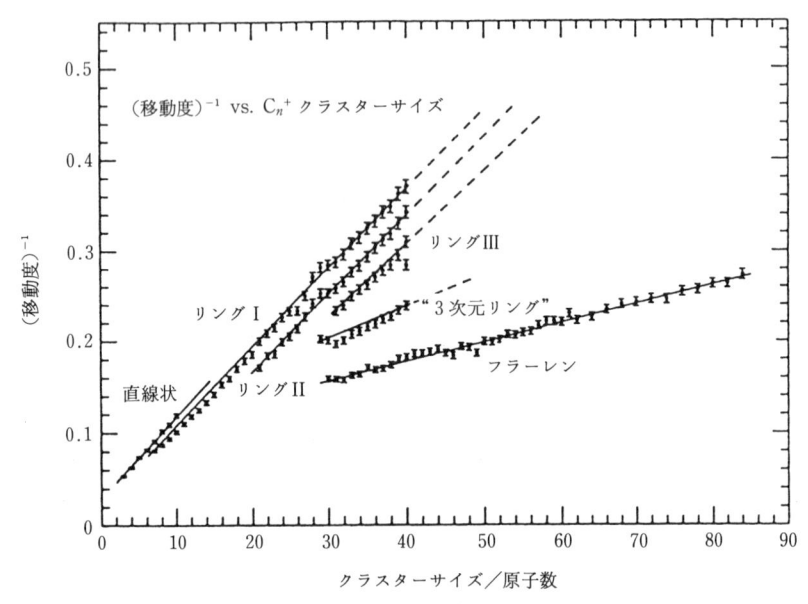

図2.8 気相イオンクロマトグラフィーによって求められたC_n^+クラスターの移動度（の逆数）とサイズのプロット[24].

ン構造が主成分になる．

一方，負イオンにおいては，サイズに対する各炭素クラスター構造の一般的な傾向は正イオンと同様であるが，各安定構造のサイズ領域は大きく異なる．たとえば，負イオンでは，C_{30}程度まで直鎖状のクラスターが観測されるが，正イオンではC_{10}より大きな直鎖状クラスターは観測されない．さらに，負イオンではC_{60}程度までのサイズで環状のクラスターが優位である[27]．特に，C_{60}^+クラスターでは95%以上がフラーレン構造をとるが，C_{60}^-ではフラーレンは20%以下で，80%以上のC_{60}^-は環状構造をとることが報告されている[27].

また，Bowersら[28]とJarroldらの[29]研究によれば，単環状や多環状の炭素クラスターは，ヘリウムなどのバッファー気体との衝突による加熱により，容易にフラーレン構造に転移することが報告されている（図2.9）．これは，フラーレンの生成機構（第5章5.5節参照）を考察する上で大きなヒントを与えている．

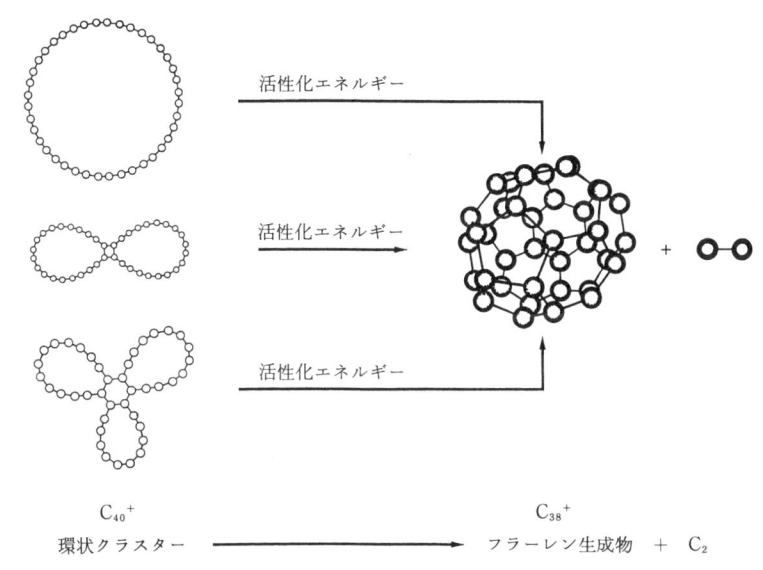

図2.9 衝突加熱による環状クラスターからフラーレン構造への構造転移．各環状構造は半経験 PM3 計算で構造最適化したものである．構造転移のエネルギー障壁は bicyclic と tricyclic のほうが monocyclic より小さい[28]．

2.3 C_{60} の解離とフラグメンテーション

(1) C_2 脱離の解離過程（C_2-loss）

レーザー蒸発クラスター分子線法で生成した C_{60} クラスターは，レーザーの多光子解離で特徴的な C_2 loss と呼ばれる C_2 ユニットでの解離を起こす[30]：

$$C_{60}^+ \rightarrow C_{58}^+ \rightarrow C_{56}^+ , \quad \rightarrow C_{30}^+ \quad (2.1)$$

また，C_2-loss は，C_4-loss や C_6-loss よりも効率が高い．C_2-loss の解離過程は，C_{60} 以外の C_{68}，C_{74}，C_{80} クラスターなどの他のサイズのクラスターでも観測されている．C_{60}^+ イオンでは，C_{32}^+ あるいは C_{30}^+ 程度までのクラスターを生成する C_2-loss 過程が観測されている．

O'Brien ら[30]は，C_2-loss の解離機構を考察し，次のモデルを提案した：①

レーザー光などによる多光子励起により，IPR（第5章5.4節参照）を満たしている C_{60}^+ が炭素原子の再配列により二つの五員環が隣り合うような不安定な配置をとる，②C_2-loss することにより C_{58}^+ になるが，この際に五員環の数は12個に保たれる，③一回の C_2-loss 過程で六員環の数は一つ減少する．C_{60} クラスターが C_2 ユニットで解離しながらさらに小さな球状クラスターに変換していく過程を，彼らは"shrink-wrapping"過程と呼んだ．実際に，C_2-loss して shrink（縮小）したクラスターが再び wrap（閉じた）した球状クラスターになるかどうかは興味深い問題であるが，現在までまだ解明されてはいない．

親イオンからの C_2-loss に必要なエネルギーが，運動エネルギー放出（kinetic energy release）を観測することにより見積もられている．例えば，C_{60}^+ と C_{62}^+ クラスターからの C_2-loss に必要な最低エネルギーは，それぞれ4.6 eV と 3eV である[31,32]．C_{30}^+ より小さなクラスター領域では C_2-loss は起こらず，C_1 ずつの解離が起こる．これは，C_{30}^+ より小さな炭素クラスターではフラーレン構造を形成できないために，フラーレンに特有な C_2-loss が起こらないことによると考えられている．実際に，前節で述べた Bowers らによれば，C_{30}^+ 以下のサイズのクラスターは環状か直鎖状の構造をもつ．

(2) C_{60} の固体表面との衝突とフラグメンテーション

C_{60} は非常に固い分子であると考えられている（第6章6.4節参照）．実際に，C_{60} を固体表面に高速で衝突させても，あるしきい値以下の衝突エネルギーでは分解しない．しかし計算機シミュレーションによって，C_{60} は衝突時に大きく変形することがわかった．

Whetten ら[33]は C_{60}^+ を HOPG（highly-oriented pyrolytic graphite）に 200 eV の衝突エネルギーで衝突させたが，C_{58}^+，C_{56}^+ などのフラグメントイオンは全く観測されなかった．そしてこのとき衝突後の C_{60}^+ の運動エネルギーは，HOPG 表面との非弾性散乱による運動エネルギーの損失によって 10〜20 eV まで減少していた．一方，Hertel ら[34,35]は衝突エネルギーが 250 eV 以上になると，C_{60}^+ は C_2-loss などのフラグメンテーションを誘起し，C_{50}^+ 程度までのフラグメントイオンが生成することを見いだした．

Mowrey ら[36]の分子動力学 (molecular dynamics, MD) 計算はこれらの実験結果を良く説明する（図2.10）. C_{60} は表面に衝突すると非常に大きな変形を受け, 衝突エネルギーの大部分は表面を加熱するのに使われる. 衝突時に C_{60} は数千Kにまで励起される. このとき C_{60}^+ は特に表面に垂直な方向に大きく変形する（これはちょうど, ゴムまりを壁にぶつけた時の変形の様子とそっくりである）. 衝突エネルギーが250eV以上になると, このような変形が限界を超え解離やフラグメンテーションが誘起される.

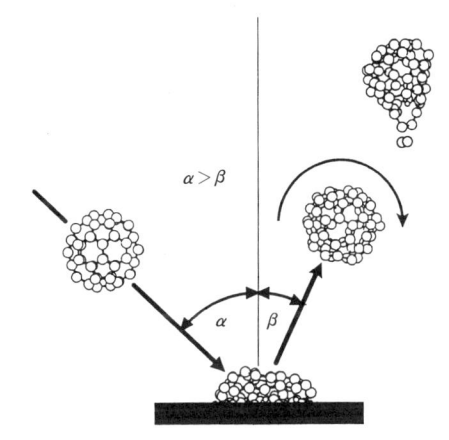

図2.10　C_{60}^+イオンとグラファイト固体表面との衝突のMD計算[35].

　衝突励起のフラグメンテーションはレーザー光励起によるフラグメンテーションに比べ, 解離の効率が非常に悪いことが特徴である.

引用文献と注

1) O. Hahn, F. Strassman, J. Mattauch and H. Ewald, *Naturwiss.*, **30**, 541 (1942).
2) J. Mattauch, H. Ewald, O. Hahn and F. Strassman, *Z. Phys.*, **20**, 598 (1943). C_{15} までの炭素クラスターの生成を初めて報告した論文.
3) J. Berkowitz and W. A. Chupka, *J. Chem. Phys.*, **40**, 2735 (1964). この論文で, グラファイトのレーザー蒸発により初めて炭素クラスター（1〜14量体）の生成が報告された.
4) T. G. Dietz, M. A. Duncan, D. E. Powers and R. E. Smalley, *J. Chem. Phys.*, **74**, 6511 (1981).
5) E. A. Rohlfing, D. M. Cox and A. Kaldor, *J. Chem. Phys.*, **81**, 3322 (1984).
6) 篠原久典,「奇跡の2週間—1985年夏, Rice大学」, C_{60}・フラーレンの化学,『化学』編集部編, 化学同人 (1993) pp. 175-185, に詳しい背景が述べられている.
7) H. W. Kroto, J. R. Heath, S. C. O'Brien, R. F. Curl and R. E. Smalley, *Nature*, **318**, 162, (1985).

8) 共有結合をしていない軌道をぶらぶらしている結合という意味で，ダングリングボンド（dangling bond）と呼ぶ．
9) E. Dornenburg and H. Hintenberger, *Z. Naturforsch.*, **14A**, 765 (1959); **16A**, 532 (1961).
10) 分子の電子親和力には，垂直電子親和力（vertical electron affinity）と断熱電子親和力（adiabatic electron affinity）の2種類がある．この二つの電子親和力の区別は，分子構造が基底状態と励起状態で異なるときに重要になる．
11) S. Yang et al., *Chem. Phys. Lett.*, **144**, 431 (1988).
12) K. S. Pitzer and E. Clementi, *J. Am. Chem. Soc.*, **81**, 4477 (1959).
13) C_2 ($^1\Sigma^+$ 基底状態) を除く．
14) D.W. Ewing and G.V. Pfeiffer, *Chem. Phys. Lett.*, **86**, 365 (1982); D.W. Ewing and I. Shavitt, "Double Zeta Basis Sets in Carbon Cluster Calculations", in Physics and Chemistry of Finite Systems : From Clusters to Crystals, eds. P. Jena, S.N. Khanna and B.K. Rao, Kluwer Academic, Dordrecht (1991) pp. 561–567.
15) S. Strickler and K. S. Pitzer, "Energy Calculation for Polyatomic Carbon Molecules", in Molecular Orbital in Chemistry, Physics and Biology, eds. P. O. Löwdin and B. Pullman, Academic Press, New York (1964) pp. 281–291.
16) R. Hoffmann, *Tetrahedron*, **22**, 521 (1966).
17) L. A. Bloomfield, M. E. Geusic, R. R. Freeman and W. L. Brown, *Chem. Phys. Lett.*, **121**, 33 (1985).
18) H. Kroto, *Science*, **242**, 1139 (1988).
19) S. Yang, C. L. Pettiette, J. Conceicao, O. Cheshnovsky and R. E. Smalley, *Chem. Phys. Lett.*, **139**, 233 (1987).
20) Highest Occupied Molecular Orbital（最高被占軌道）と Lowest Unoccupied Molecular Orbital（最低空軌道）のエネルギー差のこと．
21) R. C. Haddon, L. E. Brus and K. Ragavachari, *Chem. Phys. Lett.*, **125**, 459 (1986).
22) M. D. Newton and R. E. Stanton, *J. Am. Chem. Soc.*, **108**, 2469 (1986).
23) G. von Helden, M. T. Hsu, P. R. Kemper and M. T. Bowers, *J. Chem. Phys.*, **95**, 3835 (1991).
24) G. von Helden, M.T. Hsu, N. Gotts and M.T. Bowers, *J. Phys. Chem.*, **97**, 8182 (1993).
25) 気相イオンクロマトグラフィー法を初めて炭素クラスターに応用したのが Bowers らの研究グループである（文献 23）．Bowers らの炭素クラスターおよびフラーレン研究への応用により，この方法の威力が十分に示された．
26) 非常に定性的には，移動度はヘリウムセル中での，各クラスターイオンの"動きやすさ"の目安と考えることができる．移動度は実験と計算によって求める．詳しくは，文献 24) を参照されたい．
27) N. G. Gotts, G. von Helden and M. T. Bowers, *Int. J. Mass Spectrom. Ion Proc.*, **149/150**, 217 (1995).
28) G. von Helden, N. G. Gotts and M. T. Bowers, *Nature*, **363**, 60 (1993).

29) J. Hunter, J. Fye and M. F. Jarrold, *Science*, **260**, 784 (1993).
30) S. C. O'Brien, J. R. Heath, R. F. Curl and R. E. Smalley, *J. Chem. Phys.*, **88**, 220 (1988).
31) P. P. Radi, M. T. Hsu, M. E. Rincon, P. R. Kemper and M. T. Bowers, *Chem. Phys. Lett.*, **174**, 223 (1990).
32) C. Lifshitz, M. Iraqi, T. Peres and J.E. Fischer, *Int. J. Mass Spec. Ion Phys.*, **107**, 565 (1991).
33) R. D. Beck, P. St. John, M. M. Alvarez, F. Diederich and R. L. Whetten, *J. Phys. Chem.*, **95**, 8402 (1991).
34) H.-G. Busmann, Th. Lill and I. V. Hertel, *Chem. Phys. Lett.*, **187**, 459 (1991).
35) H.-G. Busmann, Th. Lill, B. Reif and I. V. Hertel, *Surf. Sci.*, **272**, 146 (1992).
36) R. C. Mowrey, D. W. Brenner, B. I. Dunlap, J. W. Mintmire and T. C. White, *J. Phys. Chem.*, **95**, 7138 (1991).

3

C_{60} とフラーレンの生成法

 C_{60} とフラーレンの生成法とその高収率化は現在でも大きな研究対象となっている. フラーレンのような新規物質の研究と開発は，この炭素物質の応用化への期待と関連して，いかに多量にしかも高収率で生成できるかにかかっているといっても過言ではない. C_{60}・フラーレンは炭素が燃焼するいろいろな環境で生成することがわかっているが（第 12 章参照），この章では C_{60} とフラーレンのいくつかの代表的な生成法について述べる.

3.1 加熱フローガス中レーザー蒸発法（高温レーザー蒸発法）

 Smalley らは，図 3.1 に示すような装置を用いて，1,200℃に加熱したアルゴンガス（あるいはヘリウムガス）の流れの中で，炭素のレーザー蒸発を行った[1]. ガスの流れる石英管が電気炉の中に置かれ，グラファイト試料はその石

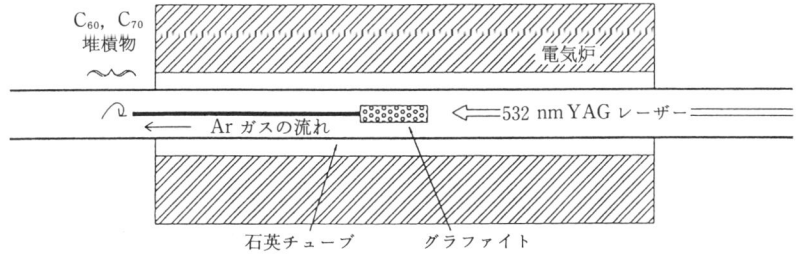

図 3.1 加熱フローガス中でのレーザー蒸発装置[1].

英管の中央に置かれている．ガスの流れの上流側からグラファイト試料にレーザー（Nd：YAGレーザー）を照射し，蒸発させると，電気炉の出口付近の冷えた石英管の内壁にC_{60}やC_{70}などのフラーレンを含むスス（煤）が付着する．この方法ではフローガスを加熱しないと，フラーレンはほとんど生成しないが，1,200℃に加熱するとその収率は飛躍的に上がる．C_{60}フラーレンが生成するしきい温度はおよそ1,000℃前後である．同じ装置を用いて，金属内包フラーレンのLaC_{60}やUC_{28}の合成も試みられた（第8章8．2節）[2]．また，Smalleyらは単層ナノチューブ（第9章9．5節）の生成にこの装置を応用し，単層チューブを高密度で得るのに成功した[3]．

一般に，アーク放電法と比較すると高温レーザー蒸発法はC_{60}フラーレンの生成効率が高い．しかし，レーザー蒸発法はかなりのスケールアップをしない限り，グラム量の原料ススを生成するには時間がかかる．実験パラメータを操作しやすいレーザー蒸発法は，フラーレンや金属内包フラーレンの多量生成を目指すよりも，これらの生成機構を探るに適した実験法である．一方，抵抗加熱法やアーク放電法は高温レーザー蒸発法と比べて生成効率では劣るものの，短時間にグラム量の多量の原料ススを簡単に生成することができる．

3．2　抵抗加熱法

1990年にKrätschmerとHuffmanらは，100Torrのヘリウムガスで満たされた容器の中でグラファイト棒を通電加熱するという簡単な方法で炭素のススを作製し，その中にC_{60}が多量に含まれていることを発見した[4]．彼らの発見により人類ははじめて巨視的な量のC_{60}を手に入れることができ，C_{60}研究の飛躍的な発展がもたらされた．彼らの方法は，希ガス中で原料物質を蒸発して，その超微粒子あるいはクラスターを得るガス（中）蒸発法（gas evaporation法[5]，ドイツではgas aggregation法と呼ばれる）と原理的には同じである．グラファイト棒から蒸発した炭素蒸気（主にCとC_2[6]）は希ガス分子との衝突により冷却され過飽和状態となり，炭素クラスターを形成する．これらが気相でさらに成長してススができる．得られる黒いスス（fullerene blackと呼ばれることがある）は，粒径が10から100nmの超微粒子が鎖状につながった集

合体であり，非常に軽く，浮遊しやすい粉である．

3.3 アーク放電法

Smalleyらは，炭素の蒸発にアーク放電を利用し，炭素ススをさらに多量に生成する方法を考案した[7]．コンタクト・アーク（contact arc）法と名付けられたこの方法では，2本のグラファイト電極を軽く接触させたり，あるいは1～2mm程度離した状態でアーク放電を起こす．図3.2にアーク放電を利用したフラーレン生成装置の例を示す．電源としては，アーク溶接機の電源をそのまま用いることができる．交流あるいは直流のどちらのモードを使用してもススを得ることができる．直流の場合，陽極側のグラファイトが蒸発する．蒸発した炭素のおよそ半分は気相で凝縮し，合成容器（真空チェンバー）内壁にススとなって付着する．残りの炭素蒸気は陰極先端に凝縮して炭素質の固い堆積物を形成する．この堆積物中に，多層ナノチューブやナノポリヘドロン（第9章）が成長する．

直流アークにより炭素を蒸発するには，陽極グラファイト棒（消耗電極）の直径が5mmの場合には概ね50A以上，10mmの場合には100A以上の電流を流す必要がある．電極間に掛かる電圧はいずれの場合も20から25Vである．

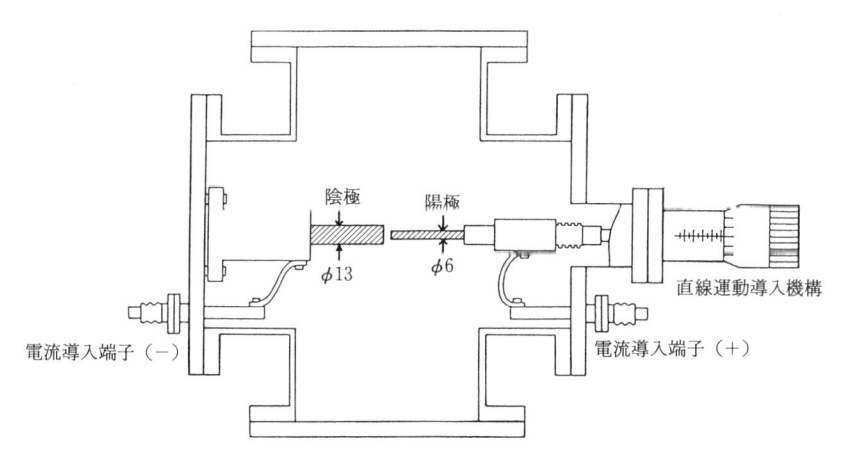

図3.2 アーク放電を利用したフラーレン合成装置．低圧希ガス中における直流アーク放電により陽極側のグラファイト棒（直径6mm）を蒸発する．

抵抗加熱法でもアーク法でも，真空蒸発ではC_{60}は生成しない．ヘリウムなどの希ガス中で炭素を蒸発しなければフラーレンは生成しない．炭素ススを加熱し，蒸発してくる成分を質量分析すると，C_{60}ばかりでなく，C_{70}，C_{76}，C_{78}，C_{84}など高次フラーレン（第5章5.3節参照）が含まれていることがわかる[8]．フラーレンサイズが大きくなるほど蒸発しにくくなる（昇華温度が高くなる）ので，ススの加熱温度を高くするほど高次フラーレンの量はC_{60}に比べ相対的に多くなる．昇華温度の違いを利用して，C_{60}の精製分離を行うことができる（第4章4.1節参照）．

ススス全体の中に占めるフラーレンの割合はガスの種類と圧力に依存する．図3.2の装置を用い，ヘリウムおよびアルゴンガス中でアーク法により作製したフラーレンの収率測定の結果を図3.3に示す[9]．図3.3(a)は，収率（トルエン可溶成分の原料ススに対する重量％）をヘリウムおよびアルゴンガスの圧力の関数としてプロットしたものである．この図から，まずヘリウムの方がアルゴンよりも高い収率をもたらすことがわかる．次に，いずれのガスにおいても圧力依存性が明瞭に見いだされる．収率の圧力による変化はヘリウムでもアルゴンでも互いに似た傾向を示し，最大収率はガス圧力が20～50Torr付近で最大になり（ヘリウムの場合は13重量％，アルゴンの場合は6重量％），これより高い圧力では収率は圧力とともに一様に下がっていく．最適圧力は装置に依存するようで，ヘリウム100Torrあるいは400Torrで収率が最大になる合成装置もある．また，水，水素あるいは炭化水素が希ガス中に混入しているとフラーレンの収率はかなり低下する．これは，成長途中のフラーレンのダングリングボンドに水素原子が結合し，その成長を阻害するためと考えられる．水素が10％ほど混入すると，C_{60}は生成しない．

トルエン抽出物中の三つの成分，①C_{60}，②C_{70}および③その他の高次フラーレン（C_{76}，C_{78}，C_{84}）の存在比（原料ススに対する割合）も図3.3(b)に示すように圧力とともに変化する[9]．C_{60}がトルエン抽出物中の主要成分であるので，その存在比はやはりヘリウム20～50Torrで最大となり，圧力の低下とともに減少していく．C_{70}もまた極大を示すが，少し高い圧力（～50Torr）においてそれが現れ，高圧力側まで裾を引いている．他方，その他の高次フラーレンは存在比が0.3重量％以下と低いため，ガス圧力に対する依存性も明瞭で

ないが，圧力とともに単調に増加する傾向が400Torr まで観察されている[10]．フラーレン収率の圧力依存性は，蒸発源近傍における炭素蒸気の冷却速度と拡散がフラーレンの成長に重要な役割を果たしていることを示している．

ヘリウム 20～50 Torr 付近で生成されたフラーレン含有量の高いススをそのまま電子顕微鏡で観察すると，C_{60} と C_{70}（さらに高次フラーレンもごく微量含まれているであろう）が集まって，微細な結晶を形成している部分が見いだされる[9]．また，電子顕微鏡とX線回折で見る限り，ススの中にはグラファイトは存在しない．それでは，トルエンで抽出した後の残渣（原料ススの85重量％以上占める）は一体何なのか，その正体は未だ定かではないが，多分，巨大フラーレン，オープンフラーレン（完全には閉じてないフラーレン），あるいは捻れた微細なグラフェン（graphene，第10章10.4節参照）であると推測される．

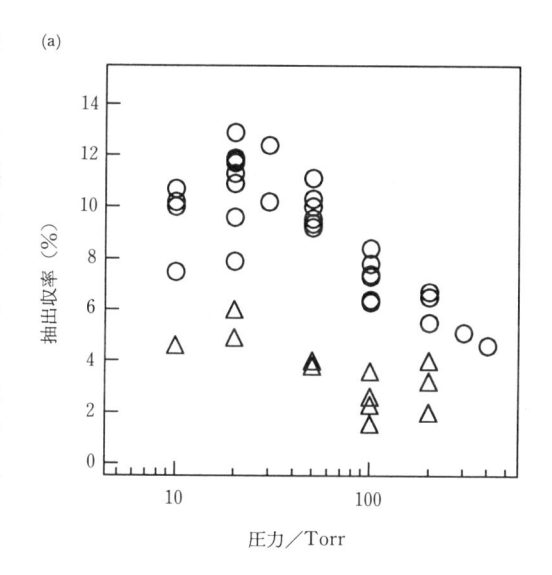

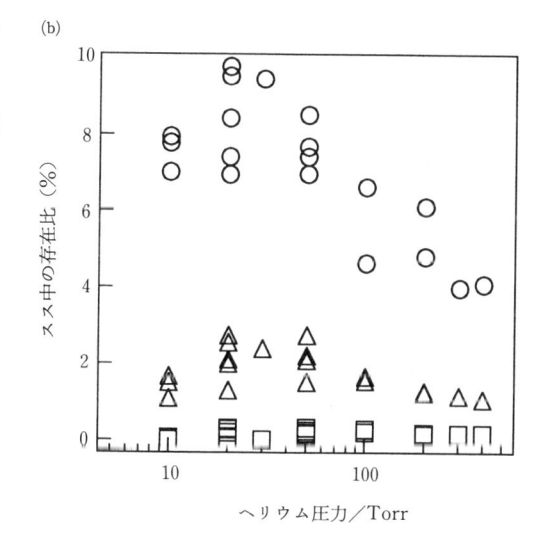

図3.3 (a)フラーレン抽出収率の圧力依存性．○は He ガス，△は Ar ガスを用いた実験．(b) C_{60}（○），C_{70}（△）および高次フラーレン（□）の存在比（原料ススに対する重量％）[9]．

3.4 燃焼法による大量合成法

ベンゼンと酸素の混合ガスの燃焼によってもフラーレンが得られる．Howard らは，炭素／酸素比を 0.717〜1.07 の範囲で変え，アルゴンで希釈した混合ガスを流速 14〜17cm/s で流し，燃焼させた[11]．その結果，燃焼させた炭素の 0.003〜9％がフラーレンとして得られた．燃焼法の特長は，C_{60} と C_{70} の生成比率が他の手法の結果と著しく異なっている点である．通常，抵抗加熱法やアーク放電から得られるススの中に存在する C_{60} と C_{70} の量は，概ね C_{60} は 70〜85％，C_{70} は 10〜15％であり，C_{70} に比べ，常に C_{60} の方が量が多く，残りが高次フラーレンである．これに対して，燃焼法では混合比によってはススの中に含まれる C_{70} が C_{60} より多く生成された．$C_{70}／C_{60}$ の比は 0.26 から 5.7 の範囲で，C_{70} の収量が 6 倍近く増加する場合があった．燃焼温度はおよそ 1,530℃ である．

燃焼法によるフラーレン大量合成の仕組みは非常に簡単で，その基本原理はベンゼンあるいはトルエンなどの不飽和炭化水素を，真空に近い減圧下で 1,000℃ 以上の高温で不完全燃焼させることである．燃焼法の優れた点は，連続プロセスであり大量生産に向いていること，また，炭素原料として（黒鉛などのかわりに）安価な炭化水素を利用できることである．図 3.4 に装置の概要を示す[12]．燃焼法により大量に生成したフラーレン含有ススには，C_{60} が約 60％，C_{70} が約 25％，残りの高次フラーレンが約 25％と，アーク放電によるススと比較すると，C_{70} および高次フラーレンの割合が高いのが特徴である．

初期の頃は，アーク放電法によるフラーレン収率（スス中で 10〜15％）より低い収率（1〜数％）であったが，現在ではアーク放電法を凌ぐ高い収率（20〜25％）で得られている[12]．燃焼法は，タイヤの補強材に使われているカーボンブラックの製法としても知られている．装置的にも比較的簡単で，トンレベルの量産が十分に可能な合成法である．日本では，2001 年 12 月にフロンティアカーボン社（FCC）が設立され，燃焼法によるフラーレンの大量生産・分離と市販が行われている．FCC は，三菱化学㈱，三菱商事㈱および三菱商事が組織したベンチャーファンドのナノテクパートナーズ㈱から出資を受けて

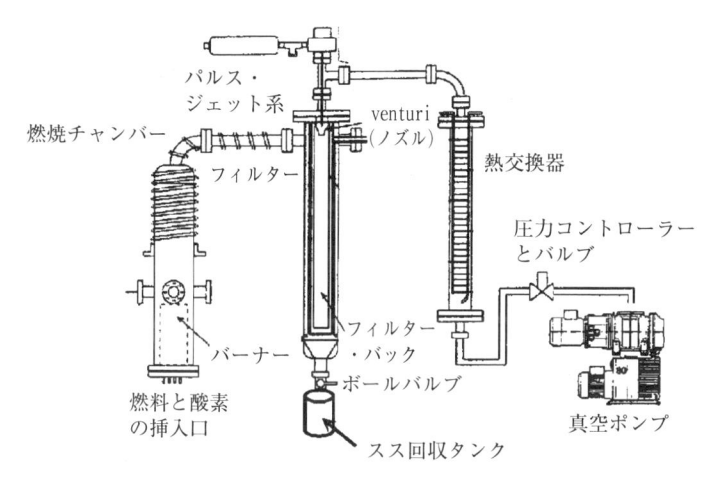

図 3.4 燃焼法によるフラーレン大量合成装置[12].

いる[13].

　燃焼法によるフラーレン合成法を用いた大量合成と市販にはライセンスが必要であるが，基本特許は Howard らの MIT（Massachusetts 工科大学）が所有している．FCC は，フラーレンの大量生産と販売を実現するにあたり，MIT より米国の Nano-C 社を通じて燃焼法のプロセス特許のライセンスを受けた．さらに FCC は，米国 Denver 市の TDA Research 社を通じてパイロット装置を，2002 年に北九州市の黒崎工場に導入し，2002 年 5 月からは年間 400 kg の製造能力で生産を開始した．さらに 2003 年 5 月からは，年間 40 トンの能力をもつ量産プラントが，同じく黒崎に建設され，稼働を開始した[13].

　これにより，フラーレンが大幅に低価格（〜1000 円／g）で製造・販売されることになり，産業分野と研究機関におけるバラエティーに富んだ実用品が次々に出現した．

3.5　その他の方法

(1) 高周波誘導加熱法

抵抗加熱やアーク放電を使う代わりに，高周波誘導により原料グラファイト

に渦電流を流し，これを加熱・蒸発する方法が Peters らにより提案された[14]．彼らは高周波誘導コイル（100 kHz, 15 kW）を巻いた石英管（直径 70 mm, 長さ 500 mm）の中央に原料グラファイトを置き，ヘリウムガス約 110 Torr の中で蒸発させた．この方法により，抵抗加熱やアーク放電法と同様に，C_{60}, C_{70} のほかに高次フラーレンを含むススが得られ，その収率は 8～12% であったと報告されている．

(2) ナフタレン熱分解法

ナフタレンを約 1,000°C で熱分解することにより，C_{60} と C_{70} を生成できる．Taylor らは反応管内壁に堆積したスス状物質の中に C_{60} と C_{70} が存在することを質量分析および赤外吸収分光法により示した[15]．フラーレンの収率は 0.5% 以下（消費したナフタレンに対する割合）であった．反応管温度が低かったり，ナフタレンの供給速度が速すぎるとフラーレンは生成しなかった．彼らは熱分解生成物の質量分析から，ナフタレン分子が結合してできた一連の多環芳香族化合物（$(nC_{10})H_x$）が中間生成物として存在することを示し，C_{60} と C_{70} はそれぞれ 6 個と 7 個の C_{10} フラグメントが順次結合して成長したものであると考えた．

(3) 製墨用スス（松煤，油煤）

墨に使用されているススは，松や杉の木材あるいは桐や菜種などの植物の種子油を静かに燃やして得られたものである．このススを膠と混ぜて成形し，乾燥させることにより固形墨が作られる．大澤らは約 20 種類の墨（中国産および国産）を蒐集し，粉砕，超音波処理などして，トルエン可溶成分を高速液体クロマトグラフィーで分析した結果，C_{60}, C_{70} が 1 ppm 以下の微量であるが含まれるものがあることを見いだした[16]．墨の製造に用いる原料ススを直接分析すると桐油から作ったススの中に墨よりはやや多め，1 ppm 以上の C_{60}, C_{70} が含まれていた．市販の墨汁の原料であるカーボンブラックにはフラーレンは検出されなかった（検出限界 0.01 ppm）．カーボンブラックは，重油やコールタールを原料油として，これを空気とともにノズルから炉に吹き出し，燃焼・分解して得られるもので，巨大な多環芳香族シート（六員環が 40～100 個）が球

状に積層した炭素粒子である．

引用文献と注

1) R. E. Haufler, Y. Chai, L. P. F. Chibante, J. Conceicao, C. Jin, L. S. Wang, S. Maruyama and R. E. Smalley, *Mat. Res. Soc. Symp. Proc.*, **206**, 627 (1991).
2) T. Guo et al., *Science*, **257**, 1661 (1992).
3) T. Guo, P. Nikolaev, A. Thess, D. T. Colbert and R. E. Smalley, *Chem. Phys. Lett.*, **243**, 49 (1995) ; A. Thess et al., *Science*, **273**, 483 (1996).
4) W. Krätschmer, L. D. Lamb, K. Fostiropoulos and D. R. Huffman, *Nature*, **347**, 354 (1990).
5) R. Uyeda, *Prog. Mater. Sci.*, **35**, 1 (1991).
6) Y. Saito and M. Inagaki, *Jpn. J. Appl. Phys.*, **32**, L954 (1993).
7) R. E. Haufler et al., *J. Phys. Chem.*, **94**, 8634 (1990).
8) Y. K. Bae, D. C. Lorents, R. Malhotra, C. H. Becker, D. Tse and L. Jusinski, *Mat. Res. Soc. Symp. Proc.*, **206**, 733 (1990).
9) Y. Saito, M. Inagaki, H. Nagashima, M. Ohkohchi and Y. Ando, *Chem. Phys. Lett.*, **200**, 643 (1992).
10) Y. Achiba, T. Wakabayashi, T. Moriwaki, S. Suzuki and H. Shiromaru, *Mater. Sci. & Eng.*, B **19**, 14 (1993).
11) J. B. Howard, J. T. McKinnon, Y. Markarovsky, A. L. Lafleur and M. E. Johnson, *Nature*, **352**, 139 (1991).
12) H. Takehara, M. Fujiwara, M. Arikawa, M. D. Diener and J. M. Alford, *Carbon*, **43**, 311 (2005).
13) 篠原久典監修,「ナノカーボンの材料開発と応用」, シーエムシー出版 (2003) 第6章.
14) G. Peters and M. Jansen, *Angew. Chem., Int. Ed. Engl.*, **31**, 223 (1992).
15) R. Taylor, G. J. Langley, H. W. Kroto and D. R. M. Walton, *Nature*, **366**, 728 (1993).
16) E. Osawa, Y. Horie, A. Kimura, M. Shibuya, Z. Gu and F. M. Li, *Fullerene Sci. Technol.*, **5**, 177 (1997).

4

フラーレンの分離と精製

　Krätschmer らの C_{60} 多量合成の発見には，もう一つの重要な発見がともなっていた．抵抗加熱やアーク放電法で生成したススの多くの部分は，グラファイトやアモルファスカーボンに似て溶媒に不溶である．しかし Krätschmer らは，スス中に存在する C_{60} やその他のサイズのフラーレンは，ベンゼンやトルエンなどの有機溶媒に可溶であることを発見した[1]．このためフラーレンは容易にススから抽出することができる．この驚くべき事実は，炭素関連分野の多くの研究者の常識に反することであった[2]．フラーレンの研究を進めていく上で，純度の高いフラーレンをある一定量安定に手に入れることは研究の出発点として不可欠である．

　アーク放電法で作製した典型的なススは，数%から15%程度の重量比でフラーレンを含んでいる．このうち70〜85%は C_{60}，また10〜15%は C_{70} で残りの数%が C_{76}，C_{78}，C_{84} などの C_{100} 程度までの高次フラーレンである．この章では，C_{60} を中心とするフラーレンの抽出，分離と精製法について述べる．

4.1　昇華法による C_{60} の分離精製

　Krätschmer らは，スス中から C_{60} を分離するために溶媒抽出法とともに真空昇華法を用いた[1]．彼らは，約 400℃ で C_{60} がススから昇華することを見いだし，さらに昇華温度を注意深くコントロールすることによりフラーレンが分離される可能性を示唆した．同様の結果は，他のいくつかの研究グループ[3-6]

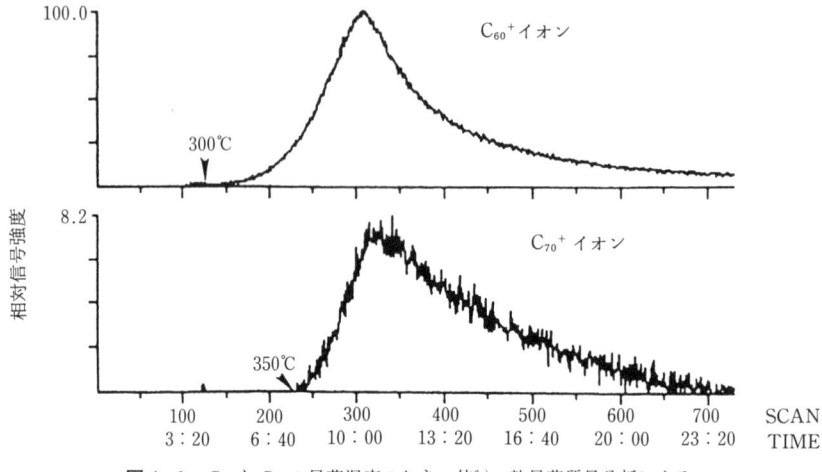

図 4.1 C_{60} と C_{70} の昇華温度のしきい値[6a]．熱昇華質量分析による．

でも得られている．Coxら[6a]，熱脱離質量分析法（thermal desorption mass spectrometry）を用いて C_{60} と C_{70} の真空中での昇華温度を求めた．その結果，C_{60} と C_{70} の昇華温度のしきい値は異なり，それぞれおよそ300℃と350℃であった（図4.1）．これは，C_{60} と C_{70} は昇華により分離，精製できることを示している．実際に，Coxら[7]，真空昇華法を用いた C_{60} の分離精製を報告している．彼らは，温度勾配（400～800℃）をつけた昇華法を用いて C_{60} では98％，C_{70} では88％までの精製に成功している．Averittら[8]，さらに温度勾配を均一にした昇華装置[9]を用いて，最高99.97％純度の C_{60} を得ることに成功している．昇華法を用いた C_{60} の精製は，C_{60} 関連の物性測定を行うときに重要である[6b]．

現在まで報告されている，溶媒が混入しない C_{60} の分離精製法は以上の昇華法のみである．以下に述べる液体クロマトグラフィーを用いる分離精製は最も良く用いられている精製法であるが，溶媒の混入を避けることができない．溶媒の混入のない高純度の C_{60} を分離精製することは，物性測定を中心に重要である．昇華法のこれからの課題は，C_{70} を含めた C_{60} 以上のサイズの高次フラーレンの分離精製であろう．

4.2 フラーレンの溶媒抽出と溶解度

フラーレンの抽出溶媒で最も重要な溶媒は，トルエン（ベンゼン）と二硫化炭素である．特に，トルエンは液体クロマトグラフィーの移動相としても用いられている．また，二硫化炭素は種々のサイズのフラーレンに対してトルエン以上に大きな溶解度をもつ．ただし，二硫化炭素は揮発性が高く，非常に引火しやすい（引火点 −30℃）ため，その取り扱いには十分な注意が必要である．

フラーレンは一般に無極性溶媒（トルエン，ベンゼン，シクロヘキサン，四塩化炭素など）に可溶であり，極性溶媒（水，アルコール，アセトニトリルなど）に不溶性か難溶性を示す．このように C_{60} の溶解度は溶媒により大きく変化する．表4.1に C_{60} の種々の溶媒に対する溶解度[10-13]を示す．ベンゼン，トルエン，二硫化炭素では室温で 1.4〜7.9 mg/mL 程度の溶解度を示す．また一般に，高い沸点をもつハロベンゼンやハロナフタレンでは，C_{60} は非常に大きな溶解度を示すことがわかる．1,2-ジクロロベンゼンでは 27 mg/mL，また 1-クロロナフタレンでは 51 mg/mL もの溶解度を示す[10]．C_{70} 以上の高次フラーレンの抽出には，高い抽出能力をもつ二硫化炭素やハロベンゼンが用いられている．また，後に述べる（第8章）金属内包フラーレンの抽出では，ピリジンも重要な抽出溶媒になる．

4.3 オープンカラムクロマトグラフィーによる分離精製

フラーレンの分離は，まずオープンカラムクロマトグラフィーで中性アルミナを固定相[14]として用いることにより行われた．オープンカラムクロマトグラフィーは，分離される分子が溶媒（移動相）とともにカラム（固定相）中を自然落下することを利用して分離精製する基本的なカラムクロマトグラフィーである．この分離法は有機化学の分野では，各種の有機分子の分離に頻繁に用いられている．

C_{60} をオープンカラムクロマトグラフィーで初めて分離精製したのも有機化学者であった．Taylor らは[3]，n-ヘキサンを移動相として C_{60} と C_{70} の分離を

表4.1 C$_{60}$の各種溶媒中での溶解度 (mg/mL)[f].

溶媒	Ruoff et al.[a]	Scrivens et al.[b]	Sivaraman[c]	Kimata et al.[d]	m.p. (℃)[e]	b.p. (℃)[e]
アルカン						
n-ペンタン	0.005		0.004		-129.7	36.07
シクロペンタン	0.002				-93.46	49.26
n-ヘキサン	0.043		0.040	0.046	-95.35	68.74
シクロヘキサン	0.036		0.051	0.054	6.47	80.74
n-オクタン			0.025		-56.8	125.67
2,2,4-トリメチルペンタン			0.026	0.028	-107	99
n-デカン	0.071		0.070		-29.66	174.12
n-ドデカン			0.091		-9.59	216.28
n-テトラデカン			0.126		5.86	253.57
デカリン	4.6					
シス-デカリン	2.2				-14	195.77
トランス-デカリン	1.3				-30.4	187.25
ハロアルカン						
ジクロロメタン	0.26		0.254		-96.8	40.21
クロロホルム	0.16			0.51	-63.5	61.2
四塩化炭素	0.32		0.447		-28.6	76.74
1,2-ブロモエタン	0.50				10.06	131.41
トリクロロエチレン	1.4				-88.0	87
テトラクロロエチレン	1.2				-22.18	121.2
ジクロロジフルオロエタン	0.020					
1,1,2-トリクロロ-1,2,2-トリフルオロエタン	0.014				-35	47.7
1,1,2,2-テトラクロロエタン	5.3				-43.8	147
極性分子						
メタノール	0.000			0.001	-97.78	64.45
エタノール	0.001				-114.5	78.32
ニトロメタン	0.000				-28.37	101.25
ニトロエタン	0.002				-90	115
アセトン	0.001			0.009	-94.82	56.3
アセトニトリル	0.000			0.018	-45.72	81.77
n-メチル-2-ピロリドン	0.89					
ベンゼン系分子						
◎ベンゼン	1.7	1.5	1.44	1.86	5.53	80.10
◎トルエン	2.8	2.9	2.15	3.2	-94.99	110.63
エチルベンゼン		2.6			-94.98	136.19
n-プロピルベンゼン		1.5			-99.56	159.22
イソプロピルベンゼン		1.2			-96.02	152.39
n-ブチルベンゼン		1.9			-87.54	183.35
sec-ブチルベンゼン		1.1			-75.49	173.4
tert-ブチルベンゼン		0.9			-58.34	169.05
キシレン	5.2					
o-キシレン		8.7			-25.18	144.41
m-キシレン		1.4			-47.89	139.10
p-キシレン		5.9			13.26	138.35
1,2,3-トリメチルベンゼン		4.7			-25.41	176.0

溶媒	Ruoff et al.	Scrivens et al.	Sivara-man	Kimata et al.	m.p. (℃)	b.p. (℃)
1,2,4-トリメチルベンゼン		17.9			-43.91	169.2
1,3,5-トリメチルベンゼン	1.5	1.7	0.997		-44.72	164.72
1,2,3,4-テトラメチルベンゼン		5.8			-6.3	205.4
1,2,3,5-テトラメチルベンゼン		20.8			-24.0	198.15
テトラリン	16				-35.79	207.57
o-クレゾール	0.014				31	191
ベンゾニトリル	0.41				-13.2	191.1
フルオロベンゼン	0.59	1.2			-41.9	84.7
ニトロベンゼン	0.80				5.85	211.03
ヨードベンゼン		2.1			-31.33	188.45
ブロモベンゼン	3.3	2.8			-30.6	156.15
o-ジブロモベンゼン		13.8			6.4	223-224
m-ジブロモベンゼン		13.8			-6.7	218-219
アニソール	5.6				-37.5	153.85
◎クロロベンゼン	7.0	5.7			-45	132
o-ジクロロベンゼン	27	24.6			-17.03	180.48
m-ジクロロベンゼン		2.4			-24.76	173.00
◎1,2,4-トリクロロベンゼン	8.5	10.4		21.3	17.40	213
ナフタレン系分子						
1-メチルナフタレン	33	33.2			-30.57	244.78
ジメチルナフタレン	36					
1-フェニルナフタレン	50				45	324-325
1-クロロナフタレン	51				-2.3	262.7
1-ブロモ-2-メチルナフタレン		34.8				
その他						
◎二硫化炭素	7.9		5.16	11.8	-111.99	46.26
テトラヒドロフラン（THF）	0.000			0.037	-108.5	66
テトラヒドロチオフェン	0.030					118-119
2-メチルチオフェン	6.8					112-114
ピリジン	0.89	0.3			-41.8	115.50
キノリン		7.2			-15.6	237.10
チオフェン		0.4			-38.30	

a) R. S. Ruoff, D. S. Tse, R. Malhotra and D. C. Lorents, *J. Phys. Chem.*, **97**, 3379 (1993).
b) W. A. Scrivens and J. M. Tour, *J. Chem. Soc., Chem. Commun.*, **15**, 1207 (1993).
   W. A. Scrivens, A. M. Cassell, K. E. Kinsey and J. M. Tour, Fullerenes : Recent Advances in the Chemistry and Physics of Fullerenes and Related Materials, p. 166 (1994).
c) N. Sivaraman, R. Dhamodaran, I. Kaliappan, T. G. Srinivasan, P. R. Vasudeva Rao and C. K. Mathews, *J. Org. Chem.*, **57**, 6077 (1992).
   N. Sivaraman, R. Dhamodaran, I. Kaliappan, T. G. Srinivasan, P. R. Vasudeva Rao and C. K. Mathews, Fullerenes : Recent Advances in the Chemistry and Physics of Fullerenes and Related Materials, p156 (1994).
d) 木全一博，廣瀬恒久，細矢憲，田中信男，日本化学会第68秋季年会，1994.10.1-10.4，名古屋大学．参考文献41).
e) 改訂4版，化学便覧，基礎編I
f) 表4.1は岸田将明君の全面的な協力を得て，作成された．
◎代表的な溶媒．

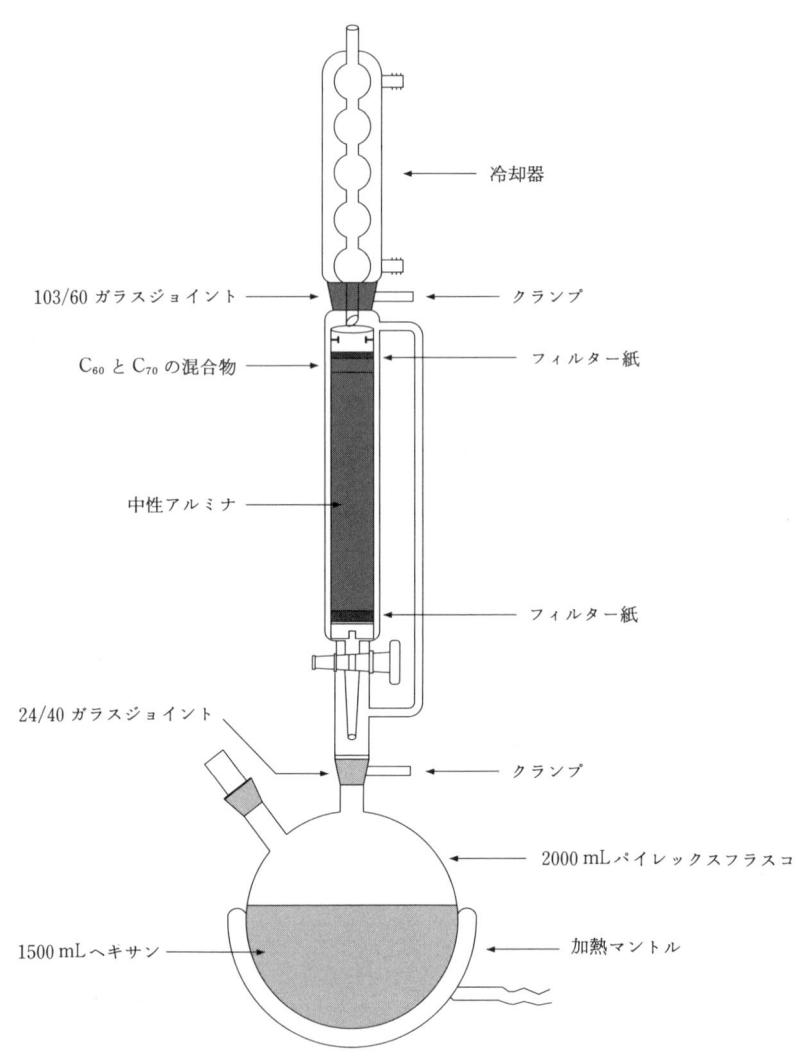

図4.2 ソックスレークロマトグラフィー[20]. ソックスレー抽出を行いながら, C_{60} を直接, 原料ススから分離することができる.

初めて行った．Ajie ら[4]は，シリカゲルを固定相に，n-ヘキサンを移動相に用いて C_{60} と C_{70} の分離を行った．しかしこれらの分離法では分離の分解能を上げるために溶媒に C_{60} の溶解度の低い n-ヘキサン（あるいは，n-ヘキサン／トルエン混合溶媒）を用いていた．このためグラムスケールの C_{60} を分離精製するには多くの時間がかかり，C_{60} の多量精製には適さなかった[15]．

C_{60} の多量分離に関する大きな進歩は，Tour らの Norit/A-silica gel カラムを用いた，フラッシュクロマトグラフィー（flash chromatography）[16]のフラーレン分離への応用である[17]．Tour らはこの方法を用いて，1時間以内で 1.85g のフラーレン抽出物から 1.16g の純 C_{60}（＞99％）を分離することに成功した[17]．このときの C_{60} の分離精製量は，フラーレン抽出物中に含まれる C_{60} の 85％にも達している．この方法は，Deiderich らにより固定相に酸洗浄の前処理を施した charcoal (Darco G60)/silica gel カラムを用いることで，さらにコストパフォーマンスが改善された[18]．Deiderich らは，15分で 2.54g のフラーレン抽出物から 1.5g の純 C_{60}（＞99.95％）を分離精製している[18]．

また，Wudl ら[19]は，ソックスレークロマトグラフィー（Soxhlet chromatography）という簡便な方法で多量の C_{60} を分離精製している（図4.2）．この方法はフラーレンの溶媒抽出に用いられるソックスレー抽出とカラムクロマトグラフィーを組み合わせたもので，原料ススから直接 C_{60} を分離精製することができるという大きな特徴がある．つまりフラーレンの溶媒抽出と分離精製を一度に行うことができる．大野と江口ら[20]は Wudl らの方法を改良して，40g の原料ススから直接，1.43g の C_{60} を分離精製している．この方法は，C_{70} や一部の C_{60} を回収しきれないものの，シリカゲルより安価なセライトに代替でき，パッキングにも厳密を要さず一度セットすれば還流に注意を払うだけですみ，コストパフォーマンスの良い実用的な C_{60} の分離精製法である[20]．

4.4 高速液体クロマトグラフィー（HPLC）による分離精製

先に述べたオープンカラムクロマトグラフィーによるフラーレンの分離の特徴は，C_{60} が比較的容易にグラム単位で精製できることであった．しかし，この分離法では C_{70} やさらにサイズの大きな高次フラーレン（higher fullerenes）

（第5章5.3節）の分離は困難である．C_{70}はオープンカラムクロマトグラフィー法でも分離精製が可能であるが[3,4,15]，C_{60}の分離と比較すると手間と時間がかかる．特に，C_{76}，C_{78}，C_{84}などを初めとする，高次フラーレンの分離，あるいは金属内包フラーレン（endohedral metallofullerene）（第8章）などのフラーレン類似物質の分離精製には高速液体クロマトグラフィー（high performance liquid chromatography, HPLC）による分離が不可欠となる[21]．

近年の高速液体クロマトグラフィー法の進歩は，光学異性体の分離を初めとしたさまざまな有機物質を中心とする新物質の分離精製を可能にしている．HPLCによる分離は，原理的にはオープンカラムクロマトグラフィーによる分離と同じである．つまり，固定相（カラム本体）と移動相（溶媒にとけた分離物質）の固液界面上で，分離される分子が固定相表面において，その形や電子状態によって異なる相互作用をもつことを利用している．HPLCの最大の特徴は，固定相としてパックドカラム（packed column）と呼ばれるステンレス管にカラムを充てんしたものを用いる点である．これは高い分離の分解能を得るために，高性能ポンプで移動相液体を圧送するためにカラムに高圧（数～100 kg/cm^2）を印加するからである．

一般に，HPLCによる物質の同定，分離精製には分析用（analytical）と分取用（preparative）がある．前者はおもに微量物質の検出同定に用いられ，後者は一定量以上の物質の分離精製に用いられる．これら二つのHPLCのおもな違いは分離のスケールにあるので，原理的には単に分析用のカラムのサイズを大きくすれば分取用のカラムになるはずである．ところが実際には，用いる移動相（溶媒）と分離能との兼ね合いや，実際にパックドカラムをつくるときの技術的な困難さ，などのいくつかの問題点があり必ずしも単にカラムのサイズを大きくするだけでは分離のスケールアップはできない．

フラーレンを一度に，できるだけ多量に分離精製するためには，フラーレンの溶解度が大きい移動相をHPLC分離に用いることが必要となる．ところが一つの大きな問題が，ODS（octadecylsilicas）カラムなどを代表とする通常のカラムでは，フラーレンの溶解度が大きいトルエンや二硫化炭素を移動相として用いた場合には，極端にHPLCの分離の分解能が悪くなることである．この問題を解決するためには，トルエンや二硫化炭素を移動相としても急激に分

離能が低下しないようなフラーレン専用の固定相の開発が必要である（本節(2)参照）．

(1) ODS カラムを用いたフラーレンの HPLC

ODS カラムは HPLC の固定相で最も広く用いられているカラムである．ODS を用いたフラーレンの分離については，いくつかの研究グループの報告がある[21-27]．ODS カラムは，モノメリック（monomeric）ODS とポリメリック（polymeric）ODS の二種類に分けられる[28]．一般に，この二つの ODS の分離特性は非常に異なる．また，ポリメリック ODS カラムはモノメリック ODS カラムより分子形状の認識能力が高いとされている．

ODS によるフラーレンの分離の研究を最も系統的に行ったのは，神野らの研究グループである[23]．図4.3に示したのはフラーレン（C_{60}〜C_{84}）の分離を同一条件下で，モノメリック ODS とポリメリック ODS を用いて行ったときの HPLC クロマトグラムの比較である[26]．ピークの形状はモノメリック ODS のほうがポリメリック ODS よりも良い．また，一般的な傾向として小さなサイズのフラーレンが大きなサイズのフラーレンより早く溶出する．ところが，二つのカラムを用いたクロマトグラムを詳細に比較すると一部のサイズのフラーレンで，溶出順序が異なることがわかる．たとえば，ポリメリック ODS では，$C_{78}(C_{2v}')$ は C_{76} より早く溶出する．さらに，ポリメリック ODS では C_{82} は C_{84} より後に溶出する（図4.3）．他方のモノメリック ODS では，C_{60}〜C_{84} のフラーレンのサイズ領域でサイズに対する溶出順序の逆転は観測されない．

これらの溶出順序の違いは，フラーレンの分子形状とカラムの形状認識能に大きく依存している．短径がやや大きい $C_{78}(C_{2v}')$ はポリメリック ODS の平面認識能から考えると保持が小さくなる傾向となり，その結果 C_{76} より早く溶出することになったと考えられる[26]．二つの ODS カラムの保持傾向の違いは，カラムの温度が高い程大きくなることがわかっており，ポリメリック ODS ではカラム温度のわずかの差が大きく保持に影響をあたえる[26]．また，ODS カラムの基体であるシリカゲルの孔径は小さいほど分離能に優れていることが報告されている[21]．神野らは，ポリメリック ODS カラムを用いて C_{98} までの高

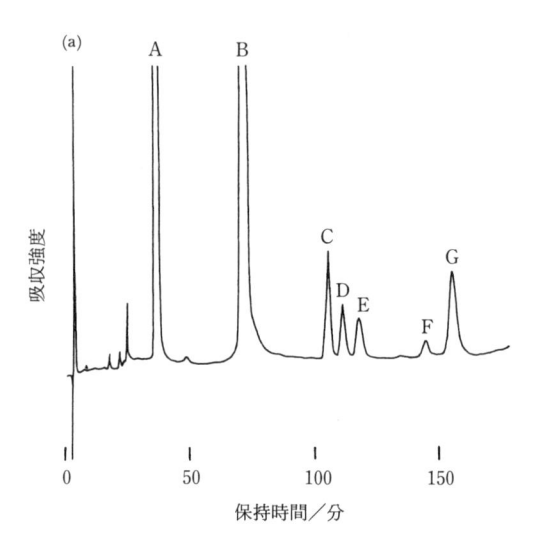

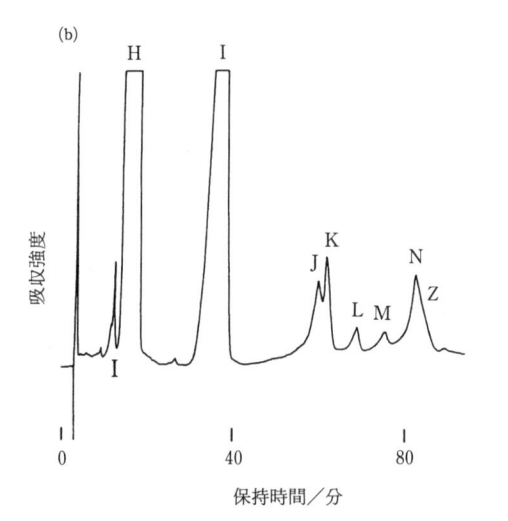

図 4.3 フラーレンの分離：(a)モノメリック ODS と(b)ポリメリック ODS[27]．移動相：トルエン／アセトニトリル＝44／55．A, H＝C_{60}；B, I＝C_{70}；C, K＝C_{76}；D, J＝$C_{78}(C_{2v}')$；E＝$C_{78}(C_{2v}+D_3)$；L＝$C_{78}(C_{2v})$；M＝$C_{78}(D_3)$；F, Z＝C_{82}；G, N＝$C_{84}(D_2+D_{2d})$．

次フラーレンの分析レベルの分離同定を行っている[29]．

このように ODS カラムはフラーレンの分離と同定に有用である．しかし移動相として純トルエンを用いると極端に分離の分解能が悪くなるので，ODS カラムは多量のフラーレンの分離精製にはむいていない．ODS カラムはフラーレンの分析同定と準分取（semi-preparative）の用途に適している．一定量以上のフラーレンを分取するためには，一回のカラムへの試料の注入で多量のフラーレンを分離精製できる固定相が必要である．これを実現するためには，フラーレンの多量分離に適した新しいタイプの固定相の開発が必要となってくる．

(2) 多量分取を目的としたフラーレンの HPLC

菊地らは，C_{96} までの高次フラーレンの分離精製のために，ベンゼン[30]と二硫化炭素[31]を移動相に用いた初めての高速液体クロマトグラフィー分離を行った．また，Selegue らは[32]，トルエンを移動相にして

C_{60}とC_{70}の分離精製を行った.表4.1に示されているように,ベンゼン(トルエン)や二硫化炭素は,ODSカラムを用いた場合の標準的な移動相であるトルエン/アセトニトリル混合溶媒と比較してフラーレンの溶解度が大きい溶媒である.これはフラーレン,特にC_{76}以上の高次フラーレンの分離精製で重要な点である.菊地らは,C_{96}までの高次フラーレンの分離精製で,ポリスチレンカラムを固定相に二硫化炭素を移動相に用いている[33].この固定相と移動相の組み合わせでは分離の分解能は低いが,菊地らはHPLCの自動リサイクル[34]を30回程度行うことによりC_{76},C_{78},C_{82},C_{84},C_{90},C_{96}などの高次フラーレンを分離している.

ポリスチレンカラムを固定相に二硫化炭素を移動相に用いた場合,分離モードはGPC(gel permeation chromatography)モードとなりサイズの大きなフラーレンから溶出する[31].興味深いことに,ポリスチレンカラムの固定相でもベンゼン[30]やトルエン[32]を移動相に用いた場合は,サイズの小さなフラーレンから溶出する.これは先に述べた,ODSカラムを用いた逆相(reversed-phase)の吸着モード分離の場合と同じである(図4.3参照).

Hawkinsらは[35],光学分割用のPirkleカラム[36]を用いてC_{60}とC_{70}を分離精製した.Pirkleカラムはシリカゲルをフェニルグリシン誘導体で修飾したもので,光学異性体の分離に用いられている.この固定相は修飾分子中にジニトロベンズアルデヒド基を含み,これがフラーレンとの相互作用を生みだしていると考えられている.Pirkleらはさらに,Buckyclutcher[37]という固定相を開発した[38].Buckyclutcherは,三つのジニトロフェニル基を結合相にもつ固定相である.このカラムはスケールアップをするだけで,分離能を低下させずにフラーレンの分離量を増人することができるという大きな長所をもっている.Buckyclutcherカラムは,トルエン100%の移動相でC_{60}とC_{70}の多量分離を可能にした初めてのHPLC用のカラムである.

一方,木全らは[39],ニトロフェニルエチル(NPE),ピレニルエチル(PYE),ピレニルプロピル(PYP)を固定相とした新しいタイプのカラムを開発した.このうちPYPカラムはBuckyprepカラム[40]と呼ばれている.NPE,PYEおよびPYP充てん剤はフラーレンに対してODSよりもはるかに長い保持時間を与える.特にPYEとPYPはフラーレンに対して良溶媒であるトルエン中

[図: PYP (Buckyprep) カラムを用いた高次フラーレンのHPLCクロマトグラム。横軸: 保持時間/分 (20〜65), 縦軸: 吸収強度。ピーク: C_{84}, C_{86}, C_{88}, C_{90}, C_{92}, C_{94}, C_{96}]

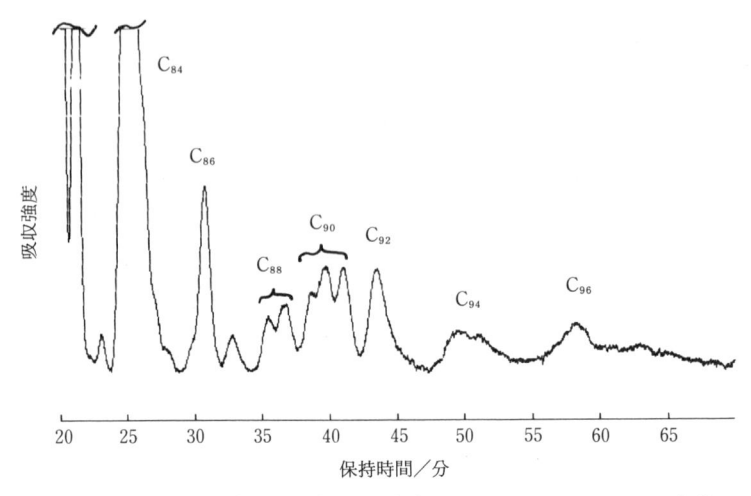

図 4.4 PYP（Buckyprep）カラムを用いた高次フラーレンの HPLC のクロマトグラム（トルエン移動相）．C_{84}〜C_{96} の範囲．C_{88}, C_{90}, C_{94} などには複数の異性体のピークが観測されている．

においても高次フラーレンを保持・分離することを可能とした初めての固定相である．トルエンを移動相とする PYE 型カラムでフラーレンの分取を行った場合，ヘキサンと ODS 型充てん剤を用いる場合と比較して，約 20 倍の分取・精製が可能である[39]．このため PYE 型カラムや Buckyprep カラムを用いることにより，トルエン 100% の移動相で C_{76} 以上の高次フラーレンの多量分離が可能となった．

木全らはさらに，ペンタブロモベンジル（PBB）を固定相としたカラムを開発した[41]．このカラムは，トルエンのみならず二硫化炭素やさらにフラーレンの溶解度が高い 1,2,4-トリクロロベンゼンを移動相に用いても C_{60}, C_{70} や高次フラーレンを良好に分離することができる．図 4.4 に Buckyprep カラムを固定相とした高次フラーレンの分離のクロマトグラムを示す．特に，C_{88}, C_{90}, C_{94} などでは複数の異性体が分離されている。PBB カラムを二硫化炭素の移動相で用いることにより，C_{120} 程度までの高次フラーレンを分離精製することが初めて可能となった（図 4.5）．図 4.6 にはこれらの固定相の結合相の構造を示す．また，[Sn (IV), In (III)] を配位金属としたテトラフェニルポルフィリン（TPP-RP）を結合相にもつ固定相が Meyerhoff ら[42,43]により開発され，

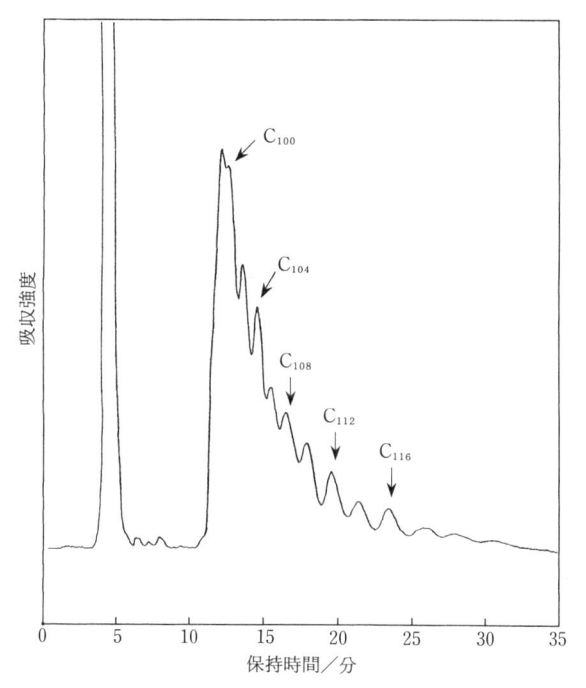

図 4.5 PBB カラム（二硫化炭素移動相）による高次フラーレンの分離の HPLC クロマトグラム．C_{120} 程度までの高次フラーレンの分離，精製が可能である．

図 4.6 Buckyclutcher I, PYP (Buckyprep), PBB の固定相の結合相部分の分子構造．

4 フラーレンの分離と精製

トルエン／二硫化炭素の混合溶媒でのフラーレンの分離を可能にしているが，分離の分解能は Buckyprep や PBB カラムと比べて低いようである．木全らはさらに，Buckyprep-M という分離カラムを開発して，金属内包フラーレンの分離を大きく前進させた．

これらの新しい固定相はすべて芳香族環を固定相の結合相としてもっている．この場合の分離機構の詳細はわかっていないが，フラーレンと結合相の π-π 相互作用と固定相の分子形状認識によると考えられている．また，これらの新しいタイプの固定相により金属内包フラーレン（第8章）などのフラーレン関連分子も初めて分離精製されている[44-46]．今後さらに，これらのカラム以上の選択性をもつ分子認識に基づいた新しいタイプの固定相が開発されることが期待される．これにより C_{60}，C_{70} はもとより高次フラーレンのさらにスケールアップした多量精製が可能になるであろう．

引用文献と注

1) W. Krätschmer, L. D. Lamb, K. Fostiropoulos and D. R. Huffman, *Nature*, **347**, 354 (1990).
2) フラーレンの発見以前の炭素物質は，グラファイト，ダイヤモンドあるいは種々のアモルファスカーボンなどであるが，これらはすべて有機溶媒に不溶である．フラーレンは特にベンゼン環をもつ有機溶媒に可溶であることから，フラーレンの π 電子と溶媒分子の π 電子の π-π 相互作用による溶媒和の効果が，フラーレンの可溶性に重要な役割を果たしているのは間違いないであろう．
3) R. Taylor, J.P. Hare, A.K. Abdul-Sada and H.W. Kroto, *J. Chem. Soc. Chem. Comm.*, 1423 (1990).
4) H. Ajie et al., *J. Phys. Chem.*, **94**, 8630 (1990).
5) R. E. Haufler et al., *J. Phys. Chem.*, **94**, 8634 (1990).
6) a) D. M. Cox et al., *J. Am. Chem. Soc.*, **113**, 2940 (1991) ; b) G. B. Vaughan et al., *Science*, **254**, 1350 (1991).
7) D. M. Cox, R. D. Sherwood, P. Tindall, K. M. Creega, W. Anderson and D. J. Martella, "Mass Spectrometric, Thermal, and Separation Studies of Fullerenes", in Fullerenes : Synthesis, Properties, and Chemistry of Large Carbon Clusters, eds. G. S. Hammond and V. J. Kuck, ACS Symposium Series No. 481 (1992) pp. 117-125.
8) R. D. Averitt, J. M. Alford and N. J. Halas, *Appl. Phys. Lett.*, **65**, 374 (1994).

9) Averittらは,この装置を分子分溜装置(molecular distillation apparatus)と呼んでいる.
10) R. S. Ruoff, D. S. Tse, R. Malhotra and D. C. Lorents, *J. Phys. Chem.*, **97**, 3379 (1993) ; R. S. Ruoff, R. Malhotra, D. L. Huestis and D. C. Lorents, *Nature*, **362**, 140 (1993).
11) W. A. Scrivens and J. M. Tour, *J. Chem. Soc., Chem. Commun.*, **15**, 1207 (1993) ; W. A. Scrivens, A. M. Cassell, K. E. Kinsey and J. M. Tour, "Purification of C_{70} Using Charcoal as a Stationary Phase in a Flash Chromatography", in Fullerenes : Recent Advances in the Chemistry and Physics of Fullerenes and Related Materials, eds. K.M. Kadish and R.S. Ruoff, The Electrochemical Society, Pennington (1994) pp. 166-177.
12) N. Sivaraman, R. Dhamodaran, I. Kaliappan, T. G. Srinivasan, P. R. V. Rao and C. K. Mathews, *J. Org. Chem.*, **57**, 6077 (1992) ; N. Sivaraman, R. Dhamodaran, I. Kaliappan, T.G. Srinivasan, P.R.V. Rao and C.K. Mathews, "Solubility of C_{60} and C_{70} in Organic Solvents", in Fullerenes : Recent Advances in the Chemistry and Physics of Fullerenes and Related Materials, eds. K. M. Kadish and R. S. Ruoff, The Electrochemical Society, Pennington (1994) pp. 156-165.
13) T. Tomiyama, S. Uchiyama and H. Shinohara, *Chem. Phys. Lett*, **264**, 143 (1997).
14) カラムクロマトグラフィーでは,分離のためのカラム本体を固定相(stationary phase)と呼び,分離対象の物質を溶かす溶媒を移動相(mobile phase)と呼ぶ.
15) 田島修示,豊橋技術科学大学修士論文(1993).
16) カラムクロマトグラフィーにおいて,分離性を向上させるために常圧以上で行う場合をフラッシュクロマトグラフィーと呼ぶ.これをさらに押し進め高い分離能を可能にしたのが,4.4節で述べる高速液体クロマトグラフィー(high-performance liquid chromatography, HPLC)である.典型的なフラッシュクロマトグラフィーは次の文献を参照:W. C. Still, M. Kahn and A. Mitra, *J. Org. Chem.*, **43**, 2923 (1978).
17) W. A. Scrivens, P. V. Bedworth and M. J. Tour, *J. Am. Chem. Soc.*, **114**, 7917 (1992) ; W. A. Scrivens and J. M. Tour, *J. Org. Chem.*, **57**, 6922 (1992).
18) L. Issacs, A. Wehrsig and F. Deiderich, *Helv. Chim. Acta*, **76**, 1231 (1993).
19) K. C. Khemani, M. Prato and F. Wudl, *J. Org. Chem.*, **57**, 3254 (1992).
20) 江口昇次,入野正富,炭素クラスターニュース(文部省科学研究費重点領域研究「炭素クラスター」), Vol. 2, No. 1, 42 (1994).
21) 神野清勝,「フラーレン類を分離精製する」, C_{60}・フラーレンの化学,『化学』編集部編,化学同人(1993) pp. 65-73.
22) J. C. Fetzer and E. J. Gallegos, *Polycycl. Arom. Comp.*, **2**, 245 (1992).
23) K. Jinno and Y. Saito, "Separation of Fullerenes by Liquid Chromatography : Molecular Recognition Mechanisms in Liquid Chromatographic Separation", in Advances in Chromatography Vol. 36, eds. P.R. Brown and E. Grushka, Marcel Dekker, New York (1996) pp. 65-125.
24) M. Diach, R. L. Hettich, R. N. Compton and G. Guiochon, *Anal. Chem.*, **64**, 2143 (1992).

25) R. C. Klute, H. C. Dorn and H. M. McNair, *J. Chromatogr. Sci.*, **30**, 438 (1992).
26) K. Jinno, T. Uemura, H. Ohta, H. Nagashima and K. Itoh, *Anal. Chem.*, **65**, 2650 (1993).
27) F. Diederich, R. L. Whetten, C. Thilgen, R. Ettyl, I. Chao and M. M. Alvarez, *Science*, **254**, 1768 (1991).
28) ODS はシリカゲルにオクタデシル基を結合させて作るが、これらの合成のときに用いるシリル化剤が一官能性か多官能性かによりモノメリック ODS とポリメリック ODS に分類される.
29) K. Jinno, H. Matsui, H. Ohta, Y. Saito, K. Nakagawa, H. Nagashima and K. Itoh, *Chromatographia*, **41**, 353 (1995).
30) K. Kikuchi et al., *Chem. Lett.*, 1607 (1991).
31) K. Kikuchi et al., *Chem. Phys. Lett.*, **188**, 177 (1992).
32) M. S. Meier and J. P. Selegue, *J. Org. Chem.*, **57**, 1924 (1992).
33) JAIGEL 2H（40×600mm：日本分析工業社製）のポリスチレンカラムを 2 個直列につないで使用している.
34) 試料を一度分離カラムを通過させた後に分取せずに、再度カラムに注入する操作をリサイクル (recycle) という。一回の分離で分解能が十分でないときに用いられる方法である。日本分析工業社製 LC-908 はリサイクルを自動に行える機構を備えている.
35) J. M. Hawkins et al., *J. Org. Chem.*, **55**, 6250 (1990).
36) W. H. Pirkle and C. J. Welch, *J. Org. Chem.*, **56**, 6973 (1991).
37) Buckyclutcher カラムは発売元の Regis Technologies Inc.（8210 Austin Avenue, Morton Grove, IL 60053, USA）の商品名であるが、一般に使われている.
38) C. J. Welch and W. H. Pirkle, *J. Chromatogr.*, **609**, 89 (1992).
39) K. Kimata, K. Hosoya, T. Arai and N. Tanaka, *J. Org. Chem.*, **58**, 282 (1993).
40) Buckyprep は商品名（ナカライテスク株式会社，604-0855 京都市中京区二条通烏丸西入ル）である.
41) K. Kimata, T. Hirose, K. Moriuchi, K. Hosoya, T. Arai and N. Tanaka, *Anal. Chem.*, **67**, 2556 (1995).
42) C. E. Kibbey, M. R. Savina, B. K. Parseghian, A. H. Francis and M. E. Meyerhoff, *Anal. Chem.*, **65**, 3717 (1993).
43) この固定相は、FulleSep という商品名で、Selective Technologies Inc.（P.O. Box 7730, Ann Arbor, MI, USA）から市販されている.
44) H. Shinohara, H. Yamaguchi, N. Hayashi, H. Sato, M. Ohkohchi, Y. Ando and Y. Saito, *J. Phys. Chem.*, **97**, 4259 (1993).
45) H. Shinohara, M. Inakuma, N. Hayashi, H. Sato, Y. Saito, T. Kato and S. Bandow, *J. Phys. Chem.*, **98**, 8597 (1994).
46) K. Kikuchi et al., *Chem. Phys. Lett.*, **216**, 67 (1993).

5

フラーレン分子の構造と電子状態

フラーレンの構造と電子状態は特異である.本章では,C_{60}, C_{70} および高次フラーレンの分子構造と分子の電子状態を述べる.C_{60} を中心とするフラーレンの固体状態の結晶構造,電子状態あるいは物性は第6章で詳しく述べる.最初に,フラーレンファミリーのなかで最も代表的なフラーレンである C_{60} 分子の構造と電子状態を議論したあと,C_{70} や高次フラーレンの構造と電子状態を考える.最後に,フラーレンの構造と安定性についての一般的な原理を探る.

5.1 C_{60} (Buckminsterfullerene)

(1) C_{60} 分子の構造

1985年の Kroto と Smalley らの仮説[1]は,C_{60} はサッカーボール型(切頭二十面体,truncated icosahedron)構造をしているという奇抜なものであった.1990年に Krätschmer と Huffman ら[2]によって C_{60} の多量合成が行われた直後から,研究者の興味はその特異な分子構造にあった.C_{60} は本当にサッカーボールの形をしているのだろうか?

Krätschmer と Huffman らによって C_{60} 多量合成法が発見される1990年までに,C_{60} に関する理論的な研究はかなり行われていて,電子スペクトル[3]や振動スペクトル[4-6]などについていくつかの重要な予想がなされていた.なかでも,C_{60} がサッカーボール型(切頭二十面体)構造をとるならば,その対称

性から考えて赤外活性な一次の振動モードは四つしかない,という赤外スペクトルの予想は C_{60} の最初の検出と同定に用いられた.歴史的にみても,Krätschmer と Huffman らの C_{60} の多量合成に関する初期の発表[7,8]にみられるように,C_{60} を含んだススの赤外吸収スペクトルに4本のピークが観測されたことが,C_{60} の多量合成の最初の確認となった(第1章文献29)参照).

C_{60} には全部で174の振動の自由度がある[9].C_{60} が切頭二十面体の I_h 対称をもつならば多くの縮重した振動モードが存在し,結局,$C_{60}(I_h)$ では46個の振動モードが存在することになる.46個の分子内振動モードは以下の対称性に分類される[10]:

$$\Gamma(C_{60}) = 2A_g + 3F_{1g} + 4F_{2g} + 6G_g + 8H_g + A_u + 4F_{1u} + 5F_{2u} + 6G_u + 7H_u \tag{5.1}$$

このうち一次の赤外活性なモードは四つの F_{1u} モードである.また,ラマン(Raman)活性モードは二つの A_g モード(∥,∥偏光)と八つの H_g モード(∥,∥と∥,⊥偏光)で,合計10個のモードである[11].いくつかの理論計算[4-6]が予想した赤外吸収の波数は,1600 ± 200,1300 ± 200,630 ± 100,$500\pm50\,\mathrm{cm}^{-1}$ であった.実際に,シリコン基板上での C_{60} 膜($\sim2\,\mu\mathrm{m}$ 厚)の赤外(IR)ス

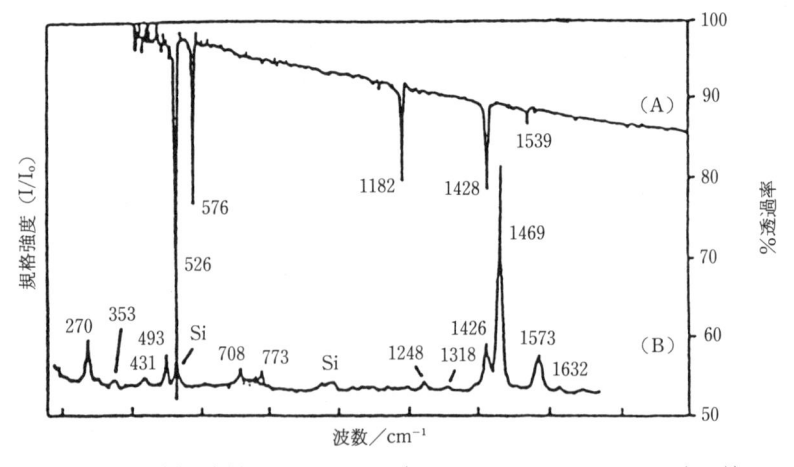

図5.1 C_{60} の(A) IR と(B)ラマンスペクトル(A. M. Rao et al., *Science*, **259**, 955 (1993)).

ペクトルには4本の鋭いピークが，1429, 1183, 577, 528 cm^{-1} に観測された[2]．これらの4本のIRモードは C_{60} 内の F_{1u} モードに帰属される．60個もの多数の炭素原子からなる C_{60} の赤外吸収のピークが，4本と極端に少ないのは，C_{60} の対称性が大変高いことで説明される．また，10本のラマン線もいくつかのグループの実験によって確認されている[12-15]．以上の赤外とラマン分光は C_{60} 分子の I_h 対称性を示している（図5.1）．

高い対称性をもつサッカーボール型構造のもう一つの大きな実験的証拠は，

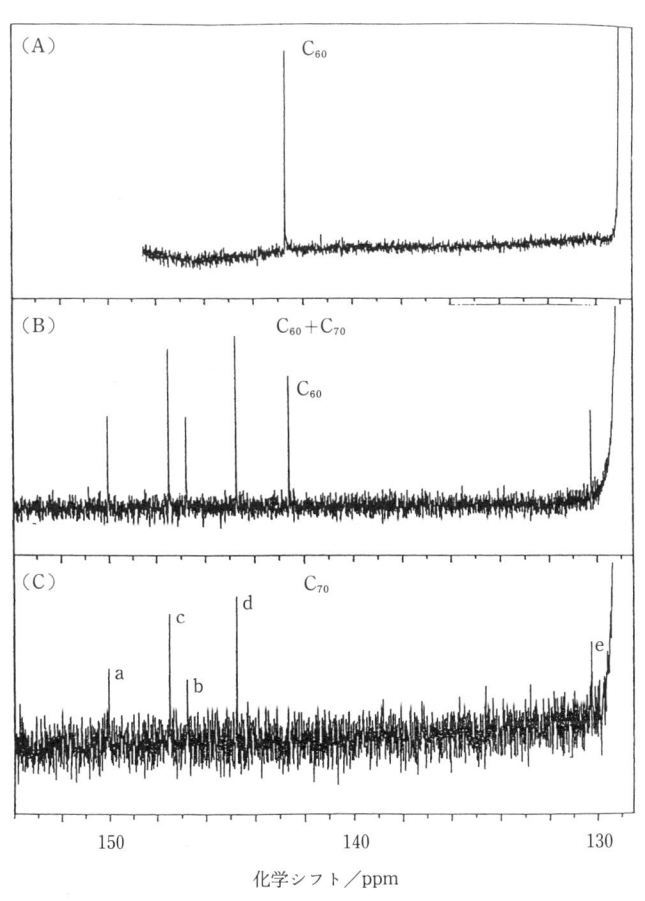

図5.2 C_{60}，C_{60} と C_{70} の混合物および C_{70} の ^{13}C-NMR スペクトル[16]．a～eの信号に対応する炭素原子は図5.9を参照．

5 フラーレン分子の構造と電子状態

^{13}C の核磁気共鳴（nuclear magnetic resonance, NMR）の測定である．C_{60} がサッカーボール型構造をもつ場合，60個の各炭素原子はすべて等価である．このため，^{13}C-NMR で観測される信号はたったの1本であると予想される．C_{60} の ^{13}C-NMR の測定は，おもに Sussex 大学の Kroto らのグループ[16]と IBM（Almaden）の Bethune らグループ[17]の先陣争いになった[18]．二つの研究グループが行った C_{60} の溶液中の測定では，142ppm 付近にただ1本の NMR 信号が観測された（図5.2(A)）．これらの ^{13}C-NMR の実験結果も，C_{60} 分子の I_h 対称性を示している．

C_{60} のサッカーボール型分子構造の最も直接的な証明はX線構造解析により行われた．ただし，C_{60} 結晶中で各 C_{60} 分子は非常な高速で回転（回転の時間相関は10ps程度）している[19]ため，分子構造が平均化され球とみなされることがわかった（第6章6.1節(1)参照）．この回転を止めない限り（原子の位置を決定する）単結晶X線構造解析を行うことはできない．California 大学（Berkeley 校）の Hawkins ら[20]は，非常に興味深い方法で C_{60} の結晶中での回転を完全に止めることに成功した．C_{60} のオスミウムの誘導体，$C_{60}(OsO_4)$(4-t-ブチルピリジン)$_2$，を合成してその単結晶をつくり，この結晶のX線構造解析を行ったのである．この反応では，四酸化オスミウムが C_{60} の炭素間二重結合の一つに結合し，五角形を作っている結合に組み換えを起こす．C_{60} のオスミウム誘導体はちょうどウサギの頭と耳のような格好をしているので（図5.3），bunny ball とも呼ばれている．C_{60} についた bunny（うさぎ）の耳のようなオスミウム置換基によって互いの分子回転が止められ，単結晶の構造解析に成功することができた．

図5.3をみると，オスミウムの置換基が付いている炭素原子以外は，すべて六員環と五員環のサッカーボール型構造をもっていることがわかる（置換基が直接ついた C_1 と C_2 の炭素原子は C_{60} の球面から 0.22(2) Å から 0.30(3) Å だけ外側に出ている．これに対して，その他の炭素原子の球面からのずれは，0.05(3) Å 以下である）．六員環と六員環が接する平均のC-C結合距離は 1.388(9) Å，五員環と六員環が接する平均のC-C結合距離は 1.432(5) Å であった．また，730℃での C_{60} の気相の電子線回折の実験[21]では，それぞれのC-C結合距離は，1.401(10) Å と 1.458(6) Å であった．また，このときの C_{60} の

表 5.1　C_{60} のおもな性質.

性質	測定値（計算値）	文献
・分子量	720.66	
・質量数	720	
・分子構造	切頭二十面体（I_h），直径 0.71 nm，外径 1.03 nm	
	C−C 結合距離（六員環）0.139 nm	23)
	C−C 結合距離（五員環）0.143 nm	23)
・赤外吸収スペクトル（シリコン基板）	528 cm^{-1}, 577, 1183, 1429	2)
・イオン化ポテンシャル	7.58 eV（第 1），11.5 eV（第 2）	122, 123)
・電子親和力	2.65 eV	
・生成熱	10.16 kcal/gC atom	
・結晶構造	高温相は面心立方格子	124)
	低温相は単純立方格子（表 6.1 参照）	125)
・質量密度	1.729 g/cm^3（5K, 計算値）	126)
・分子密度	1.44×10^{21} 個/cm^3	126)
・仕事関数	4.7 ± 0.1 eV	127)
・融点	1180℃	128)
・電気伝導率（300K）	$10^{-8} \sim 10^{-14}$ S/cm	6 章 43, 44)
・昇華熱	40 kcal/mol	129)
	38 kcal/mol	130)
・蒸気圧	1.9×10^{-5} Torr（400℃）,	130)
	5×10^{-4} Torr（500℃）,	
	1×10^{-3} Torr（600℃）	
・熱容量（定圧，C_p）	500 J/K mol（室温）	6 章 36)
・デバイ特性温度	~ 50 K	6 章 38)
	49, 67, 74 K	131)
・熱伝導率	0.4 W/mK（室温）	6 章 40)
・弾性率	6.8 GPa（室温，fcc 相）,	6 章 71)
	10 GPa（150K, sc 相）	
・ヤング率	2.0×10^{11} dyn/cm^2（室温）	132)
・ビッカース硬度	~ 22 kgf/mm^2（室温）,	133)
	~ 34 kgf/mm^2（250K）	
・バンドギャップ		
電気伝導	1.85, 1.6 eV	6 章 21, 22)
光学吸収端	1.7 eV	134)
・電子移動度	0.5 cm^2/Vs	135)
・正孔移動度	1.7 cm^2/Vs	135)
・静的誘電率（$\varepsilon_1(0)$）	4.4	6 章 45)
・磁化率	−4.23 cgs ppm/mol of C	6 章 49)
	（−254 cgs ppm/mol of C_{60}）（室温）	

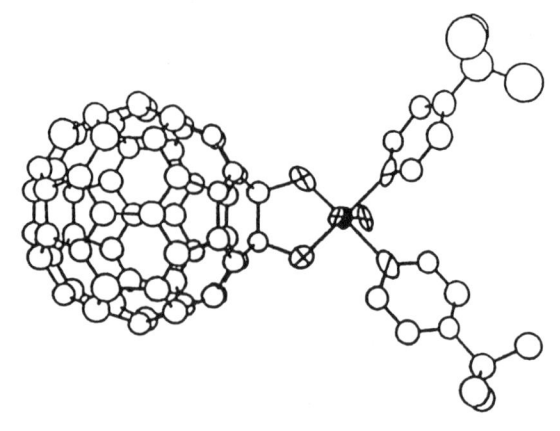

図5.3 $C_{60} \cdot Os$ 誘導体のX線構造解析結果[20]. C_{60} にオスミウム化して得られた C_{60} 誘導体 $C_{60}(OsO_4)(4\text{-}t\text{-}ブチルピリジン)_2$ の単結晶構造解析.

直径は 7.113(10) Å であった. さらに, 二次元の ^{13}C-NMR によっても C-C 結合距離が求められていて, それぞれ 1.40±0.015 Å および 1.45±0.075 Å と報告されている[22].

X線構造解析の半年後, C_{60} 結晶を 5K の極低温まで冷却して C_{60} 分子の回転を止め, 中性子回折による構造解析が行われた[23]. この実験でも, C_{60} のサッカーボール型構造が実証された. 日本でも, 東京大学基礎科学科の泉岡と菅原ら[24]のグループが, 二つの BEDT-TTF という分子から成るナノスケールの"ピンセット"分子で C_{60} をはさんでその回転を止め, 構造解析を行うことに成功している. 以上のいずれの実験結果も C_{60} がサッカーボール型構造をとっていることを示している. 自然は, なんとも美しい形をした分子を作るものである. 表5.1 に C_{60} の諸性質を示す.

(2) C_{60} 分子の電子状態

C_{60} は 12 個の五員環と 20 個の六員環からなるサッカーボール型構造なので, 各C原子は一つの五員環と二つの六員環の結合点にある. 六員環をなす角度は 120°の sp^2 混成軌道間の角度であり, 五員環をなす角度 108°は, sp^3 混成軌道間の角度 109°28′ に非常に近い. C_{60} の炭素原子の多くは, sp^2 混成軌道に近い電子配置をもつものと予想される.

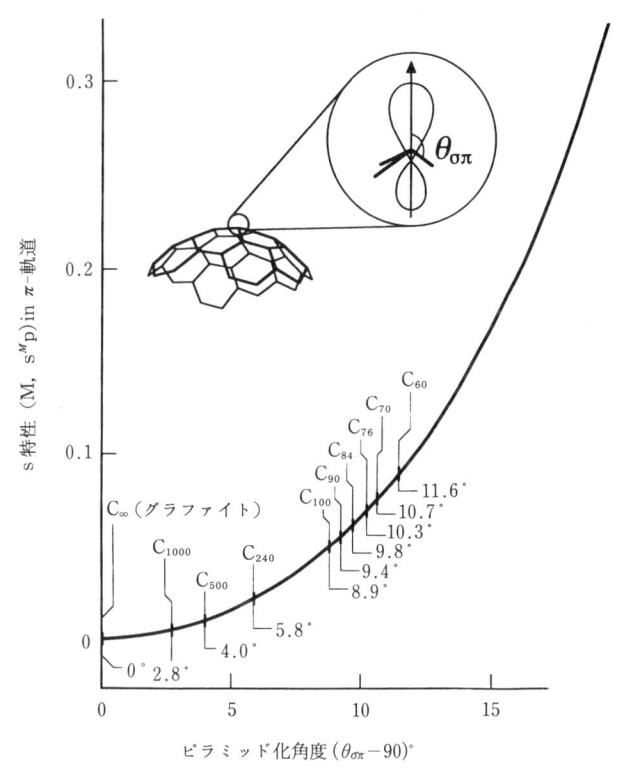

図 5.4 フラーレンの pyramidalization の角度 $\theta_{\sigma\pi}$[25]. $\theta_{\sigma\pi}$ は π 軌道が三つの σ 結合となす角度.

Haddon ら[25]は,フラーレンの曲率と混成軌道との間の一般的な相関関係について,再混成(rehybridization)という概念を用いて考察した.フラーレン表面にある,一つの炭素原子の位置での曲率は,ピラミッド化の角度(pyramidalization angle)[$(\theta_{\sigma\pi}-90)°$] で表される(図 5.4).C_{60} のピラミッド化の角度は 11.6° である.球面上の σ 結合は平面からずれるので,通常の混成軌道ではフラーレンの各結合の混成を説明できない.純粋な p 軌道や s 軌道だけからではない π 軌道や σ 軌道を考えなくてはならない.フラーレンは中間的な混成軌道をもっているのである.Haddon らの解析によれば,C_{60} の混成軌道は,sp^2 と sp^3 の中間で $sp^{2.278}$ であり,π 軌道がもつ s 特性は 0.081〜0.085 であった.いっぽう,C_{60} 誘導体の ^{13}C-NMR の測定から導かれた結合定数

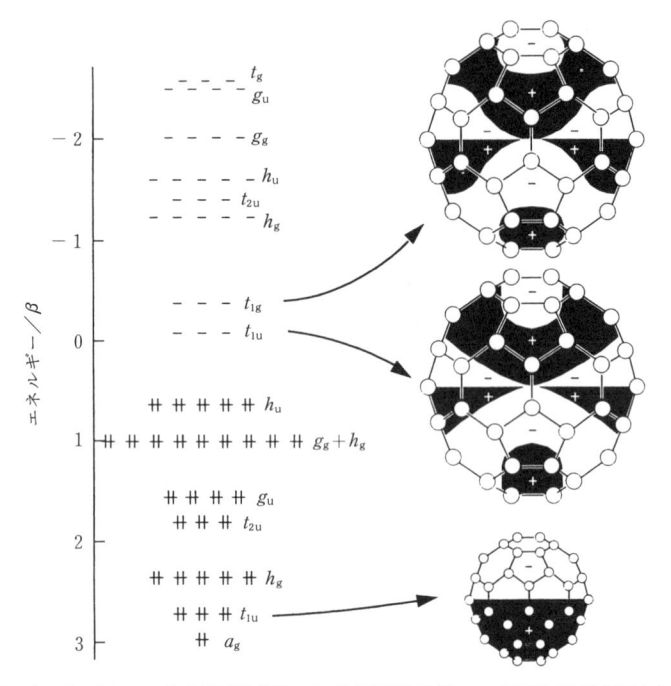

図5.5 C_{60}のヒュッケル分子軌道[27]．h_u が HOMO 軌道，t_{1u} が LUMO 軌道になる．

(coupling constant) により見積もられた再混成の分率は 0.03 であった[26]．図5.4 を見るとフラーレンのサイズが大きくなるにつれてピラミッド化の角度が小さくなり，ひずみが急激に小さくなる．しかし，実際にはフラーレンのサイズが大きいほど IPR（第5章5.4節）を満足するフラーレンの異性体が数多く存在する．このため，大きなフラーレンのなかには，ひずみの大きな異性体も存在する可能性がある．

C_{60} 分子の電子構造の最も大きな特徴は，多くの縮重軌道をもつことである．これは，C_{60} はこれまで知られている分子のなかで最も高い対称性である I_h 対称性をもつからである．C_{60} にアルカリ金属をドープした多くの化合物が超伝導体になるのも，縮重軌道が重要な役割を果たしている（第7章7.5節参照）．実際，単純なヒュッケル（Hückel）の分子軌道計算[25,27,28]によっても，C_{60} の HOMO（最高被占軌道）h_u は五重に縮重しており，LUMO（最低空軌道）t_{1u} は三重に縮重していることが示される（図5.5）．C_{60} に関する分光学的な実

験データを定量的に解釈するにはヒュッケルレベルの計算では不十分であるが，HOMOとLUMO近辺の分子軌道のエネルギーレベルを議論するにはヒュッケル分子軌道計算は有効である．ヒュッケル計算によると，結合σ電子はHOMOより7eV低いエネルギーにあり，反結合π電子はフェルミ準位より6eV高いエネルギーにある．

また斎藤晋と押山[29]によって密度汎関数法に基づく局所密度近似を用いて，C_{60}分子の電子状態および固体C_{60}のエネルギーバンドが求められている（図6.6参照）．この計算結果によると，HOMOとLUMOとの間には比較的大きなギャップ（1.5eV）が開いている．五重縮重のHOMOは，10個の電子で完全に満たされており，高い対称性のサッカーボール型構造が安定となっている．C_{60}が固体を形成すると，C_{60}分子間での相互作用が現れ，C_{60}固体としてのエネルギーバンドを形成する．h_u状態，t_{1u}状態ともにエネルギーバンドを形成すると広がりをもつが，エネルギーギャップは有限に残る（図6.6参照）．つまり，固体C_{60}は半導体になることが予想される．

(3) C_{60}の電子状態のSTMプローブ

KrätschmerとHuffmanらによってC_{60}が多量生成された直後から，走査型トンネル顕微鏡（scanning tunneling microscopy, STM）を用いたC_{60}の構造と電子状態の研究が始まった．STMは鋭く尖らせた探針を試料表面から10Åの距離に保持して，原子や分子の凹凸を原子レベルの分解能で観測する顕微鏡である[30,31]．STMで観測するのは個々の原子の中心位置ではなく，原子や分子のフェルミ準位近傍の電子状態密度（density of states, DOS）の二次元マッピングである．このような大きな特徴をもつSTMにとってC_{60}・フラーレンの構造と電子状態は格好の研究対象である．

IBM（Almaden）[32]とArizona大学・Max Planck研究所（Heidelberg）[33]の研究グループは，大気下においてそれぞれAu(111)上と，HOPG（highly-oriented pyrolytic graphite）上でC_{60}のSTM像を初めて観測することに成功した．得られたSTM像は球形のC_{60}に特徴的な像であった．しかし，これらのC_{60}のSTM観察は超高真空下で行われなかったため，試料の純度や空間分解能などは十分なものではなかった．WeaverとSmalleyら[34]の共同研究グル

ープは超高真空下においてGaAs (110)上でのC$_{60}$のSTM像を得ることに初めて成功した．一方，東北大学金属材料研究所の橋詰と桜井らのグループは，超高真空下のSi (111)7×7[35]，Si (100)2×1[36] およびCu (111)[37] 表面上でのC$_{60}$のSTM観測に成功した．これらの表面上でのC$_{60}$の高分解能STM像は，C$_{60}$の電子状態に対応する特徴的な分子内部構造 (internal structure) を示している．これらの清浄固体表面上では，表面からの電子移動に伴う相互作用によりC$_{60}$は室温でも回転しない．このため特徴的な内部構造が観測される．

最も興味深いC$_{60}$の内部構造は，Cu (111)上のSTM観測で得られている．図5.6に示すのは，Cu (111)上のC$_{60}$のSTM像である．C$_{60}$のフェルミ準位近傍のDOSが，観測するエネルギー準位（走査バイアス電圧）[38]によって大きく異なることがわかる．図5.6で明らかなように，三つのSTM像（a．ドーナツ状，b．三角形状，c．クローバー状）はすべて3回対称軸をもっている．C$_{60}$の清浄表面への吸着構造の対称性を考えると，C$_{60}$分子の六員環の一つが表面に平行に吸着するときだけ3回対称の内部構造が得られる．これらの内部構造は大野と川添ら[35]によるC$_{60}$の電子状態計算による局所電子状態分布と非常に良い一致を示す（図5.6参照）．それぞれの走査バイアス条件に対

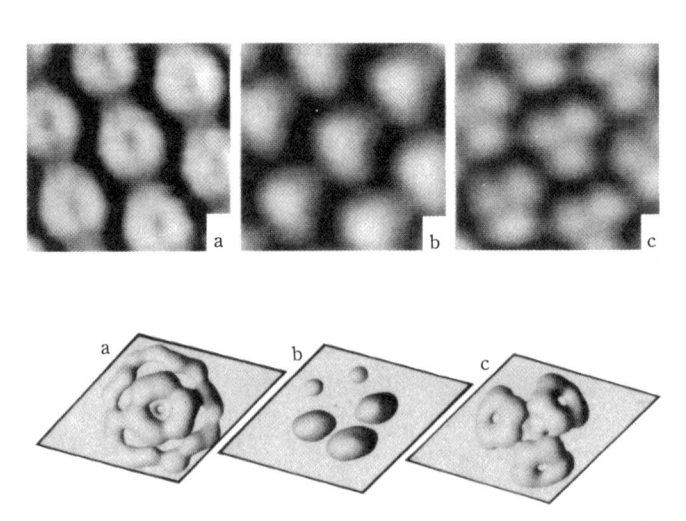

図5.6 Cu (111)1×1清浄表面上のC$_{60}$のSTM像（上図）と局所密度汎関数法による計算結果（下図）[37]．バイアス電圧；(a)−2.0V, (b)−0.1V, (c)+2.0V.

応する C_{60} の3回対称性だけでなく，ドーナツ，三角形，クローバーの形状までも実験と一致している．超高真空下でのSTM観測が C_{60} 電子状態の研究の新しい側面を切り開いた重要な例である．

超高真空STMを用いた C_{60}，C_{70}，高次フラーレンおよび金属内包フラーレン（第8章）の研究の発展は，桜井ら[39]によって総説にまとめられている．

(4) C_{60} 分子の電子励起状態

C_{60} の電子励起状態（励起一重項と三重項のエネルギーや寿命など）は，おもに二台の可視・紫外レーザーを用いたポンプ・プローブ（pump and probe）形式の過渡吸収分光（transient absorption spectroscopy）の実験によって研究されている．このポンプ・プローブの過渡吸収分光は今では，分子やクラスターの電子励起状態の研究になくてはならない強力な実験手段となっている[40]．

図5.7に C_{60} 分子と C_{70} 分子のエネルギーレベル図を示す．また，表5.2には C_{60} 分子と C_{70} 分子の溶液中の光化学的な諸量をまとめてある．ナノ秒（あるいはピコ秒）レーザーのポンプパルスで励起一重項のある振電レベルを励起する．非常に速い内部転換（internal conversion）によって S_1（最低励起

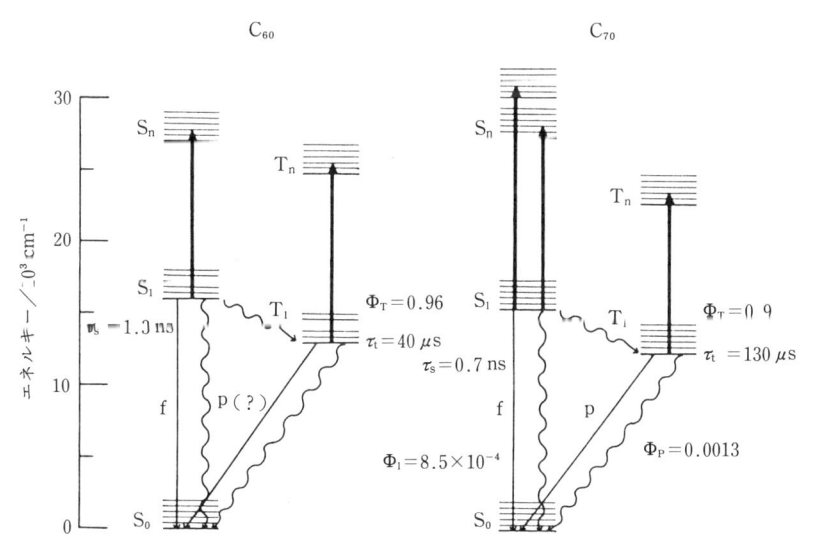

図5.7 C_{60} と C_{70} のエネルギー準位図と光化学的特性[43]．

表5.2 C_{60} と C_{70} の溶液中における光化学的な特性.

光化学的特性	C_{60}	C_{70}
S_1 寿命 (ns)	1.3[43]	0.7[43]
T_1 寿命	40 μs[41]	630 ns[48]
	(Ar ガス飽和ベンゼン中)	(空気飽和トルエン中)
	〜	〜
	620 μs[47]	53 ms[49]
	(77Kのメチルシクロヘキサン中)	(77K脱ガストルエン中)
	42 μs[50]	41 μs[50]
	(気相分子線中)	(気相分子線中)
S_1 (eV)	2.00[41]	1.86[b]
S_2 (eV)	3.4[43]	3.4[43]
T_1 (eV)	1.63[41]	1.56[b]
T_2 (eV)	3.3[43]	2.9[43]
Φ_T (量子収率)	1.0[41]	0.9[41]
$\sigma(S_0)$ (cm^2)	1.57×10^{-17} [44]	—
$\sigma(S_1)$ (cm^2)	9.22×10^{-18} [44]	—
$\sigma(T_1)$ (cm^2)	2.87×10^{-18} [44]	—

a) C_{60} と C_{70} の T_1 寿命は,温度や分子のおかれた環境により大きく変化する.
b) S. P. Sibley, S. M. Argentine and A. H. Francis, *Chem. Phys. Lett.*, **188**, 187 (1992).

一重項状態)まで遷移する.C_{60}ではほぼ量子収率(quantum yield)Φ_T が1でS_1からT_1(最低励起三重項状態)に項間交差(intersystem crossing)を起こす[41,42].適当な時間遅延をとった後に,プローブレーザーのパルスで$S_1 \rightarrow S_n$ や $T_1 \rightarrow T_n$ の励起を行う.このようなポンプ・プローブ実験によって,溶液中でのC_{60}分子のS_1の蛍光寿命は1.2〜1.3nsと求まっている[41,43,44].また,単一光子計数(single photon counting)法による蛍光の測定によるC_{60}のS_1の寿命は1.17nsであった[45].さらに,$S_1 \rightarrow T_1$ の項間交差は3.1nsの間にほぼ終了することも報告されている[43].

C_{70} の蛍光寿命も1ns前後である[43].$S_1 \rightarrow S_n$ や $T_1 \rightarrow T_n$ の励起の実験によってS_2, S_n, T_2, T_n などのエネルギーレベルについての情報も得られている.C_{60}分子で$S_1 \rightarrow S_n$ や $T_1 \rightarrow T_n$ の励起の実験が可能なのは,S_1 や T_1 からの吸収断面積がS_0の吸収断面積に比べて大きく違わないからである(表5.2)[44].寺嶋ら[46]の熱レンズ法などのphotothermal な実験によっても,$T_1 \rightarrow T_n$ の強い遷移が観測されている.

S_1の寿命は1nsと短いのに比べ,T_1のりん光寿命は数十μsから数百μsと

非常に長い．また，C_{60} の T_1 の寿命は溶媒の種類，溶存酸素の量，温度あるいは C_{60} の濃度などの環境の違いにより非常に大きく変化する．実際に，報告されている T_1 の寿命の値（$40\mu s \sim 620\mu s$）[41,47] には大きな違いがある．C_{70} では，りん光寿命（$630\,ns \sim 53\,ms$）[48,49] がこのような環境にさらに大きく左右される．気相の孤立分子の状態（超音速分子線中の分子）では，C_{60} と C_{70} のりん光寿命はそれぞれ $42\mu s$ と $41\mu s$ との報告がある[50]．

(5) C_{60} 分子の電気化学的性質

加藤らは，低温マトリックス放射線照射法[51] で C_{60}^- イオンを生成してその電子吸収スペクトルを最初に報告した[52]．C_{60} に電子が余分に1個付加されるので，この電子は LUMO 軌道 t_{1u} に入る（図5.5参照）．その結果，$T(t_{1u})$ → $T(t_{1g})$ に対応する電子遷移（許容遷移）が期待されるが，実際に加藤らは，この遷移に対応する強い吸収を 1,070 nm 付近に観測している．この電子状態は LUMO が部分的に占有されているので，いわゆるヤーン-テラー（Jahn-Teller）効果を受け I_h 対称から歪むことが予想される（ヤーン-テラー歪み）．ESR による g 因子の測定により C_{60}^- は I_h 構造から歪んでいることが示された[53]．C_{60}^- や C_{60}^+ などのイオンの電子状態は，例えば，宇宙空間における C_{60} 分子の探索において重要な意味をもつ（第12章参照）．

C_{60} の三重に縮重した LUMO 軌道を考えると，C_{60} はさらに六つまでの電子を付加できることが期待される．Haufler ら[54] は，サイクリックボルタメトリー（cyclic voltammetry, CV）を用いて初めて二つの可逆な還元波を観測し，電極表面で C_{60}^- と C_{60}^{2-} が安定に存在することを示した．その後，Allemand ら[55] は，o-ジクロロベンゼンなどの溶媒中で可逆な第三の還元波を観測し，C_{60}^{3-} が安定に存在することを示した．さらに，Dubois らは，ジクロロメタン中で C_{60}^{4-} が安定に存在し[56]，ベンゼン中では C_{60}^{5-} が安定に存在することを示した[57]．その後，アセトニトリル／トルエン[58] または DMF／トルエン[59] 混合溶液中の低温での測定により，C_{60}^{6-} の還元波が観測された（図5.8）．このように，C_{60} では最高6-の還元波が観測されている．いっぽう，可逆な酸化波は 1,1,2,2,-テトラクロロエタン中で1+のみが観測されている[60]．

このような6-までの多価アニオンの存在は，C_{60} の LUMO が三重に縮重し

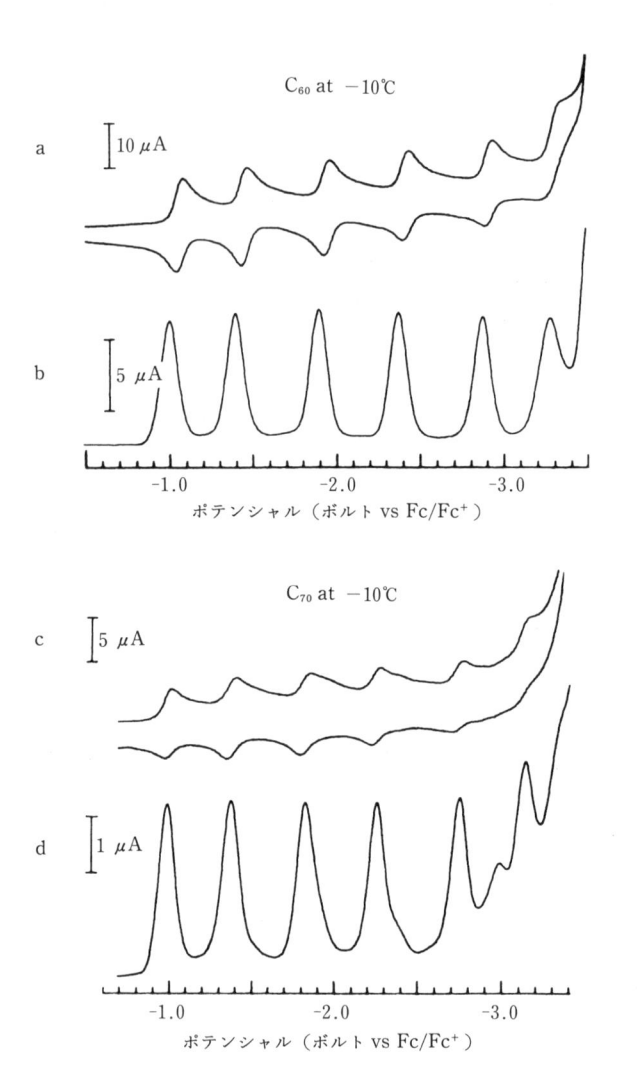

図5.8 C_{60} と C_{70} のサイクリックボルタモグラム[58]. -10℃のアセトニトリル／トルエン溶媒. C_{60} と C_{70} の両方で6-までの還元波が観測されている.

ていることを示している．いくつかのアルカリ金属をドープした C_{60} が絶縁体，半導体あるいは超伝導体などになることも，C_{60} の多価アニオンが安定に存在することと密接に関連している（第7章7.5節参照）．

5.2 C_{70}

C_{70} は Kroto と Smalley らのレーザー蒸発クラスター分子線の最初の実験[1]において C_{60} とともに観測された。C_{70} は安定性が示唆されていた C_{60} に次ぐ第二番目のフラーレンである。実際に、グラファイトのアーク放電によって C_{60} の30%程度の収率で C_{70} を得ることができる[2]。また、C_{70} は C_{60} 以外の単離可能な最小の IPR（5.4節）を満たすフラーレンである。

(1) C_{70} 分子の構造

C_{60} はサッカーボール型構造をもつが、C_{70} はラグビーボール様の構造をもつ。C_{70} のラグビーボール様の構造は ^{13}C-NMR によって初めて示された[6]。C_{70} の ^{13}C-NMR には5本の信号が、150.1、147.5、146.8、144.7、130.3 ppm に 1:2:1:2:1 の強度比で観測される（図5.2）[16]。これは、C_{70} には五つの不等価な炭素原子が存在するからである（図5.9）[61]。C_{70} は、C_{60} を赤道面（5回軸に垂直な面）で二つに切り、これら半球を互いに36度回転させ、半球の間に五つの六員環のベルトを加えた形をしている。これらの操作により C_{70} は C_{60} の I_h 対称から D_{5h} の対称性へと変化する。C_{70} は5回対称軸に垂直な面について鏡面対称をもつが、反転対称性はもたない。

C_{60} は二種類の長さの C–C 結合をもつが（5.1節）、C_{70} では八種類の C–C 結合をもつ（図5.9）。また、C_{70} は12種類の最近接炭素原子による結合角をもつ。表5.3に C_{70} の八種類の C–C 結合距離の実験値（電子線回折、中性子回折、X線回折）をまとめる。C_{70} よりサイズの大きな高次フラーレン

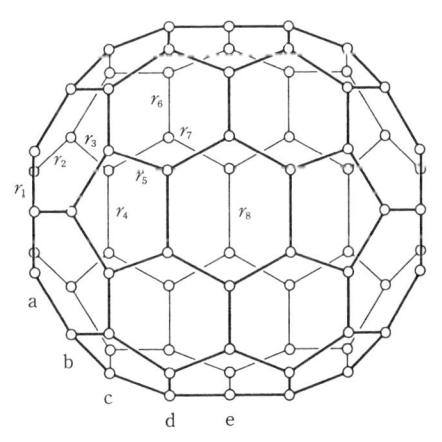

図5.9 C_{70} の分子構造と五つの非等価な炭素原子（a～e）と八つの結合距離（r_1～r_8）[61].

表5.3 C_{70}の八つのC-C結合距離.

結合[a]	電子線回折[b]	中性子回折[c]	X線回折[d]
r_1	0.146 nm	0.1460	0.1434
r_2	0.137	0.1382	0.1377
r_3	0.147	0.1449	0.1443
r_4	0.137	0.1396	0.1369
r_5	0.146	0.1464	0.1442
r_6	0.147	0.1420	0.1396
r_7	0.139	0.1415	0.1418
r_8	0.141	0.1477	0.1457

a) 図5.9参照.
b) D. R. Mckenzie et al., *Nature*, **355**, 622 (1992). 但し, McKenzieらの結果は, C_{70}分子の赤道面のくびれが他の実験結果や理論予想よりも甚だしいことが指摘されている. また, 電子線回折から高い精度で結合長が得られていることについて疑問がある.
c) A.V. Nilolaev et al., *Chem. Phys. Lett.*, **223**, 143 (1994).
d) S. van Smaalen et al., *Chem. Phys. Lett.*, **223**, 323 (1994).

では, さらに多くのC-C結合距離が存在する.

C_{70}は全部で122の振動モードをもつが, このうち赤外活性モードは31個, ラマン活性モードは53個である. C_{70}薄膜の赤外[12,62]とラマン[63-65]スペクトルはC_{60}と比較すると, 対称性の低下によりそれぞれの吸収線の数が増えている.

(2) C_{70}分子の電子状態

C_{70}のフェルミ準位近傍のヒュッケル分子軌道法の計算の結果[66]を図5.10に示す. C_{60}と大きく異なるところはC_{70}では対称性の低下により, HOMO (a_2''軌道) も LUMO (a_1''軌道) も縮重していないことである. しかし, (LUMO+1) 軌道 (e_1'') は二重に縮重していて, a_1''軌道とe_1''軌道も非常に近いエネルギーにある (擬三重縮重). このためC_{70}では, $C_{70}{}^-$と$C_{70}{}^{4-}$において, それぞれLUMOと二重縮重の (LUMO+1) 軌道の半分を電子が満たしたhalf-filled状態になる[67]. またC_{70}の基底状態の電子配置は ……$(a_2')^2 (e_1'')^4 (a_2'')^2$であり, $^1A_1$の対称性をもつ.

C_{70}の局所密度汎関数近似 (local density approximation, LDA) による計算では, HOMO-LUMO ギャップは1.65 eVである. これはC_{60}のHOMO-LUMOギャップにほぼ等しい. 表5.4にC_{70}の諸性質をまとめる.

(a) C_{70} (b) C_{70}^- (c) C_{70}^{2-}

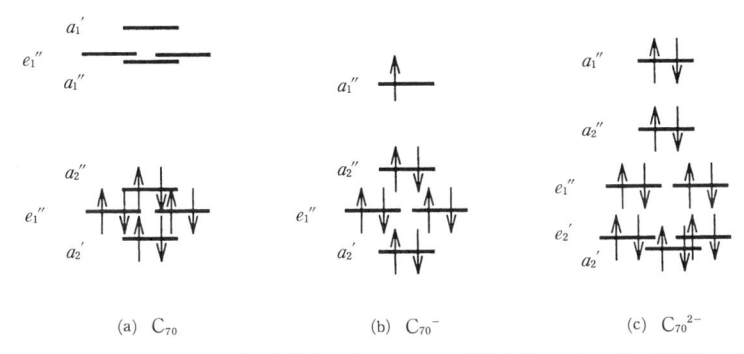

図5.10 C_{70}のヒュッケル分子軌道法によるフェルミ準位近傍のエネルギー準位[10]. a_1''と二重縮重のe_1''は擬三重縮重している.

表5.4 C_{70}のおもな性質.

性質	測定値	文献
・分子量	840.77	
・質量数	840	
・質量密度	1.6926 g/cm^3 (室温)	6章11)
・分子構造	長軸径 0.796 nm, 短軸径 0.712 nm C-C結合距離 (表5.3参照)	
・イオン化ポテンシャル	7.61 eV (第1), 16.0 eV (第2)	136, 137)
・電子親和力	2.72 eV	138)
・生成熱	9.65 kcal/gC atom	139)
・結晶構造	相転移により, fcc, rhombohedral, hcp などをとる (表6.2参照)	
・昇華熱	43 kcal/mol	129)
	45 kcal/mol	130)
・蒸気圧	1.4×10^{-5} Torr (430℃), 2×10^{-4} Torr (500℃), 7×10^{-3} Torr (600℃)	130)
熱容量 (定圧, C_p)	~680 J/K mol (室温),	6章36)
・弾性率	8.5 GPa (室温, rh相) 13.1 GPa (185 K, mc相)	6章76)
・バンドギャップ		
電気伝導	~1.0 eV	6章48)
光学吸収端	1.25 eV	140)
・静的誘導率 ($\varepsilon_1(0)$)	C_{60}と同程度 (~4.4)	6章45)
・磁化率	-7.9 cgs ppm/mol of C (-550 cgs ppm/mol of C_{70}) (室温)	6章51)

5 フラーレン分子の構造と電子状態

5.3 高次フラーレン

C_{60}とC_{70}の分子構造は，その形が似ていることからそれぞれサッカーボールとラグビーボールにたとえられた．それでは，さらに大きなサイズの高次フラーレンは，どんな形をしているのだろう．KrätschmerとHuffmanらのC_{60}の合成についての最初の報告[2]以来，ススからの抽出物のなかにはC_{60}／C_{70}以外の大きなサイズのフラーレンが存在することが知られていた[68]．ススをベンゼンやトルエンなどで抽出して質量分析計で調べると，C_{60}／C_{70}以外にはC_{76}，C_{78}，C_{82}，C_{84}，C_{90}，C_{94}，C_{96}などの大きなサイズのフラーレンが観測される．しかし，実際にこれらの大きなサイズのフラーレン（高次フラーレンと呼ばれる）[69]を分光学的，あるいは物性的に調べるには，これらのフラーレンを"単離"する必要がある．しかし，一般に原料スス中のC_{70}以上の高次フラーレンの総量は，C_{60}の10％以下である．さらに各高次フラーレンとなると数％以下の微量である．高次フラーレンの分離にはカラムクロマトグラフィー（第4章参照）が威力を発揮する．Diederichらは[68]，オープンカラムクロマトグラフィーを用いることによりC_{76}，C_{84}，C_{90}，C_{94}の分離を行っている．東京都立大学（現，首都大学東京）のグループは，分取用の高速液体クロマトグラフィー（HPLCあるいはGPC；第4章参照）をフラーレンの単離に用いて，これらの高次フラーレンの他にC_{82}とC_{96}の単離に成功している[70]．

基本的には，各サイズのフラーレンがある程度の量で単離されれば，いろいろな方法でこれらの構造を決定できるはずである．しかし実際には，実験上の制限により大きなフラーレンの構造解析はそれほど容易ではない．これらの実験的な制約は，①大きなサイズのフラーレンを構造解析に必要な量（数〜10mg）だけ単離するのに多くの労力と時間がかかる，②フラーレンのサイズが大きくなればなるほど，各種溶媒に溶けにくくなり，また昇華温度も高くなる．このため，溶媒蒸発法や昇華法による単結晶の育成が困難になり，単結晶X線構造解析や高分解能TEM解析による構造決定が非常に難しい，③②の制限のために，単結晶状態ではなく分子状態での構造解析が必要となる，などの点である．現在（2011年5月）までに，高次フラーレンの単結晶の構造解析は

行われていない．このようないくつかの困難があるが，現在ではC_{76}，C_{78}，C_{82}，C_{84}などの高次フラーレンの分子構造が決定されつつある．これは，おもに溶液中のフラーレンの^{13}C-NMRを測定することにより行われている．

(1) C_{76}

C_{76}はC_{70}の次に大きな，抽出，単離されているフラーレンである[71]．ManolopoulosはC_{76}の分子軌道計算により，C_{76}のいくつかの構造異性体の分子構造を予想していた[72]．この計算では，いわゆる孤立五員環則 (isolated pentagon rule, IPR)[73]だけが基本的な仮定である．C_{76}では，IPRを満たす異性体の数は2種類である．この計算によると，対称性の高い$C_{76}(T_d)$と低い対称性の$C_{76}(D_2)$が安定と予想された．しかし高い対称性の$C_{76}(T_d)$は，ヤーン-テラー変形をしている可能性が高いため，実験的に見いだされるC_{76}の異性体はD_2対称をもつものとの予想がたてられた．そして興味深いことは，この$C_{76}(D_2)$は図5.11に示すようにいわゆるキラル (chiral)[74]構造をもつのである．

Manolopoulosの理論的予想がなされた直後，California大学（Los Angeles校，UCLA）のグループはC_{76}を単離して二硫化炭素中で^{13}C-NMRを測定した[75]．C_{60}の60個の炭素原子はすべて等価なので，143.3ppm付近に1本の^{13}C-NMRの信号が観測されるのみである．同様の幾何学的な考察から，C_{76}がD_2構造をとるならば，^{13}C-NMRの信号は19本観測されるはずである（$C_{76}(T_d)$では11本）．実際に観測された^{13}C-NMRの本数は図5.12に示すように19本であった．$C_{76}(D_2)$は *ab initio* 計算[76]やtight-bindingモデル計算[77]によっても，最も安定な異性体であることが確かめられている．さらに，C_{76}の分子模型と19本のNMRの信号の位置（化学シフト）を詳細に検討していくと，D_2のキラル構造が最もよく観測結果を説明する．

キラル構造は，有機分子やDNA

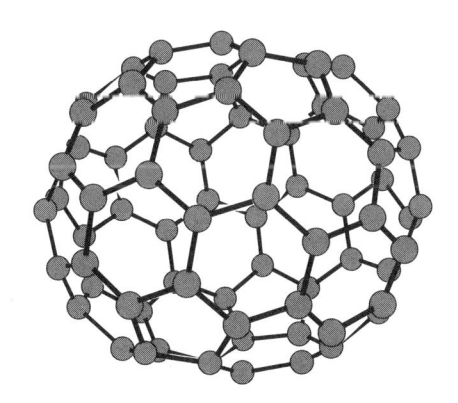

図5.11 C_{76}の分子構造[75]．

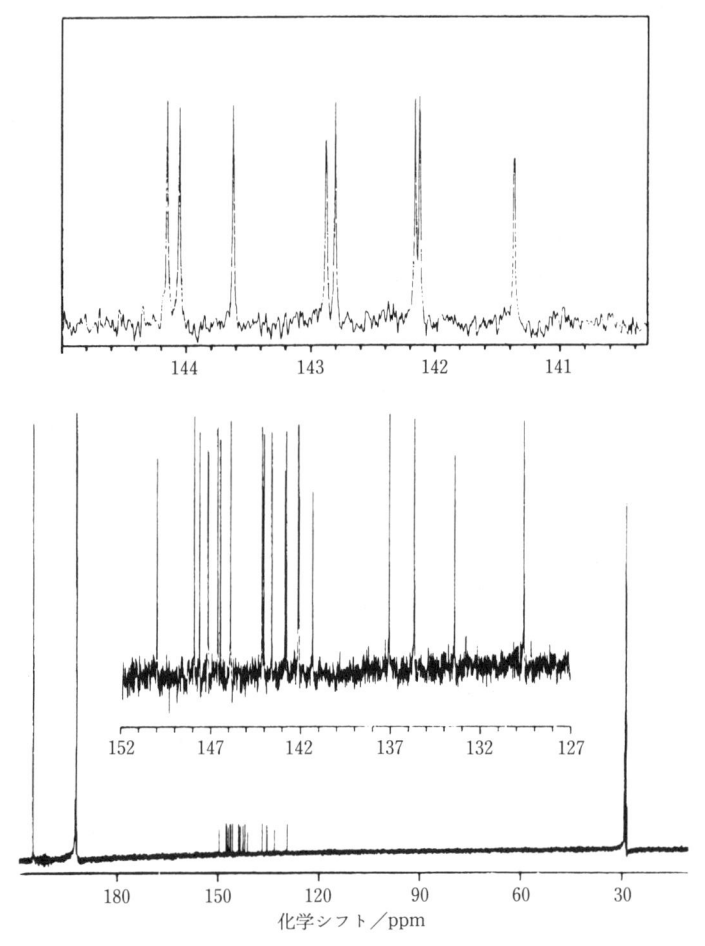

図 5.12 C_{76} の ^{13}C-NMR スペクトル（二硫化炭素中）[75]．等価な 19 本の信号が観測されている．

を代表とする生体関連分子ではよくみかけるが，炭素分子だけで形成されている無機分子で発見されたのは C_{76} のフラーレンが初めてである．実際に，右巻きと左巻きの二種類の $C_{76}(D_2)$ は Hawkins ら[78]によって，非対称のオスミレーション反応（asymmetric osmylation）を用いて 97% 以上の純度で分離された．

C_{76} は単一の異性体のみが生成される唯一の高次フラーレンであり，また，

C_{70} の次に大きな単離可能な高次フラーレンであるため，構造や電子状態の研究が進んでいる．C_{76} はトルエン溶媒からの結晶成長では単斜晶系（$a=1.836$ nm, $b=1.136$ nm, $c=1.141$ nm, $\beta=108.07°$）の結晶であることがX線構造解析[79]からわかっている．一方，溶媒フリーの結晶では面心立方構造（$a=1.5475$ nm）をとる[79]．430 K の固体基板（NaCl，雲母）上に成長した C_{76} 薄膜は面心立方構造（$a=1.53±0.02$ nm）である[80]（第6章 6.1節(3)章参照）．また，C_{76} の電子構造の情報を得る目的で，UPS（ultraviolet photoemission spectroscopy）[81]，XANES（X-ray absorption near-edge structure）[82] と EELS（electron-energy-loss spectroscopy）[83] の実験が行われている．XANES と EELS の実験では，C_{76} の炭素K吸収端のスペクトルの π 電子が関与する部分は，C_{60} や C_{70} のスペクトルと比較してバンド幅が広くなっている．さらに，Wudl ら[84] は，C_{76} の CV（cyclic voltammetry）を測定し，C_{76} の電子状態についていくつかの結果を報告している：（ⅰ）四つの還元波と一つの酸化波をもつ，（ⅱ）HOMO-LUMO ギャップに対応する電気化学的ギャップは 0.4 eV である，（ⅲ）酸化されやすく，C_{76} はおもに電子供与特性をもっている．

(2) C_{78}

Fowler と Manolopoulos は，C_{76} の構造を予想したのと同様の方法を用いて，C_{78} の安定構造も予想した[85]．C_{78} は，IPR を考慮すると C_{2v}, C_{2v}', D_3, D_{3h}, D_{3h}' の五つの異性体が考えられるが，彼らの計算によると，最も対称性の高い D_{3h}' が実際に生成，単離される可能性が高かった．

UCLA のグループは，C_{76} に引き続き C_{78} の単離を試みた結果，彼らは HPLC で C_{78} の二つの異性体を分離することに成功した[00]．このうちの一つの異性体の ^{13}C-NMR スペクトルは，18本の強い信号強度をもつピークと3本の弱いピークを示した．Fowler と Manolopoulos の先の理論的な予想（C_{78} の D_{3h}' 構造）が正しければ，^{13}C-NMR スペクトルは5本の強いピークと3本の弱いピークを示すはずである．ところが UCLA の実験結果（18本＋3本）は，C_{76} の場合と同様に，対称性の高い D_{3h}' ではなく対称性の低い C_{2v} 構造と一致した．さらに，もう一つの異性体の ^{13}C-NMR スペクトルには，13本のほぼ同程度のピーク強度をもつ信号が観測された．この結果は，C_{78} の D_3 構造と一

致する．つまり，五種類の異性体のうち，実際に単離された C_{78} の異性体は，理論的に予想された高対称性の $D_{3h}{}'$ ではなく，低い対称性をもつ C_{2v} と D_3 であった．Fowler と Manolopoulos の理論計算に基づく予想は，HOMO-LUMO のギャップの大小に構造決定の判定基準をおいている．しかし，C_{78} やあとに述べる C_{84} については，この基準は必ずしも成り立たず，フラーレンの構造決定の一般的な指導原理にはならない．

東京都立大学のグループも C_{78} を単離して，その ^{13}C-NMR を測定している[87]．ところが，その結果は上に述べた UCLA の結果と大きく異なっている．彼らの結果では，全部で 56 本（強いピーク 17 本，中程度のピーク 26 本，弱いピーク 3 本）の NMR 信号が観測された．都立大学グループの結果は，単離された C_{78} のなかには $C_{2v}{}'$，C_{2v} と D_3 の対称性をもつ三つの異性体が（それぞれ 5：2：2 の存在比で）観測されたことを意味する．これは，先の UCLA の結果（C_{2v} と D_3 の二種類で，存在比は 5：1）と異なる．

UCLA のグループは抵抗加熱法を使ったのに対し，東京都立大学のグループはアーク放電法を使ってフラーレンを合成した．温度のパラメータはフラーレンの生成時の最も重要な要因である．一般に，アーク放電法は抵抗加熱法よりフラーレン生成時の温度が高いとされている．二つのグループの結果に見られる最も大きな違いは，アーク放電法で多量に生成される $C_{78}(C_{2v}{}')$ が，抵抗加熱法ではまったく生成されていない点である．若林ら[88]は，高温レーザー蒸発法（第 3 章 3．1 節）を用いて，C_{78} の三つの異性体（C_{2v}，D_3，$C_{2v}{}'$）のヘリウムガス圧に対する相対生成量を調べた．その結果，$C_{2v}{}'$ は C_{2v} と D_3 と比較するとその生成量はヘリウムガス圧に大きく依存することがわかった．また，$C_{78}(C_{2v}{}')$ はボロンや金属を含んだ混合電極のアーク放電で生成量が増大することがわかっている[89]．

(3) C_{82}

C_{82} は一般に生成量が少なく，実験的な研究が遅れている高次フラーレンである．C_{82} は九つの IPR 異性体をもつが，アーク放電で生成する C_{82} の構造は，^{13}C-NMR の実験によって C_2 対称性をもつことが明らかにされている[87]．C_{82} の安定構造については永瀬ら[90]によって理論的な考察がなされ C_2 対称性のも

のが安定であることが示されている．また，C_{82} は金属内包フラーレン（第8章参照）にとって重要なフラーレンである．M@C_{82}（M＝金属原子）型の金属内包フラーレンは最も一般的に生成，分離されている．

(4) C_{84}

C_{60} と C_{70} 以外に存在が確認された最初の大きなサイズのフラーレンは C_{84} である[91]．また，C_{84} は大きなフラーレンのなかでは最も多く存在するフラーレンでもあるため，かなり早い時期からその構造には大きな感心が寄せられていた．C_{84} は全部で 24 個の IPR 異性体をもっている[92]．菊地と阿知波らは，C_{84} の ^{13}C-NMR スペクトルを測定し異性体の構造を明らかにした[87]．スペクトルには全部で 32 本（強い 31 本のほぼ同等の強度のピークと1本の中程度）のピークが観測された．

Manolopoulos と Fowler の計算結果[92]を参考にすると，この実験結果を説明する C_{84} の異性体は，D_2（21 本の同等の強度の NMR ピークを示す）と D_{2d}（10 本の強いピークと1本の中程度の強度のピークを示す）の二つの異性体と同定される．その後，いくつかの研究グループによっても，C_{84} の異性体は生成条件の違いにかかわらず，つねに約 2：1 の比率で D_2 と D_{2d} 異性体が生成することが報告されている．

$C_{84}(D_{2d})$ の異性体構造は通常の一次元 ^{13}C-NMR でも決定することができて，二種類の $C_{84}(D_{2d})$ のうち Manolopoulos と Fowler の表記法[92]による D_{2d} (No. 23) 異性体である．一方，最も生成収率の高い $C_{84}(D_2)$ には4種類の IPR を満たす異性体があり，その中でどの D_2 異性体が生成されているかは，一次元の ^{13}C-NMR では決定できない．阿知波ら[93]は，二次元 ^{13}C-NMR 法により，$C_{84}(D_2)$ の異性体構造を決定した．INADEQUATE 法によって結論される炭素鎖のコネクティビティーは，一義的に決まり D_2 (No. 22) であった．図 5.13 に $C_{84}(D_2$ (No. 22))と $C_{84}(D_{2d}$ (No. 23))の分子構造を示す．二つの異性体はともに球形に近く互いに非常に類似した構造であるが，Dennis と篠原らは，5PYE カラム（第4章4.4節）を用いたリサイクル HPLC 分離により $C_{84}(D_2$ (No. 22))と $C_{84}(D_{2d}$ (No. 23))の完全分離と精製に成功した[94]．分離された二つの異性体の ^{13}C-NMR により，二つのフラーレンの構造が確定した．

$D_{2d}(23)$　　　　　　　　　　　　　$D_2(22)$

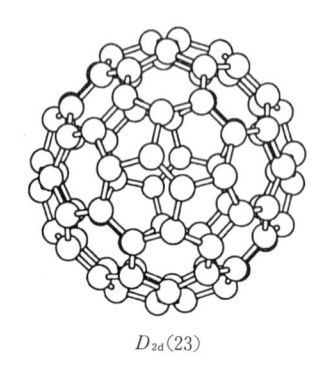

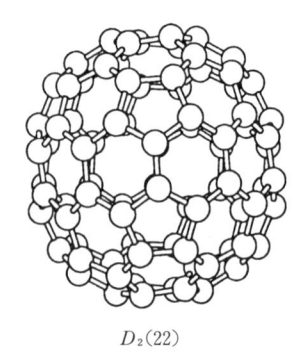

図 5.13 C_{84} の D_2 と D_{2d} の構造異性体の分子構造[97].

　以上の実験結果は，C_{84} の安定構造についての Fowler の計算[95] (D_2-chiral, T_d, D_{6h} 構造が安定) や Manolopoulos と Fowler の計算[92] (D_2-chiral, T_d, D_{6h} 構造が安定) と一致しない．一方，Iowa 州立大学の Ho ら[96] のグループの LDA 計算は，D_2 と D_{2d} 異性体がほかの対称性をもつ異性体より安定であるとしている．また斎藤晋ら[77,97] の計算によれば，C_{84} の PES (photoemission spectroscopy) 実験スペクトル[98] は，D_2 (No.22) 構造で非常にうまく説明されることがわかった．このように実際に単離された C_{84} の構造は，初めに予想されていたような比較的対称性の高い構造ではなく，C_{76} と C_{78} で見たように対称性の低い構造であることがわかった．

　ではなぜ，C_{76}, C_{78}, C_{84} などの高次フラーレンは，わざわざ対称性の低い構造を好むのであろうか？ C_{84} にもキラル構造をもつ D_2 異性体があるが，$C_{84}(D_2$ (No.22)) はキラル構造をもたない C_{84} 異性体である．C_{76} に現れたキラル構造はどうして C_{84} には出現しないのか？ これらの問に答えるには，フラーレンの安定性や安定構造だけを議論していても解決がつかないことは明らかである．高次フラーレンの生成の機構に密接に関連している．

　C_{84} には，$C_{84}(D_2$ (No.22)) と $C_{84}(D_{2d}$ (No.23)) の生成量の多い異性体以外にも，いくつかのマイナーな異性体が生成，分離されている．現在 (2011 年 5 月) までに，二つの $C_{84}(C_s)$ と異性体構造が決定されていないもう一つの $C_{84}(C_2)$[99], $C_{84}(D_2$ (No.5)), $C_{84}(D_{2d}$ (No.4)) の各異性体が生成，単離されている[100]．さらに，2001 年に第八番目の $C_{84}(C_2)$ が発見され精製・単離さ

れた[101]. つまり二種類のメジャーな異性体と六種類のマイナーな異性体の，全部で八種類の C_{84} 異性体が生成，単離されている. 一方，^{3}He を C_{84} のケージのなかに内包した ^{3}He@C_{84} の ^{3}He-NMR の実験[102] によれば，溶媒抽出される C_{84} には全部で九つの異性体の存在が示唆されている.

(5) C_{86} 以上のサイズの高次フラーレン

高速液体クロマトグラフィー（第4章）を中心とする分離技術の進歩によって，C_{86}, C_{88}, C_{90}, C_{92}, C_{94}, C_{96} などのさらにサイズの大きな高次フラーレンが精製，単離されている.

フラーレンのサイズが大きくなると IPR 異性体の数が急増するので，一次元の ^{13}C-NMR では一義的に異性体構造を決定できなくなる. また，フラーレンのサイズの増加に伴い高次フラーレンの生成量は減少する. このような困難にも拘わらず，東京都立大学の研究グループは C_{86} 以上のサイズの高次フラーレンを単離して，^{13}C-NMR による構造の研究を行った[93,103]. その結果，C_{86} 以上の高次フラーレンは，①C_{84} までの高次フラーレンと同様に複数の異性体をもつが，異性体の数は可能な IPR 異性体数の急増にも拘わらずその数は数種類にとどまっている，②これらの異性体の多くは C_2 対称性をもつ，ことがわかった. 表5.5に C_{94} までの高次フラーレンの IPR 異性体の数と ^{13}C-NMR によって得られた各異性体の対称性を示す. この表で注目すべきは，フラーレンのサイズの増大により IPR 異性体の数は急増するが，実際に生成する各高次フラーレンの異性体数は急には増大していないことである. これは，フラーレンの生成機構を考える上で重要な実験事実である.

高次フラーレンでは，必ずしも対称性の高い異性体が実験的に観測されてはいない. むしろ今まで述べてきたように，C_2 対称などの低い対称性をもつ異性体が，抽出・単離されている. この事実は C_{100} を越えるさらに大きなサイズの高次フラーレンにもあてはまるのであろうか？ グラファイトのアーク放電で生成するススの中には，C_{500} 程度の非常に大きなサイズの高次フラーレンが存在することが明らかにされている[104]. ミリグラム量の C_{100} 以上の高次フラーレンを生成，単離するにはかなりの労力と時間を費やさなくてはならないが，十分に可能である. 問題は，サイズ数の増加に伴う ^{13}C-NMR 線の増加で

表 5.5 高次フラーレンの異性体と対称性.

フラーレン	IPR 異性体数	異性体数（実験）[a]
C_{60}	1	1 (I_h)[16,17]
C_{70}	1	1 (D_{5h})[16]
C_{72}	1	未単離
C_{74}	1	未単離
C_{76}	2	1 (D_2)[75]
C_{78}	5	3 $(C_{2v}, C_{2v}{}', D_3)$[86,87]
C_{80}	7	1 (D_2)[b]
C_{82}	9	1 (C_2)[87]
C_{84}	24	Major 2 $(D_2(22)$[87]$, D_{2d}(23)$[87]$)$
		Minor 6 $(D_2(5), D_{2d}(4), C_2, C_s, C_s, C_s$[100]$, C_2$[101]$)$
C_{86}	19	1 (C_2)[93,103]
C_{88}	35	2 (C_2, C_2)[93,103]
C_{90}	46	6 $(C_2, C_2, C_2, C_2, C_2, C_{2v})$[103]
C_{92}	86	4 (C_2, C_2, D_2, D_2)[103]
C_{94}	134	2 (C_2, C_2)[103]

a) 実験の異性体数は，現在（2011 年 5 月）までに生成され対称性が決定されているもの.
b) M. M. Kappes et al., *Angew. Chem. Int. Edn.*, **35**, 1732 (1996).

ある．たとえば，C_2 対称性をもつとした場合の C_{120} の ^{13}C-NMR の本数は 60 本にのぼる．また複数の異性体が存在すると NMR の本数はさらに増加する．この場合，NMR 信号の強度は分散されるので，同定は非常に困難になる．

C_{100} を越える大きなサイズの高次フラーレンの構造決定（推定）には，^{13}C-NMR 以外の実験手法が必要となる．単結晶 X 線構造解析は，初めに述べた理由（大きなフラーレンほど単結晶を作成するのが難しい）のために，その威力を発揮するのは困難である．分子一つ一つの構造を観測することのできる高分解能透過型電子顕微鏡（HRTEM）や走査型トンネル顕微鏡（STM）が，高次フラーレンの構造推定に有力と思われる．STM では特に，巨大フラーレンの形状（球形かチューブ状）についての情報は十分に得られるであろう．STM はすでにフラーレン分子一つ一つの形状をとらえている[39].

5.4 フラーレンネットワークの幾何学

フラーレンは五員環と六員環からなる三次元の閉じた球形分子である．そのネットワーク構造は非常に興味深く，幾何学的な研究も進んでいる．この節で

は，フラーレンの三次元ネットワーク構造を支配する一般的な原理を考える．

(1) **Euler の定理**

多面体 (polyhedron) の頂点，辺，面の数をそれぞれ，V, E, F で表すと，次の Euler の（多面体に関する）定理が成り立つ：

$$E+2=V+F \qquad (5.2)$$

ここで C_{60} では，$F=32$, $E=90$, $V=60$ である．また五角形と六角形の数を f_5 と f_6 で表すと，一般に五角形と六角形だけからなる多面体（五・六多面体）[105] に対して次の関係式が示される[106]：

$$\begin{aligned} f_5 &= 12 \\ f_6 &= 2, 3, 4, 5, \ldots \\ F &= f_6 + 12 \\ E &= 3f_6 + 30 \\ V &= 2f_6 + 20 \end{aligned} \qquad (5.3)$$

また，フラーレンでは Euler の定理に加えて次の関係式が成り立つ[105]：

$$2E = 3V \qquad (5.4)$$

このうち $f_5=12$ は特に重要な結果である．この関係式からフラーレンではそのサイズがどんなに大きくなっても五員環の数は常に 12 個である，というフラーレンのトポロジーについての一般則が導かれる．f_6 は 2 以上の全ての正数である．$f_6=0$ の場合は五員環のみから成る正十二面体 (pentagonal dodecahedron) である．

f_6 が大きくなるにつれて多面体のサイズ数が同じでも異なる多面体（フラーレンの異性体）の数が急増する．f_5 と f_6 が同じであっても，異なった五・六多面体が存在する．これはフラーレンでは異性体に対応する．C_{60} では 1790 個の五・六多面体の異性体を数えあげることができる（光学活性体は区別する）[107]．

(2) IPR（孤立五員環則）

$V<60$ の五・六多面体（フラーレン）では，12個の五員環の中のいくつかは五員環と五員環が必ず隣り合わせになる（fused pentagon）．しかしフラーレンでは，二つ以上の五員環が隣接するとその部分の曲率が大きくなり，ひずみを生じ不安定になる．フラーレンにおいて，二つ以上の五員環が隣接することはない．現在までに生成，単離されているフラーレンは例外なくこの経験則を満足している．これは，IPR（isolated pentagon rule：孤立五員環則）と呼ばれ，フラーレンのトポロジーを考える上で最も基本的な原理である[108,109]．ただし，第8章で述べるように金属内包フラーレンでは，IPRを破る多くのフラーレンが生成・単離されている．IPRを満たす最小のサイズのフラーレンは C_{60} である．またIPRを満たす二番目に小さなフラーレンは C_{70} である．これは C_{62}, C_{64}, C_{66}, C_{68} などのフラーレンは生成されていない，という実験事実を説明する．C_{60} の1790種類の五・六多面体の異性体は，IPRを考慮するとその数は一挙に1種類になる．

(3) フラーレンの表記法

ここでフラーレンの表記について簡単に触れておきたい．フラーレン（fullerene）は C_{60} を中心とする球状炭素分子の総称である[110]．第1章1.3節で述べたように，fullereneは半球形ドーム（geodesic dome）の設計者で有名なアメリカの建築家，Richard Buckminster Fullerの名前に因んだものであるが，非常に呼びやすく簡潔な用語である．いっぽう，IUPAC（International Union of Pure and Applied Chemistry：国際純正・応用化学連合）の命名法で各フラーレンを命名することは可能である．フラーレンのIUPAC名はSchlegelの展開図[111]で正確に表すことができる．しかしこの命名法では非常に長蛇になり実用的ではない[105]．一般には，C_{60}, C_{70}, C_{84} などと書かれる場合がほとんどであり，混乱が生じない限りこれらは簡単で便利な表記法である．

Taylor[112,113]はサイズ数 n のフラーレンを $[n]$fullereneと表記することを提案している．この表記では C_{60} と C_{70} はそれぞれ，[60]fullereneおよび[70]fullereneと書かれる．また，C_{84} の二つの D_{2d} 異性体は，[84-D_{2d}（Ⅰ）]fullerene および [84-D_{2d}(II)]fullerene と書かれる．また C_{60} の誘導体は，例えば，1,2-Methano[60]fullerene（X=CH_2）；61,61-Diphenyl-1,2-methano[60]fullerene（X=CPh_2）などと表記される．この表記法は合理的である．特に，フラーレン誘導体の表記には威力を発揮する．

現在でも，フラーレンの表記法にはまだ分野によって，多分に流動的なところがあるが，慣用として常用する場合はできるだけ合理的で使いやすい方法が良い．

5.5　フラーレンの生成機構

フラーレンの生成機構（growth mechanism）を解明することは，フラーレンの高収率生成法の開発と関連して非常に重要な研究課題である．多くのフラーレン生成モデルが提案されているが，ここでは初期の二つの代表的なモデルを考察する．

(1) Stone-Wales 転移

二つのピラシレン（pyracylene）間の転移を Stone-Wales 転移[114]と呼ぶ（図5.14参照）．Stone-Wales 転移を用いるとフラーレンネットワーク上で，フラーレンのサイズ数を変化させることなく，五員環（六員環）の位置を動かすことができる．これにより五員環と五員環の間に六員環を挿入することが可能となり，より安定な構造に転移する．また，Stone-Wales 転移によって得ら

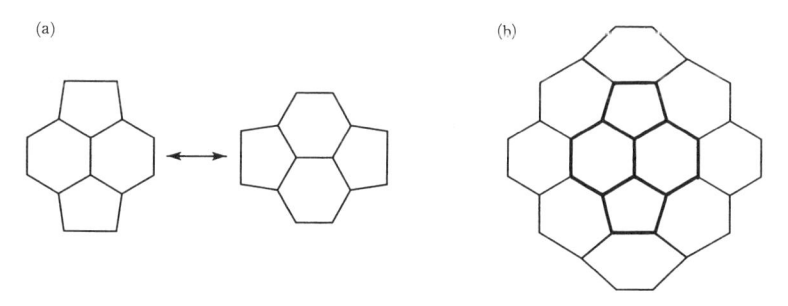

図5.14　Stone-Wales 転移；(a)一般的な場合，(b) IPR を満足する場合[2]．

れる最安定な構造は IPR を満たす構造である.

　Stone-Wales 転移を引き起こすためには C–C 結合を切らなくてはならないので数 eV 以上の解離エネルギーが必要となる. このため Stone-Wales 転移が通常のフラーレン生成条件下で起こることは実際には困難であるが, フラーレンの生成機構を考察する際に重要な過程となり, 生成モデルでは多用されている[68]).

(2) C_{60} とフラーレンの生成モデル

　Smalley ら[115-117)] は, "Pentagon Road" と名付けた C_{60} の生成機構を考えた. このモデルでは次の四つのプロセスを考える: ①炭素数 25〜35 のグラファイト状の炭素クラスターがいったん形成されると, 六員環のみならず五員環を形成し, ダングリングボンドをできるだけなくしながらさらに大きなクラスターに成長していく; ②五員環がグラファイト状のクラスターに組み込まれていくとクラスターが閉じ始める; ③五員環をできるだけ多く組み入れながらクラスターはさらに成長する; ④ IPR を満たしながら C_{60} を生成する. Smalley らの C_{60} 生成機構は, 五員環をグラファイトシートに組み入れるとダングリングボ

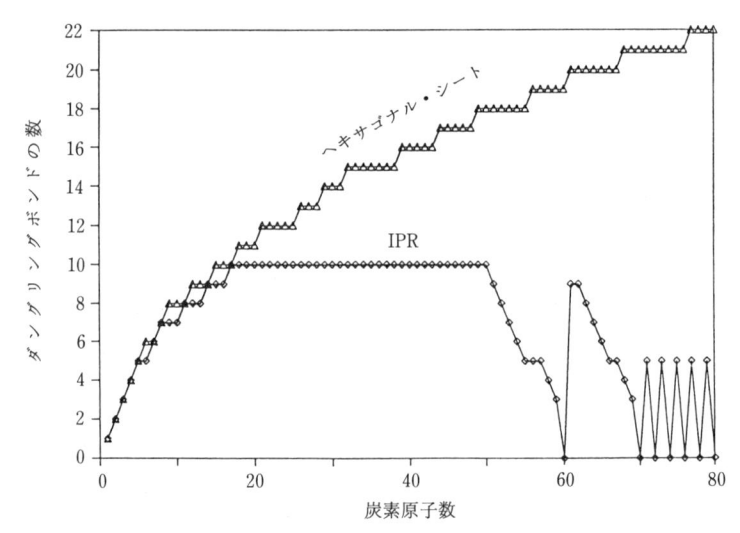

図 5.15　炭素クラスターとダングリングボンド数. IPR を満たす場合とグラファイトシートの場合は, ダングリングボンド数の炭素原子数の依存性が大きく異なる[115)].

ンドの数が減少するという事実に基づいている（図5.15）．そして最初にダングリングボンドが零になるのは C_{60} である．Smalley らの Pentagon Road モデルは，C_{60} の生成過程における五員環の役割を初めて明確にしたものとして重要である．しかし一方で，このモデルは生成の各段階の具体性に欠けること，また C_{60} 以外の高次フラーレンの生成については言及していない，などの点が指摘される．

若林と阿知波ら[118,119]は，アークプラズマ中に存在すると考えられる環状炭素クラスターのスタッキングでフラーレンが生成するモデル（Ring-Stacking モデル）を提案した．環状の炭素クラスターは，レーザー蒸発クラスター分子線中には多量に存在することが示されている（第2章2.2節(3)参照）．このモデルでは，単環状のクラスターがダングリングボンドをなくすように反応し，五員環と六員環のネットワーク構造が成長すると仮定している．ナフタレン構造をもつ C_{10} には，IPR の条件下では決まったサイズの環状クラスターのみが反応できる．たとえば，C_{60} は環状 C_{10} クラスターに，単環状の C_{18}，C_{18}，C_{12}，C_2 の各クラスターが次々にスタックして生成すると考える（図5.16）．Ring-Stacking モデルでは，スタッキングする環状クラスターのサイズ，スタッキングの順序，スタッキングの回数などを変化させると C_{60} 以外の高次フラーレン生成機構も説明できるとされている．たとえば C_{84} の二つの異性体，D_2（No. 22）と D_{2d}（No. 23）が 24 種類の IPR 異性体の中から優先的に生成する理由を説明している．Ring-Stacking モデルは，Pentagon Road モデルと比較して具体的であり，フラーレン一般の生成機構を考える上でより重要なモデルと考えられる．その他の代表的

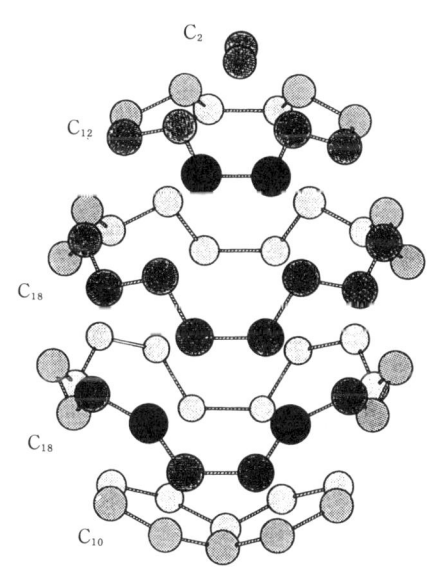

図 5.16 Ring-Stacking 機構による C_{60} の生成モデル[4]．

なモデルとしては，高温状態の大きなフラーレンからのアニーリングにより C_{60} をはじめとするフラーレンが生成するものがある[120]．このモデルでは高温状態での巨大フラーレンが，C_2 分子を放出しながら安定なフラーレンへとそのサイズを減少させていくと考える．

Pentagon Road モデル，Ring-Stacking モデル，あるいはその他のフラーレン生成モデル[120,121]も将来の実験的な検証が必要である．特に，中間生成物の実験的な観測が各生成モデルの正当性を評価する上で重要である．この分野の基礎的な実験が望まれる．

引用文献と注

1） H. W. Kroto, J. R. Heath, S. C. O'Brien, R. F. Curl and R. E. Smalley, *Nature*, **318**, 162, (1985).
2） W. Krätschmer, L. D. Lamb, K. Fostiropoulos and D. R. Huffman, *Nature*, **347**, 354 (1990).
3） S. Larsson, A. Volosov and A. Rosen, *Chem. Phys. Lett.*, **137**, 501 (1987).
4） D. E. Weeks and W. G. Harter, *J. Chem. Phys.*, **90**, 4744 (1989).
5） R. E. Stanton and M. D. Newton, *J. Phys. Chem.*, **92**, 2141 (1988).
6） S. J. Cyvin, E. Brendsdal, B. N. Cyvin and J. Brunvoll, *Chem. Phys. Lett.*, **143**, 377 (1988).
7） W. Krätschmer, K. Fostiropoulos and D. R. Huffman, "Search for the UV and IR Spectra of C_{60} in Laboratory-Produced Carbon Dust", in Dusty Object in the Universe, eds. E. Bussoletti and A. A. Vittone, Kluwer, Dordrecht (1990) pp. 89-93.
8） W. Krätschmer, K. Fostiropoulos and D. R. Huffman, *Chem. Phys. Lett.*, **170**, 167 (1990).
9） C_{60} は非直線分子なので並進と回転の自由度はそれぞれ三つずつである．
10） M. S. Dresselhaus, G. Dresselhaus and P. C. Eklund, "Science of Fullerenes and Carbon Nanotubes", Academic Press, New York (1996), Chap. 11.
11） 残りの 32 個の振動モードは一次の赤外やラマンスペクトルには現れない．しかし，これらの振動モードは非弾性中性子散乱，電子エネルギー損失分光（EELS）あるいは高次の赤外やラマン分光などにより観測することができる．
12） D. S. Bethune, G. Meijer, W. C. Tang and H. J. Rosen, *Chem. Phys. Lett.*, **174**, 219 (1990).
13） G. Meijer et al., "Laser Deposition, Vibrational Spectroscopy, NMR Spectroscopy and STM Imaging of C_{60} and C_{70}", in Clusters and Cluster-Assembled Materials, MRS Symposia Proceedings", Vol. 206, eds. R. S. Averback, J. Bernholc and D. L. Nelson, Materials Research Society Press, Pittsburgh, PA (1991) pp. 619-625.

14) K. A. Wang et al., *Phys. Rev.*, B **45**, 1955 (1992).
15) P. C. Eklund, P. Zhou, K. -A. Wang, G. Dresselhaus and M. S. Dresselhaus, *J. Phys. Chem. Solids*, **53**, 1391 (1992).
16) R. Taylor, J. P. Hare, A. Abdul-Sada and H.W. Kroto, *J. Chem. Soc., Chem. Commun.*, 1423 (1990).
17) R. D. Johnson, G. Meijer and D. S. Bethune, *J. Am. Chem. Soc.*, **112**, 8983 (1990).
18) J. Baggott, "Perfect Symmetry", Oxford Univeristy Press, Oxford (1994). 日本語訳：「究極のシンメトリー」(フラーレン発見物語)，小林茂樹訳，白揚社 (1996). 二つのグループの C_{60} の ^{13}C-NMR の論文の受理日を見ると，Sussex グループが IBM (Almaden) グループに 8 日だけ先んじていた．
19) C. S. Yannoni, R. D. Johnson, G. Meijer, D. S. Bethune and J. R. Salem, *J. Phys. Chem.*, **95**, 9 (1991).
20) J. M. Hawkins, A. L. Meyer, A. Timothy, S. Loren and F. J. Hollander, *Science*, **252**, 312 (1991). また，C_{60} のプラチナ誘導体の単結晶を用いた結晶構造解析によっても，サッカーボール型構造がほぼ同じ時期に確かめられている：P. J. Fagan, J. C. Calabrese and B. Malone, *Science*, **252**, 1160 (1991).
21) K. Hedberg et al., *Science*, **254**, 410 (1991).
22) C. S. Yannoni, P. P. Bernier, D. S. Bethune, G. Meijer and J. R. Salem, *J. Am. Chem. Soc.*, **113**, 3190 (1991).
23) W. I. F. David et al., *Nature*, **353**, 147 (1991).
24) A. Izuoka, T. Tachikawa, T. Sugawara, Y. Saito and H. Shinohara, *Chem. Lett.*, 1049 (1992).
25) R. C. Haddon, *Acc. Chem. Res.*, **25**, 127 (1992).
26) J. M. Hawkins, S. Loren, A. Meyer and R. Nunlist, *J. Am. Chem. Soc.*, **113**, 7770 (1991).
27) R. C. Haddon, L. E. Brus and K. Raghavachari, *Chem. Phys. Lett.*, **125**, 459 (1986).
28) A. D. J. Haymet, *Chem. Phys. Lett.*, **122**, 421 (1985).
29) S. Saito and A. Oshiyama, *Phys. Rev. Lett.*, **66**, 2637 (1991).
30) G. Binnig, H. Rohrer, Ch. Gerber and E. Weibel, *Phys. Rev. Lett.*, **49**, 57 (1982).
31) G. Binnig, H. Rohrer and E. Weibel, *Phys. Rev. Lett.*, **50**, 120 (1983).
32) R. J. Wilson et al., *Nature*, **348**, 621 (1990).
33) J. L. Wragg, J. E. Chamberlain, H. W. White, W. Krätschmer and D. R. Huffman, *Nature*, **348**, 623 (1990).
34) Y. Z. Li, J. P. Patrin, M. Chander, J. H. Weaver, L. P. F. Chibante and R. E. Smalley, *Science*, **252**, 547 (1991).
35) X. D. Wang, T. Hashizume, H. Shinohara, Y. Saito, Y. Nishina and T. Sakurai, *Jpn. J. Appl. Phys.*, **31**, L983 (1992).
36) T. Hashizume, X. D. Wang, Y. Nishina, H. Shinohara, Y. Saito, Y. Kuk and T. Sakurai, *Jpn. J. Appl. Phys.*, **31**, L880 (1992).

37) T. Hashizume et al., *Phys. Rev. Lett.*, **71**, 2959 (1993).
38) STMのバイアス電圧に対応する．バイアス電圧が正のときはC_{60}の非占有状態のDOSを，また負のときは占有状態のDOSを観測できる．
39) T. Sakurai, X. D. Wang, Q. K. Xue, Y. Hasegawa, T. Hashizume and H. Shinohara, *Prog. Surf. Sci.*, **51**, 263 (1996).
40) S. D. Brorson, M. K. Kelly, U. Wenschuh, R. Buhleier and J. Kuhl, *Phys. Rev.*, B **46**, 7329 (1992).
41) J. W. Arbogast et al., *J. Phys. Chem.*, **95**, 11 (1991).
42) R. R. Hung and J. J. Grabowski, *J. Phys. Chem.*, **95**, 6073 (1991).
43) M. Lee et al., *Chem. Phys. Lett.*, **196**, 325 (1992).
44) T. W. Ebbesen, K. Tanigaki and S. Kuroshima, *Chem. Phys. Lett.*, **181**, 501 (1991).
45) D. H. Kim, M. Y. Lee, Y. D. Suh and S. K. Kim, *J. Am. Chem. Soc.*, **114**, 4429 (1992).
46) M. Terazima, N. Hirota, H. Shinohara and Y. Saito, *J. Phys. Chem.*, **95**, 9080 (1991).
47) M. Terazima, N. Hirota, H. Shinohara and Y. Saito, *Chem. Phys. Lett.*, **195**, 333 (1992).
48) R. R. Hung and J. J. Grabowski, *Chem. Phys. Lett.*, **192**, 249 (1992).
49) M. R. Wasielewski, M. P. O'Neil, K. R. Lykke, M. J. Pellin and D. M. Gruen, *J. Am. Chem. Soc.*, **113**, 2774 (1991).
50) R. E. Haufler et al., *Chem. Phys. Lett.*, **179**, 449 (1991).
51) 溶液を液体窒素で急冷しガラス状態を作り，γ線を照射する．その結果，溶媒のイオン化で生じる電子がC_{60}へ電子移動してC_{60}^-が生成する．
52) T. Kato et al., *Chem. Phys. Lett.*, **180**, 446 (1991).
53) T. Kato et al., *Chem. Phys. Lett.*, **186**, 35 (1991).
54) R. E. Haufler et al., *J. Phys. Chem.*, **94**, 8634 (1990).
55) P. M. Allemand et al., *J. Am. Chem. Soc.*, **113**, 1050 (1991).
56) D. Dubois, K. M. Kadish, S. Flanagan, R. E. Haufler, L. P. F. Chibante and L. J. Wilson, *J. Am. Chem. Soc.*, **113**, 4364 (1991).
57) D. Dubois, K. M. Kadish, S. Flanagan and L. J. Wilson, *J. Am. Chem. Soc.*, **113**, 7773 (1991).
58) Q. Xie, E. Perez-Cordero and L. Echegoyen, *J. Am. Chem. Soc.*, **114**, 3978 (1992).
59) Y. Ohsawa and T. Saji, *J. Chem. Soc., Chem. Commun.*, 781 (1992).
60) Q. Xie, F. Arias and L. Echegoyen, *J. Am. Chem. Soc.*, **115**, 9818 (1993).
61) S. Saito and A. Oshiyama, *Phys. Rev.*, B **44**, 11532 (1991).
62) R. A. Jishi et al., *Chem. Phys. Lett.*, **206**, 187 (1993).
63) P. H. M. van Loosdrecht, P. J. M. van Bentum and G. Meijer, *Phys. Rev. Lett.*, **68**, 1176 (1992).
64) D. S. Bethune et al., *Chem. Phys. Lett.*, **179**, 181 (1991).
65) Z. H. Wang, M. S. Dresselhaus, G. Dresselhaus and P. C. Eklund, *Phys. Rev.*, B **48**, 16881 (1993).

66) K. Nakao, N. Kurita and M. Fujita, *Phys. Rev.*, B **49**, 11415 (1994).
67) C_{60} では $C_{60}{}^{3-}$ が half-filled 状態である．この電子状態は K_3C_{60} の超伝導状態に関連して重要な役割を果たす（第7章7．5節参照）．
68) F. Diederich et al., *Science*, **252**, 548 (1991).
69) higher fullerenes あるいは larger fullerenes と呼ばれている．
70) K. Kikuchi et al., *Chem. Phys. Lett.*, **188**, 177 (1992).
71) C_{74} はピリジンの抽出物のなかに存在することが複数の研究グループにより報告されている．しかし，C_{72} は現在（2011年5月）までに，抽出されたという報告はない．
72) D.E. Manolopoulos, *J. Chem. Soc., Faraday Trans.*, **87**, 2861 (1991).
73) 安定なフラーレンは二つ以上の五員環を隣合わせでもつことはなく，12個の各五員環はつねに五つの六員環に囲まれている，という経験則（5．4節参照）．
74) 右手と左手のように，実像と鏡像を重ね合わせることのできない形をキラル（chiral）と呼ぶ．
75) R. Ettl, I. Chao, F. Diederich and R. L. Whetten, *Nature*, **353**, 149 (1991).
76) J. R. Colt and G. E. Scuseria, *Science*, **96**, 10265 (1992).
77) S. Saito, S. Sawada, N. Hamada and A. Oshiyama, *Mat. Sci. Engnr.*, B **19**, 105 (1993).
78) J. M. Hawkins and A. Meyer, *Science*, **260**, 1918 (1993); *Science News*, **144**, July 3, 1993, p. 7.
79) H. Kawada et al., *Phys. Rev.*, B **51**, 8723 (1995).
80) Y. Saito, N. Fujimoto, K. Kikuchi and Y. Achiba, *Phys. Rev.*, B **49**, 14794 (1994).
81) S. Hino et al., *Chem. Phys. Lett.*, **197**, 38 (1992).
82) K. Seki et al., *Synth. Met.*, **64**, 353 (1994).
83) R. Kuzuo, M. Terauchi, M. Tanaka, Y. Saito and Y. Achiba, *Phys. Rev.*, B **51**, 11018 (1995).
84) Q. Li, F. Wudl, C. Thilgen, R. L. Whetten and F. Diederich, *J. Am. Chem. Soc.*, **114**, 3994 (1992).
85) P.W. Fowler, R.C. Batten and D.E. Manolopoulos, *J. Chem. Soc., Faraday Trans.*, **87**, 3103 (1991).
86) F. Diederich et al., *Science*, **254**, 1768 (1991).
87) K. Kikuchi et al., *Nature*, **357**, 142 (1992).
88) T. Wakabayashi, K. Kikuchi, S. Suzuki, H. Shiromaru and Y. Achiba, *J. Phys. Chem.*, **98**, 3090 (1994).
89) T. Kimura, T. Sugai and H. Shinohara, T. Goto, K. Tohji and I. Matsuoka, *Chem. Phys. Lett.*, **246**, 571 (1995).
90) S. Nagase, K. Kobayashi, T. Kato and Y. Achiba, *Chem. Phys. Lett.*, **201**, 475 (1993).
91) H. Ajie et al., *J. Phys. Chem.*, **94**, 8630 (1990).
92) D. E. Manolopoulos and P. W. Fowler, *J. Chem. Phys.*, **96**, 7603 (1992).
93) Y. Achiba, K. Kikuchi, Y. Aihara, T. Wakabayashi, Y. Miyake and M. Kainosho, *Mat.*

Res. Soc. Symp. Proc., **359**, 3 (1995).
94) T. J. S. Dennis, T. Kai, T. Tomiyama and H. Shinohara, *Chem. Commun.*, 619 (1998).
95) P. W. Fowler, *J. Chem. Soc., Faraday Trans.*, **87**, 1945 (1991).
96) X. Q. Wang, C. Z. Wang, B. L. Zhang and K. M. Ho, *Phys. Rev. Lett.*, **69**, 69 (1992).
97) S. Saito, S. Sawada, N. Hamada and A. Oshiyama, *Jpn. J. Appl. Phys.*, **32**, 1438 (1993).
98) S. Hino et al., *Chem. Phys. Lett.*, **190**, 169 (1992).
99) 朝戸久美子，冨山徹夫，篠原久典，小林祐次，文部省科学研究費重点領域研究「炭素クラスター」研究班「炭素クラスターニュース」，Vol. 3, No. 3, pp. 48-49 (1996).
100) T. J. S. Dennis, T. Kai, K. Asato, T. Tomiyama, H. Shinohara, T. Yoshida, Y. Kobayashi, H. Ishiwatari, Y. Miyake, K. Kikuchi and Y. Achiba, *J. Phys. Chem.*, **103**, 8747 (1999).
101) N. Tagmatarchis, K. Okada, T. Tomiyama, T. Yoshida, Y. Kobayashi and H. Shinohara, *Chem. Commun.*, 1366 (2001).
102) M. Saunders et al., *J. Am. Chem. Soc.*, **117**, 9305 (1995).
103) Y. Achiba, "Trends in Large Fullerenes: Are They Balls or Tubes?", in The Chemical Physics of Fullerenes 10 (and 5) Years Later, NATO ASI Series Vol. 316, ed. W. Andreoni, Kluwer, Dordrecht (1996) pp. 139-147.
104) H. Shinohara, H. Sato, Y. Saito, A. Izuoka, T. Sugawara, H. Ito, T. Sakurai and T. Matsuo, *Rapid Commun. Mass Spectrom.*, **6**, 413 (1992).
105) 「五・六多面体」という用語は，細矢治夫によって初めて使われた：細矢治夫，第一回 C_{60} 総合シンポジュウム，東京 (1991). 細矢治夫，「C_{60} の形について」，C_{60}・フラーレンの化学，『化学』編集部編，化学同人 (1993) pp. 24-34.
106) フラーレンは五員環と六員環だけでできた多面体である．四員環あるいは七員環をもったフラーレンは実験的に生成していない．いっぽう，カーボンナノチューブのなかには，五員環と六員環以外にも七員環をもつものが生成，観測されている．
107) X. Liu, T. G. Schmalz and D. J. Klein, *Chem. Phys. Lett.*, **188**, 550 (1992).
108) H. Kroto, *Nature*, **329**, 529 (1987).
109) T. G. Schmalz, W. A. Seitz, D. J. Klein and G. E. Hite, *J. Am. Chem. Soc.*, **110**, 1113, (1988).
110) 篠原久典，日本物理学会誌，**48**, 747 (1993).
111) フラーレンを二次元に展開し，トポロジカルに表現したのが Schlegel 図である．フラーレンの幾何学を議論するのに多用される．
112) R. Taylor, *J. Chem. Soc., Perkin Trans.*, **2**, 813 (1993).
113) R. Taylor, "Introduction and Nomenclature", in The Chemistry of Fullerenes, ed. R. Taylor, World Scientific, London (1995) pp. 1-19.
114) A. J. Stone and D. J. Wales, *Chem. Phys. Lett.*, **128**, 501 (1986).
115) R. E. Haufler et al., "Carbon Arc Generation of C_{60}", in Clusters and Cluster-Assembled Materials, MRS Symposia Proceedings", Vol. 206, eds. R. S. Averback, J. Bernholc and D.L. Nelson, Materials Research Society Press, Pittsburgh, PA (1991) pp. 627-638.

116) R. F. Curl and R. E. Smalley, *Sci. Am.*, **265**, 54 (1991).
117) R. E. Smalley, *Acc. Chem. Res.*, **25**, 98 (1992).
118) T. Wakabayashi and Y. Achiba, *Chem. Phys. Lett.*, **190**, 465 (1992).
119) T. Wakabayashi, K. Kikuchi, H. Shiromaru, S. Suzuki and Y. Achiba, *Z. Physik D*, **26**, S258 (1993).
120) S. Irle, G. Zheng, Z. Wang and K. Morokuma, *J. Phy. Chem. B*, **110**, 14531 (2006).
121) D. E. Manolopoulos and P. W. Fowler, "Downhill on the Fullerene Road : A Mechanism for the Formation of C_{60}", in The Chemical Physics of Fullerenes 10 (and 5) Years Later, NATO ASI Series Vol. 316, ed. W. Andreoni, Kluwer, Dordrecht (1996) pp. 51-69.
122) J. de Vries et al., *Chem. Phys. Lett.*, **188**, 159 (1992).
123) H. Steger et al., *Chem. Phys. Lett.*, **194**, 452 (1992).
124) D. L. Lichtenberger et al., *Chem. Phys. Lett.*, **176**, 203 (1991).
125) H. D. Beckhaus et al., *Angew. Chem. Int. Ed.*, **31**, 62 (1992).
126) P. A. Heiney et al., *Phys. Rev. Lett.*, **66**, 1911 (1991).
127) G. Gensterblum et al., *Phys. Rev.*, B **50**, 11981 (1994).
128) J. E. Fischer and P. A. Heiney, *J. Phys. Chem. Solids*, **54**, 1725 (1993).
129) C. Pan, M. P. Sampson, Y. Chai, R. H. Hauge and J. L. Margrave, *J. Phys. Chem.*, **95**, 2944 (1991).
130) J. Abrefah, D. R. Olander, M. Balooch and W. J. Siekhaus, *Appl. Phys. Lett.*, **60**, 1313 (1992).
131) W. P. Beyermann et al., *Phys. Rev. Lett.*, **68**, 2046 (1992).
132) S. Hoen et al., *Phys. Rev.*, B **46**, 12737 (1992).
133) 橘 勝ほか, 第6回C 60総合シンポジウム講演要旨集, p. 227 (1994).
134) Y. Wang et al., *Phys. Rev.*, B **45**, 14396 (1992).
135) E. Frankevich, Y. Maruyama and H. Ogata, *Chem. Phys. Lett.*, **214**, 39 (1993).
136) P. Wurz et al., *J. Appl. Phys.*, **70**, 6647 (1991).
137) M. S. Baba et al., *Rapid Commun. Mass Spectrom.*, **7**, 1141 (1993).
138) O. V. Boltalina et al., *Rapid Commun. Mass Spectrom.*, **7**, 1009 (1993).
139) H. D. Beckhaus et al., *Angew. Chem. Int. Ed.*, **33**, 996 (1994).
140) S-I. Ren et al., *Appl. Phys. Lett.*, **61**, 124 (1992).

6

固相フラーレン

6.1 結晶構造と分子運動

フラーレン結晶には,精製単離の過程で用いた溶媒が残留しやすい.溶液成長させたフラーレン結晶では,用いる溶媒によって,結晶構造が異なることがある.ここでは,昇華法や真空蒸着法を用いて,溶媒分子を含まないように作製された固体フラーレンの構造について述べる.

(1) C_{60}

昇華法により成長した C_{60} 結晶の高温相および低温相の構造を表6.1にまとめた.以下に,それぞれの相における結晶構造と分子運動について述べる.

高温相(fcc 構造)

C_{60} 結晶の構造は 260 K 以上においては面心立方(fcc)格子(空間群 $Fm\bar{3}m$,格子定数は 270 K で $a=1.4154$ nm)である[1].この相では,C_{60} 分子は結晶中で等方的に自由回転しているため,X線回折では(中性子回折,電子回折でも

表6.1 固体 C_{60} の結晶構造.

相	構造(空間群) 格子定数	備考
fcc-C_{60}	面心立方格子($Fm\bar{3}m$) $a=1.4154$ nm(270 K)	高温相(>260 K)
sc-C_{60}	単純立方格子($Pa\bar{3}$) $a=1.40708$ nm(170 K)	低温相 (90 K でガラス転移)

同様に),単位胞内の四つの C_{60} 分子はどれも直径 0.71 nm の球殻に見え,等価になる.^{13}C の固体 NMR の吸収線幅から見積もられた回転の相関時間は 10 ps のオーダーである[2].しかし,分子の回転は完全に等方的というわけではない.X線回折から見た C_{60} 分子の散乱体密度(電子密度)分布は,室温では,一様な球殻分布から少しずれている(弱いが異方性がある):⟨111⟩ 方向では散乱体密度が平均値より高い(約 +10%)が,⟨110⟩ 方向付近では低くなっている(約 −16%)[3].他方,非弾性中性子散乱(neutron inelastic scattering, NIS)からは,C_{60} 分子の運動は,幾つかの定まった方位の間をジャンプするのではなく,連続的に回る回転拡散(rotational diffusion)であることが示された[4].分子の回転ポテンシャルは多くの極小をもち,その熱活性化エネルギーは低く($E_a = 35$ meV),滑らかである.

このように,室温結晶相では C_{60} の重心は fcc 格子の並進秩序を維持して並んでいるが,個々の分子は重心の回りで連続的な回転拡散運動を行っている.C_{60} 結晶は,並進運動の自由度の融解に先立って,分子回転の自由度が融解する,いわゆる"柔粘性結晶(plastic crystal)"である[5].

低温相(sc 構造)とガラス転移

温度が下がり 260 K 以下になると,C_{60} 分子は方位の無秩序な高温相から方位秩序を持った低温相へと突然変化する.低温相では C_{60} 分子の重心は fcc の格子点上にあるが,四つの分子の方位は互いに対称性で規定され,もはや等価ではなくなる.対称性の低下により,結晶構造は単純立方(sc)格子(空間群は $Pa\bar{3}$)になる.260 K 付近では二つの相が共存する温度領域(5 K くらいの幅)が観察されているが,図 6.1 に示すように相転移により格子定数は不連続に変化し(0.004 nm のとび)[6],この転移が一次であることを示している.この相転移も不純物に敏感で,溶媒分子が残留していると転移温度は下がる.

低温相の構造は,次のように記述できる.まず,C_{60} の互いに直交する三つの 2 回回転対称軸(C_2 軸)を立方格子の ⟨100⟩ 方向にそれぞれ向けて,C_{60} 分子を fcc の格子点に置く.このとき,C_{60} の正二十面体対称性(I_h)のために,分子の 3 回回転対称軸(C_3 軸)が格子の ⟨111⟩ 軸方向に一致する.このような分子方位は実際には 2 種類ある.一方から他方の方位へは,[100] 軸の

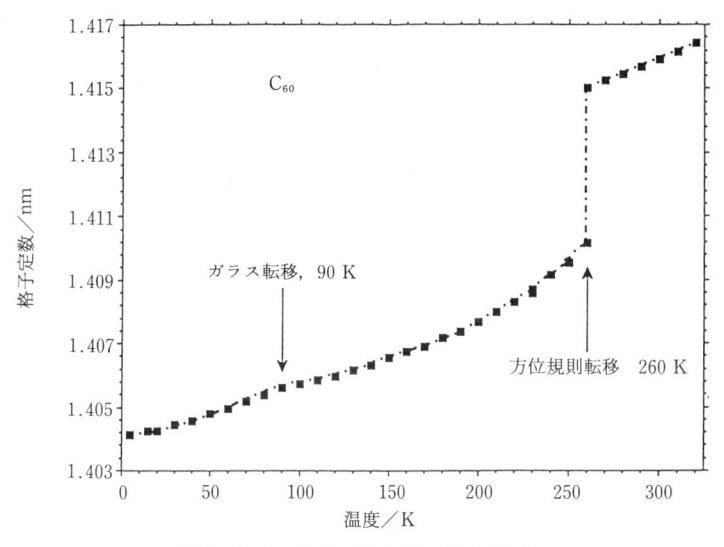

図 6.1 C_{60} 結晶の格子定数の温度変化[6].

回りに 90°回転させるか,あるいは [111] 軸の回りに 44.48°回転させればよい(第 7 章 7.2 節の図 7.5 参照).このように,立方体単位胞の四つの位置(fcc の格子点に対応)に同じ方位の C_{60} 分子が配置すると,格子の空間群は $Fm\bar{3}$ になる.もし,方位が無秩序ならば,格子の対称性は $Fm\bar{3}m$ (fcc 構造の空間群)に上がる.次に,単位胞の原点 (0,0,0) にある C_{60} を [111] 方向を軸に ~23°回転する ($\Gamma \approx 23°$).残りの三つの $(\frac{1}{2}, 0, \frac{1}{2})$, $(\frac{1}{2}, \frac{1}{2}, 0)$, $(0, \frac{1}{2}, \frac{1}{2})$ にある C_{60} もそれぞれ $[\bar{1}\bar{1}1]$, $[1\bar{1}\bar{1}]$, $[\bar{1}1\bar{1}]$ 軸の回りに同じ角度だけ回転する.見かけ上,必然性がないように見える [111] 回りの回転角 23°は,実は,3 個の五員環を [110], [101] および [011] 方向に向ける(裏の三つの五員環も同時に $[\bar{1}\bar{1}0]$, $[\bar{1}0\bar{1}]$ および $[0\bar{1}\bar{1}]$ に向く)角度なのである.

このような方位を取る理由は C_{60} 分子の電子分布が厳密には等方的ではなく,異方性をもっていることにある.C_{60} には 6 - 5 結合(六員環と五員環の間にある一重結合で,結合長 0.145 nm)と 6 - 6 結合(六員環と六員環の間にある二重結合で,結合長 0.140 nm)という 2 種類の結合がある.二重結合部分では電子密度が高いが,五員環の面上では電子密度が低い.C_{60} の中心から

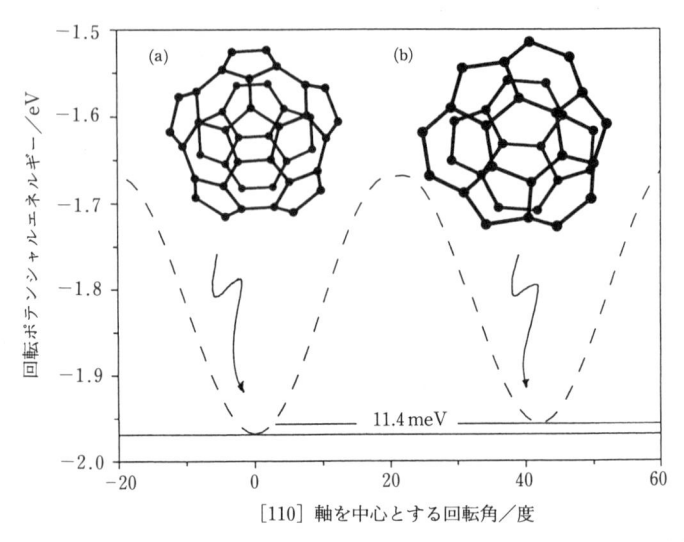

図6.2 C_{60} の方位ポテンシャル曲線[9]．挿入図は，隣接した C_{60} の五員環と6-6結合が向き合ったP方位(a)と六員環と6-6結合が向き合ったH方位(b)を示す．

[110]方向に沿って隣の C_{60} を見ると（図6.2の挿入図(a)），五員環が隣の C_{60} の6-6結合と向い合っていることがわかる．電子密度の低い五員環が電子密度の高い二重結合と向き合うことにより，分子間の静電ポテンシャルエネルギーを得る．したがって，単なるファンデルワールス相互作用よりも強い結合になる．C_{60} 分子は30本の6-6結合と12枚の五員環面がある．そのうちの6本の6-6結合と6枚の五員環面が，12のすべての最近接分子との間で，この静電的分子間結合を形成することができる．

しかし，固体の分子運動に関するNMR[2,7]やμSR（ミュオンスピン共鳴）の研究[8]は，C_{60} が260K以下でも（90K付近までは）方位変化が高速で起きていることを示している．この分子運動と回折実験が示す方位秩序とは一見，互いに矛盾するように見えるが，これはそれぞれの実験法の時間スケールの違いによるものである（NMRでは$\sim 10^{-8}$s，X線回折では$\sim 10^{3}$s）．低温での分子運動は，C_{60} がポテンシャルエネルギーのほぼ等しい二つの方位の間を行ったり来たり回転ジャンプしているという"2方位モデル"で説明されている[9]．2方位のうちの一つは上に説明した6-6結合が五員環面に向いたもので，エネルギー最小の方位である．もう一つの方位は6-6結合が六員環面に向くも

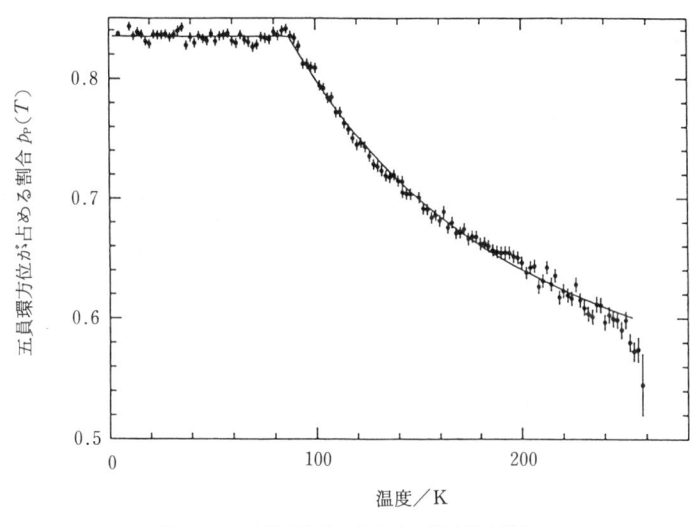

図 6.3 五員環方位の占有率の温度依存性[1].

の（図 6.2 の挿入図(b)）で，11.4 meV（次ページ参照）だけポテンシャルエネルギーが高い．この第二の方位は第一の方位から〈111〉対角軸の回りに更に 60°回転する（Γ≈83°）か，あるいは第一方位を基準にして 6-6 結合を貫く〈1$\bar{1}$0〉軸の回りに～42°回転することによって得られる．NMR や μSR の温度依存性は後者の〈1$\bar{1}$0〉軸の周りの 42°ジャンプによって起こる擬似等方回転の描像に合う．図 6.2 はその回転ポテンシャルの模式図である[9]．これ以後，6-6 結合が五員環面に向いたエネルギー最低の配置を"五員環方位"，6-6 結合が六員環面に向いてエネルギー的にやや不利な配置を"六員環方位"と呼ぶことにする．

これら二つの方位を取り入れて中性子回折パターンのリートベルト式精密化（Rietveld refinement）を行うと，五員環方位のみの場合より，2 方位共存の場合の方が R-因子（信頼性因子 reliability factor）が改善される．David ら[1]は 2 方位モデルのもとで中性子回折のデータを解析することにより，五員環方位と六員環方位にある分子の割合を求めた．5 K から 260 K の範囲における五員環方位の占有率の温度依存性を図 6.3 に示す．エネルギー的に安定な五員環方位をとる C_{60} の割合 p_P は，90 K までは温度の低下とともに増加し，その

後，5Kまで一定（$p_P=0.835$）である．90K以下では，熱エネルギーが回転ポテンシャル障壁に比べ低すぎるため，方位が完全に規則化する前に不規則性をある程度残したまま凍り付いている．これは分子方位に関する一種のガラス状態（orientational glass state）である．格子定数の温度変化（図6.1）にも，このガラス状態への相転移に起因する異常が90K付近にあるこぶとして認められる．分子配向のガラス転移は熱容量，音速，熱伝導などの測定によっても確認され（6.3節），分子運動に関する知見が得られている．

ガラス転移点 T_g 以上では，C_{60} は熱的に活性化され五員環方位と六員環方位の間を回転ジャンプする．これら以外の方位にもポテンシャルの極小が存在するので，自由回転が始まる温度（260K）付近では，様々な方位への回転ジャンプが起き，運動が複雑になる．しかし，少なくともガラス点近傍では"2方位近似"で物性をうまく記述でき，このモデルのもとで，2方位の間のエネルギー差が次のようにして求められている[1]．

分子の回転運動が熱平衡に達していれば，五員環方位と六員環方位を占める C_{60} 分子の数の比はボルツマン分布に従う．五員環方位と六員環方位にある C_{60} 分子の割合をそれぞれ p_P, p_H とすると，

$$p_H/p_P = \exp(-\Delta G/k_B T) \qquad (6.1)$$

である．ここで，ΔG は二つの方位の間のエネルギー差，T は温度である．また，$p_P + p_H = 1$ であるから，

$$\Delta G = -k_B T \ln\{(1/p_P) - 1\} \qquad (6.2)$$

と表される．この式を図6.3の $p_P(T)$ の測定値にフィットさせることにより，$\Delta G \approx 11.4\,\text{meV}$ が得られる．ガラス状態に関するこれらの知見は，単結晶を用いて行われた音速と熱伝導の測定結果とも一致する（6.3節）．例えば，後者の研究では，$T_g=85\text{K}$, $p_P\,(T<85\text{K}) \approx 0.83$, $\Delta G \approx 12\,\text{meV}$ が得られている．

T_g 以下における格子定数の温度依存性は通常の固体の低温での振舞と同じである．つまり，高温側（C_{60} の場合，T_g から50K付近まで）では格子定数は温度にほぼ比例し，低温側ではその変化が鈍化している．T_g 以下の格子定

数の変化を T_g 以上に外挿すると，実測された格子定数がこの外挿線より随分小さいことがわかる．T_g 以上では温度の上昇とともに六員環方位の割合が増加するのであるから，この外挿線からのはずれは六員環方位は五員環方位より小さな体積の単位胞を作ることを意味する．単位胞サイズの差を格子定数の温度変化から定量的に見積もることにより，六員環方位の格子定数が五員環方位のそれより 0.31％ 小さいことが示されている[1]．

(2) C_{70}

C_{60} 分子に比べ対称性の低い C_{70} 分子（D_{5h} 点群）は表6.2に示すように種々の結晶構造をとる．欠陥や準安定相の存在のため，相転移は複雑であり，試料の履歴に強く依存する．常圧での典型的な変態は高温側から，fcc 構造 ⇄ 菱面体（rh）構造 ⇄ 単斜（mc（ABC））構造，である[10]．分子の最密面の積層が ABCABC… であることから，この変態順序は "ABC sequence" と呼ばれる．この他に，成長型として六方最密（hcp）構造が得られることが多い．この場合には高温側から，hcp 構造 ⇄ 変形 hcp（dhcp）構造 ⇄ 単斜（mc（AB））

表6.2 固体 C_{70} の結晶構造．

相	構造（空間群） 格子定数	備考
fcc-C_{70}	面心立方格子（$Fm\bar{3}m$） $a=1.4976$ nm （430 K）	"ABC sequence" の 高温相
hcp-C_{70}	六方最密格子（$P6_3/mmc$） $a=1.054$ nm, $c=1.707$ nm （383 K）	"AB sequence" の 高温相（準安定相）
rh-C_{70}	菱面体格子（$R\bar{3}m$） $a=1.0129$ nm, $c=2.7852$ nm（六方格子表示 のパラメータ）（300 K）	"ABC sequence" の 中温相
dhcp-C_{70}	六方最密格子（$P6_3/mmc$） $a=1.011$ nm, $c=1.858$ nm （295 K）	"AB sequence" の 中温相
mc（ABC）-C_{70}	単斜格子（$C2, Cm, P2_1,$ or Pm） $a/b/c=1.7457/0.9932/2.7774$ nm, $\alpha=\gamma=90°, \beta=89.48°$ （15 K）	"ABC sequence" の 低温相
mc（AB）-C_{70}	単斜格子（$P12_1/m1$） $a=0.998$ nm, $b=1.851$ nm, $c=1.996$ nm, $\alpha=\gamma=90°, \beta=120°$ （100 K）	"AB sequence" の 低温相

の順序となり[11]，"AB sequence"と呼ばれる．hcp-C_{70}を十分焼鈍すると，fcc構造への変化が起こるので，fcc相が高温での安定相と考えられる．

昇華法により成長させたまま（as-grown）のhcp相では格子定数aとcの軸比（c/a）が1.62で球の最密充填の理想的な値を持っている（$a_{h1}=1.054$ nm, $c_{h1}=1.707$ nm）．これを冷却すると，"AB積層"を保ったまま，a軸が少し縮みc軸が伸びた第二のhcp構造（$a_{h2}=1.011$ nm, $c_{h2}=1.858$ nm, $c_{h2}/a_{h2}=1.83$）を経て，単斜（mc（AB））構造（$2a_m=c_m\approx 2a_{h2}$, $b_m\approx c_{h2}$, $\alpha=\gamma=90°$, $\beta=120°$）へ相転移する．第二のhcp構造を変形hcp（dhcp）構造と呼ぶことにする．また，ABC sequenceとAB sequenceにおける2種類の単斜晶を区別するために，それぞれmc（ABC）およびmc（AB）と表記することにする．

hcp相は準安定であり，熱処理により非可逆的にfccに変化する．このhcp→fcc転移において，"AB積層"から"ABC積層"へのせん断変形が起こる．最密面の積層順序の入れ換えは，大きなエネルギーを要するため高温でしか起こらず，しかも"AB積層"から"ABC積層"への変化が進む．したがって，fcc構造につながる一連の相では"ABC積層"が保たれている．以下では，このABC sequenceの一連の構造について詳しく述べる．

高温相（fcc構造）

350 K以上では固体C_{70}の安定な相はfcc構造（空間群$Fm\bar{3}m$，格子定数は430 Kで$a=1.4976$ nm）である．高温相では，C_{70}分子は激しく回転しているために，分子の異方性は平均化されている．その回転ポテンシャルには多くの浅い極小があり（活性化エネルギー$E_a=32$ meV），その間を準等方的に回転運動している．概ね390 K以上では，μSR[12]やNIS[13]で見たC_{70}分子の運動は，C_{60}の高温相と同じように，等方的回転拡散で記述できる．

しかし，300 K付近まで温度が低くなると，μSRやNISには分子運動の異方性が現れ，もはや等回転モデルでは記述できなくなる．しかし，結晶格子はまだfccである．分子運動の異方性とfccの対称性は両立しないが，これは，X線回折などの回折実験では時間平均の構造を見ているため，短い時間スケールで見える低対称性を検出することができないことによる．

中温相（rh 構造）

fcc 結晶の温度を 300 K ないし 280 K まで下げると，菱面体（rhombohedral）格子（$a_{rho} \approx a_{cub}/\sqrt{2}$, $\alpha = 54.97 \sim 55.04°$，空間群 $R\bar{3}m$）に変化し始める[10]．以後，この相を rh 相と略す．rh 相の単位胞のパラメータ a が fcc の単純格子（primitive lattice）[14]のそれとほぼ同じで，α 角が fcc の単純格子の α 角（60°）より少し鋭くなっていることから，C_{70} の長軸が単位胞の長対角線の方向に揃っているものと考えられる．しかし，菱面体単位胞の長対角線方向の軸対称性（3回対称）と C_{70} の長軸の対称性（5回対称）は相容れないので，C_{70} はこの軸周りの方位に関しては無秩序の状態にあるに違いない．

fcc → rh の相転移は緩慢で 180 K まで下げても fcc 相が残留している．また，fcc⇌rh の相転移には大きな履歴がある．rh 相は降温過程では 280 K 付近で現れるが，昇温過程では 350 K 付近まで生き残る．C_{70} 結晶には格子の歪みや欠陥が残留しやすく，相転移を繰り返すと，大きな単結晶でも小さな結晶片に崩れてしまう[15]．残留したこれらの欠陥が rh 相の過熱現象や fcc 相の過冷却現象を引き起こす．

Prassides らによって報告された C_{70} 結晶の単位胞サイズの温度変化を図 6.4 に示す[9]．図 6.4(a)は単位胞の対角線（[111] 方向）の長さの温度依存性を示す．fcc から rh に相転移すると，C_{70} の長軸方向が揃い対角線長さが突然 0.191 nm だけ伸びる．この不連続な変化は，最密面内（[111] に垂直）における分子間距離の突然の縮み（0.037 nm）と呼応している（図 6.4(b)）．この変化の大きさは，C_{60} の方位規則-不規則相転移の場合の微少な変化（0.004 nm）に比べて，遥かに大きい．この大きな変化が，C_{70} の低温相で見られる歪みの要因である．中性子回折プロファイルには静的および動的な不規則性に起因する散漫散乱が 10 K まで観察されている[13]．散漫散乱の特徴（強度および位置）は温度にはほとんどよらない．C_{60} では方位不規則相で観察された散漫散乱が秩序化により随分少なくなることとは対照的である．C_{70} の散漫散乱は，分子が無秩序な方位で凍結したことによる静的不規則性か，あるいは相転移に伴う歪みに起因するブラッグ反射の幅の広がりによるものである．

μSR や NIS によると，160 K より低い温度では，分子の回転運動は凍結し，平衡方位の回りで回転振動（libration）するのみである．この温度を超えると，

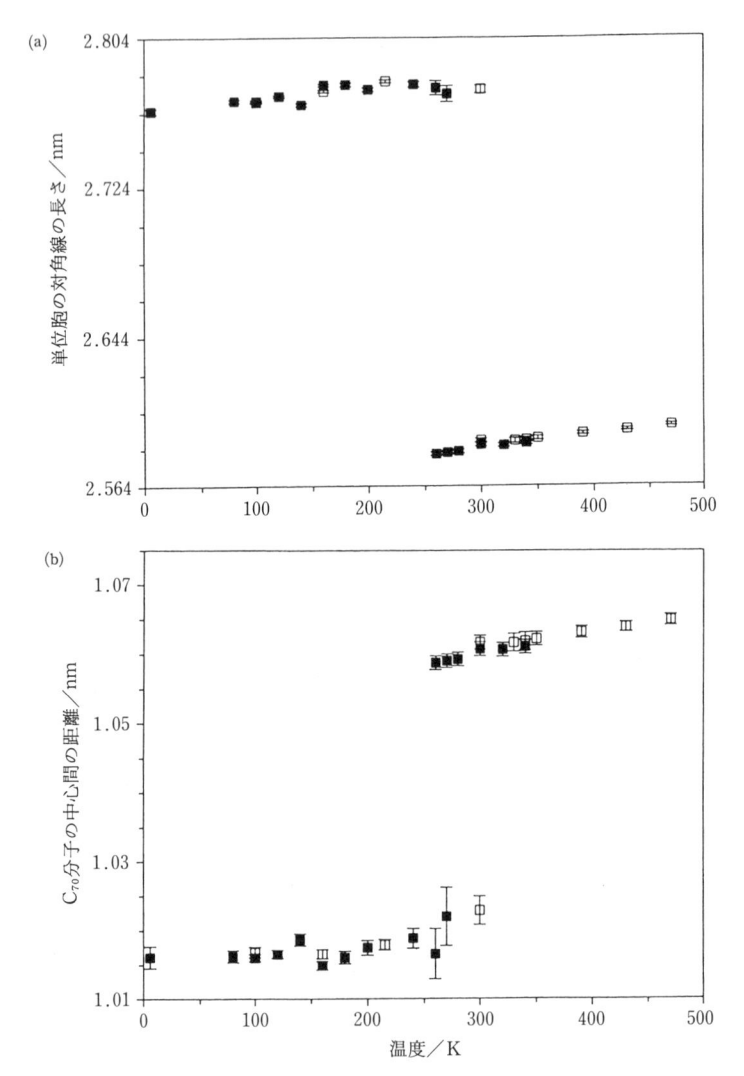

図 6.4　fcc-C_{70} における(a)単位胞の対角線（[111] 方向）の長さと(b)最密面内での分子間距離の温度変化[9]．□：加熱過程，■：冷却過程．

分子は長軸回りに回転を始め，長軸の方位変動も温度の上昇にともなって徐々に励起される．回転運動の異方性は 370 K 付近まで残っている．

低温相 (mc 構造)

　液体窒素温度まで冷却しても，rh 相からさらに低温の相への変化はなかなか観察できないが，15 K までゆっくり冷却することにより対称性の低い単斜 (monoclinic) 格子 ($a=1.74569$ nm, $b=0.99318$ nm, $c=2.7774$ nm, $\beta=89.481°$) が観察される[10]．この相を以後，mc (ABC) と略す．空間群は $C2$, Cm, $P2_1$ あるいは Pm のいずれかであるが，粉末X線回折だけでは絞り込めていない．また，分子の方位についてもまだ不明であるが，C_{60} の場合のように，隣接分子間の静電的相互作用によって分子の方位規則化が起きている可能性もある．

　Vaughan ら[10] は DSC (differential scanning calorimetry, 示差走査熱量測定法) の昇温過程で観察された 295 K および 345 K の異常をそれぞれ mc (ABC) → rh，および rh → fcc への相転移に対応させている．X線回折もこの DSC と矛盾しない結果を示すが，相の共存する温度範囲は非常に広く，相変化の速度はたいへん緩慢である．

(3) 高次フラーレン

　C_{70} より大きな高次フラーレンは，溶媒を含まない純粋な結晶を大量に得ることが困難なため，X線回折による構造解析は，C_{76} を除いて[16]，まだ行われていない．しかし，高次フラーレンの中でも比較的収量の多い C_{76} と C_{84} については真空蒸着法により薄膜が作製され，その構造と組織が電子顕微鏡法により調べられている．

C_{76}

　高次フラーレンは一般に構造の異なる 2 種類以上の異性体をもつが，C_{76} は 1 種類の異性体しかない唯一の高次フラーレンである．従って，今後展開されるであろう高次フラーレンの構造解明に関する研究において，この C_{76} は，理論計算と実験結果と比較のための参照サンプルとなりうる重要なフラーレンと言える．

　単離される C_{76} は D_2 対称性のキラルな構造をもつ (第 5 章 5．3 節(1)参照)．この分子の三つの主軸の長さはそれぞれ 0.875, 0.750, 0.654 nm である[17]．

軸比は最大 1.34 で細長い形をしているにも拘わらず，430 K の固体基板（NaCl，雲母など）上に成長した C_{76} 薄膜は C_{60} や C_{70} と同様，fcc 構造（1.53±0.02nm）である[18]．fcc-C_{76} は 160 K まで冷やしても，対称性の低い相への変化は今のところ観察されてない．

C_{84}

C_{84} は D_2(No.22) と D_{2d}(No.23) が二つの主要な構造異性体であり，2 : 1 の存在比で混合物として精製される（第 5 章 5．3 節(4)参照）．これら二つの構造はエネルギーのほぼ等しい，安定な異性体である．構造的にも似ていて，局所的な結合の組み替えのみ（Stone-Wales 変換，第 5 章 5．5 節(1)参照）で互いの構造に変化する関係にある．全体的な形は，C_{70} や C_{76} に比べ，球形に近い．

2 種類の構造異性体が存在していても，470 K の雲母劈開面上に成長した C_{84} 薄膜は fcc 構造（a = 1.59 ± 0.02 nm）をもっている[19]．また，C_{76} の場合と同様に，160 K まで冷やしても，構造変化は観察されていない．

フラーレンの実効サイズと fcc 相の格子定数

フラーレン分子はサイズによって形（球形からの変形の度合）が異なるが，固体におけるフラーレンの実効的なサイズを次のような平均直径 d_N，

$$d_N = 0.71 \times \sqrt{N/60} \, [\text{nm}] \qquad (6.3)$$

で表すと，d_N と格子定数の間には，図 6．5 に示すように線型な関係が見いだされる[18]．ここで，N はフラーレンを構成する炭素原子の数であり，定数 0.71 は C_{60} の直径である．

図 6．5 のプロットを $d_N = 0$ まで外挿すると $a = 0.491$ nm という切片を得る．$d_N = 0$ というのは fcc の格子点上にそれぞれ炭素原子が 1 個だけ存在している状態に対応する．この時の最近接距離 $a/\sqrt{2}$ は 0.347 nm となる．この値は乱層構造（第 9 章 9．2 節(2)参照）の炭素における層間距離（～0.35 nm），あるいは π 電子雲の厚さ（の 2 倍）とほぼ一致している．平均直径 d_N 対格子定数 a の間の線形関係の物理的意味は必ずしも明確ではないが，フラーレン分子が

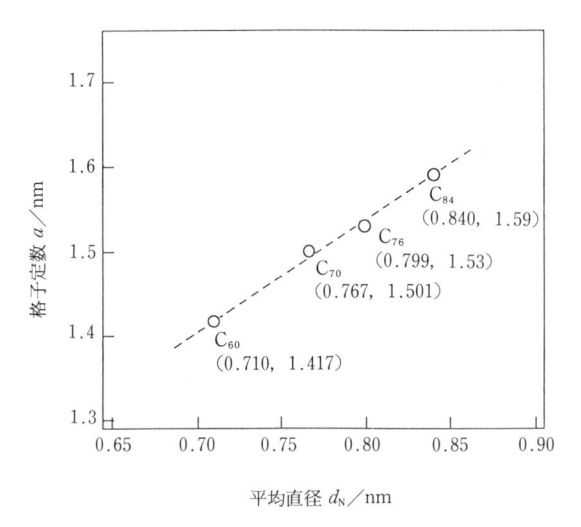

図6.5 fcc格子に並んだC_{60}, C_{70}, C_{76}, C_{84}の平均直径と格子定数の間の関係[17]．（ ）内の2つの数値はそれぞれ横および縦座標の値である．

静的あるいは動的に方位無秩序の状態の時，フラーレンは（6.3）式で表される直径の球で近似でき，これがπ電子雲の衣をまとってfccに充填しているという描像が浮かんでくる．

比較的細長い回転楕円体のC_{70}や扁平なC_{76}が，球形に近いC_{60}やC_{84}とともに同一の直線に乗るのは，細長い分子は長軸同士が互いにぶつかるのを避けて動的あるいは静的に不規則な方位を向いていることを示している．

6.2 電子構造

(1) 固体C_{60}の電子構造

固体C_{60}は分子性結晶なので，固相においても分子軌道は自由分子のそれから大きく変化することなく，電子構造も自由分子のそれを強く反映している．

理論

fcc格子を組んだ固体C_{60}のバンド構造の斎藤晋と押山による計算結果を図

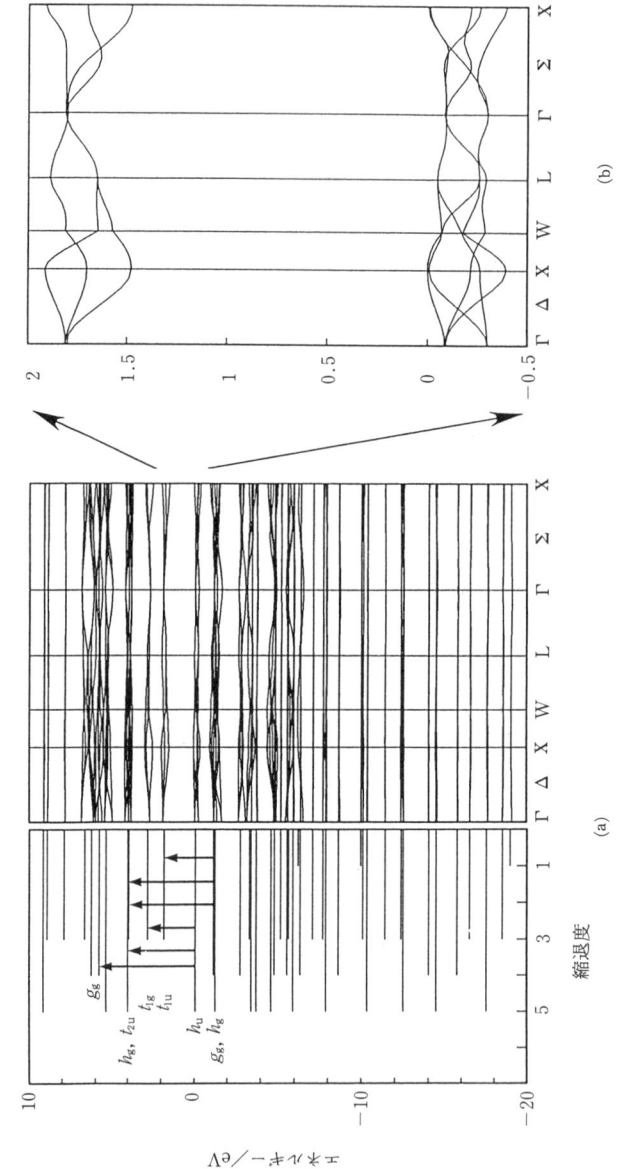

図 6.6 (a) ヒュッケル法で計算された孤立 C_{60} 分子の π 電子準位, (b) 密度汎関数法により計算された fcc-C_{60} 固体のバンド構造 (一電子エネルギー)[20].

6.6(b)に示す[20]．ヒュッケル（Hückel）法により計算された孤立 C_{60} 分子の π 電子準位も図6.6(a)に示してある．バンド計算では，C_{60} 分子はその2回回転軸を三つの格子軸（〈100〉）に平行になるように fcc 格子点に配置し（空間群は $Fm\bar{3}$），密度汎関数法により一電子エネルギーが求められた．分散（エネルギーの波数依存性）は小さく，バンド幅が狭い（～0.4eV）のが特徴である．その結果，C_{60} は結晶を組んでもエネルギーギャップは残っている．固体 C_{60} は，伝導帯（LUMO 由来のバンド）の底も価電子帯（HOMO 由来のバンド）の上端も共にブリルアン帯のX点にある直接ギャップ型の半導体である．そのエネルギーギャップは，このバンド計算では，約1.5eV である．HOMO（h_u）と LUMO 準位（t_{1u}）はパリティが同じ（奇）なので，これらの準位の間の電気的双極子遷移は許されない．したがって，固相においても伝導帯の底と価電子帯の頂上の間の直接遷移は光学的に禁制である．

実験

エネルギーギャップに関する知見は，（ⅰ）電気伝導率の温度依存性，（ⅱ）光吸収・ルミネッセンス，（ⅲ）光電子分光法などの実験から得られる．（ⅰ）の輸送現象（電気伝導）はバンドギャップの大きさには敏感であるが，始状態と終状態の対称性には敏感ではない．（ⅱ）の光学的吸収端から HOMO-LUMO ギャップを直接測定するのは，次の理由で困難である．吸収端近傍のエネルギーをもつフォトンが吸収されると，励起された電子と残った正孔が互いに束縛され，励起子（エキシトン，exciton）を形成する．さらに，禁制遷移を起こすためには格子系と電子系が結合しなければならないが，これによる吸収は非常に弱い．（ⅲ）の光電子分光法は状態密度（density of states, DOS）を直接測定できる優れた手法であるが，表面状態に極めて敏感であり，電子の多重散乱によるスペクトルのブロードニングが起きやすい．

図6.7に固体 C_{60} の電気抵抗の温度依存性を示す[21]．半導体の伝導率 σ は真性（intrinsic）領域では，温度 T に対して，次のように変化する：

$$\sigma(T) \propto \exp(-E_g/2k_B T) \qquad (6.4)$$

ここで，E_g はエネルギーギャップである．真性半導体領域では $\ln\sigma(T)$ 対

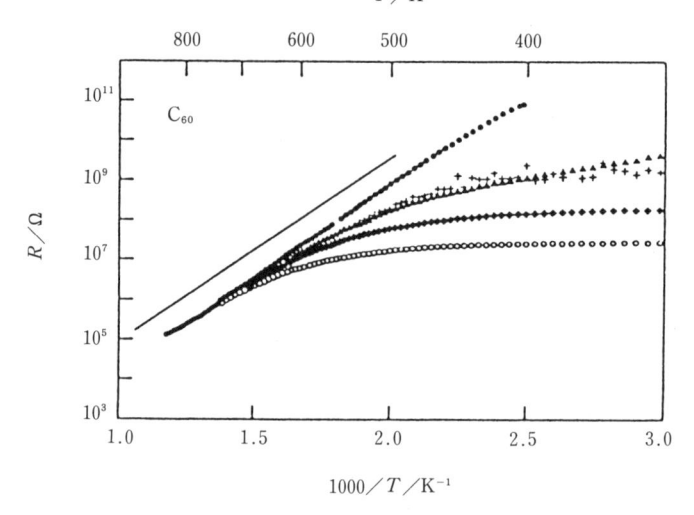

図6.7 固体 C_{60} の電気抵抗の温度依存性[21]. ●:直流, +:100 Hz, ▲:1 kHz, ◆:10 kHz, ○:100 kHz.

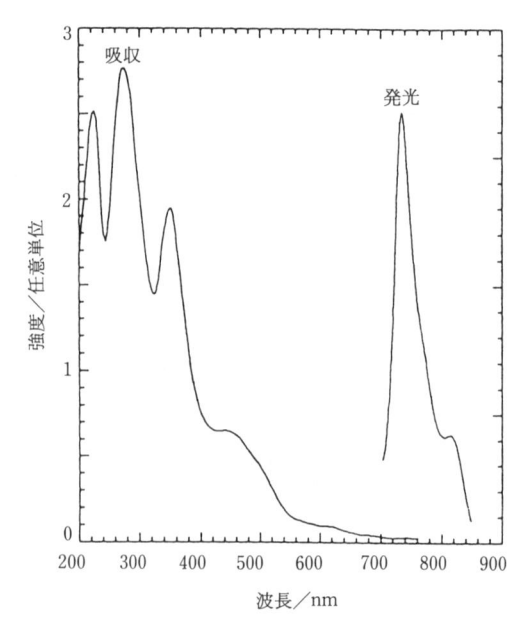

図6.8 C_{60} 薄膜の吸収および発光スペクトル[23].

$1/T$ のプロットが直線になるので，この傾きから E_g が得られる．電気伝導率の温度依存性から求められた E_g は $1.6\sim1.85\,\mathrm{eV}$ の範囲にある[21,22]．

　石英基板上の C_{60} 薄膜の吸収スペクトルを図6．8に示す[23]．C_{60} 薄膜の紫外可視吸収スペクトル（$\lambda_{ab}=200\sim900\,\mathrm{nm}$）には，$221\,\mathrm{nm}$（$5.7\,\mathrm{eV}$），$271\,\mathrm{nm}$（$4.6\,\mathrm{eV}$）及び $347\,\mathrm{nm}$（$3.6\,\mathrm{eV}$）に3本の強い吸収ピークがあるほか，$520\sim430\,\mathrm{nm}$（$2.4\sim2.9\,\mathrm{eV}$）の領域に比較的強い吸収バンド，$600\,\mathrm{nm}$（$2\,\mathrm{eV}$）付近に弱い吸収バンドが観察される．3本（221，271及び347 nm）の強い吸収バンドは，溶液中の C_{60} にも見られ，$\pi^*\leftarrow\pi$ 遷移に基づくものである．これら3本のバンドは，薄膜化にともない赤方へシフトし，バンド幅も広がっているものの，強度比を含め，全体のスペクトルの形状は溶液試料からのものとよく似ている．600 nm 近傍の弱い吸収バンドは HOMO-LUMO（h_u–t_{1u}）禁制遷移に基づく．しかし，$520\sim430\,\mathrm{nm}$ の領域の吸収バンドは薄膜に特有のものであり，C_{60} 分子間に広がった励起子状態に起因するものと考えられる．

　図6．9に光電子分光法（photoemission spectroscopy, PES）および逆光電子分光法（inverse photoemission spectroscopy, IPES）により得られた固体 C_{60} の電子状態を示す[24]．光電子分光にはフォトンエネルギー（$h\nu$）が65および170 eV のシンクロトロン放射光が用いられ，逆光電子分光にはエネルギー19.25 および32.25 eV の一次電子が用いられている．それぞれのスペクトルは占有状態および空状態の密度を反映している．フェルミ準位 E_F は HOMO バンド中央から測って上 2.25 eV の位置，また LUMO バンド中央から測るとその下 1.5 eV の位置にある．PES および IPES により測定された HOMO-LUMO ギャップ（3.7 eV）は他の測定法（電気伝導，光吸収）で得られた値やバンド計算の結果より大きい．これは電子相関（electron correlation）によるもので，固体 C_{60} のように波動関数が局在していると，バンドが狭くなりその影響が顕著に現れる．PES では系（N 個の電子の系）から電子が1個剝ぎ取られるので，測定される電子状態は電子の1個少ない（$N-1$）電子系に対応するものである．他方，IPES では電子が1個多い（$N+1$）電子系の電子状態が測定されることになる．これらに対して，電気伝導や光吸収の測定では中性の N 電子系を扱っている．図6．9のバンド端を強度ゼロまで外挿すると 2.6 eV のギャップが得られるが，ブロードニングを無視しているの

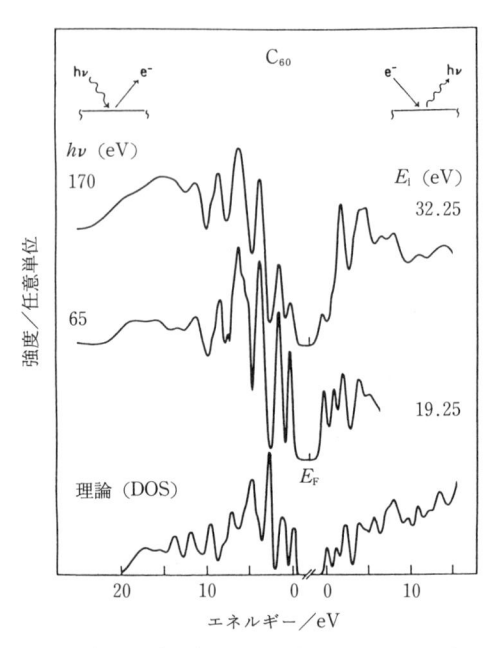

図 6.9　C_{60} 薄膜からの光電子（PES）および逆光電子スペクトル（IPES）[24]．二つのスペクトルの強度は，h_u と t_{1u} 軌道の縮退度にしたがって，LUMO バンドの強度が HOMO バンドのそれの 3/5 になるように調整されている．

であまり意味のない値である．

　図 6.9 の下には状態密度の計算結果が比較のために示されている．この理論曲線には実験装置のエネルギー分解能および寿命の効果を模擬するために孤立分子の一電子準位にガウス分布で幅が付いている．

　実験スペクトルの形状は入射フォトンあるいは電子のエネルギーによって変化する．これは電子の始状態と終状態の間の遷移確率が励起エネルギーに依存するためである．しかし，ピークの位置は変化しない．炭素 $2p_\pi$ 準位はおもに E_F からおよそ 5 eV までの範囲にあり，$2p_\pi$ 準位はおよそ 5 から 10 eV の間に集中している．さらに深い状態は $2s_\sigma$ に由来している．励起エネルギーが低い時には p 状態の光イオン化断面積が相対的に大きいが，励起エネルギーが高い時には s 状態の光イオン化が支配的になる．実際，図 6.9 のスペクトルにもこの傾向が明らかに現れている．

　HOMO バンド（h_u 由来）および HOMO-1 バンド（h_g と g_g 由来）はとも

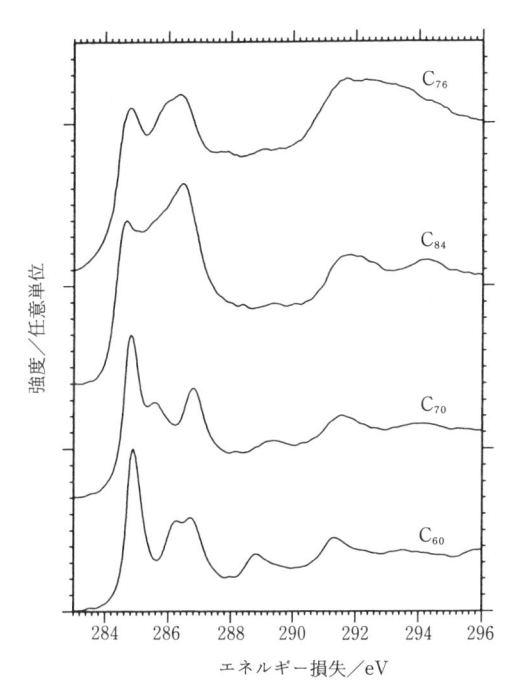

図 6.10 C_{60} および高次フラーレン薄膜の炭素 K 吸収端付近の電子エネルギー損失スペクトル[26]．

に π 電子的であり，それぞれ 5 重および 9 重に縮退している．E_F の下 5 から 10 eV にある状態は π と σ が混合した特性をもち，さらに下の状態は σ 電子に由来する．価電子帯全体の幅はダイヤモンドやグラファイトのそれとほとんど同じであるが，C_{60} の高い対称性のため鋭いピークが観察される．X 線放出分光法（X-ray emission spectroscopy, XES）によっても価電子帯の電子状態を探ることができる[25]．

空状態では，LUMO バンドが t_{1u} 由来，LUMO+1 バンドが t_{1g} 由来であり，ともに三重に縮退している．その上のバンドは t_{2u} と h_g に由来するものと考えられる．空状態に関しては，次に述べる電子エネルギー損失分光法（electron energy loss spectroscopy, EELS）[26] および X 線吸収分光法（X-ray absorption spectroscopy, XAS）[27] によって調べることもできる．

固体 C_{60} の炭素 K 吸収端および低エネルギー損失領域の電子エネルギー損失

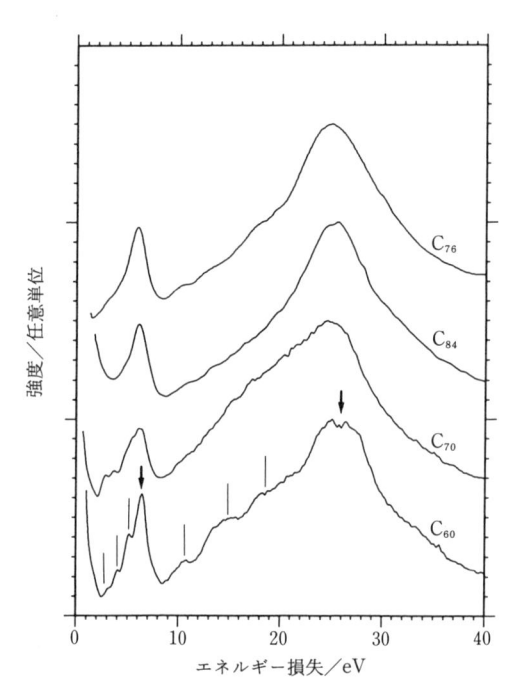

図 6.11 C_{60} および高次フラーレン薄膜の価電子励起領域の電子エネルギー損失スペクトル[26]．

スペクトル（EELS）をそれぞれ図 6.10 および図 6.11 に，他の高次フラーレンと共に示す[26]．これらのスペクトルは，東北大の田中通義らにより，高速電子（60 keV）を使った透過型高分解能 EELS 装置により得られた．入射電子が試料を透過する時に，固体中の電子を励起すると，その励起エネルギーに等しい運動エネルギーを損失する．EELS の K 吸収端は X 線の吸収端と同じで，炭素の内殻電子（1s 電子）が E_F より上の空状態へ励起されることにより現れるので，その微細構造は空状態の密度を反映している．C_{60} においては 284.9, 286.2, 286.7 および 288.8 eV に四つの顕著なピークが観察され，それぞれ t_{1u}, t_{1g}, (t_{2u}, h_g) および g_g 由来の π^* バンドに帰属される．また，290 eV 以降（305 eV 付近まで）の大きなピークは σ^* への遷移によるものである．

EELS の低エネルギー損失領域の構造は価電子の集団運動あるいは一電子遷

移によるものである．C_{60} の低エネルギー損失領域（図6.11）には，矢印で示した 6.5 eV と 25.5 eV に二つの顕著なピークが観察される．これらはグラファイトからの類推でそれぞれ π プラズモン（plasmon），π+σ プラズモンによるものである．π プラズモンのピークのエネルギー位置はグラファイトに比べて 0.5 eV 低く，π+σ プラズモンのエネルギー位置は 1.7 eV 低い．グラファイトではプラズモンは結晶全体に広がっているが，フラーレンでは一つの分子のなかの価電子の集団振動である[28]．図6.11 には矢印で示したプラズモンピークの他に，バンド間遷移に基づく幾つかのピークやショルダーが観察される（縦線で示してある）．π プラズモンより低エネルギー側にあるピークは $\pi^* \leftarrow \pi$ のバンド間遷移に由来し，9 eV 以上に見られるピークあるいはショルダーは $\sigma^* \leftarrow \sigma$, $\sigma^* \leftarrow \pi$, $\pi^* \leftarrow \sigma$ のバンド間遷移によるものである．エネルギー損失スペクトルから損失関数，$Im[-1/\varepsilon(\omega)]$，を求め，これを Kramers-Krönig 解析することにより，誘電関数（$\varepsilon = \varepsilon_1 + i\varepsilon_2$）が得られている[26]．

(2) 固体 C_{70} および高次フラーレンの電子構造

C_{60} の電子構造は実験的にも理論的にもよく研究されているのに比べ，C_{70} やその他の高次フラーレンに関しては研究が少ない．実験的には試料が希少であること，超伝導性などの際立った物性の発現に乏しいことなどによる．また，対称性が低く，結合距離や結晶構造がまだよく分かってないことが理論的研究を阻んでいるのであろう．

図6.12 に Weaver らのグループによって得られた C_{70} 薄膜からの PES および IPES スペクトルを示す[29]．これらのスペクトルの強度は任意単位で示してあり，状態密度による規格化は施されていない．HOMO-LUMO 間のエネルギー間隔は（バンド中央で測って）3.75 eV であり，C_{70} 負イオンの PES から得られた値（～1.6 eV）に比べ相当大きい[30]．この原因は固体 C_{60} の場合と同様，電子相関エネルギーが無視できないことにある．PES および IPES スペクトルの全体的な特徴はそれぞれ価電子帯および伝導帯の状態密度の計算[31]とよく合っている．

C_{70} 薄膜の炭素 K 吸収端の EELS（図6.10）には，284.8, 285.6, 286.8 および 289.4 eV にピークが観察される．284 eV から 290 eV に至る構造が $\pi^* \leftarrow$

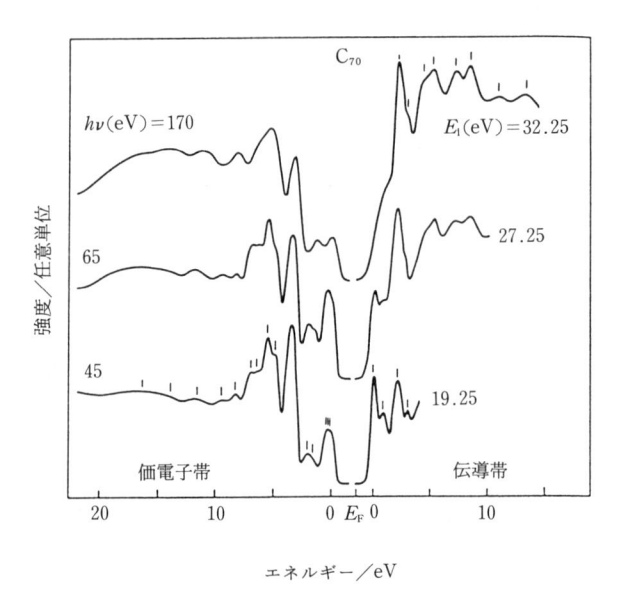

図 6.12 C_{70} 薄膜からの PES および IPES スペクトル[29].

1s, 290 eV 以降の構造が $\sigma^* \leftarrow 1s$ 遷移に対応する. これらの相対的なエネルギー位置は IPES のピーク位置（図 6.12）とよく一致している.

C_{70} の低エネルギー損失領域における EELS（図 6.11）には, 6.4 eV の π プラズモンと 24.5 eV の $\pi+\sigma$ プラズモンによる大きな二つのピークのほかに, 微細構造も観察されるが, 対称性の高い C_{60} にくらべ幅が広く鈍化している.

C_{76} および C_{84} 薄膜の炭素 K 吸収端 EELS の第一ピーク（LUMO バンドに対応）はそれぞれ 284.8 および 284.6 eV にある. $\sigma^* \leftarrow 1s$ 遷移によるスペクトル立ち上がりは, どちらのフラーレンも 290.5 eV で, C_{60} や C_{70} と変わりない. 284 から 290 eV までの構造は, C_{60} や C_{70} と比べてブロードでなだらかである. C_{76} と C_{84} は C_{60} や C_{70} に比べて対称性が低いので, 分子軌道の縮退度が低い. そのため, このエネルギー領域には幾つものバンドが有り, 各々が分解されてないためブロードになる. さらに, C_{84} では少なくとも 2 種類以上の異性体が混合しているので, これも構造の少ないスペクトルを与える原因になっている. 290.5 eV 以上の領域では, 調べられた 4 種類のフラーレンの間で大きな違いは見いだされていない. これは σ^* の状態密度がフラーレンの種類によってそ

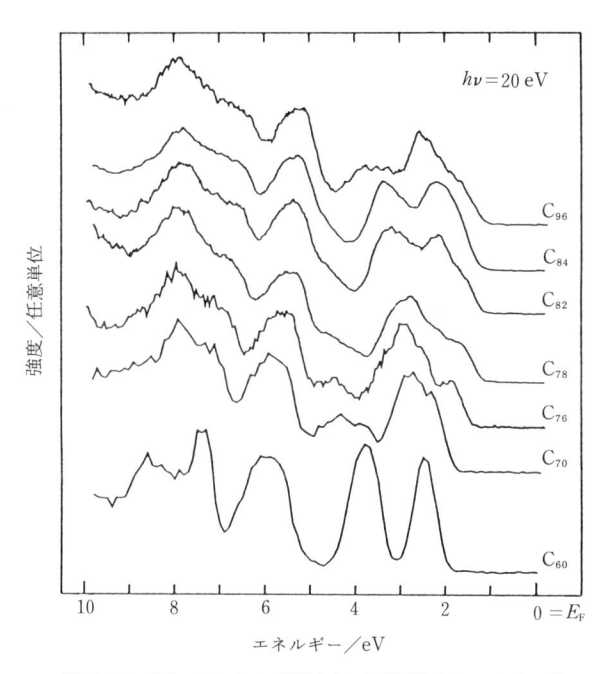

図6.13 高次フラーレン薄膜からの紫外光電子スペクトル[32].

れほど影響を受けないことを示している.

　低エネルギー損失領域のEELSにはπプラズモンとπ+σプラズモンが，C_{76}では6.2eVと24.9eVに，C_{84}では6.1eVと25.5eVにそれぞれ観察される．プラズモン以外の微細構造はC_{60}，C_{70}，C_{76}，C_{84}の順でブロードになっている．

　光電子分光法を用いた高次フラーレン（C_{70}，C_{76}，C_{78}，C_{82}，C_{84}，C_{86}，C_{90}，C_{96}）の電子構造の研究が，日野を中心に行われた[32]．C_{60}からC_{96}までの一連のフラーレンの価電子帯の紫外光電子スペクトルを図6.13に示す．スペクトルの立ち上がり開始点（onset）はフラーレンサイズの増加とともに浅くなることがわかる．C_{60}とC_{70}ではフェルミ準位の下1.8eV付近からスペクトルの立ち上がるのに対して，C_{76}以上のフラーレンではどれも1.3eVより浅いところから始まっている．フェルミ準位からスペクトル開始点までの深さはバンドギャップの広さを反映した物理量であるので，フラーレンの構成炭素数が増加

する（すなわち，フラーレンの曲率半径が大きくなる）とともにバンドギャップが狭くなることを示している．炭素数が更に増大して無限大になれば，最終的には二次元のグラフェン（graphene，一層のグラファイトシート）と同様にバンドギャップ零に収束するはずである．測定されたサイズの範囲では，炭素数の増加とスペクトル開始点の変化量は必ずしも線型ではないが，このサイズ範囲では，それぞれのフラーレンの個性がまだ強く現れていることによるのであろう．

6.3　物理・化学的性質

C_{60} と C_{70} の固相における物理的性質は本節(1)〜(3)で，また，フラーレン構造に変化をともなう化学的性質に関しては本節(4)，(5)で述べる．これまでに明らかにされた固体 C_{60} と C_{70} の物性値がそれぞれ表5.1と表5.4にまとめてある．

(1)　熱的・力学的性質

格子振動

C_{60} が結晶を組んだ時の振動は分子内および分子間の振動モードに分けられる．分子内振動モードは内部自由度の振動によるもので，そのスペクトルは，孤立した C_{60} 分子と非常に似ているので，単に分子振動モードと呼ばれることがある．他方，分子間振動モードは結晶中で個々の C_{60} 分子が一つの剛体となって振動するモードである．分子間振動には，並進自由度に基づく通常の音響および光学モードの他に，結晶の作る回転ポテンシャルの中で分子が揺らぐ回転振動（libration）の三つのモードがある．これらすべてのモードの振動数分布を図6.14に模式的に示す[33]．分布(a)および(b)はそれぞれ回転振動および並進振動モードを表す．これらのモードの振動数（波数で表して 0〜50 cm^{-1}）は一般の固体（例えば Si の場合，0〜530 cm^{-1}）に比べ，非常に低い．これは，フラーレン分子の質量が大きいことと分子間結合力（ファンデルワールス力）が弱いためである．分布(c)の C_{60}^{3-} と A^{+} との分子間光学モードは，アルカリ金属との化合物（第7章参照）において存在するモードである．格子間位置の

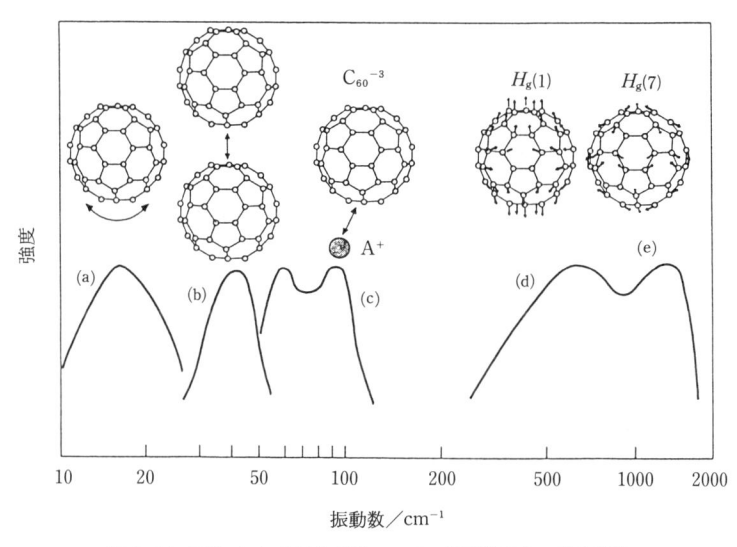

図 6.14 固体 C_{60} における振動モードの振動数分布の模式図[33].

アルカリ金属原子の質量は C_{60} 分子より遥かに小さく，さらに原子間力も強いイオン結合が支配的になるので，C_{60}^{3-}-A^+ 間の振動数は(b)の C_{60}-C_{60} 振動に比べ高くなる．(d)と(e)の領域にある分子内振動は分子間振動に比べ遥かに高い振動数をもっている．ラマン（Raman）活性な二つの特別な分子振動モード $H_g(1)$ および $H_g(7)$ が挿入図として描かれている．矢印は炭素原子の変位の方向を表している．振動数が $800\,\mathrm{cm}^{-1}$ 以下の分子モードでは炭素原子が C_{60} 分子表面に対して主に動径方向に変位している（例えば，$273\,\mathrm{cm}^{-1}$ の $H_g(1)$ "squashing" モード）．一方，$1000\,\mathrm{cm}^{-1}$ 以上のモードでは接線方向への変位が支配的である（例えば，$1426\,\mathrm{cm}^{-1}$ の $H_g(7)$ モード）．

260 K 以下の低温 sc 相においては，単位胞内に四つの C_{60} 分子があり，それぞれの分子が三つの並進自由度と三つの回転自由度をもっている．したがって，合計 12 の並進振動モードと 12 の回転振動モードが存在する．しかし，高温 fcc 相においては，分子が回転運動しているため回転振動モードは存在しない．さらに，fcc 格子は菱面体格子を単純格子にとることができるので，三つの並進振動モードしか存在しない．図 6.15 に 295 K および 200 K における C_{60} 単結晶の並進振動の分散関係を示す[34]．曲線は最近接および第二近接分子間結合

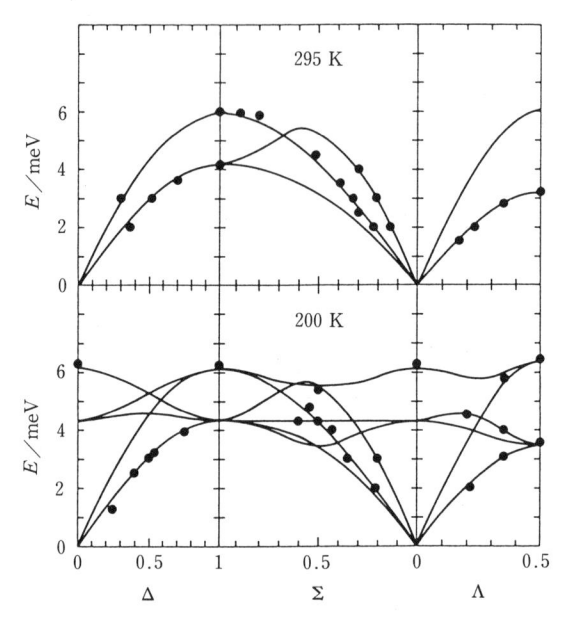

図 6.15 C$_{60}$単結晶の高温相（上図）および低温相（下図）における並進振動モードの分散関係[34]. 実線は最近接および第二近接分子間の縦力定数のみを考慮したモデル計算.

に基づいて計算された分散関係であり，非弾性中性子散乱から得られた測定結果（黒点）と良く合っている．低温相で予想されるすべてのモードが明らかにされているわけではないが，200 K では，295 K（高温相）にはないモードが観察されている．

C$_{70}$では，欠陥の少ない単一相の結晶が得られないので，物性の研究は一般に少ない．固体 C$_{70}$ では，回転振動モードは 10～20 cm^{-1} の領域に集中し，並進振動モードは 10～60 cm^{-1} の領域に広く分布していると予想される．AB sequence の C$_{70}$ 結晶を使ったラマン散乱の実験によると[35]，270 K 以下の低温相（mc (AB)-C$_{70}$）では，10～53 cm^{-1} の範囲で 11 個の格子モード（回転振動と並進振動）が観察されたが，室温の dhcp-C$_{70}$ では 23 cm^{-1} 付近にブロードで弱い振動が観察されるのみであった．さらに，温度を上げて，335 K の高温相（hcp-C$_{70}$）になると，もはや格子モードは観察されなかった．

熱容量

松尾らにより測定されたC_{60}分子1モルあたりの熱容量の温度依存性を図6.16に示す[36]. 260K付近の大きな異常はsc → fcc構造相転移（低温側から温度を上げて測定された）によるものである. この相転移に伴うエンタルピー

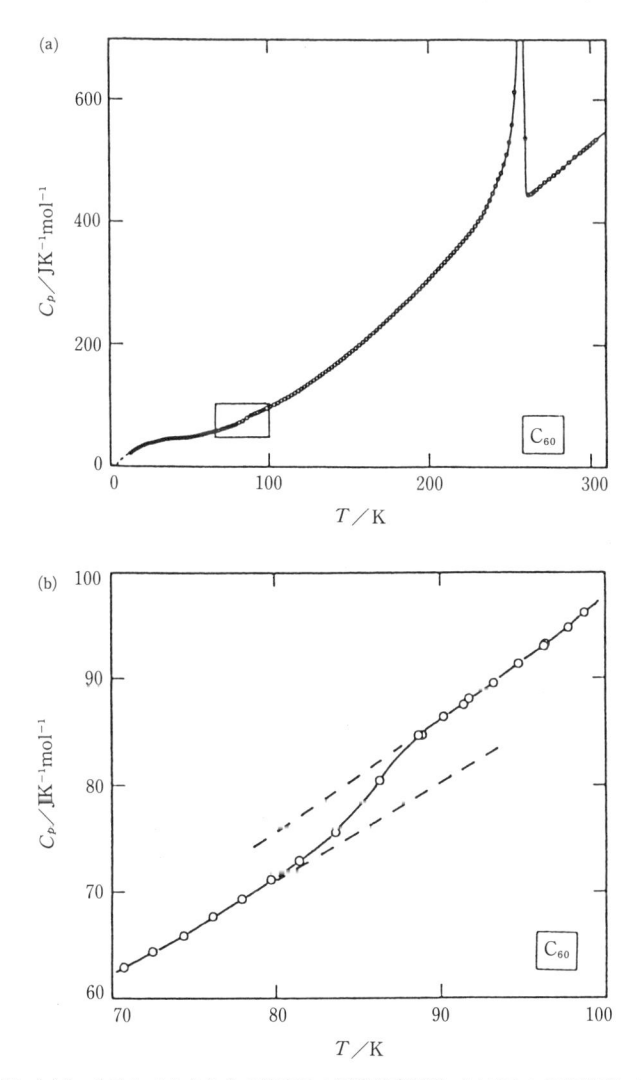

図6.16 (a) C_{60}分子1モルあたりの熱容量の温度依存性[36]. (b) ガラス転移領域における熱容量の温度変化[36].

およびエントロピーの変化はそれぞれ $\Delta H = 7.54 \mathrm{kJmol^{-1}}$ および $\Delta S = 30.0$ $\mathrm{JK^{-1}mol^{-1}}$ である．転移点より十分低い温度においても，過剰エントロピーがまだかなり残っている．例えば，240と154Kでの過剰エントロピーはそれぞれ3.5と9.9 $\mathrm{JK^{-1}mol^{-1}}$ である．これは，6.1節(1)で述べたように，転移点以下でも方位の不規則な分子が残っていることによる．

　固体 C_{60} のガラス転移領域（87K付近）における熱容量の詳細な温度変化を図6.16(b)に示す[36]．破線で外挿したように低温側と高温側とでは実測された熱容量に段差がある．高温側（例えば100K）で熱平衡にあった試料をガラス転移点以下の温度に急冷すると，試料が自発的に発熱する．この発熱は，分子方位に由来する過剰エンタルピーが格子振動の自由度の方へ流れ，振動温度が上昇するためである．急冷された試料の発熱による温度上昇は，断熱条件の下では，分子方位と格子振動系が互いに平衡する温度まで続く．したがって，試料の温度変化 ΔT を時間 t の関数として断熱下で測定し，

$$\Delta T(t) \propto 1 - e^{-t/\tau} \quad (6.5)$$

にフィットさせることにより，緩和時間 τ を知ることができる．緩和時間 τ は温度の関数であり，

$$\tau = \tau_0 \exp(E_a/k_B T) \quad (6.6)$$

と書ける．ここで，E_a は活性化エネルギー，τ_0 は定数である．松尾らは幾つかの温度（82～85K）で緩和時間 τ を測定し，アレニウス（Arrhenius）プロットをとることにより，$E_a = 22.2 \pm 1.0 \mathrm{kJmol^{-1}}$ （230meV），$\tau_0 = 4 \times 10^{-11 \pm 1}$ s を得た．緩和時間が1000sとなる温度をもって，ガラス転移点と定義すると，その温度は86.8Kとなる．この熱容量の測定から得られた活性化エネルギーの値は，^{13}C-NMRの緩和時間測定[2]から得られた分子の回転ジャンプの活性化エネルギー（温度範囲は200～240K）の値24 $\mathrm{kJmol^{-1}}$ と一致することは興味深い．この値だけを見ると，両者ともに同じ分子回転モードを見ているようにも思えるが，両者では測定温度が大きく異なることに注意しなければならない．82～85Kでは五員環方位と六員環方位の二つの配向間のジャンプが優勢であるが，200～240Kでは他の方位への回転ジャンプも生じているはずであ

る．なぜなら，二つの配向間のジャンプだけでは，NMR吸収線の先鋭化[37]は起こり得ないと考えられるからである．これらの様々な回転ジャンプの活性化エネルギーの値は互いによく似た値をもっているのであろう．

　260K付近のピークを除けば，C_{60}の熱容量は全体としてはグラファイトの熱容量とよく似た温度変化を示している．しかし，極低温領域（≤50K）では，C_{60}はグラファイトに比べ非常に大きな熱容量をもっている．これは，極低温でも励起される振動数の低い振動モードが存在することによる．固体C_{60}はファンデルワールス力により結合した典型的な分子性結晶なので，熱容量に寄与する振動を分子内の振動と分子間の振動に分けて考えることができる．一つのC_{60}分子には全部で174（$=3×60-6$）の振動自由度があり，その基準モードから分子内振動による熱容量C_{intra}を調和振動近似の下で計算することができる．阿竹らはこの分子内振動の寄与を全体の熱容量C_pから差し引くことにより，分子間運動（分子あたり6自由度）による熱容量（結晶格子の熱容量）を得た[38]．得られた格子熱容量は，約50Kでほぼ飽和し，古典極限値（$6R=50 \mathrm{JK^{-1}mol^{-1}}$）に達した．これから見積もられたデバイ特性温度（Debye characteristic temperature）Θ_Dは約50Kであり，希ガス固体のΘ_Dと同程度の値である．他方，ダイヤモンドは格子振動の振動数が高いために，その低温熱容量は，C_{60}やグラファイトに比べ，非常に小さく，また，Θ_Dも極めて高い（約2000K）．

　固体C_{70}の熱容量も測定されている．阿竹らにより報告されたC_{70}分子1モル当たりの熱容量（○）の温度依存性を図6.17に示す[39]．280K付近に回転転移による熱異常が見られ，鋭いピークは一次の相転移の特徴をもっている．この相転移におけるエンタルピーとエントロピーの変化はそれぞれ$\Delta H = 4.7 \mathrm{kJmol^{-1}}$，$\Delta S = 17 \mathrm{JK^{-1}mol^{-1}}$である．この熱異常はrh-$C_{70}$ ⇌ mc(ABC)-C_{70}（あるいはdhcp-C_{70} ⇌ mc(AB)-C_{70}）相転移に対応すると考えられる．図6.17の実線は分子内振動の寄与を表しており，実測値との差（●）は格子熱容量を表す．格子熱容量は280Kの相転移の高温側で増加傾向を示すが，これはもっと高温にある340K付近の相転移（fcc-C_{70} ⇌ rh-C_{70} あるいは hcp-C_{70} ⇌ dhcp-C_{70}）の裾部分にあたる．極低温（≤50K）では，C_{60}と同様，低い振動数（$10〜60 \mathrm{cm^{-1}}$）をもつ格子振動（回転振動と並進振動）が支配的となり，

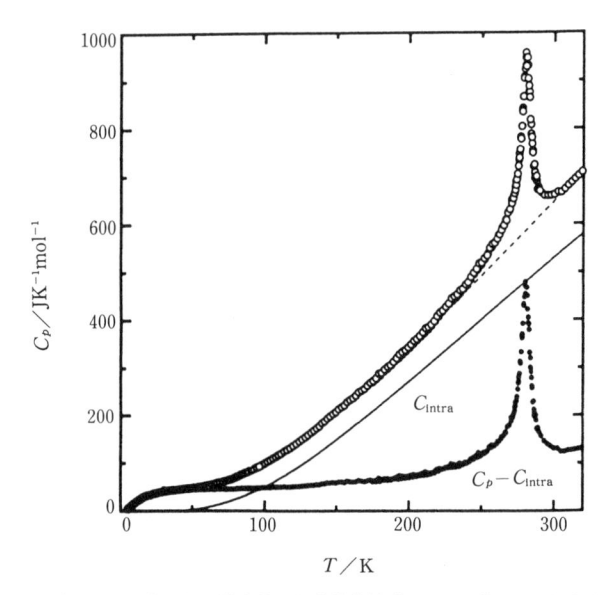

図6.17 C_{70}分子1モルあたりの熱容量の温度依存性[39]．○は固体C_{70}の熱容量の測定値，——（実線）は分子内振動の熱容量への寄与，●は○と——の差を表す．

グラファイトやダイヤモンドに比べ非常に大きな熱容量をもつ．

熱伝導

LorentsとMalhotraらにより測定されたC_{60}単結晶の熱伝導率の温度依存性を図6.18に示す[40]．260Kより高い温度では熱伝導率κはほぼ一定の約$0.4 \mathrm{Wm^{-1}K^{-1}}$であるが，一次の構造相転移が起こる260Kで0.4から$0.5 \mathrm{Wm^{-1}K^{-1}}$へと約25％の突然の増加（遷移の幅は約2K）を示す．さらに温度が下がると熱伝導率は単調に増加する．90K以下ではκは時間に依存し，ガラス転移付近で熱伝導率に異常（幅の広い盛り上がり）が現れている．

伝導電子をもたないC_{60}では，熱は格子振動により伝わる．格子振動による熱伝導率κはフォノンの平均自由行程$l = v\tau$に比例する．ここで，vはフォノンの平均速度，τは散乱の緩和時間で，

$$\tau^{-1} = \sum \tau_j^{-1} \tag{6.7}$$

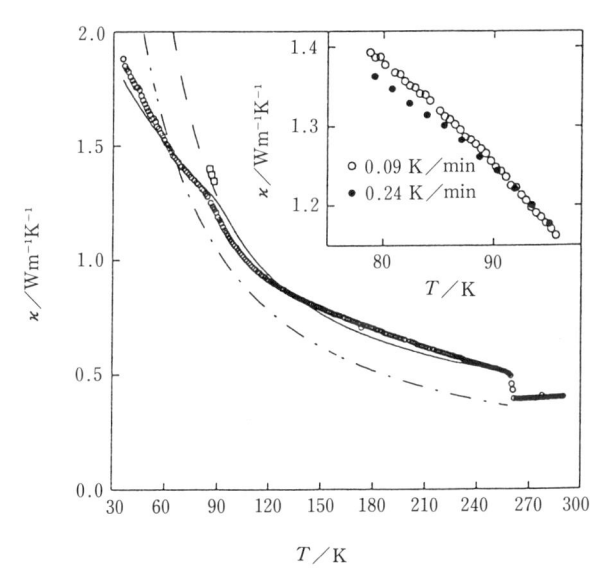

図 6.18 C$_{60}$単結晶の熱伝導率の温度依存性[40].

と表される.τ_j^{-1}は異なる散乱機構jによる散乱速度（頻度）である.高温ではウムクラップ（umklapp）過程によるフォノン-フォノン散乱が支配的であり,その散乱速度は温度に比例する.

図6.18の一点鎖線は,260K以下の測定点を$1/T$依存性に合うように高温側から引いたフィッティング曲線である.定性的には$1/T$依存性を示すが,260Kの構造相転移点およびガラス転移点以下では,これから大きく外れている.260Kで熱伝導率が不連続に増大するのは,フォノンの平均自由行程が突然長くなったためである.fcc→sc相転移によるC$_{60}$分子の方位秩序化がフォノンの平均自由行程に大きく影響していることを示している.

ガラス転移領域では,熱容量の場合と同様,熱伝導率が時間とともに変化する緩和現象が観察されている.前節で既に述べたように,ガラス転移温度付近では熱平衡に向かって方位秩序化がゆっくり進行するので,熱伝導率も時間とともに熱平衡時の値に徐々に近づく.図6.18の85〜87.5Kにある□印は,時間→∞の極限（熱平衡）において得られる熱伝導率を示す.方位不規則によるフォノン散乱の速度（頻度）τ_{OD}^{-1}が欠陥方位（準安定方位）の占有率

$n_D(T)$ に比例すると仮定し，C_{60} 分子配向の2方位モデルの下で，(85～87.5 K の) 熱伝導率の時間変化が解析された[40]．その結果，安定方位（五員環方位）と準安定方位の間のエネルギー障壁は 240 ± 30 meV，エネルギー差は約 12 meV と見積もられた．これらの値は，中性子回折（6.1 節(1))，NMR[2]，音速[41] などの実験から得られた値と一致している．

C_{70} 結晶に対しても熱伝導が測定されたが，昇華法により得られる結晶の形状が不規則なため熱伝導率の正確な値はまだ求められてない．C_{70} 結晶の熱伝導率は～300 K 以上ではほぼ一定であるが，300 K で相転移に呼応して約 25% の増加が観察されている（遷移の幅は～15 K)．この増加の大きさ（約 25%）は C_{60} 結晶と同じであるが，遷移はずっと緩やかである．この後，温度の低下とともに熱伝導も増大し，約 25 K で最大になり，さらに低温では低下する[42]．

炭素の同素体の一つであるダイヤモンドは最も硬いと同時に最高の熱伝導率（室温で約 2 kWm^{-1}K^{-1}) をもつ物質である．ダイヤモンドが高い熱伝導率をもつ理由は，構成元素が軽いことと格子が強固な共有結合で結ばれていることにある．もう一つの同素体であるグラファイトでは 100 Wm^{-1}K^{-1} 程度である．C_{60} の室温での熱伝導率はグラファイトよりさらに 2 桁以上小さい．

(2) 電気的・磁気的性質

電気伝導率と誘電率

C_{60} 結晶の電気伝導率 σ は非常に低く室温で 10^{-8} ないし 10^{-14} Ω^{-1}cm^{-1} という値が報告されている[43,44]．測定値に幅があるのは，高抵抗測定の難しさのほかに，試料中の不純物（特に酸素）や構造欠陥によるものであろう．C_{60} 結晶の伝導率はダイヤモンドの 10^{-10} から 10^{-16} Ω^{-1}cm^{-1} の値に近く，絶縁体の領域に入る．σ の温度依存性には，260 K の相転移点で不連続な変化が観察されている．昇華法で作られた純度の高い C_{60} 結晶でも，～400 K 以下の温度では，その電気伝導は不純物や欠陥に支配された extrinsic な電気伝導を示すが，高温では熱活性型の intrinsic な電気伝導が観察される．

C_{60} の薄膜を使った静電容量の測定から得られた比誘電率（relative permitivity) ε_r は 4.4 ± 0.2 である[45]．温度による誘電率の相対変化（$\Delta\varepsilon/\varepsilon$) を高感度で測定した実験では，260 K での不連続な変化（約 2%）のほか，165 K

付近でもブロードな階段状の変化が観察されている[46]。後者の165K付近での誘電率には、測定周波数 (0.2kHz〜100kHz) に依存する成分があった。この誘電緩和現象は、永久電気双極子が存在しなければ説明できない。C_{60} は対称中心のある分子なので、本来、双極子モーメントをもたないはずである。しかし、結晶中では分子方位の不規則性のため、C_{60} の対称性が I_h からずれる。低温相でも分子方位は完全には規則化してなく、五員環方位と六員環方位（その他の方位も加わっている可能性もある）が混合した不規則な状態にある（6.1節(1)）。この不規則性のために、C_{60} の電荷分布に偏りが生じ、永久電気双極子が現れたと考えられる。外部の振動電場の周波数 f が永久電気双極子の回転の緩和速度 τ^{-1} と同程度のときに、誘電率は周波数に強く依存する。(6.6) 式の回転ジャンプの緩和時間 τ を誘電率のデバイ (Debye) 緩和時間[47]にとることにより、誘電率の周波数依存成分 $\Delta \varepsilon_1$ は、

$$\Delta \varepsilon_1 (E_a, T) = A/\{1+(f\tau)^2\} \qquad (6.8)$$

と書くことができる。実験で得られた $\Delta \varepsilon_1$ の温度依存性をデバイ型の緩和でフィットさせることにより、E_a として、270meV を中心とする半値幅41meV の分布が得られ、τ_0 としては、10^{-13} ないし 10^{-14} s が得られている。これらの値は、NMR、熱容量（τ_0 の値は2ないし3桁大きい）、熱伝導などから得られた値とよく合っている。

C_{70} 結晶の電気伝導率も C_{60} と同程度である。丸山らにより測定された電気抵抗の温度依存性には、相転移に呼応して、260Kに小さな凹みと、280K付近に幅の広いこぶが観察されている[48]。300K以上での電気伝導の熱活性化エネルギー E_a は約 0.5eV であった（バンドギャップに換算すると1.0eVである）。

磁化率

閉殻電子構造をもつ物質は反磁性であるので、C_{60} それ自身は反磁性と予想される。図6.19に、固体 C_{60} の磁化率 χ がグラファイト、ダイヤモンドなど他の構造の炭素と比較して示してある[49]。室温における固体 C_{60} の磁化率 χ は -4.23 cgs ppm/mol of C（-254 cgs ppm/mol of C_{60}）である。この反磁性の大

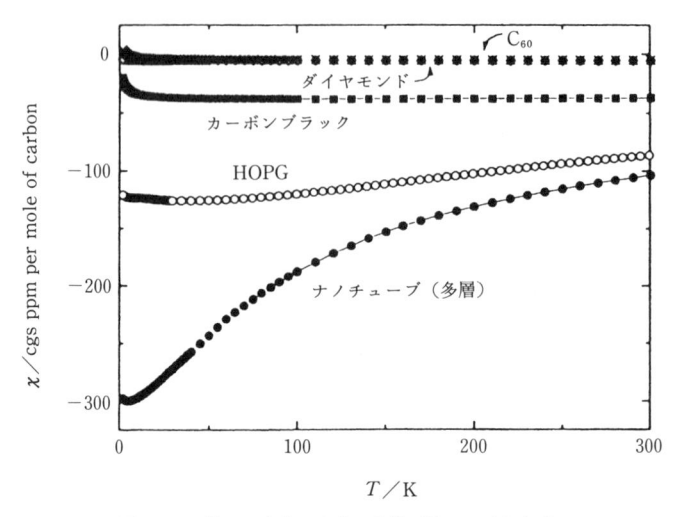

図 6.19 種々の炭素同素体の方位平均した磁化率[49].

きさはグラファイトより1桁以上小さい．χが小さくなる原因は，五員環と六員環が共存しているためである．図6.20に示すように[50]，外部磁場に対して，五員環には常磁性の環状電流，六員環には反磁性の環状電流がそれぞれ流れる．C_{60}では，五員環と六員環の特異な配置のために，環状電流がほぼ打ち消し合い，χが極めて小さくなる．五員環と六員環の配置の重要性は，C_{70}と比較するとよくわかる．五員環の数は同じで，構造も似ているにもかかわらず，C_{70}のχはC_{60}の約2倍大きい[51]．

低温では，キュリー則（Curie law）に従うχの増加が観察されているが，これは試料に含まれている常磁性不純物によるものである．高温側の259Kでは，分子方位の規則化相転移に伴って，χの小さいが鋭い不連続変化（約1%の減少，$\Delta\chi = 2.5$ cgs ppm/mol of C_{60}）が観察されている[49]．絶縁体の分子性結晶では，χは本来，分子内の性質を反映するものであるが，この不連続変化は分子方位の協同的変化が分子内の電子的性質に直接影響を与えていることを示している．χの不連続変化は，格子内での静電的効果により，分子の形が変化することにより起こると考えられている．$\Delta\chi = 2.5$ cgs ppm/mol of C_{60}をもたらすには，炭素間の結合の長さを約0.0003nm変化させる必要があると予想されている．しかし，このように小さな結合長の変化を検出するのは容易ではな

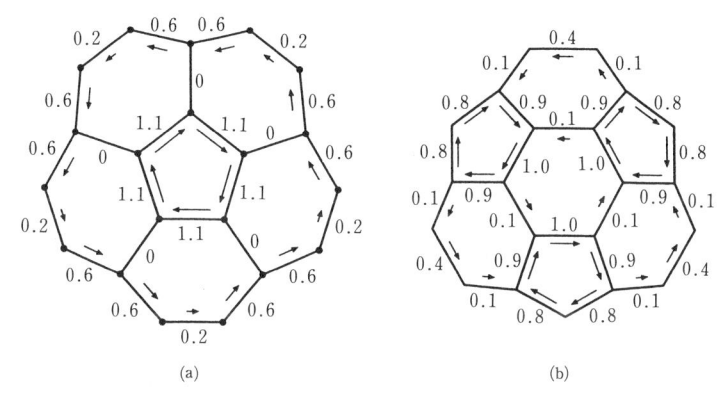

図6.20 外部磁場の向きが(a)五員環および(b)六員環を含む面に垂直な場合にC_{60}に流れる環状電流[50]．五員環を流れる電流は常磁性である．電流の大きさはベンゼン環を流れる電流を1とした相対値で示してある．

いが，低温での中性子回折の結果によれば，二重結合の長さは0.1366から0.1412 nm（±0.001 nm）の範囲，一重結合は0.1420から0.1487 nm（±0.001 nm）の範囲にあることが示されている[52]．結合長にこれだけ広い分布があれば，分子の電子構造を変化させるのに十分である．

(3) 光学的性質

NaClや石英ガラスの上に数十 nmの厚さで蒸着されたC_{60}は黄色，C_{70}はピンクがかった赤茶色（口絵4），C_{76}およびC_{84}は灰色がかった茶色を呈する．光の吸収と発光については前の節（6.2節）で既に述べたので，ここではそれ以外の光学的性質について述べる．

屈折率と誘電関数

誘電率εは電場の角周波数ωに依存する．これを強調するときには，εを誘電関数（dielectric function）と呼んで$\varepsilon(\omega)$と書き表す．これは一般に，複素数であり，その実部と虚部をそれぞれε_1，ε_2とおいて，

$$\varepsilon(\omega) = \varepsilon_1(\omega) + i\varepsilon_2(\omega) \tag{6.9}$$

と書く．誘電関数$\varepsilon(\omega)$は複素屈折率$\hat{n}$の二乗に等しい；

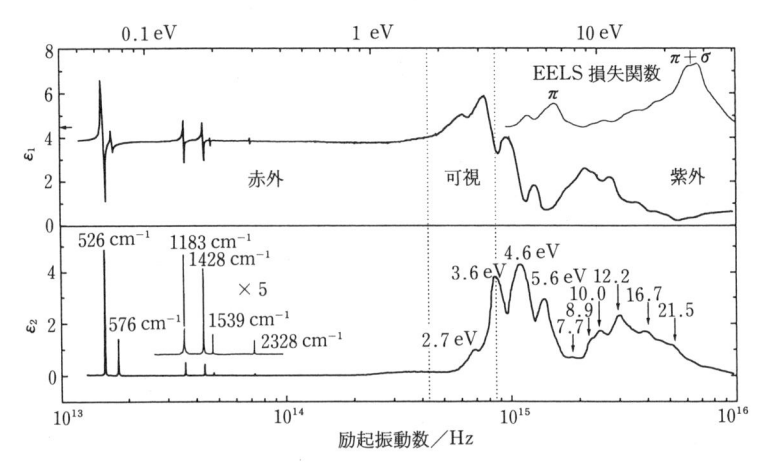

図 6.21 C_{60} 蒸着膜（厚さ 100〜200 nm, 300 K）の赤外から近紫外にわたる領域の誘電関数の実部 $\varepsilon_1(\omega)$ と虚部 $\varepsilon_2(\omega)$ [53].

$$\hat{n}(\omega)^2 = \varepsilon(\omega) \tag{6.10}$$

$\hat{n}(\omega)$ を実部と虚部に分けて,

$$\hat{n}(\omega) = n(\omega) + i\kappa(\omega) \tag{6.11}$$

と書き, $n(\omega)$ を屈折率 (refractive index), $\kappa(\omega)$ を消衰係数 (extinction coefficient) と呼ぶ. これらは, ε_1, ε_2 と次の関係で結ばれている.

$$\varepsilon_1(\omega) = n(\omega)^2 - \kappa(\omega)^2, \quad \varepsilon_2(\omega) = 2n(\omega)\kappa(\omega) \tag{6.12}$$

これらの光学定数は吸収係数,反射率などの測定から得られる.誘電関数は物質の光学的性質を記述する最も基本的な物理量である.

赤外から紫外領域にわたる固体 C_{60} (300 K) の誘電関数の実部 $\varepsilon_1(\omega)$ と虚部 $\varepsilon_2(\omega)$ を図 6.21 に示す[53]. C_{60} 試料はシリコン,石英などの固体基板に約 100 nm の厚さで蒸着されたものである. 〜0.3 eV 以下にある誘電関数の構造は分子振動に起因するもので,四つの強い一次の F_{1u} 分子内振動モード（526, 576, 1183 および 1428 cm^{-1}）と二つの結合 $(\omega_1 + \omega_2)$ モード（1539 と 2328 cm^{-1}）が観察される. 4 本の強い赤外吸収線は, Krätschmer らが最初にスス

の中に C_{60} が存在することを突き止めた時に観察したものである（第 5 章 5 . 1 節(1)参照）．厚い試料（2〜3nm）を用いると，上の結合モード以外にも多くの結合モードが観察される．

　光電場の振動数が 10^{13} Hz 以下の低い時には，すべての電子とほとんどのフォノンは外部電場の変化に追随できるので，$\varepsilon_1(\omega)$ は直流電場（静電場）に対する値に近づく．図 6 .21 の左端の $\varepsilon_1(10^{13} \mathrm{Hz}) \approx 3.9$ と静電容量の測定[45]から得られた $\varepsilon_1(10^5 \mathrm{Hz}) \approx 4.4$ の間の差は，多分，C_{60} 分子の室温での〜10^9 Hz の高速回転による分極の低下が原因であろう．

非線形光学効果

　光電場 $E(\omega)$ によって物質に誘起される分極 $P(\omega)$ は一般に E のべき展開

$$P(\omega) = \chi^{(1)} E(\omega) + \chi^{(2)} E(\omega)^2 + \chi^{(3)} E(\omega)^3 + \cdots \qquad (6.13)$$

によって表される．電場があまり強くない場合には，分極 P は E に比例すると見なせるが，レーザー光のような強い電場の場合には，第 2 項以降の非線形分極を無視できなくなる．各項の係数 $\chi^{(n)}$ を n 次の非線形感受率（$n \geq 2$）という．

　非線形性のために，入射光強度の変化に対して透過光強度がヒステリシスを示す．これがいわゆる光双安定性現象をもたらす．現在，この現象を利用した高速の光スイッチの実現に期待が寄せられている．非線形光学材料は将来の光通信，光情報処理システムの実現に欠くことができない材料であり，π 共役分子や半導体超微粒子が有望な非線形光学材料として注目されている．

　C_{60} もまさに π 共役の超微粒子であるので，その薄膜にも非線形光学応答が期待される．実際，大きな三次の高調波の発生（third-harmonic generation, THG）が観察されている．Kajzar により測定された三次の非線形感受率 $\chi^{(3)}$ の波長依存性を高調波の波長の関数として図 6 .22 に示す[54]．この図には（線形）光学吸収スペクトルも一緒に示してある．紫外領域では，$\chi^{(3)}$ は吸収の増加とともに減少するが，それ以外の波長では吸収の強さに応じて変化している．$\chi^{(3)}$ の共鳴的増大が二つの波長で観察される．一つは基本波長（ポンプ波長）が $1.064 \mu \mathrm{m}$ の時の大きな増加，もう一つは $1.3 \mu \mathrm{m}$ 付近のブロードなピークで

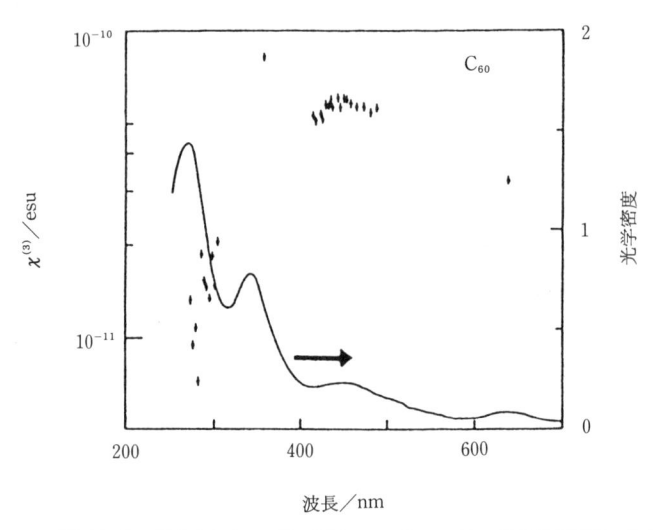

図 6.22 石英基板上に蒸着された C_{60} 膜（厚さ 71 nm）の $\chi^{(3)}$ の波長依存性[54]．基本波長は横軸に示した波長の 3 倍である．(線形) 光学吸収スペクトルも実線で示してある．

ある．ともに光学吸収スペクトルのピークに対応している．波長 $1.064\,\mu\mathrm{m}$ の光子の 3 倍のエネルギーは 3.5 eV である．このエネルギーは丁度 t_{1u} 状態への 1-光子（one-photon）許容遷移に等しいことから，$1.064\,\mu\mathrm{m}$ のピークは明らかに 3-光子（three-photon）の共鳴に由来すると言える．他方，$1.3\,\mu\mathrm{m}$ 付近のブロードなピークは，振動-電子（振電）結合（vibronic coupling）により一部許容された禁制遷移の特徴をもつ弱い 1-光子吸収のバンドと一致する．

$\chi^{(3)}$ の測定値は実験条件に大きく依存し，10^{-12} esu から 10^{-10} esu の範囲に分布している．真空蒸着により作製した C_{60} および C_{70} 薄膜について，非共鳴と見なせる測定条件とするため，林らはポンプ光波長を $1.9\,\mu\mathrm{m}$ として $\chi^{(3)}$ を測定し，$2\sim3\times10^{-11}$ esu の値を得た[55]．この値は，同じ条件で測定された銅フタロシアニンに比べると 1 桁近く高いが，最適条件で作製したチタニルフタロシアニン（TiOPc）とバナジルフタロシアニン（VOPc）に比べると 1 桁近く低い．

C_{60} は中心対称の構造をもつので，二次の非線形感受率 $\chi^{(2)}$ は零のはずであるが，薄膜試料から二次の高調波が観測されている．$\chi^{(2)}$ の値は $\sim 2\times10^{-9}$ esu（ポンプ波長 $1.064\,\mu\mathrm{m}$）のオーダーである[54]．二次高調波発生（second-harmonic generation, SHG) の原因として，表面あるいは不純物の効果が考えられる．

光伝導

　光を照射された半導体（あるいは絶縁体）が光子を吸収すると，電子が励起される．励起された物質は光子を放出して基底状態に戻る（放射遷移）か，あるいはイオン化して電子と正孔の対を生成する（非放射遷移）．放射遷移の場合には，発光（ルミネッセンス）が観察される（6.2節(1)実験）．他方，非放射遷移の場合には，物質が化学反応を起こさなければ，吸収した光のエネルギーを最終的には熱として放出する．この熱を音響信号に変換して，マイクロホンなどで検出することにより，光音響スペクトル（photoacoustic spectrum）が得られる．この光音響分光は発光分光と相補的である．音響信号を観測する代わりに，光吸収により生成された電子-正孔対を熱あるいは電場により分離することができれば，光伝導を観測することができる．光伝導の測定により，電子-正孔対の生成，電荷の移動，再結合に関する知見が得られる．

　南らにより測定された膜厚の異なる2種類のC_{60}蒸着膜（厚さ約25nmおよび約200nm）の光伝導スペクトルを図6.23に示す[23]．同じ図に光吸収スペクトルも示してある．C_{60}の膜厚が薄い（25nm）場合には，光伝導スペクトルの構造は光吸収スペクトルのそれと対応している．これは，光伝導がC_{60}分子の光吸収と励起によるものであることを示している．しかし，膜厚が厚く（200nm）なると，光伝導スペクトルの形が光吸収スペクトルとは逆の関係（特に，波長が400nm以下では，光吸収のピークが光伝導では谷）になっているのがわかる．これは，光吸収の強い波長では，電子-正孔対を生成する光活性（photoactive）な領域がC_{60}膜の表面層に限られることと，キャリヤの拡散距離が短いことによる．吸収係数の大きい波長では，光が膜の奥まで侵入できないため，光が入射する表面領域でのみ電子-正孔対が生成される．

　C_{60}蒸着膜の光伝導率は酸素露出によって1桁以上低下する[23]．これは，薄膜中に取り込まれた分子状酸素が再結合中心として働いてキャリヤの寿命や移動度を低下させるためである．窒素，アルゴン，ヘリウムではこのような現象は見られない．本節(5)で述べるように，分子状酸素の膜中への出入りは可逆的

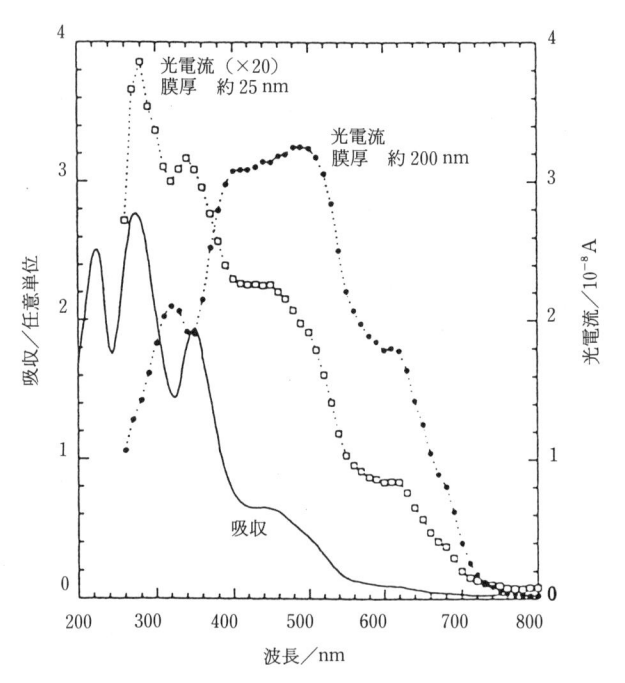

図 6.23 C_{60} 蒸着膜（厚さ約 25 nm および約 200 nm）の光伝導スペクトルと光吸収スペクトル[23].

であり，真空中 180℃程度の熱処理によって大部分の酸素は放出され，光伝導も酸素露出前の伝導率に近い値まで回復する．しかし，酸素を取り込んだ状態で白色光を照射すると，化学反応が生じて光伝導特性は著しく低下し，真空熱処理によっても光伝導率は回復しなくなる．

石黒らにより，酸素を除去した C_{60} 単結晶を用いて，光吸収端付近の光伝導スペクトルの温度変化が詳細に調べられ，260 K より高温では 1.65 eV に新しいピークが観察された[56]．これは，C_{60} 分子の t_{1u} 軌道への遷移に由来すると考えられている．このピークが方位無秩序な fcc 相で現れることから，分子の自由回転に伴う隣接分子間の π 電子軌道の重なりの光伝導への寄与が示唆されている．なお，この 1.65 eV のピークは酸素を導入すると消失する．

発光および励起スペクトル

　昇華法により作製された高純度の C_{60} 単結晶の極低温での発光スペクトルがvan den Heuvel らにより詳細に調べられた[57]．1.2K におけるスペクトルを図6.24 に示す．図の(a)，(b)および(c)の発光スペクトルは，いずれも励起波長 λ_{exc} は 514nm であるが，結晶が異なる．(a)のスペクトルは，λ_{exc} が 684nm より短波長の時に観察される典型的な発光スペクトルである．これに対して，(b)のスペクトルは λ_{exc} が 684 から 734nm の時に頻繁に観察される．(c)のスペクトルは λ_{exc} が 684nm より短い時にのみしばしば観察される．スペクトル(b)と(c)のバンドが(a)の中にも存在することから，スペクトル(a)は 2 種類の成分が重なったスペクトルであると考えられる．実際に，二つのスペクトル(b)と(a)に重みをかけて，足し合わせると，スペクトル(a)が得られる．

　図6.24(b)と(c)の下には，励起スペクトルが示してある．(b)，(c)ともに，励起のしきい値波長が発光の短波長端と一致している．したがって，それぞれ734 と 684nm にある短波長端の発光バンドは電子遷移 origin（基底振動準位間の電子遷移，0-0 遷移）を表し，それより長波長のバンドは vibronic 遷移（振電遷移，分子振動を伴う電子遷移）を表す．

　684-スペクトル（図6.24(c)の発光スペクトルを以後，このように呼ぶ）は，試料温度が 10K 以上になると消失してしまう（温度を下げれば可逆的に現れる）発光成分である．684 スペクトルの寄与は，ほとんどの結晶で小さい．また，このスペクトルの振動バンドの幅はかなり狭く，分子的である．これらの特徴から，684-スペクトルは，エネルギーの浅い C_{60} 単分子に局在したトラップによるものと推測される．もちろん，バンド端発光の可能性も否定できない．これに対して，734-スペクトル（図6.24(b)の発光スペクトル）は発光の主要成分で，2 分子にまたがる深いトラップに由来すると解釈されている[57]．

　これまでいくつか報告された 10K 以上での発光スペクトルは，737nm にピークをもち，振動バンドは明瞭には分離されてない（例えば，図6.8）．しかし，全体的なスペクトルの形状は図6.24(b)の 734-スペクトルに従っている．

　C_{70} 薄膜（室温）からは，710nm を立ち上がりに長波長側まで裾を引く発光スペクトルが観測されている．

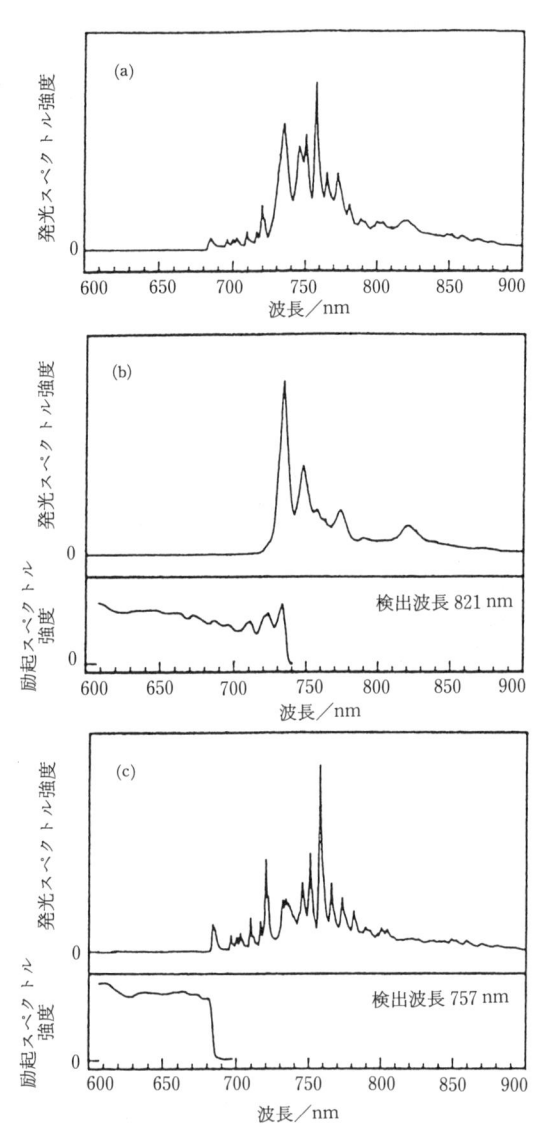

図 6.24　1.2 K における三つの異なる C_{60} 単結晶からの発光スペクトル（励起波長 514 nm）[57]．(b)と(c)の下には励起スペクトル（検出波長はそれぞれ 821 と 757 nm）も示されている．

(4) ポリマー化

　固体C_{60}に①紫外線,あるいは②電子を照射し,C_{60}を励起することによりC_{60}分子間に共有結合を作ることができる.光や電子を照射しなくても,③高圧力を加えたり,④アルカリ金属をドープすることによりC_{60}のポリマーを作ることができる.③と④についてはそれぞれ6.4節(2)と7.2節(1)で詳しく述べるので,ここでは①と②によるポリマー化について述べる.

　固体C_{60}からのラマン散乱の測定中に,もともと1469cm^{-1}にあったA_gモードの振動数が~1460cm^{-1}に変化する[58].ラマン散乱の測定ではArイオンレーザーなどの強い光(514.5nm,448.0nm)を照射するので,この光照射によりC_{60}分子が重合を起こし,その分子振動の変化がラマンモードのシフトとして観察される.このような光誘起ポリマーにおける分子間結合の詳細は不明であるが,C_{60}の二重結合がとけて,隣接分子間で四員環を形成している([2+2]シクロ付加反応,6.4節(2)参照)と推測される.この光照射ポリマー化により,分子間の距離は平均として約0.01nm程度縮む.しかし,C_{60}吸収端より低いエネルギーの光子を照射してもこのような変化は起きない.C_{60}薄膜を強力な水銀ランプにさらすと,やはりポリマー化して,トルエンに溶けなくなる.このように一旦ポリマーになっても,~200℃に加熱すると元の分子に戻り,再び溶けるようになる.ポリマーの結合を切って,モノマーに戻る活性化エネルギーは約1.25eVである[59].

　固体C_{60}が酸素を吸蔵していると,光誘起ポリマー化は起こりにくい[60].これは,ポリマー化への前駆状態であるC_{60}の励起状態(例えば,三重項状態)が酸素により消光(quench,この場合,励起状態の生成が抑制されること)されるためである.

　低エネルギー(~3eV)および中エネルギー(1500eV)の電子をC_{60}薄膜に照射しても,分子間に結合ができることが走査トンネル顕微鏡(STM)で観察されている[61].ポリマー化の前はSTM像では暗く見える分子間の隙間が,ポリマーになると新たな状態密度の出現により明るくなり,電子状態も変化する.多層のC_{60}薄膜の場合,最上層のC_{60}が下のC_{60}とポリマーを形成すると分子間距離が縮むために,最上層のC_{60}は凹みSTM像には暗いコントラスト

を与える．ポリマー化は電子だけでなく，ホール（正孔）の注入によっても起こる．また，キャリヤ（電子，正孔）の伝播とともにポリマー化だけでなく，脱ポリマー化も起こっていることが示されている[62]．

(5) 酸化

固体 C_{60} は，内部に非常に広い表面（個々の C_{60} 分子の表面）をもつので，比表面積（単位質量あたりの表面積）の大きい多孔質な物質と言える．したがって，多量の溶媒を吸蔵するばかりでなく，活性炭と同じように気体分子を吸着する．空気中の酸素と光が C_{60} を劣化させるので，C_{60} は遮光した真空中あるいは不活性ガス雰囲気で保存することが望ましい．

C_{60} 表面に物理吸着した溶媒分子は，真空中で 80℃くらいに加熱してやれば，赤外吸収でC-H伸縮バンドが見えない程度には，除去できる．他方，酸素は C_{60} との間に種々の強さの結合を作り，吸着する．低温（20K）では，光を当てない限り，O_2 は C_{60} と反応しない．室温でも，光がなければ酸素との反応は非常に緩慢であり（25℃の空気中に置かれた C_{60} 試料が溶媒に全く溶けなくなるまでに 2000 年かかると見積もられている）[63]，酸素は結晶中に分子として物理吸着しているだけである．真空中あるいは不活性雰囲気で 180℃以上で加熱すれば，ほとんどの酸素を除去できる．しかし，酸素を含む雰囲気で C_{60} を加熱（～200℃以上）すると，C_{60}-Oのアダクツ（adducts，付加体）の形成が始まる．C_{60} とOの間には，エポキシド[64]様の弱い結合からC-O一重結合の強い結合まで形成される．さらに温度を上げると，～400℃で分解が始まり，COと CO_2 となって蒸発する[65]．燃焼速度が最大になる温度は 444℃で，ダイヤモンドの 629℃やグラファイトの 644℃に比べて，C_{60} は酸化されやすい[66]．不活性雰囲気ならば C_{60} は～900℃までは分解せずに安定に存在する[67]．

6.4 高圧力下における物性

固体フラーレンは，分子内では炭素原子が強い sp^2 結合で結ばれているのに対して，分子間は弱いファンデルワールス力で結ばれている．低い圧力の下では，この分子間相互作用に特徴的な，柔らかい（圧縮率の大きい）結晶として

振舞う．分子同士が接近すると分子運動が制限を受けるので，方位規則相から不規則相への転移が促される．さらに圧力が増して分子間距離が縮んでくると，圧縮率はフラーレン分子自身のそれに近付くと予想される．C_{60}分子自身の体積弾性率（体積圧縮率の逆数）は，弾性論から843GPaと推定されている[68]．この大きな弾性率はC_{60}がダイヤモンド（体積弾性率441GPa）より堅いことを暗示している．しかし，この体積弾性率は実験的には得られることはなく，高圧力下ではフラーレン構造は変化あるいは崩壊してしまう．その構造変化のなかでも興味深い現象に，隣同士のC_{60}が結合したポリマーの形成，ダイヤモンドへの相転移などがある．

(1) 静水圧下における相転移

C_{60}

固体C_{60}の温度－圧力相図を図6.25に示す．まず，圧力pが1GPa以下，温度Tが室温以下の領域に注目してみよう．常圧常温では，C_{60}分子はfcc構造をもち，ほぼ等方的に回転運動しているが，結晶の温度を下げるか，あるいは圧力を増すことによりこの回転運動は制限を受け，fcc相からsc（単純立

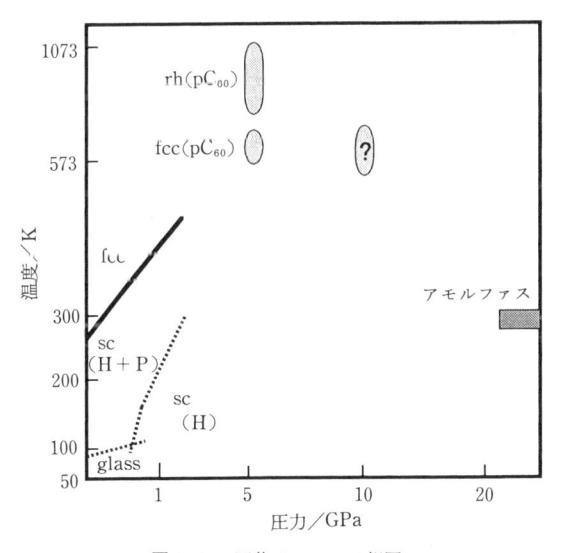

図6.25 固体C_{60}のp-T相図．

表6.3 C_{60} の fcc 相と sc 相,およびグラファイトの体積弾性率[70].

温度(K)	相	B_0 (GPa)	B_0'	測定圧力範囲 (GPa)
152	sc	10.27	17.9	0～1.0
236	sc	9.42	13.8	0～1.0
298	fcc	6.8	30	0～0.13
336	fcc	6.77	21.5	0～0.3
300	グラファイト			
	c 軸方向	35.7*	10.8	0～14
	a 軸方向	1250*	1	〃

B_0 は0GPaにおける体積弾性率,B_0' は圧力微係数($=[dB/dp]_{p=0}$)
* 線圧縮率の逆数

方)相に転移する.常圧では260Kであった相転移温度 T_c は圧力の増加と共に上昇する.DSC分析によると,T_c は1GPaまでは p に比例している[69].その相境界線の傾きは,C_{60} 結晶が置かれている環境に依存し,C_{60} の回転を妨げる分子が格子間になければ104K/GPaであるが,回転運動を妨げる窒素あるいはペンタンが格子間に入ると,この傾きはそれぞれ159あるいは164K/GPaと大きくなる.

この圧力誘起による fcc-sc 相転移の境界はブロードで,相当広い圧力範囲にわたって相転移が起きている.例えば,$T=298$K では,低圧側(fcc 相)から圧力をあげていくと,体積弾性率 B は0.135GPa付近で下がり始まり,極小を経た後,0.5GPa付近ではじめて高圧力側(sc 相)の B に漸近する[70].また,X線回折では,2.5GPaまで圧力を上げないと,sc 相は明瞭には観察されない[71].

圧力に対する C_{60} 結晶の体積変化から求めた fcc 相と sc 相の体積弾性率 B,

$$B = B_0 + B_0'p \quad (6.14)$$

を表6.3に示す[70].ここで,B_0 および B_0' はそれぞれ圧力零における体積弾性率およびその圧力微係数($B_0'=[dB/dp]_{p=0}$)である.比較のためにグラファイトの c 軸および a 軸方向の線圧縮率の逆数も示してある.グラファイト層間の(線)弾性率から推定される C_{60} 結晶の体積弾性率はおよそ12GPa(≈ 35.7GPa$\div 3$)である.fcc および sc 相 C_{60} の B_0 はこの予想値よりもかなり小さい.特に,fcc 相 C_{60} は圧力が0GPa付近では随分柔らかいことがわか

る.

　どの温度においても，B_0 は sc 相の方が fcc 相よりも大きいが，B_0' は sc 相の方が小さくなっている．fcc 相では，C_{60} 分子の外に飛び出している π 電子雲の分布の異方性が分子の回転によって平均化され，電荷が球殻状に分布していると見なせる．これらの球殻状電荷の間の相互作用が fcc 相の格子定数と B を決め，さらに B の（p の増加に伴う）急激な増加をもたらしている．他方，sc 相では，電子密度の高い二重結合（6-6結合）が隣接分子の電子密度の低い五員環面あるいは六員環面に向いた，方位秩序化した状態にある．6.1節(1)で述べたように，方位秩序とは言っても，五員環（P）方位と六員環（H）方位が混じっているために，完全に規則化しているわけではない．0GPa では P 方位のエネルギーの方が低く，この方位が優勢である（図6.2）．しかし，分子間の距離は H 方位の方が短いので（6.1節(1)参照），圧力のかかった状態では，体積の小さい H 方位がエネルギー的に有利になる．したがって，sc 相では，圧力の増加に伴って，P 方位から H 方位への変化が連続的に起こる．この方位変化が体積減少を助長し，B_0' の低下となって現れていると考えられる．

　150K において，P 方位の占有率は圧力が 0GPa から 0.3GPa に増すと，69％から 40％に減少する[72]．P 方位の占有率が圧力に比例して更に減少すると仮定すると（比例定数 ≈ 1(GPa)$^{-1}$），0.69GPa ですべての分子が H 方位をとることになる．他の温度でも同じ割合で圧力に比例して方位が変化すると仮定し，0GPa における P 方位占有率の温度依存性（図6.3）を使って，すべて H 方位になる圧力を計算することができる．このようにして得られた結果が図6.25 の破線である．この曲線よりも高い圧力においては，全ての分子が H 方位に規則化していると予想される．この仮説的な相境界の近く（300K, 1.1～1.4GPa）で，C_{60} の振動モードに異常が現れることが赤外およびラマン分光により観察されている[73]．さらに，152K および 236K における体積弾性率の測定によると，それぞれ 0.6 および 0.85GPa 付近で B_0' が急激に増加することも見いだされている[72]．B_0' のこの増大は分子方位の転換が終了したことを示唆している．

　図6.25 に示したガラス転移温度 T_g の圧力による変化は熱伝導率の測定から得られたもので，T_g は圧力と共に $dT_g/dp = +54$K/GPa の割合で上昇す

る[72]．ガラス転移による熱伝導率の異常はおよそ0.7GPaまで観測されており，H方位をもつ高圧相の存在とも矛盾しない．

 0から1GPa付近までの圧力で起こる相転移について上で述べてきたが，更に高い圧力（〜22GPaまで）のもとでもX線回折，電気抵抗などの測定が行われた．Duclosら[74]によって最初に行われた室温の高圧力X線回折によると，静水圧下なら少なくとも20GPaまではfcc格子（多分sc相）が観察され，従って，C_{60}も安定であろうと予想された．しかし，圧力媒体を使わない非静水圧下では，16GPaくらいで低対称性の構造への相転移が見いだされた．一方，電気抵抗の測定によると，7GPaから20GPaの間で圧力の増加と共に電気抵抗が指数関数的に4桁減少し，20GPaを越えると再び抵抗の増加が見いだされた[22]．前者の急速な電気抵抗の減少は，C_{60}分子間距離の減少のためπ電子同士の相互作用が強くなりHOMOおよびLUMOバンドが広がり，その結果，バンドギャップが縮まったと解釈されている．実際に，真性半導体領域の電気伝導率の温度依存性を使って，バンドギャップE_gが測定され，6GPaまでは$E_g=1.6$eVであったものが10GPaでは$E_g=1.2$eVに減少した．また，20GPa以上での電気抵抗の増加は，相の変化を示唆している．さらに，10GPa，500〜600Kにおいて可逆的な相転移を示す電気伝導率の不連続変化が観察されている．

 5GPa，573〜1073Kのfcc相と菱面体（rh）相では，C_{60}分子が結合してポリマーを形成している．これについては本節(2)で述べる．

C_{70}

 高圧力下での固体C_{70}の構造にはまだ未知の部分が多いが，fcc構造→菱面体（rh）構造への相転移は比較的よくわかっている．ここでは，常圧での典型的な変態順序；

$$\text{高温 fcc 相} \rightleftarrows \text{中温 rh 相} \rightleftarrows \text{低温 mc 相}$$

に基づいた高圧力下における相転移について述べる．図6.26に，仮説的なp-T相図を示す．

 高温fcc相ではC_{70}分子は等方的回転運動をしているが，高圧力下ではその

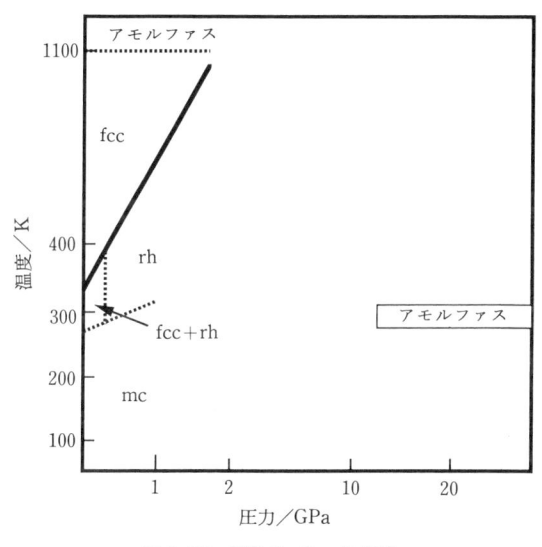

図6.26 固体 C_{70} の p-T 相図.

運動が制限を受け,長軸が共通の[111]方向に揃う.その結果,分子方位が部分的に規則化(分子軸回りの方位は無秩序)した rh 相へ転移する.川村ら[75]は fcc → rh 相転移を明瞭に捕え,相転移温度が圧力と共に約 300 K/GPa の割合で上昇することを見つけた.この相境界線の傾きは,C_{60} の fcc-sc 相境界線(104 K/GPa)のそれに比べ急である.

fcc 相は室温より下の温度まで容易に過冷却されるので,335 K から室温付近の固体 C_{70} には,通常,fcc 相と rh 相が共存している.この場合,圧力を掛けると,まず fcc から rh 相への転移が始まり,徐々に fcc 相の割合が減少し,rh 相が増加する.0.15 GPa くらいまで圧力を加えると全て rh 構造に転移する(図6.26 の縦の破線).さらに圧力を上げると,rh → mc 相転移が起こる.X線回折[75]や圧縮率[76]の測定結果は,この rh-mc 相境界は室温では 1 GPa 付近にあることを示しているが,熱伝導と比熱の測定[77]によると室温では 0.1 GPa 付近に相転移があることを示唆している.後者の研究によると,rh-mc 相境界線は約 70 K/GPa の傾きをもっている.

体積変化から求めた C_{70} の mc 相,rh 相および fcc 相の B_0 と B_0' を表6.4に示す[76].高温 fcc 相の B_0 は C_{60} の fcc 相のそれとほぼ等しい値であるが,B_0'

表 6.4　C_{70} の mc 相，rh 相および fcc 相の体積弾性率（$B = B_0 + B_0' p$）[76]．

温度（K）	相	B_0 (GPa)	B_0'	測定圧力範囲 (GPa)
185	mc	13.1	14.0	0〜0.8
236	mc	10.1	15.4	0〜1.0
296	rh	8.5	14.3	0.2〜1.0
343	rh	8.4	13.7	0.2〜1.0
365	fcc*	7.9	16.4	0〜1.0

＊圧力上昇と共に fcc → rh 相転移が部分的に起きている．

は C_{60} の半分くらいの値になっている．これは圧力の増加に伴って，fcc から rh 相への転移が部分的に起きているため，fcc 相に固有の B_0' ではなく，これより小さな値が測られているためと考えられる．分子方位が規則化（あるいは部分的に規則化）した mc および rh 相の B_0 は不規則（fcc）相のそれより大きな値をもっている．

0.9 GPa，1170 K の高圧高温の下では C_{70} は分解し，一重結合（sp^3）および二重結合（sp^2）で組み立てられた三次元ネットワーク構造あるいはグラファイト小片の集合体に変化することが，X 線回折およびラマン散乱分光により示されている[75]．

室温でも，11 GPa 以上の圧力を加えると，C_{70} の骨格構造は壊れ始め，18 GPa までの圧力ですべてアモルファスに変化してしまうことが X 線回折により示されている[78]．

(2)　C_{60} の骨格構造の再構成と分解

室温ならば，少なくとも 20 GPa の圧力までは C_{60} は安定で，圧力を解放すれば，可逆的に元の結晶に戻る．しかし，25 GPa を超えると，C_{60} は壊れてしまい，他の相に不可逆的に変化する．他方，適当な温度と圧力をかけることにより，C_{60} 同士の化学反応が誘起され，ポリマーやダイヤモンドを作ることができる．

ポリマーの形成

圧力 5 GPa，温度 573〜1073 K の高圧力・高温のもとで 1 時間処理した C_{60} は，その骨格構造が変化した新しい相を形成する．岩佐ら[79] は，酸素を遮断し

表 6.5 圧力誘起 fcc(pC_{60}),rh(pC_{60})および通常の fcc-C_{60} の格子定数[79].

相	立方格子 (nm)	六方格子 a (nm)	六方格子 c (nm)	分子1個あたりの体積 (nm^3)
元の fcc-C_{60}	1.417	1.002	2.454	0.711
fcc (pC_{60})	1.36	0.962	2.36	0.629
rh (pC_{60})	———	0.922	2.46	0.603

た雰囲気で,C_{60} 結晶に1時間の高圧力・高温処理を施した後,常温常圧に戻した試料をX線回折,赤外吸収,ラマン,NMR および DSC により詳しく調べた.その結果,熱処理温度が 573 から 673K の範囲では格子定数の縮まった fcc 相 ($a=1.36$ nm) が,773 から 1073K では菱面体構造 ($a=0.977$ nm,$\alpha=56.3°$) が得られることを明らかにした.これらの圧力誘起の新しい相は,後で述べるようにポリマーを形成していることが強く示唆されているので,それぞれ fcc(pC_{60})および rh(pC_{60})と表記されている.これらの二つの圧力誘起相と元の fcc-C_{60} の常温常圧における格子定数を表 6.5 にまとめてある.この表では,各々の相の単位胞の大きさが直接比較できるように,六方格子に準拠して示してある.

表 6.5 に示すどの構造においても,最近接分子間距離はそれぞれの六方単位胞のパラメータ a に等しい.熱処理温度の低い fcc(pC_{60})では 12 個の最近接分子が等方的に 0.962nm の距離に配置しているのに対して,熱処理温度の高い rh(pC_{60})では六方格子の c 面内に 6 個の第一近接分子が 0.922nm の距離にあり,第二近接分子がその c 面の上と下にそれぞれ 3 個,併せて 6 個が 0.976nm の距離にある.rh(pC_{60})では,c 軸長は fcc(pC_{60})のそれよりも長いが,分子体積は最小になっている.

常温常圧に戻された後でも,fcc(pC_{60})や rh(pC_{60})では分子間距離が縮んだままで,トルエンなどに溶けないという観察結果は,C_{60} が互いに化学結合しポリマーを形成していることを示唆している.次に述べる分光学的データもこれを強く支持している.赤外吸収スペクトルには,C_{60} 固有のピークが分裂と変位を起こしているのみでなく,700 から 800cm^{-1} の領域に数本の強いピークが新たに現れた.これと類似の赤外吸収スペクトルは,$C_{60}O$ エポキサイドや光誘起 C_{60} ポリマーの場合のように C_{60} 骨格が部分的に壊れている時に観

察される．赤外吸収スペクトルに現れるもう一つの特徴はC＝C伸縮振動のソフト化である．元のC_{60}では$1428\,cm^{-1}$に観察される吸収ピークが，fcc(pC_{60})とrh(pC_{60})では低振動数側へシフトし，それぞれ$1422\,cm^{-1}$と$1383\,cm^{-1}$に観察された．この振動モードはC_{60}分子への電子移行の程度やポリマー化に敏感である．例えば，K_6C_{60}では$1341\,cm^{-1}$，光誘起C_{60}ポリマーでは$1424\,cm^{-1}$に観察される．rh(pC_{60})における$45\,cm^{-1}$の変位は，この試料がドープされてないにも拘わらず，相当大きなものであることがわかる．fcc(pC_{60})圧力誘起相でのソフト化の程度は光誘起C_{60}ポリマーと同程度である．ラマン散乱スペクトルにおいても，$1468\,cm^{-1}$のA_gモードが，fcc(pC_{60})では$1457\,cm^{-1}$に，rh(pC_{60})では$1447\,cm^{-1}$にそれぞれ低エネルギー側へ変位した．

圧力誘起相の固体NMRスペクトルは，元のC_{60}の鋭い中心ピークが単にブロードになるのみでなく，数本の新しいピークが現れた．これは，I_h対称性が破れ，幾つかの非等価な位置に炭素が存在することを示している．

fcc(pC_{60})もrh(pC_{60})も常温常圧では準安定であり，常圧で543Kに加熱すると，通常のfcc-C_{60}に不可逆に相転移した[79]．rh(pC_{60})→fcc-C_{60}への相転移に伴って，23J/gのエンタルピー変化（発熱）があったが，fcc(pC_{60})では明瞭な発熱ピークは観察されなかった．山脇ら[80]は，室温で圧力（≤7GPa）を掛けたC_{60}を赤外吸収分光により調べ，これがポリマー化していることを示唆していたが，彼らのポリマー相はfcc(pC_{60})やrh(pC_{60})より低い温度（473K）で元のC_{60}に戻った．

C_{60}ポリマーの生成機構として，隣接する分子の6-6二重結合が四員環を形成する［2+2］シクロ付加反応が提案されている．立方晶や菱面体晶系では，結晶の対称性から図6.27(a)のような無限に長い一次元ポリマーは存在し得ない．fcc(pC_{60})やrh(pC_{60})では，KC_{60}ポリマー相（第7章7.2節(1)A_1C_{60}参照）のような詳細な構造解析はまだ行われていないが，それぞれのポリマーの構造は次のように推測される．fcc(pC_{60})では，部分的に，しかも〈110〉方向で無秩序にポリマー化が起きているのであろう．rh(pC_{60})では，図6.27(b)に示すようにc面内で二次元ポリマーを形成している可能性がある[81]．このモデルでは，格子点上のC_{60}は六員環をc軸方向に向けて，全て同じ方位にある．この配置により，面内の三つの等価な方向（[110], [101], [011]）で結

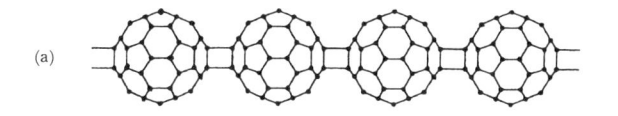

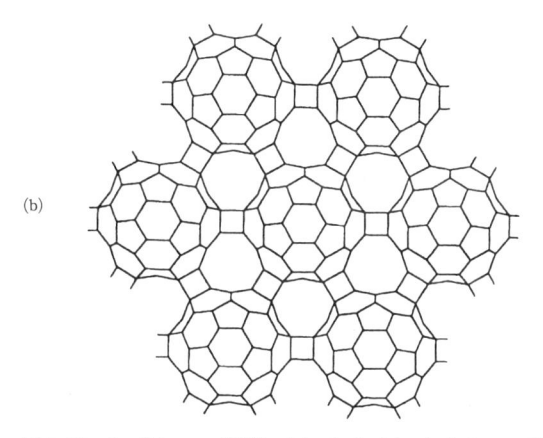

図 6.27 C_{60} ポリマー（仮説）．(a)一次元，(b)二次元ポリマー[81]．

合を作ることができる．ポリマー形成を担う 6-6 二重結合は赤道面（C_{60} の中心を通り c 面に平行な面）から ±19° 傾いている．上下の面の間では結合はできず，五員環同士が向かい合っている．四員環を形成している炭素原子は，KC_{60} ポリマー相の場合と同様に，相手の分子の方へ 0.03nm だけ引っ張られた位置にある．このモデルを支持する傍証として，$rh(pC_{60})$ → fcc-C_{60} の相転移エンタルピーの大きさが，KC_{60} の場合のポリマーからモノマーへの相転移エンタルピーの 3 倍であるという事実がある．$rh(pC_{60})$ における 1 分子あたりの結合数は KC_{60} 鎖状ポリマーのちょうど 3 倍である．

[2+2] シクロ付加反応によるポリマー化が起こるためには，固体 C_{60} は方位無秩序でなければならない．隣接分子の二重結合がお互いに向き合って始めて，シクロ付加が起こるので，方位無秩序の状態はポリマー形成に必要不可欠である．方位の規則化した相（1 気圧，260K 以下の sc 相）では，隣接分子の二重結合がお互い平行に向き合う確率は大変小さい．1GPa まで測定された固体 C_{60} の fcc-sc 相転移温度の圧力依存性（図 6.25）をさらに高い圧力まで

6 固相フラーレン **145**

外挿すると，5GPa では 780K 付近で方位規則-不規則の相転移が予想される．これは，773K 以上の熱処理によりポリマー化の度合の強い rh (pC$_{60}$) 相が得られたという事実とうまく合っている．

5GPa の圧力で，1273K まで温度を上げると，C$_{60}$ は壊れて非晶質になってしまう．

ダイヤモンドの形成

非静水圧力の下で，20±5GPa の圧力で C$_{60}$ を圧縮すると，室温でダイヤモンド（粒径2〜100nm）に転移するという報告があったが[82]，この結果は疑わしい．この実験では，少し斜めに向合わせたダイヤモンドアンビルで C$_{60}$ 粉末を圧縮したり，あるいは C$_{60}$ 粉末の中に剃刀の刃の破片（炭素鋼製）を入れて一緒に潰すことによって，非静水圧力が作り出された．アンビルに焼結ダイヤモンドが用いられていたため，これが欠けて試料中に混入した可能性がある．

急冷-衝撃圧縮による C$_{60}$ の崩壊や相変化が平井らにより研究されている[83]．この方法を用いると，短時間（ns オーダー）で 50GPa 程度の高圧力と 2000K 程度の高温が実現される．高圧力は 100ns オーダーの時間維持されるが，温度は 10^{10} K/s 以上の速さで低下するため，高圧・高温相が焼入れされる．この衝撃圧縮法により得られる圧力と温度はダイヤモンドが安定な p-T 領域にあるが，その領域に滞在する時間が短い（〜20ns）ため，ダイヤモンドが十分大きく発達できない．そのため，短距離秩序はダイヤモンドと同じであるが，長距離秩序のない透明物質が生成された．C$_{70}$ などの不純物や欠陥が出発物質の C$_{60}$ 結晶に含まれていると，それがダイヤモンドの成長を促進するらしく，粒径 20〜30nm のダイヤモンドが得られた[83]．

引用文献と注

1) W. I. F. David, R. M. Ibberson and T. Matsuo, *Proc. R. Soc. Lond.*, A **442**, 129 (1993).
2) R. Tycko, R. C. Haddon, G. Dabbagh, S. H. Giarum, D. C. Douglassc and A. M. Mujsce, *J. Phys. Chem.*, **95**, 518 (1991).
3) P.C. Chow, X. Jiang X, G. Rciter, P. Wochner, S.C. Moss, J.D. Axc, J.C. Hanson, R.K.

McMullan, R. L. Meng and C. W. Chu, *Phys. Rev. Lett.*, **69**, 2943 (1992).
4) D. A. Neumann et al., *Phys. Rev. Lett.*, **67**, 3808 (1991).
5) 武田 定, 阿竹 徹, 固体物理, **28**, 183 (1993).
6) K. Prassides, H. W. Kroto, R. Taylor, D. R. M. Walton, W. I. F. David, J. Tomkinson, R. C. Haddon, M. J. Rosseinsky and D. W. Murphy, *Carbon*, **30**, 1277 (1992).
7) R. D. Johnson, C. S. Yannoni, H. C. Dorn, J. R. Salem and D. S. Bethune, *Science*, **255**, 1235 (1992).
8) R. F. Kiefl et al., *Phys. Rev. Lett.*, **68**, 1347 (1992).
9) K. Prassides, *Physica Scripta*, T **49**, 735 (1993).
10) G. B. M. Vaughan, P. A. Heiney, D. E. Cox, J. E. Fischer, A.R. McGhie, A.L. Smith, R.M. Strongin, M. A. Cichy and A. B. Smith III, *Chem. Phys.*, **178**, 599 (1993).
11) M. A. Verheijen, H. Meekes, G. Meijer, P. Bennema, J. L. de Boer, S. van Smaalen, G. van Tendeloo, S. Amelinckx, S. Muto and J. van Landuyt, *Chem. Phys.*, **166**, 287 (1992).
12) K. Prassides, J. S. Dennis, C. Christides, E. Roduner, H. W. Kroto, R. Taylor and D. R. M. Walton, *J. Phys. Chem.*, **96**, 10600 (1992).
13) C. Christides, T. J. S. Dennis, K. Prassides, P. L. Cappelletti, D. A. Neumann and J. R. D. Copley, *Phys. Rev.*, B **49**, 2897 (1994).
14) 一つの単位胞に1個の格子点しか存在しない格子のことで, fcc の単純格子は菱面体格子 ($\alpha=60°$) である.
15) K. Prassides, in Physics and Chemistry of the Fullerenes, ed. by K. Prassides (Kluwer Academic, 1994) p. 203.
16) H. Kawada et al., *Phys. Rev.*, B **51**, 8723 (1995).
17) S. Saito, S. Sawada, N. Hamada and A. Oshiyama, *Mater. Sci. Eng.*, B **19**, 105 (1993).
18) Y. Saito, N. Fujimoto, K. Kikuchi and Y. Achiba, *Phys. Rev.*, B **49**, 14794 (1994).
19) Y. Saito, T. Yoshikawa, N. Fujimoto and H. Shinohara, *Phys. Rev.*, B **48**, 9182 (1993).
20) S. Saito and A. Oshiyama, *Phys. Rev. Lett.*, **66**, 2637 (1991).
21) R. K. Kremer et al., *Appl. Phys.*, A **56**, 211 (1993).
22) Y. Saito, H. Shinohara, M. Kato, H. Nagashima, M. Ohkochi and Y. Ando, *Chem. Phys. Lett.*, **189**, 236 (1992).
23) S. Kazaoui, R. Ross and N. Minami, *Solid State Commun.*, **90**, 623 (1994).
24) J. H. Weaver, *J. Phys Chem Solids*, **53**, 1433 (1993).
25) J. Kawai, K. Maeda, M. Takami, Y. Muramatsu, T. Hayashi, M. Motoyama and Y. Saito, *J. Chem. Phys.*, **98**, 3650 (1993).
26) R. Kuzuo, M. Terauchi, M. Tanaka, Y. Saito and Y. Achiba, *Phys. Rev.*, B **51**, 11018 (1995).
27) H. Shinohara, H. Sato, Y. Saito, K. Tohji and Y. Udagawa, *Jpn. J. Appl. Phys.*, **30**, L848 (1991); L. J. Terminello et al., *Chem. Phys. Lett.*, **182**, 491 (1991).
28) Ph. Lambin, A. A. Lucas and J.-P. Vigneron, *Phys. Rev.*, B **46**, 1794 (1992).

29) M. B. Jost, P. J. Benning, D. M. Poirier, J. H. Weaver, L. P. F. Chibante and R. F. Smalley, *Chem. Phys. Lett.*, **184**, 423 (1991).
30) R. E. Haufler, L.-S. Wang, L. P. F. Chibante, C. Jin, J. J. Conceicao, Y. Chai and R. F. Smalley, *Chem. Phys. Lett.*, **182**, 491 (1991).
31) S. Saito and A. Oshiyama, *Phys. Rev.*, B **44**, 11532 (1991).
32) S. Hino et al., *Phys. Rev.*, B **53**, 7496 (1996); S. Hino, K. Kikuchi and Y. Achiba, *Synth. Met.*, **70**, 1337 (1995).
33) A. F. Hebard, *Physics Today*, **45**, 26 (November, 1992).
34) L. Pintschovius, B. Renker, F. Gompf, R. Heid, S. L. Chaplot, M. Haluska and H. Kuzmany, *Phys. Rev. Lett.*, **69**, 9662 (1992).
35) P. H. M. van Loosdrecht, M. A. Verheijen, H. Meekes, P. J. M. van Bentum and G. Meijer, *Phys. Rev.*, B **47**, 7610 (1993).
36) T. Matsuo et al., *Solid State Commun.*, **83**, 711 (1992).
37) 磁気共鳴において，吸収線の幅は核の置かれた化学的環境（付加的局所磁場）の種類（分布）を反映するが，ある程度以上速やかに時間変化すると，吸収線幅が狭くなる．局所磁場変化の原因が分子の空間的運動である場合には，運動による尖鋭化（motional narrowing）と呼ばれる．C_{60}分子の2方位の間の回転ジャンプだけでは局所磁場の平均化はまだ不十分であると考えられる．
38) T. Atake et al., *Chem. Phys. Lett.*, **196**, 321 (1992).
39) T. Tanaka and T. Atake, *J. Phys. Chem. Solids*, **57**, 277 (1996).
40) R.-C. Yu, N. H. Tea, M. B. Salamon, D. C. Lorents and R. Malhotra, *Phys. Rev. Lett.*, **68**, 2050 (1992).
41) X. D. Shi, A. R. Kortan, J. M. Williams, A. M. Kini, B. M. Savall and P. M. Chaikin, *Phys. Rev. Let.*, **68**, 827 (1992).
42) N. H. Tea, R.-C. Yu, M. B. Salamon, D. C. Lorents, R. Malhotra and R. S. Ruoff, *Appl. Phys.*, A **56**, 219 (1993).
43) T. Arai, Y. Murakami, H. Suematu, K. Kikuchi, Y. Achiba and I. Ikemoto, *Solid State Commun.*, **84**, 827 (1992). 昇華法で作製したC_{60}単結晶を用いて，2端子法によって電気抵抗が測定された．酸素を含まない試料（真空中での測定）の電気伝導率σは室温で$\sim 10^{-8}\Omega^{-1}\text{cm}^{-1}$であったが，酸素を吸蔵した試料（大気中での測定）のσは4桁減少したことが報告されている．
44) J. Mort et al., *Chem. Phys. Lett.*, **186**, 284 (1992); J. Mort et al., *Appl. Phys. Lett.*, **60**, 1735 (1992). ガラス基板上に真空蒸着された$C_{60/70}$膜（精製してないC_{60}を原料に用いているが，C_{60}が主成分と推測される）を試料とし，その表面と裏面に電極を付け，光電流と暗電流が測定された．室温での電気伝導率σは$\sim 10^{-14}\Omega^{-1}\text{cm}^{-1}$と見積もられた．
45) A. F. Hebard, R. C. Haddon, R. M. Fleming and A. R. Kortan, *Appl. Phys. Lett.*, **59**, 2109 (1991).

46) G. B. Alers, B. Golding, A. R. Kortan, R. C. Haddon and F. A. Thiel, *Science*, **257**, 511 (1992).
47) 周波数fで変動する外部電場を誘電体に印加したとき，その複素誘電率$\varepsilon(f)$ が
$$\varepsilon(f) = \varepsilon(\infty) + \{\varepsilon(0) - \varepsilon(\infty)\}/\{1 + \mathrm{i}f\tau\}$$
のように，ただ一つの緩和時間τにより特徴づけることのできる系を単分散系またはデバイ緩和という．このτをデバイ緩和時間と呼ぶ．
48) Y. Ochiai, K. Yamamoto, H. Yamasaki, Y. Shionoiri, H. Ogata and Y. Maruyama, *Fullerene Sci. & Technol.*, **3**, 79 (1995).
49) A. P. Ramirez, R. C. Haddon, O. Zhou, R. M. Fleming, J. Zhang, S. M. McClure, R. E. Smalley, *Science*, **265**, 84 (1994).
50) A. Pasquarello, M. Schluter and R. C. Haddon, *Science*, **257**, 1660 (1992).
51) R. C. Haddon et al., *Nature*, **350**, 46 (1991).
52) W. I. F. David, R. M. Ibberson, J. C. Matthewman, K. Prassides, T. J. S. Dennis, J. P. Hare, H. W. Kroto, R. Taylor and D. R. M. Walton, *Nature*, **353**, 147 (1991).
53) B. Pevzner, A. F. Hebard, R. C. Haddon, S. D. Senturia and M. S. Dresselhaus, *Mat. Res. Soc. Sympo. Proc.*, **359**, 423 (1995).
54) F. Kajzar, *Synth. Met.*, **54**, 21 (1993).
55) 林　孝好，電気学会誌，**114**, 28 (1994).
56) S. Matsuura, T. Ishiguro, K. Kikuchi and Y. Achiba, *Phys. Rev.*, B **51**, (1995).
57) D. J. van den Heuvel et al., *Chem. Phys. Lett.*, **233**, 284 (1995).
58) A. M. Rao et al., *Science*, **259**, 955 (1993).
59) P. Zhou et al., *Appl. Phys. Lett.*, **60**, 2871 (1992).
60) M. Matus, J. Winter and H. Kuzmany, in Electronic Properties of Fullerenes (Springer Series in Solid-State Sciences 117) Eds. H. Kuzmany et al. (Springer-Verlag, Berlin, 1993) p. 255.
61) R. Nouchi, K. Masunari, T. Ohta, Y. Kubozono and Y. Iwasa, *Phys. Rev. Lett.*, **97**, 196101 (2006).
62) Y. B. Zhao, D. M. Poirier, R. J. Pechman and J. H. Weaver, *Appl. Phys. Lett.*, **64**, 577 (1994).
63) L. P. F. Chibante et al., *Carbon*, **31**, 185 (1993).
64) $-\mathrm{C}=\mathrm{C}-$の二重結合部分に酸素原子1個が付加して三員環をなす酸化物．
65) H. S. Chen, A. R. Kortan, R. C. Haddonn and D. A. Fleming, *J. Phys. Chem.*, **96**, 1016 (1992).
66) J. D. Saxby et al., *J. Phys. Chem.*, **96**, 17 (1992).
67) C. I. Frum et al., *Chem. Phys. Lett.*, **176**, 504 (1991).
68) R. S. Ruoff and A. L. Ruoff, *Nature*, **350**, 663 (1991).
69) G. A. Samara, L. V. Hansen, R. A. Assink, B. Morosin, J. E. Schirber and D. Loy, *Phys. Rev.*, B **47**, 4756 (1993).

70) A. Lundin and B. Sundqvist, *Europhys. Lett.*, **27**, 463 (1994).
71) A. P. Jephcoat, J. A. Hriljac, L. W. Finger and D. E. Cox, *Europhys. Lett.*, **25**, 429 (1994).
72) B. Sundqvist, O. Andersson, A. Lundin and A. Soldatov, *Solid State Commun.*, **93**, 109 (1995).
73) S.-J. Jeon, D. Kim, S. K. Kim and I. C. Jeon, *J. Raman Spectr.*, **23**, 311 (1992).
74) S. J. Duclos, K. Brister, R. C. Haddon, A. R. Kortan and F. A. Thiel, *Nature*, **351**, 380 (1991).
75) H. Kawamura, Y. Akahama, M. Kobayahsi, H. Shinohara, H. Sato, Y. Saito, T. Kikegawa, O. Shimomura and A. Aoki, *J. Phys. Chem. Solid.*, **54**, 1675 (1993).
76) A. Lundin, A. Soldatov and B. Sundqvist, *Europhys. Lett.*, **30**, 469 (1995).
77) A. Soldatov and B. Sundqvist, *J. Phys. Chem. Solids*, **57**, 1371 (1996).
78) C. Christides, I. M. Thomas, T. J. S. Dennis and K. Parassides, *Europhys. Lett.*, **22**, 611 (1993).
79) Y. Iwasa, T. Arima, R. M. Fleming, T. Siegrist, O. Zhou, R. C. Haddon, L. J. Rothberg, K. B. Lyons, H. L. Cartere Jr., A. F. Hebaard, R. Tycko, G. Dabbagh, J. J. Krajewski, G. A. Thomas and T. Yagi, *Science*, **264**, 1570 (1994).
80) H. Yamawaki, M. Yoshida, Y. Kakudate, S. Usuba, H. Yokoi, S. Fujiwara, K. Aoki, R. Ruoff, R. Malhotra and D. Lorents, *J. Phys. Chem.*, **97**, 11161 (1993).
81) G. Oszlanyi and L. Forro, *Solid State Commun.*, **93**, 265 (1995).
82) M. N. Regueiro, P. Monceau and J.-L. Hodeau, *Nature*, **355**, 237 (1992).
83) H. Hirai, K. Kondo, N. Yoshizawa and M. Shiraishi, *Appl. Phys. Lett.*, **64**, 1794 (1994).

7

フラーレン化合物

　通常の室内環境（1気圧，室温）においてですら，酸素がC_{60}結晶の格子間位置に侵入し，熱力学的，電気的性質に変化をもたらすことを前章で既に述べた．この章では，アルカリ金属，アルカリ土類金属原子およびハロゲン分子をドープすることにより形成される化合物の構造と電気的性質について述べる．

　C_{60}はfcc格子を組むことを前章で述べた．この格子には，四つのC_{60}で囲まれた四面体位置（tetrahedral site, T-site）および八つのC_{60}で囲まれた八面体位置（octahedral site, O-site）と呼ばれる，大きさの異なる2種類の隙間が単位胞当たりそれぞれ8個および4個（C_{60}一つあたりそれぞれ2個および1個）存在する．これらの位置は格子座標で表すと，それぞれ$(\frac{1}{4}, \frac{1}{4}, \frac{1}{4})$等および$(\frac{1}{2}, 0, 0)$等と中心の$(\frac{1}{2}, \frac{1}{2}, \frac{1}{2})$である．$C_{60}$結晶は，格子定数が大きいので，これらの隙間も大きく（T-siteの半径0.112nm，O-siteの半径0.206nm），イオンが容易に収容される．表7.1に示したアルカリ金属およびアルカリ土類金属のイオン半径からわかるように，四面体位置には小さなイオンなら十分収まり，八面体位置なら大きなイオンでも入ることができる．

7.1　合成法

　C_{60}結晶にアルカリ（あるいはアルカリ土類）金属をドープするには，C_{60}結晶の形態（単結晶，粉末，薄膜など）に応じて，固相拡散，同時蒸着などの方法が用いられる．アルカリ金属もアルカリ土類金属も極めて反応性に富み，

表7.1 アルカリ金属およびアルカリ土類金属のイオン半径.

アルカリ金属	半径 (nm)	アルカリ土類金属	半径 (nm)
Li^+	0.068	Be^{2+}	0.030
Na^+	0.098	Mg^{2+}	0.065
K^+	0.133	Ca^{2+}	0.094
Rb^+	0.148	Sr^{2+}	0.110
Cs^+	0.167	Ba^{2+}	0.129
Fr^+	0.175	Ra^{2+}	0.137

(出典:C. Kittel, *Introduction to Solid State Physics*, 4th ed., John Wiley & Sons, New York, 1971)

空気中の水と反応して直ちに水酸化物に変化してしまうので,これらの金属との化合物の合成や物性測定は不活性ガスを満たしたグローブボックス(glove box)あるいは(超)高真空の中で行わねばならない.

アルカリ金属を固相拡散により直接ドープする方法では,所望の組成 A_xC_{60} (Aはアルカリ金属元素を表す)が得られるように秤量した C_{60} 粉末とアルカリ金属をガラス管(ESR管を用いることが多い)に封じ,これを加熱しアルカリ金属を C_{60} 粉末に拡散させる.この方法により得られる組成の精度はアルカリ金属の秤量精度で決まる.通常,この直接固相拡散に用いられるアルカリ金属はガラスの毛細管に詰められており,これを必要な長さに切って反応管に入れる.単位長さあたりのガラス毛細管の中に詰まっているアルカリ金属の重量を予め計っておけば,毛細管の長さで金属の重量がわかる仕掛けであるが,その誤差はかなり大きい.例えば,1cmあたり6mgのカリウム金属が詰まった毛細管(典型的には直径1mm)があって,重さと長さの測定誤差がそれぞれ±0.2mg,±0.05cmとすると,名目上 K_3C_{60} の組成の化合物を200mg作った場合には,C_{60} 分子に対するKの割合 x の誤差は±0.06になる.すなわち組成比 x は2.94から3.06の範囲にあるとしか言えない.一度に作る化合物の量(1バッチあたりの量)が少ないほど組成誤差は大きくなる.この x の誤差を避けるため,いわゆる希釈法(dilution method)を用いる.これは,正確に秤量して二つに分けた C_{60} 粉末の一方に飽和濃度($x=6$)までアルカリ金属をドープし,それをもう一方の C_{60} 粉末に加えて一緒に熱処理する方法である.

薄膜試料は,光電子分光,電気抵抗,ラマン散乱などのその場(*in situ*)観

察に最適で，予め作製したフラーレン薄膜にアルカリ金属を蒸着するか，フラーレンと金属を固体基板上に同時蒸着して作る．膜厚が数層のフラーレン薄膜なら，アルカリ金属の拡散距離が短くてすむので，定常濃度が短時間で得られる．しかし，濃度分布が膜中で一様にならない場合もあるので注意しなければならない．この方法の主な欠点は，ドープされたアルカリ金属の濃度や，できた膜の相を正確に評価するのが難しいことである．また，大きな超高真空装置を用いることが多いが，この場合には熱平衡を実現するのは極めて困難となる．

昇華法によって作られた比較的大きな単結晶（$1mm^3$オーダ）を使って，これにアルカリ金属をドープして，化合物が作られている．ドープされた単結晶は非常に鋭い超伝導転移を示しており（7.5節(1)参照），今後，輸送現象に関する詳細な研究を可能にするものと期待されるが，試料の結晶学的評価（相の均一性，パーコレーションなど）がまだ不十分である．

7.2 アルカリ C_{60} 化合物の結晶構造

C_{60} 結晶の中にアルカリ金属原子がドープされると，イオン化ポテンシャルの低いアルカリ原子は価電子を C_{60} に取られ正にイオン化し，C_{60} は余分の電子をもつことになる（すなわち，還元される）．C_{60} とアルカリ金属との化合物 A_xC_{60} はアルカリ金属の種類とドープ量に依存して，表7.2に示すように，変化に富んだ種々の結晶構造をとる．これは，fcc格子のなかに大きさの異なる2種類の格子間空洞（T-site と O-site）が存在することと，アルカリ原子のイオン半径も元素により大きく変化するという事実による．従って，シリコンのような半導体への不純物元素のドーピング（母相のダイヤモンド構造は変化しないで，ごく一部のSi原子がドーパントと置換することによりキャリヤ密度が連続的に変わる）とは異なり，C_{60} 結晶の場合は全く新しい化合物が得られる．アルカリ C_{60} 化合物はアルカリ金属の種類によって，①イオン半径が四面体位置の空洞半径より小さいNaを含む化合物（Liは安定の化合物を作らない）と②イオン半径の大きいK，Rb，Csを含むもの，の二つに大きく分けられる．また，アルカリ金属の濃度という観点からも化合物を二つに大別できる：①低濃度の $x \leq 3$ では一つの格子間位置に入る原子の数が1以下であるが，

表7.2 アルカリ C_{60} 化合物の結晶構造, アルカリ原子の占める位置および格子定数.

化合物	結晶構造[a]	アルカリ原子の位置[b]	格子定数 (nm)
Li_2RbC_{60}	fcc	Li(T) Li(T) Rb(O)	1.3896
Li_2CsC_{60}	fcc	Li(T) Li(T) Cs(O)	1.40746(室温)
Na_2KC_{60}	fcc(>305K) sc(<305K)	不明	1.418
Na_2RbC_{60}	fcc(>313K) sc(<313K)	Na(T) Na(T) Rb(O)	1.4028
Na_2CsC_{60}	fcc(>299K) sc(<299K)	Na(T) Na(T) Cs(O)	1.41819(425K) 1.40464(20K)
$Na_2Cs(NH_3)_4C_{60}$	立方格子($Fm\bar{3}$)	$Na(NH_3)_4^+$ (O) 残りのNaとCs(T)	1.4473
Na_xC_{60} ($1 \leq x < 3$)	fcc(>325K) sc(<325K)	T T	1.4224(372K) 1.4117(45K)
Na_xC_{60} ($3 \leq x \leq 11$)	fcc	OとT	1.438($x=6$) 1.459($x=9.7$)
KRb_2C_{60}	fcc	K(T) Rb(T) Rb(O)	1.4337
$K_{1.5}Rb_{1.5}C_{60}$	fcc	OとT	1.4253
K_2RbC_{60}	fcc	K(T) K(T) Rb(O)	1.4267
K_2CsC_{60}	fcc	OとT	1.4292
KC_{60}	NaCl型(>420K) 体心斜方格子	O O	1.407(473K) $a=0.9107$, $b=0.9953$, $c=1.4321$(室温)
K_3C_{60}	fcc	K(T) K(T) K(O)	1.4240
K_4C_{60}	bct	T[c]	$a=1.1886$, $c=1.0774$
K_6C_{60}	bcc	T	1.1390
$RbCs_2C_{60}$	fcc	Rb(T) Cs(T) Cs(O)	1.4555
Rb_2CsC_{60}	fcc	Rb(T) Rb(T) Cs(O)	1.4431
RbC_{60}	NaCl型(>400K) 体心斜方格子	O O	1.4072(465K) $a=0.9138$, $b=1.0107$, $c=1.4233$(室温)
Rb_3C_{60}	fcc	Rb(T) Rb(T) Rb(O)	1.4384
Rb_4C_{60}	bct	T[c]	$a=1.1962$, $c=1.1022$
Rb_6C_{60}	bcc	T	1.1548
CsC_{60}	NaCl型(>370K) 体心斜方格子	O O	1.4115(473K) $a=0.9095$, $b=1.0225$, $c=1.4173$(283K)
Cs_3C_{60}	bcc-A15	T	1.178282
Cs_4C_{60}	bct	T[c]	$a=1.2057$, $c=1.1443$
Cs_6C_{60}	bcc	T	$a=1.1790$

(a) fcc=face-centered cubic, sc=simple cubic, bct=body-centered tetragonal, bcc=body-centered cubic
(b) fcc格子のなかの2種類の隙間, 四面体位置と八面体位置, をそれぞれTとOで表す.
(c) bct格子のなかの変形四面体位置.

②高濃度の $x>3$ では2個以上入る．

(1) K, Rb および Cs との化合物

アルカリ金属 (A = K, Rb, Cs) と C_{60} は A_1C_{60}, A_3C_{60}, A_4C_{60} および A_6C_{60} という組成の安定な化合物を作る．それぞれの結晶構造を図7.1に模式的に示す[1]．この図では，C_{60} を大きな球で，アルカリ金属を小さな球で描いてある．また，fcc から bct (body centered tetragonal, 体心正方) あるいは bcc (body centered cubic, 体心立方) 格子への変化を見やすくするために，fcc 格子は bct を単位胞として描いてある．つまり，bct の底面の一辺の長さおよび高さはそれぞれ fcc 単位胞の面対角線の半分および一辺の長さに等しい．図7.2に，Weaver らのグループが作成した K-C_{60} 系の二元相図を示す[2]．個々の化合物の結晶構造，アルカリイオンの占める位置，格子定数は表7.2にまとめてある．

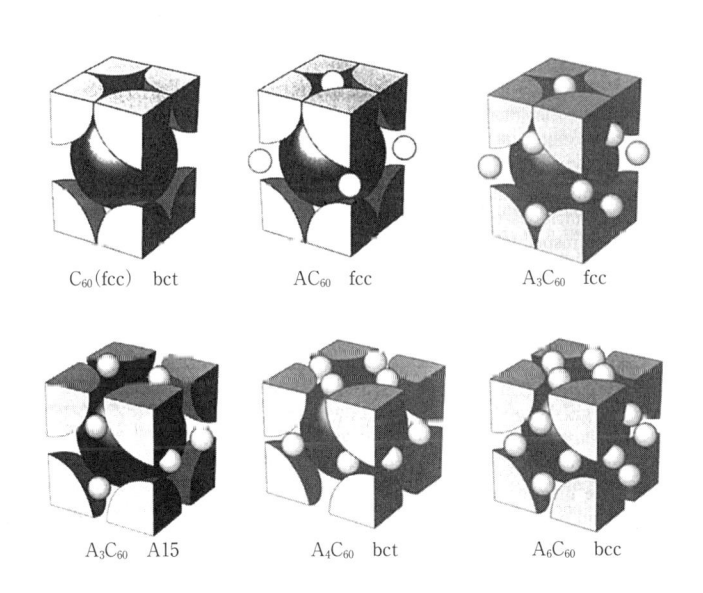

C_{60}(fcc) bct AC_{60} fcc A_3C_{60} fcc

A_3C_{60} A15 A_4C_{60} bct A_6C_{60} bcc

図7.1 アルカリ金属 (A = K, Rb, Cs) C_{60} 化合物の結晶構造[1]．大きい球が C_{60} を，小さい球がアルカリ金属を表す．

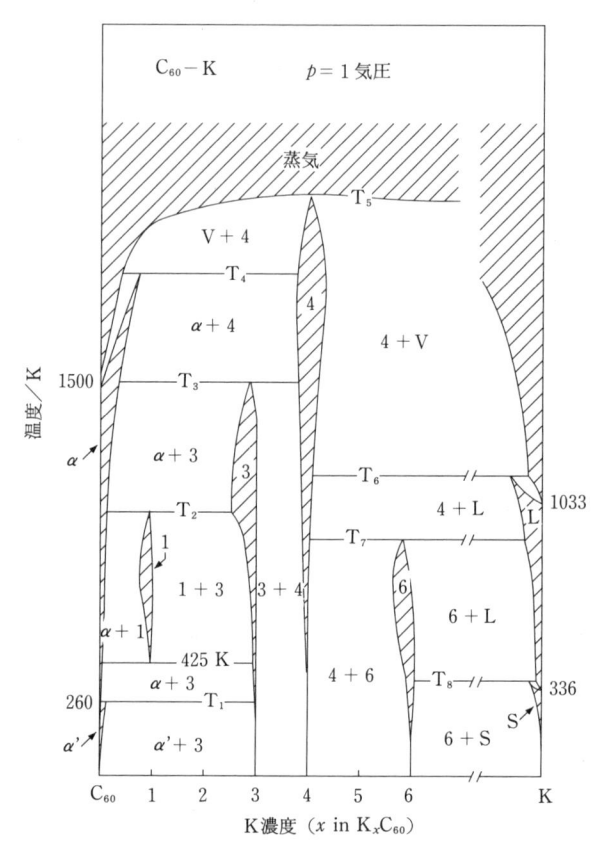

図7.2 A_xC_{60}（A=K）の二元相図[2]．α および α' 相は低濃度（$x<\sim 0.1$）のアルカリ原子が格子間位置（主に八面体位置）を無秩序に占めた fcc-C_{60} および sc-C_{60} をそれぞれ表す．V, L, S はそれぞれ気相，液相，固相を表す．3, 4 などの数字は K_3C_{60}, K_4C_{60} などをそれぞれ表す．

A_1C_{60}：高温 fcc 相，低温斜方晶（ポリマー）相，準安定斜方晶（ダイマー）相

K^+, Rb^+, Cs^+ のような四面体位置の空洞より大きなアルカリイオンは，八面体位置に1個だけドープされた A_1C_{60} をつくる．この組成の化合物は，K_1C_{60} では約 420K 以上，Cs_1C_{60} では約 370K 以上になると，NaCl 型（fcc）の結晶構造をもつ[3]．この高温相ではアルカリイオンは八面体位置の空洞内に一様に分布し，C_{60} の方位は無秩序である．アルカリイオンが占める八面体位置は Cs^+ にとってすら，隙間が残る大きな空洞である．NaCl 型構造の対称性を

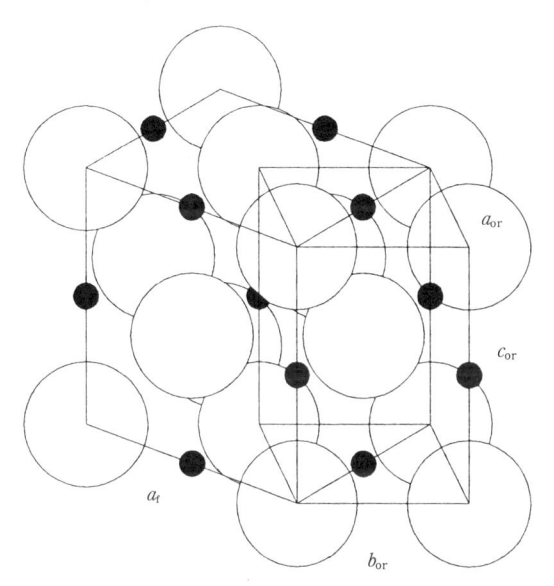

図7.3 A_1C_{60}のNaCl型構造（高温相）と体心斜方晶（低温相）の関係[4].

保つには，この空洞内にA^+が統計的に一様に分布するか，あるいは結晶学的に等価の位置を均等に占めなければならない．A^+が盛んに熱運動すれば，八面体位置の空洞は実質的に一様な電荷で満たされることになる．これが，高温でNaCl型構造が安定化する要因の一つである．イオン半径の小さいK^+では，実際に観察されているように，Cs^+の場合より高温にしないとNaCl型構造は現れない．また，四面体位置が空なので，A^+とC_{60}^-の間のクーロン引力により，格子が若干縮み，これが八面体位置のA^+を閉じ込め，fccの対称性を維持する方向に働く．高温でこの相が安定となる第二の要因として，C_{60}の方位無秩序およびアルカリイオンの八面体位置の空洞内での無秩序な分布によるエントロピーの寄与がある．

高温相のA_1C_{60}を徐冷すると，400K付近で体心斜方晶（body centered orthorhombic）へ一次の相転移を起こす．このA_1C_{60}低温相の構造を図7.3に示す[4]．図7.3に示した高温fcc相の構造との関係から，低温斜方晶相はアルカリ金属原子の拡散なしに，fcc格子が歪むことにより形成されることがわかる．これら二つの構造の格子パラメータの間には，

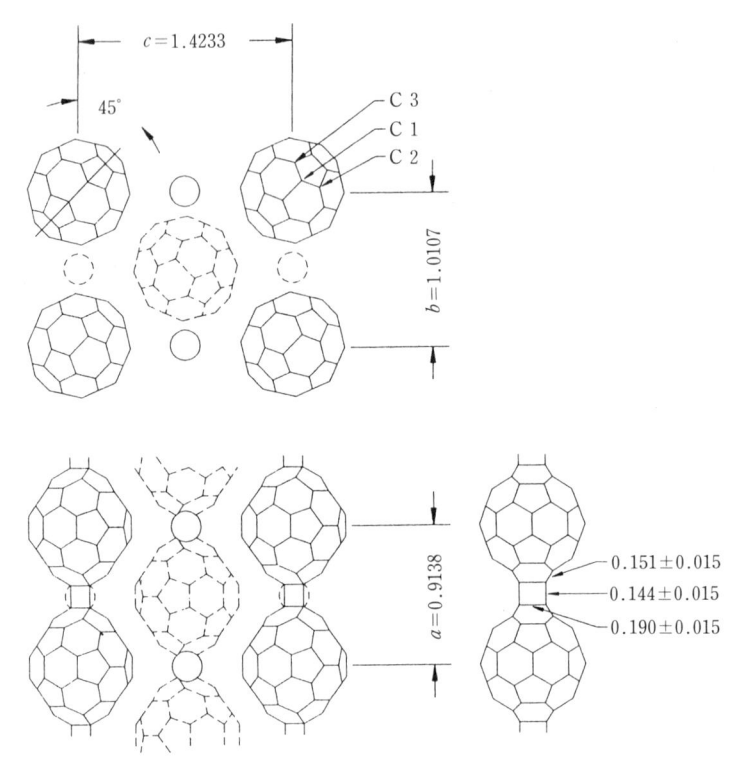

図 7.4 RbC$_{60}$ 体心斜方晶（低温相）における C$_{60}$ ポリマーのモデル[4]．長さの単位は nm．

$$a_{\mathrm{or}} \approx a_{\mathrm{f}}/\sqrt{2}, \quad b_{\mathrm{or}} \approx a_{\mathrm{f}}/\sqrt{2}, \quad c_{\mathrm{or}} \approx a_{\mathrm{f}}$$

の関係がある．ここで，a_{or}，b_{or} および c_{or} は斜方晶，a_{f} は fcc の格子定数である．斜方晶の a_{or} は最近接分子の重心間の距離に相当する（Rb$_1$C$_{60}$ の場合，$a_{\mathrm{or}}=0.9138$ nm）．ドープしていない元の C$_{60}$ では最近接分子間距離は 1.002 nm であるから，A$_1$C$_{60}$ 低温相では 0.1 nm 近くも縮んでいる．図 7.4 に C$_{60}$ の間にできた共有結合の様子を示す．a 軸方向に沿って C$_{60}$ 分子はそれぞれ隣の分子と四員環を形成し，重合している．[2+2] シクロ付加による架橋という点では，高圧力下における固相重合と同じであるが，A$_1$C$_{60}$ の場合は a 軸方向にのみ繋がった一次元ポリマーである点が異なる．この低温ポリマー相は温

度を上げることにより可逆的に高温 fcc 相に戻る．しかし，転移点直下（〜400K）で長時間（4 時間くらい）熱処理すると A_1C_{60} は α-C_{60} ($x\lesssim0.1$) と A_3C_{60} に相分離してしまう[5]．

高温 fcc 相を 273K まで急冷すると，この高温相が準安定相としてしばらくの間（室温でも 20 分くらい）維持されるが，徐々に安定な斜方晶ポリマー相へ変化する．もっと低い温度（液体窒素温度くらい）まで急冷すると，別の斜方晶の準安定相が得られる[6]．二つの斜方晶を区別するため，前出の斜方晶ポリマー相を ortho-I，二つ目の斜方晶を ortho-II と呼ぶことがある．ortho-II の構造は ortho-I に近いが，単位胞は ortho-I に比べ，a 軸および c 軸方向の長さが 2 倍の超構造となっている（K_1C_{60} の場合：$a=1.9218$，$b=0.9784$，$c=2.8312$nm）．ortho-II では C_{60} がダイマーを形成していると考えられている．a 軸の倍周期は，C_{60} が a 軸の正と負の方向に交互に変位してダイマーを作っているためであり，c 軸の倍周期は，そのダイマー対の位置が c 軸方向に沿ってジグザグに振動しているためと解釈されている．ortho-II は準安定で，fcc 構造を経て ortho-I（安定ポリマー相）へ変化する[6]．

A_3C_{60}：メロヘドラル（merohedral）不規則な fcc 相

A_3C_{60} では（1 分子あたり）三つの格子間空洞がすべてアルカリイオンに占有され，fcc 構造となる．安定な相は A＝K と Rb で得られており，これらは低温で超伝導体となる（転移温度 T_c はそれぞれ 19K と 29K，7．5 節参照）．

fcc-A_3C_{60} 相の C_{60} 分子は，C_{60} 低温相の場合のように，その方位が二つの方位のどちらかに制限されているが，A_3C_{60} では，二つの方位はエネルギー的に等しく，それぞれの分子は無秩序にどちらかの方位を向いている．その二つの方位の一つは，C_{60} 低温相の構造を考えるときの"基準方位"（第 6 章 6．1 節で $\Gamma=0°$ の方位），すなわち，C_{60} 分子の三つの互いに直交する 2 回対称軸が格子の〈100〉方向に向いた方位である（図 7．5）．分子がもつ正二十面体対称性の結果，分子の 3 回対称軸が格子の〈111〉方向を向く．実際このような配置には 2 種類あり，一方から他方への変換は［100］軸の周りの 90°回転（図 7．5(b)）か，あるいは［111］軸の周りの 44.48°回転（図 7．5(c)）により完了する．もし，すべての分子が片方の基準方位のみをとっていると，空間

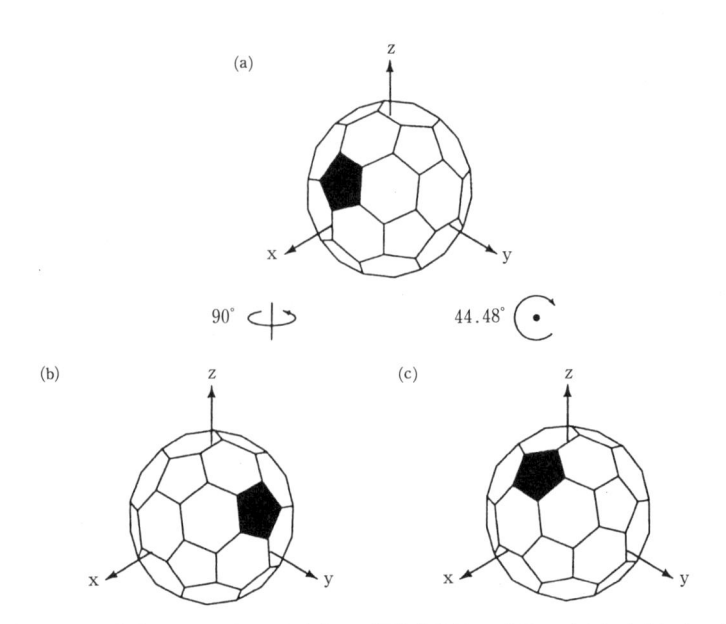

図7.5 C_{60} 分子の三つの互いに直交する2回対称軸がfcc格子の〈100〉方向に向いた"基準方位"[5]．このとき，分子の3回対称軸は〈111〉方向を向いている．"基準方位"は2種類あり，一つが(a)に，他の一つが(b)と(c)に示してある．一方から他方への変換は[100]軸を回転軸とする90°回転（図(b)）か，あるいは[111]を軸とする44.48°回転（図(c)）により完了する．(a)においては，x軸と交わる結合がz軸に平行であるが，(b)と(c)においてはy軸に平行である．

群 $Fm\bar{3}$ (T_h^3) の格子となる．しかし，二つの方位が無秩序に分布していると，新たに鏡映面が現れて，格子の対称性は $Fm\bar{3}m$ (O_h^5) に上がる．このような鏡映操作に関連した二つの方位の無秩序な分布はメロヘドラル不規則（merohedral[7] disorder）と呼ばれる．fcc-K_3C_{60} および Rb_3C_{60} の構造は，低温でもこのメロヘドラルモデルでよく説明できる．

A15型 Cs_3C_{60}

Csでは，fcc構造の Cs_3C_{60} はわずかな副生成物としてしか得られていない．Cs_3C_{60} は不安定で通常の作り方では安定相である Cs_1C_{60} と Cs_4C_{60} に相分離してしまうためである．しかし，アンモニア溶液を使って低温で Cs_3C_{60} を合成する方法が編み出されたが，得られた Cs_3C_{60} は fcc ではなく，A15型（$a=1.177$ nm）と bct（$a=1.206$, $c=1.143$ nm）構造の混在するものであっ

た[8]．この Cs_3C_{60} は常圧下では超伝導性を示さないが，高圧力をかけるとその兆候を示していた[9]．しかし，超伝導領域の割合が極めて小さく，また結晶性が悪いために，超伝導相の構造や組成は不明のままであった．2008年になって，アンモニアの代わりにメチルアミンを用いた溶液成長法により，結晶性の良い A15 型 Cs_3C_{60}（$a=1.178282$ nm）が主要な結晶相として合成され，これが高圧下で超伝導になることが明らかにされた[10]．この A15 型構造は，図 7．1 の下段左に示されているように，C_{60}^{3-} が bcc の格子点に，Cs^+ が各面の中央を $\langle 100 \rangle$ 方向に走る直線上の 2 箇所（C_{60}^{3-} が作る bcc の四面体空隙の中心）に配置している．bcc-A15 構造のほかに，体心斜方晶（body-centered orthorhombic）と fcc-Cs_3C_{60}（$a=1.4802$ nm）がマイナーな相（それぞれ 13.4%，8.9%）として生成していたが，これらは超伝導を示さない．

bct-A_4C_{60} と bcc-A_6C_{60}

x が 4 以上になると，もはや fcc 格子を保てなくなり，$x=4$ では bct（体心正方）格子，$x=6$ では bcc（体心立方）格子となる（図 7．1）．bct-A_4C_{60} 相では，C_{60} の方位は静的あるいは動的に不規則である[5]．一方，bcc-A_6C_{60} 相では，C_{60} の方位は規則化している[11]．

bcc 格子には $(0, \frac{1}{4}, \frac{1}{2})$ の位置に C_{60} 分子 1 個あたり 6 個の四面体位置があるが，その隙間の半径は fcc 格子の四面体位置より 30% 大きく，0.146 nm もあるので，Cs^+ も十分収まる．bct-A_4C_{60} 相では，bcc 相に比べて，c 軸方向が圧縮されているので，四面体位置が理想的な正四面体から歪んでいる．

三元化合物：$A_2A'_1C_{60}$

2 種類のアルカリ金属を使った C_{60} の三元化合物 $A_2A'_1C_{60}$ は，多くのものが超伝導性を示すことから，谷垣らにより精力的に調べられた[12]．表 7．2 に示したアルカリ原子の位置からわかるように，イオン半径の異なる 2 種類のアルカリ金属（A，A'）は 2 種類の格子間位置のうちそれぞれ一方に選択的に入る傾向がある．すなわち，イオン半径の大きい方のアルカリ原子が八面体位置を優先的に占めることが，多くのアルカリ金属の組み合わせで観察されている．例外としては，K-Na，K-Li などの組み合わせがある．この場合，K に八面体

位置を占めさせようと，NaあるいはLiといっしょにドープしても，占有位置の選択性は観察されない．これら3種類のアルカリ原子はイオン半径が小さ過ぎ，どのイオンも四面体位置に十分収まってしまうからである．Aを小さいアルカリ原子，A'を大きいアルカリ原子とした時，この占有位置の選択性は，$A_2A'_1C_{60}$ばかりでなく$A_1A'_2C_{60}$にも一般的に成立つ．後者の場合，八面体位置からあふれたA'原子は四面体位置に入り，結局，A(T) A'(T) A'(O) という分布になる（括弧内のT, OはそれぞれT-site, O-siteを表す）．この場合の例外の一つはKCs_2C_{60}で，安定な化合物を形成しない．これは，Cs^+を収容するには四面体位置は小さ過ぎるためである．もう一つの例外は，先にも述べたNaあるいはLiを含む化合物で，$A_1A'_2C_{60}$（A = Na, Li；A' = K）は安定には存在しない．しかし，NaあるいはLiを含んでいても，$A_2A'_1C_{60}$（A = Na, Li；A' = Rb, Cs）という組成ならばfcc相が存在し，占有位置の選択性も観察されている．$Na_2A'_1C_{60}$に関しては次の節でも述べる．

(2) Naを含む化合物

無垢（pristine）のfcc-C_{60}における方位ポテンシャルは前章6.1節で既に述べたように，ファンデルワールス力のほかに電荷分布の不均一（二重結合付近の電荷集中）による静電気力の寄与を含んでいた．アルカリ化合物においては，さらに二つの新しい力が加わる．一つは正のAイオンと負のC_{60}イオンの間の長距離クーロン力，もう一つはA^+のイオン芯（すなわち閉殻電子雲）と炭素の電子軌道の重なりによる短距離反発力である．これら二つの力は互いに張り合うばかりでなく，上述のC_{60}-C_{60}相互作用とも競合する．これらの寄与の相対的な大きさはA^+とC_{60}間の距離とイオンのサイズによって決まる．

C_{60}-C_{60}相互作用，長距離クーロン力および短距離反発力がC_{60}の方位の関数として，Yildirimらにより計算された[13]．図7.6(b)は，fcc-A_3C_{60}構造の中の一つのC_{60}とその周囲の14個のアルカリイオン（四面体位置に8個，八面体位置に6個）の間に働く短距離反発ポテンシャルを[111]軸周りのC_{60}の回転角Γの関数として示したものである．"基準方位"の一つを$\Gamma = 0°$にとったので，もう一つの"基準方位"は$\Gamma = 44.48°$にある．この計算に使われているパラメータはK_3C_{60}をモデルにしている．八面体位置のKは，四面体位置

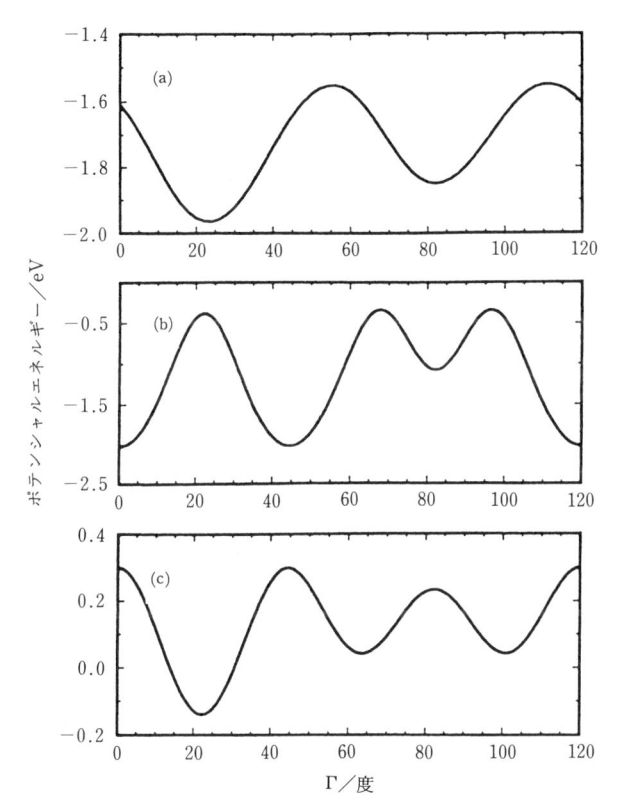

図7.6 fcc-C_{60} アルカリ化合物における方位ポテンシャル[5]. C_{60} を [111] 軸周りに回転した時の角度 Γ の関数として示してある. $\Gamma=0°$ と $44.48°$ は二つの"基準方位"に対応する. (a)無垢の C_{60} における方位ポテンシャル. 炭素原子間のレナードジョーンズポテンシャルに電荷の不均一分布による静電ポテンシャルが加わっている. (b) A-C_{60} 間の反発ポテンシャル. これは A^+ の内殻電子軌道と炭素の電子軌道の重なりに起因するもので, K_3C_{60} を対象に計算された. (c) A-C_{60} 間の引力ポテンシャル. これは正の A イオンと負の C_{60} イオンの間のクーロン相互作用によるもので, Na_2C_{60} を対象に計算された.

の K に比べ C_{60} から約 0.1nm 遠い位置にあるので, 短距離相互作用への寄与は無視できる. C_{60}-C_{60} 相互作用（図7.6(a)）とは対照的に, A^+-C_{60}^{3-} 反発相互作用は次の特徴をもつ. ① $\Gamma=0°$ と $44.48°$ にある二つの"基準方位"でポテンシャルエネルギーが最小になる. ②これら二つのポテンシャル最小の方位の間には高さ1.5eV の大きな障壁がある. ③他のポテンシャル極小は1eV くらいエネルギーが高いので, これへの熱的な励起は無視できる. 更に重要な

ことは，二つの"基準方位"はエネルギー的に全く同等であるために，この局所ポテンシャルのみでは方位は規則化しないことである．[100]軸を中心にした回転では，さらに高い障壁（2.2eV）を越えねばならない．[100]，[111]のどちらを中心軸にしても，大振幅のジャンプ回転には相当大きな活性化エネルギーを必要とする．

図7.6(c)には，Na_2C_{60}（次項参照）を対象に計算されたC_{60}^{2-}とその周囲の四面体位置にある8個のアルカリイオンの間のクーロン引力ポテンシャルを示す[14]．ここで，回転の軸は任意の[111]軸である．ポテンシャルの全体の形は，図7.6(a)に示した純粋な固体C_{60}の$\Gamma \approx 83°$にある極小（local minimum）を二つに分裂させたものに似ている．エネルギー最小（global minimum）の位置（$\Gamma \approx 23°$）が無垢のC_{60}の場合とほぼ同じであるからといって，このポテンシャルが$Pa\bar{3}$の対称性をもたらすわけではない．なぜなら，任意の分子を四つの$\langle 111 \rangle$軸のうちのどの軸の周りに23°回転しても同等のポテンシャルエネルギーを与えてしまうからである．これに対して，$Pa\bar{3}$では回転軸はそれぞれの分子で決まっている（6.1節(1)参照）．このクーロンポテンシャルだけを考えたのでは，正しい回転軸を選び出すことはできない．

図7.6に示したC_{60}の方位ポテンシャルからわかるように，短距離反発力とクーロン引力の寄与は位相がほぼ逆転し，部分的に互いに打ち消し合う（どの程度打ち消し合うかは化合物に依存する）．これに対して，クーロン引力と分子間相互作用は互いにほぼ位相が合っている．実際の化合物ではどの相互作用が勝っているのか，次に述べる．大きなイオン（例えば，Rb^+）が狭い四面体位置に入っている場合には，短距離反発力が支配的になる（図7.6の縦軸のスケールに注意）ので，メロヘドラル不規則になると予想される．実際，本節(1)で見たようにK_3C_{60}やRb_3C_{60}ではC_{60}は二つの"基準方位"のどちらかを等確率で無秩序にとる．他方，Na^+のような小さなイオンが四面体位置に入ると，反発力はクーロン力に比べ無視できるので，今度は"基準方位"はエネルギー極小ではなくなり，むしろ極大になる．分子間相互作用（図7.6(a)）がある程度残っているなら（例えば，ドープされた相の格子定数が無垢のC_{60}のそれに比べあまり大きくない場合），これがクーロン相互作用に加わり，$\Gamma \approx 23°$の極小をさらに深くする．しかし，分子間相互作用で忘れてはならな

いのは，この相互作用は各々の分子を回転させる正しい［111］軸を規定する；すなわち，クーロン相互作用のみでは縮退していた四つの非等価な方位の縮退を解くことである．これは，無垢C_{60}の場合と同じ$Pa\bar{3}$空間群の方位規則化した基底状態をもたらすことを意味している．各々の相互作用が重なると，方位ポテンシャルには幾つかの極小（local minima）ができる．そのため，$\Gamma=0°$と$\Gamma\approx23°$の間ばかりでなく，他の方位の間でも熱的に回転ジャンプすることができるであろう．

Na_xC_{60}（$1\leq x<3$）：高温 fcc 相，低温 $Pa\bar{3}$ 規則相

上で述べたように，Naのような小さなイオンでは，分子方位が規則化し$Pa\bar{3}$の基底状態が存在すると予想される．Na_xC_{60}は$0<x<1$では300Kでα(fcc)-C_{60}とNa_1C_{60}に相分離するが，$1<x<3$では連続な固溶体をつくる．$x<2$では，まず四面体位置が選択的に占められ，つづいて$x\geq2$では八面体位置も（一つのイオンで）占められる．実際に，Na_xC_{60}（$1\leq x<3$）は，無垢C_{60}と同様に，方位規則化による一次相転移を示し，低温相は$Pa\bar{3}$のsc構造，高温相はfcc構造をもつ．転移温度T_tとエンタルピー変化ΔHは，$x=1$の時最大で，それぞれ329Kと~5J/gである．無垢C_{60}に比べ，T_tは少し高く，ΔHは小さい（C_{60}ではそれぞれ260K，~9J/g）．xが3に近付くとともに，T_tもΔHも減少し，$x=2.8$ではもはや相転移は観測されていない[14]．

Fischerら[5]，$\Gamma\approx23°$のエネルギー最小（global minimum）の方位を向いたC_{60}の割合をpとし，$\Gamma\approx65°$と85°の極小（local minima）方位にあるC_{60}の割合をともに$(1-p)/2$とおいて，$x=1.3$のsc相の粉末X線回折パターンを解析し，300Kにおいて$p=0.62$を得た．ボルツマン分布を仮定し，$p(300K)=0.62$を使うと，最小と極小の間のエネルギー差として，無垢C_{60}に対して実験的に得られている値に近い$\Delta E=12.5$mVが得られる．これは，クーロン引力が加わっても，分子間相互作用（図7.6(a)）がまだ重要な役割を果たしていることを示している．また，45Kに温度を下げると，無垢C_{60}の時にも観察されたように，pは増加し，0.86になる．ガラス転移はまだ観察されてないが，それは十分起こり得る．

高温fcc相での分子運動は，無垢C_{60}に比べれば，制限を受けている．つま

り，無垢 C_{60} では分子はほぼ自由回転しているために方位は無秩序であったのに対して，Na_xC_{60} では，クーロン相互作用が作り出す四つのエネルギー最小方位に分子の回転は強く制約されている．

Na_2AC_{60}（A＝Rb，Cs）：$Pa\bar{3}$ 規則相

Na_xC_{60} に関して上で述べた現象は，四面体位置に Na，八面体位置に Rb あるいは Cs が入った三元化合物でも起こる．これらの三元化合物は超伝導体であるが，その T_c と格子定数の間の関係がメロヘドラル不規則 A_3C_{60} 超伝導体とは異なる振舞いを示すことから，超伝導特性への方位秩序の影響が議論されている（7.5節(4)参照）．

Na_2RbC_{60} と Na_2CsC_{60} における fcc-sc 相転移温度 T_t（およびエンタルピー変化 ΔH）はそれぞれ 313K（2.7J/g）と 299K（2.5J/g）であり，Na_xC_{60}（$1 \leq x < 3$）の T_t と ΔH によく似た値である．低温 sc 相の空間群はやはり $Pa\bar{3}$ であり，分子方位が制限（規則化）されている．エネルギー極小の方位を向いた分子の割合を p として，Na_2RbC_{60} の場合；$p=0.80$（27K）と $p=0.55$（298K），Na_2CsC_{60} の場合；$p=0.88$（1.6K および 20K）という値が得られている[5]．

Na_xC_{60}（$3 \leq x < 11$）

本節(2)においては Na_xC_{60}（$1 \leq x < 3$）の結晶構造について述べたが，Na は $x \approx 10$ まで連続的にドープすることができ，飽和組成まで fcc 格子が維持されている．ここでは，特に $x=6$ と $x=11$ の時の構造について述べる．

Na_6C_{60} は四面体位置に 1 個の Na，八面体位置には Na_4 クラスターが入った構造をもつ[15]．これは，他のアルカリ金属の A_6C_{60} 相（A＝K，Rb，Cs）が bcc 格子を組むのとは対照的である．さらに，K，Rb，Cs では $x=6$ が飽和組成であるのに対して，Na は $x=9.7 \pm 0.4$ までドープできる[16]．飽和相の理想的な組成を $Na_{11}C_{60}$ とすると，この組成では四面体位置にやはり 1 個の Na が入り，八面体位置には Na_9 クラスター（体心立方構造）が入った構造となる[16]．Na_6C_{60} では C_{60} の方位が無秩序である（$Fm\bar{3}m$ 空間群）が，この $Na_{11}C_{60}$ では規則化している（$Fm\bar{3}$）．

7.3 アルカリ土類および希土類 C_{60} 化合物の結晶構造

(1) アルカリ土類 C_{60} 化合物

Mg, Ca, Sr および Ba のアルカリ土類金属も固体 C_{60} にドープできる．アルカリ土類は二価なので，1 原子あたり 2 個の電子を C_{60} に与え，自らは二価の正イオンになる．ここで述べるアルカリ土類 C_{60} 化合物の合成と物性の研究は Kortan らの AT&T ベル研究所のグループの独壇場である．

表 7.3 に，Ca, Sr および Ba と C_{60} との化合物の結晶構造をまとめた．Ca_xC_{60} は $x<5$ では固溶体を形成し，fcc 構造 ($Fm\bar{3}m$) をもつ．Ca^{2+} イオンは小さいので（表 7.1），一つの八面体位置に複数個の Ca イオンが収容される．$x \approx 5$ では，Ca イオンが非等価な位置に再配置するため，単純立方 (sc) 構造へ相転移するが，fcc 単位胞の大きさは変わらない．sc-Ca_5C_{60} 相は $T_c = 8.4$ K の超伝導体である[17]．この sc 相は $x=8$ まで続くが，超伝導相の割合は徐々に減少する．格子定数は $x<1.5$ の希薄領域で，x の増加とともに急激に減少し，$x=1.5$ 近くで極小値（〜1.40 nm）をとる．各々の Ca 原子が 2 個の電子を C_{60} に供与するなら，$Ca_{1.5}C_{60}$ では t_{1u} バンドが半分詰まった状態になるが，この組成では超伝導にならない．

Ba_xC_{60} においては，Ba_6C_{60} が bcc 構造 ($Im\bar{3}$) の超伝導体（$T_c = 7$ K）となる．$2<x<6$ では，A15 型構造 ($Pm\bar{3}n$) の Ba_3C_{60} 相がこの bcc 相と共存す

表 7.3 アルカリ土類 C_{60} 化合物の結晶構造，アルカリ土類原子の占める位置および格子定数．

化合物	結晶構造	アルカリ土類原子の位置	格子定数 (nm)
Ca_xC_{60} ($x<5$)	fcc	O と T	1.416〜1.40
Ca_5C_{60}	sc	O と T	1.401
Sr_3C_{60}	A15 fcc	—	1.1140 1.4144
Sr_6C_{60}	bcc	—	1.0975
Ba_3C_{60}	A15		1.134
Ba_6C_{60}	bcc	T	1.1171

る[18]．A15型構造では，単位胞の原点と体心位置にC_{60}があるが，体心のC_{60}は原点のC_{60}に対して分子の2回軸周りに90°回転した方位にある．そのため，Ba_3C_{60}のA15型構造には2種類の四面体位置，すなわち①五員環のみで囲まれた位置と②六員環のみで囲まれた位置，がある．このうち，五員環のみで囲まれた位置にBa^{2+}が入っている．Baの濃度の増加とともにA15型構造はbcc構造に変化し，$x=6$ですべてbcc相になる．bcc相に収容できるBa原子の最大数はC_{60}あたり6個であるので，xが6を超えると他の相が現れる．

Sr_xC_{60}では，$x\approx 6$の化合物が超伝導体（$T_c=4K$）になるが，この場合の構造はbccである．$x\approx 3$ではA15型とfcc構造の化合物が共存する[19]．

(2) 希土類C_{60}化合物

アルカリ土類に続いて，ベル研究所のグループは希土類元素の一つであるイッテルビウム（Yb）をドープした$Yb_{2.75}C_{60}$が6K以下で超伝導性を示すことを見いだした[20]．Yb陽イオンはC_{60}のfcc格子の四面体位置と八面体位置の両方に入っているが，その占有の仕方は複雑である．どの八面体位置にもYbイオンが一つずつ入っているが，その位置は中心からはずれている．これに対して，四面体位置の8分の1は空であり，この陽イオン空孔の位置は格子のx, yおよびz軸の3方向にそって規則化している．そのため，それぞれの方向でfcc格子の2倍周期が構造の単位（単位胞）になる．厳密にはx, y, z方向で格子パラメータが若干異なった斜方晶（orthorhombic）系の格子になっている．fccのsubunit（この斜方晶単位胞は8個のsubunitsからできている）あたり，一つの陽イオン空孔があるので，この化合物の組成を整数比で表せば，$Yb_{11}(C_{60})_4$と書ける．$Yb_{2.75}C_{60}$の構造はC_{60}化合物超伝導体の中では唯一，立方格子を取らない対称性の低い構造である．

7.4 電気的性質と電子構造

(1) 電気伝導

ドープされてない無垢のC_{60}は非常に高い電気抵抗率（$10^8\sim 10^{14}\Omega cm$）を

もつ半導体である．アルカリ金属をドープするとC_{60}への電荷移動が起き，隣接するC_{60}の間でπ電子の重なりが増すため，電気伝導率が高くなる．A_xC_{60}はxの増加とともに抵抗率ρが減少し，$x=3.00\pm0.05$で最小になる（K_3C_{60}で$\sim10^{-3}\Omega$cm）[21]．このxの値はt_{1u}-由来の伝導帯が半分占有される組成に相当する．さらにドープし，xを3から6に増やすと，ρは再び増加し，分子軌道が閉殻になる化合物（A_6C_{60}）で，抵抗率は最大になる．

7.2節で述べたように，K_xC_{60}では，室温で安定な化合物は$x=0$，3，4および6の時にのみ（$x=1$は高温相を徐冷するという特殊な過程を必要とする）得られる．$x=0$からドーピングをはじめ，xの増加とともに現れる相を見てみよう．K-C_{60}系の場合，Kが固溶限界を超えるとまず二相共存領域に入り，α-C_{60}の母相の中にK_3C_{60}の結晶粒が形成される．K_3C_{60}結晶粒がまだ小さくて，繋がらずに分布している間は，抵抗率の温度依存性は熱活性型（半導体的）である．この活性型の伝導は，電荷が飛び石を跳んでいくように金属結晶粒（K_3C_{60}結晶粒）の間をホッピング移動することによる．さらにドーピングを進めると，K_3C_{60}結晶粒が成長して互いに繋がり，やがて電極間がK_3C_{60}で短絡する．この段階では金属的な温度依存性を示し，抵抗率は最小になる．さらに続けてドープすると，金属的なK_3C_{60}の母相の中に絶縁体のK_4C_{60}の結晶粒が形成される．このK_4C_{60}はK_3C_{60}を浸食して成長を続け，最終的には金属性の伝導経路が消滅し，全体として絶縁体的な伝導特性を示す．K_6C_{60}に変化しても，この相も絶縁体なので，絶縁体としての振舞いに変化はない．

抵抗が最も低くなるK_3C_{60}においても，その抵抗率はまだかなり高く（$\rho_{min}=2.5\times10^{-3}\Omega$cm），高抵抗の金属あるいは半金属に典型的な抵抗率に相当する．Rb_3C_{60}でもK_3C_{60}と同じ結果が得られている．Na_xC_{60}とCs_xC_{60}の$\rho(x)$の振舞いもおおよそ似ているが，ρ_{min}の値が2桁近く大きい．

(2) 光電子分光

図7.7はWeaverらにより測定された，GaAs(110)表面上のK_xC_{60}（$0.1\leq x\leq 6$）膜からのUPSスペクトルである[22]．これらは40Kで得られたスペクトルであるが，温度が高くなると，温度効果によりピーク幅が広くなるだけである．ドープ前にはHOMOバンド中央から2.2eV上にあったフェルミ準位

E_F が, K を希薄にドープしただけで ($x<0.1$), 伝導帯 (C_{60} の LUMO に由来のバンド) の底に飛ぶ. このフェルミ準位のピニング (pinning) は他のアルカリ金属でも観測されている. $x=0.1$ では, バンド幅 1.5eV の LUMO が既に現れ, E_F でスペクトルが急に遮断 (cutoff) されている. さらに〜1.6eV に肩が現れる. ここで見られる LUMO の構造は K_3C_{60} に特徴的なものであり, 1.6eV の肩は K_3C_{60} 相の充満帯 (C_{60} の HOMO 由来のバンド) の上端に相当する. $0.1 \leq x \leq 2.2$ の濃度範囲では, α-C_{60} と K_3C_{60} の二つの相しか存在しな

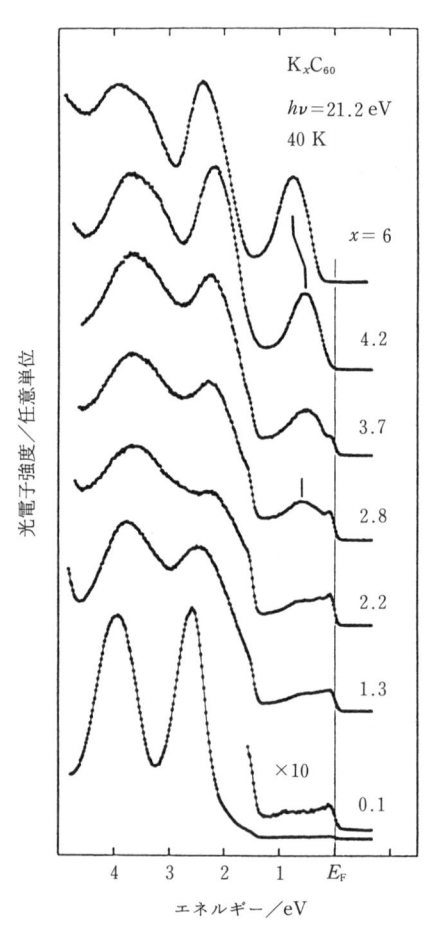

図 7.7　K_xC_{60} ($0.1 \leq x \leq 6$) の光電子スペクトル[22].

いので，UPS スペクトルの LUMO バンドの形は本質的には変化しない．
$x=4.2$ のスペクトルは K_4C_{60} 相の特徴を強く表している．膜全体の組成が $x=3$ 以下でも，平衡が実現されない時には K_4C_{60} 相が存在する．$x=2.8$ でみられる〜0.5eV を中心とするこぶは K_4C_{60} 相の形成を示している．$x=6$ の飽和濃度においては，(C_{60} の) LUMO 由来バンドが完全に満たされ，E_F が LUMO+1 バンドの端に移る．

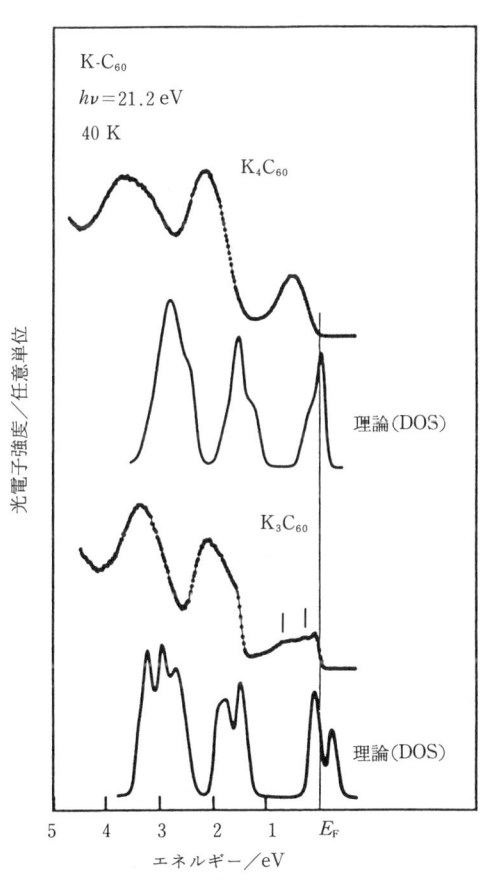

図 7.8　K_3C_{60} と K_4C_{60} の光電子スペクトル[23]．

(3) K_3C_{60} の電子構造

K_3C_{60} の UPS スペクトルを状態密度 (DOS) の計算結果と比較してみよう. 図 7.8 に示した K_3C_{60} の曲線は $x=2.2$ の UPS スペクトルから $\alpha\text{-}C_{60}$ の寄与を差し引いたものである[23]. この UPS から得られた LUMO バンドは, LDA 法により計算されたものに比べて遥かに幅が広く, また, 0.3 と 0.7 eV に観察される構造も理論の DOS には再現されてない. 0.3 eV にある構造は格子振動との結合 (Franck-Condon 効果) によるものと考えられている[23].

パウリ磁化率 χ から状態密度の大きさを知ることができる. K_3C_{60} と Rb_3C_{60} の伝導電子による $\chi(T)$ を図 7.9 に示す[24]. 常伝導状態では $\chi(T)$ は温度にはほとんど依存せず, 金属的であることを示している. 自由電子モデルにおいては

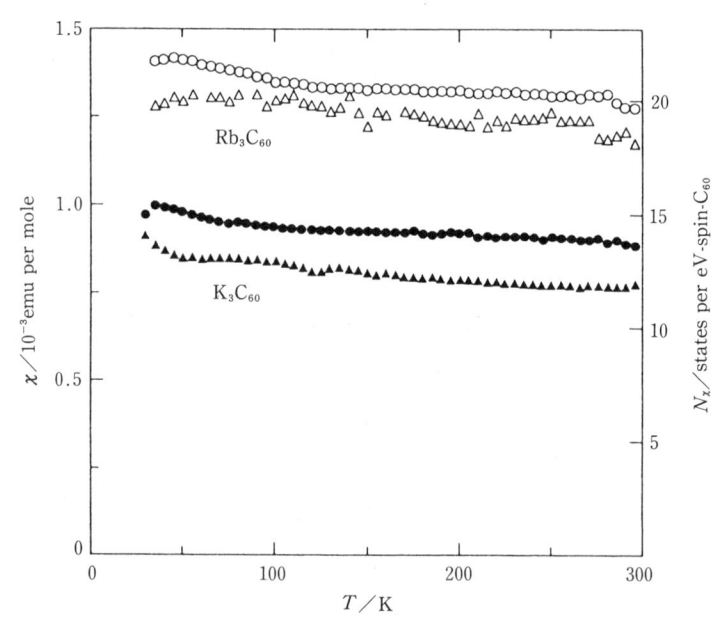

図 7.9 K_3C_{60} と Rb_3C_{60} の常伝導状態におけるパウリ磁化率 χ の温度依存性[24]. それぞれの化合物において二つの試料の測定結果が示されている (K_3C_{60}: ●と▲, Rb_3C_{60}: ○と△).

$$\chi = 2\mu_B^2 N(E_F) \qquad (7.1)$$

の関係がある．ここで，μ_B はボーア磁子（Bohr magneton），$N(E_F)$ はフェルミ準位における状態密度である．χ の測定値から，$N(E_F)$ の値として，K_3C_{60} では $14\pm1\,\mathrm{st/eV\text{-}spin\text{-}C_{60}}$，$Rb_3C_{60}$ では $19\pm0.6\,\mathrm{st/eV\text{-}spin\text{-}C_{60}}$ が得られている[24]．ここで st/eV-spin-C_{60} は C_{60} 1個あたりスピン自由度1つあたり1eV あたりの状態数を表す．

(4) K_4C_{60} の電子構造

K_4C_{60} は，一電子近似から期待される電子状態（LUMO 由来の伝導帯が3分の2詰まった状態）とは異なった UPS スペクトルを与える（図7.8）．E_F には状態密度がなく，絶縁体（あるいは半導体）であることを示している．K_4C_{60} が金属ではないことは，電気抵抗の大きさが端的に示している．K_4C_{60} の抵抗率は $25\,\mathrm{m\Omega cm}$ で，金属の一般的な上限よりも1桁高く，また抵抗率の温度特性も半導体に特徴的な負の温度係数を示す[21]．光学伝導度スペクトルなど他の分析法も K_4C_{60} は金属でないことを示している[25]．

この化合物がバンド描像による予測に反してなぜ絶縁体であるのかという理由はまだはっきりしていない．強い電子相関によるモット（Mott）絶縁体[26]であるという解釈もあるが，分子のヤーン-テラー（Jahn-Teller）歪みによるバンドの分裂が起きていると考えられる．C_{60} の分子軌道はその高い対称性のため，縮退度が高く，アルカリ金属からの電子が収容される LUMO は三重に縮退している．ドープされた電子が，この縮退した準位に入ってくると，C_{60} 分子は高い対称性のままでとどまるよりも，形を歪ませ LUMO の縮退を解いて電子エネルギーを稼いだ方が，全体としてのエネルギーは下がる場合がある（ヤーン-テラー効果）．この効果は LUMO が部分的にしか占められていない場合（すなわち $1\leq x\leq 5$ のすべての K_xC_{60}）には常に起こり得る．A_4C_{60} の t_{1u} 由来の LUMO がヤーン-テラー効果によって縮退が解けたとき予想される電子配置を図7.10に示す．他の化合物，A_2C_{60} と A_3C_{60} に対して予想される LUMO の状態も示してある．このような歪みを伴った分子が固体を形成すると，ギャップが閉じずに非磁性の絶縁体になる可能性がある．

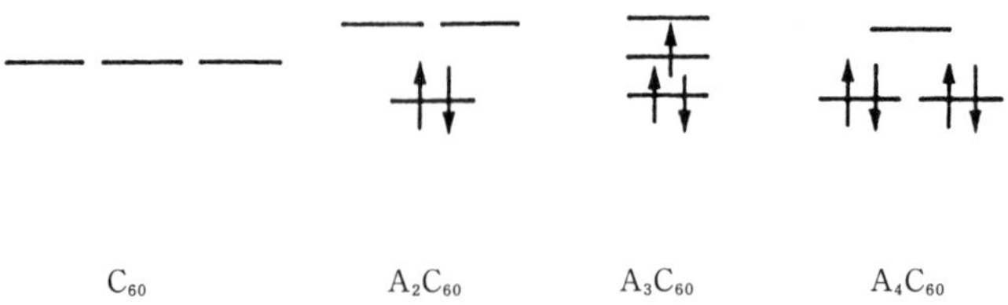

図 7.10　A_xC_{60} ($x=0, 2, 3, 4$) における t_{1u} 由来 LUMO[40]. $x=2, 3$ および 4 では，ヤーン-テラー効果によって縮退が解けた場合が示してある．

(5) A_1C_{60} (A＝Rb, Cs) の電子構造

7.2節(1)で，A_1C_{60} は 400 K 辺りを境に，高温相は NaCl 型構造，低温相はポリマー構造をもつことを述べた．それらの電子構造はどうなっているのであろうか．C_{60} 分子あたり 1 個の電子が供与されているわけだから，バンドモデルからは金属であると予想される．しかし，NMR は予想に反して，Rb_1C_{60} と Cs_1C_{60} の不対電子は個々の C_{60}^- に局在し，高温相は常磁性であることを示している[27].

低温斜方晶についてはよくわかっていない．40 K で得られた Rb_1C_{60} と Cs_1C_{60} の LUMO からの光電子スペクトルは，幅が約 0.5 eV で，結合エネルギーの高い方に裾を引いたほぼガウス分布の形 (Gaussian shape) をしている[23]．Rb_1C_{60} に対して計算された一電子状態密度は，バンド幅が狭すぎて，実験のスペクトルとはほとんど合わない．この不一致もまた強い電子相関のためであると解釈されている．光電子スペクトルには E_F でまだ状態密度が残っており，金属的であることを示している．

一方，ESR により，斜方晶 Rb_1C_{60} のスピン帯磁率，線幅，g 値の温度依存性が約 50 K を境にして急激に変化することが見いだされ，50 K 以上では（一次元的）金属，50 K 以下ではスピン密度波 (spin density wave, SDW) 状態[28]であると解釈されている[29].

7.5 超伝導

(1) 超伝導の観察

1991年にアルカリ金属をドープしたC_{60}で超伝導が最初に観察されたときは,比較的高い転移温度T_c(K_3C_{60}の18K)がいきなり得られたため[30],大変注目を浴びた.フラーレンの出現以前にも,炭素ベースの超伝導体としては,グラファイト層間化合物が知られていたが,そのT_cは1K程度($KHgC_8$の場合1.9K)[31]にとどまっていた.このことからも,フラーレン化合物の出現によりT_cがいかに飛躍的に上昇したかがわかる.常圧において最高のT_cを示す炭素ベース超伝導体はT_c=33Kの$RbCs_2C_{60}$であるが[32],Cs_3C_{60}(A15構造)が高圧力下(〜3kbar以上)で最高38KのT_cを示すことが2008年に報

表7.4 フラーレン超伝導体.

化合物	結晶構造	格子定数(nm)	T_c(K)
Na_2RbC_{60}	sc(<313K)	1.4028	3.5
Na_2CsC_{60}	sc(<299K)	1.40464(20K)	12
$Na_2Cs(NH_3)_4C_{60}$	立方格子($Fm\bar{3}$)	1.4473	29.6
KRb_2C_{60}	fcc	1.4337	27
$K_{1.5}Rb_{1.5}C_{60}$	fcc	1.4253	22.1
K_2RbC_{60}	fcc	1.4267	23
K_2CsC_{60}	fcc	1.4292	24
K_3C_{60}	fcc	1.4240	19.8
$RbCs_2C_{60}$	fcc	1.4555	33
Rb_2CsC_{60}	fcc	1.4431	31.3
Rb_3C_{60}	fcc	1.4384	29
Cs_3C_{60}	bcc-A15	1.178282(常圧,室温)	38(〜7kbar)
Ca_5C_{60}	sc	1.401	8.4
Sr_6C_{60}	bcc	1.0975	4
Ba_6C_{60}	bcc	1.1171	7
$Yb_{2.75}C_{60}$	orthorhombic	$a/b/c$=2.78743/ 2.79804/2.78733	6

告され[33]，フラーレン超伝導体の臨界温度が塗り替えられた．C_{60} アルカリ金属化合物の T_c を超えるものは，1986年の発見に端を発する一連の酸化物超伝導体以外にはない．

7.2節で述べたように，C_{60} アルカリ化合物 A_xC_{60} には x に依存した幾つかの結晶構造がある．それらの中で fcc-A_3C_{60}（$A_2A'C_{60}$），sc-Na_2AC_{60}，A15-Cs_3C_{60} が超伝導体になる．超伝導状態の検出は通常，電気抵抗および反磁性磁化率の測定によって行われる．これまで発見されたフラーレン化合物超伝導体とその特性値を表7.4にまとめた．

電気抵抗の測定

Hebard ら[30] により最初に報告された K_3C_{60} 薄膜の抵抗率の温度変化をみると，抵抗率がゼロになる超伝導状態への転移の始まりが 18K 付近にあった．この薄膜試料は常伝導状態では半導体的な挙動（抵抗の温度係数が負）を示し，また常伝導→超伝導転移も緩慢なものとなっているが，これはいずれも薄膜中において K_3C_{60} が 7nm 程度のサイズの小さな粒として分散しているためである．その後行われた，C_{60} 単結晶に K をドープした実験では，図7.11に示す

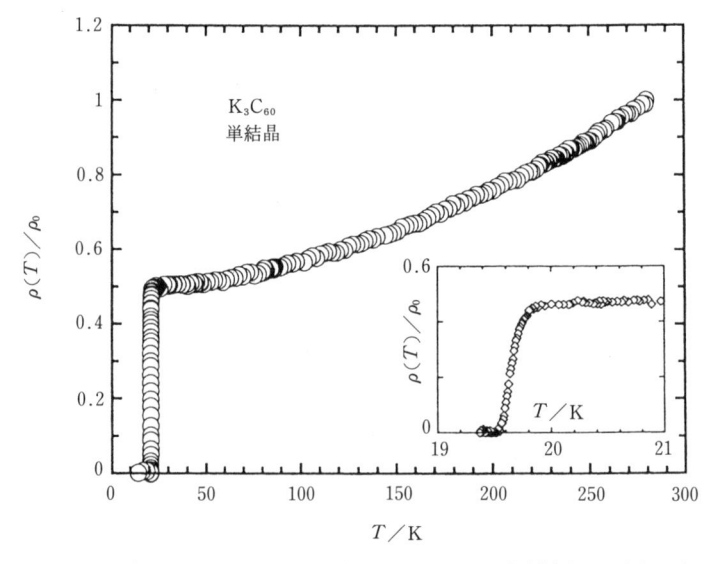

図7.11 単結晶 C_{60} に K をドープして得られた K_3C_{60} の電気抵抗率の温度変化[34]．

ように，金属的な温度依存性とともに，きれいな超伝導転移が観察されている（T_c は 19.8K）[34]．抵抗は温度とともに単調に減少し，超伝導転移直前で室温における抵抗値の約 1/2 になる．しかし，このまま絶対零度まで外挿しても，相当大きな残留抵抗（$\sim 1\times 10^{-3}$ Ωcm）が残り，その抵抗率は典型的な金属よりもかなり高い．「電気伝導の悪い金属は良い超伝導体になる」という格言があるが，これはフラーレン超伝導体にもあてはまる．

K_3C_{60} の伝導電子の密度 $n=4.2\times 10^{21}$ cm^{-3}（本節(2)）と抵抗率 $\rho\sim 1\times 10^{-3}$ Ωcm から，伝導電子が散乱される平均緩和時間 τ は $\sim 1\times 10^{-15}$ s と見積もることができる．自由電子モデルでは，フェルミ速度は $v_F^0=6\times 10^7$ cm/s（本節(2)）であるから，電子の平均自由行程 l として，$l=v_F^0\tau\sim 0.6$ nm が得られる．この長さは C_{60} 分子のサイズと同程度しかない．このようなことは物理的には考えにくいので，観察された高抵抗を説明するもっと複雑な理論が必要であることを示している．

磁化率の測定

2種類のアルカリ金属を含んだ化合物 $A_2A'_1C_{60}$ を作る場合や，良質の単結

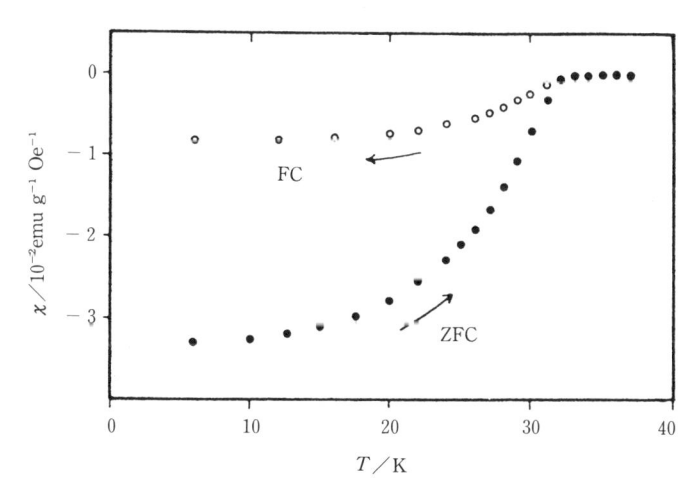

図 7.12 $Cs_2Rb_1C_{60}$ の磁化率の温度依存性[32]．ZFC は零磁場で 4K まで冷却された後，磁場中（10 Oe）で 37K まで温度を上げながら測定された．FC は同じ磁場中で最低温度まで下げながら測定された．

晶あるいは薄膜試料が得にくい場合には，一般に粉末試料を用いた反磁性磁化率の測定が行われる．図7.12に$Cs_2Rb_1C_{60}$の反磁性磁化率の温度変化を示す[32]．試料は一旦磁場のない状態で4.2Kまで冷却された後，磁場中（10Oe）で37Kまで温度を上げながら磁化率χを測定する（零磁場冷却（zero-field-cooled）ZFC曲線）．次に，同じ磁場中で最低温度まで下げながらχを測定する（磁場冷却（field-cooled）FC曲線）．T_cはZFC曲線とFC曲線の二つが合流する温度である．パイレックスガラス容器やその他の常磁性成分を除けば，T_c以下でχは負である．さらに，磁束排除のマイスナー（Meissner）効果（すなわち，磁場の印加と冷却の順序に拘わらず，磁束の排除が観察されること）が明瞭に示されている．これらの観察結果は超伝導以外の現象では説明できない．理想的な第1種超伝導体は，磁束を完全に遮蔽する完全反磁性であるから，磁化率χは$-1/4\pi$（cgs単位系）[35]となる．

(2) 固体 A_3C_{60} の伝導電子

A_3C_{60}ではC_{60}分子1個あたり3個の伝導電子があるので，fccの格子定数をaとすれば，伝導電子の平均密度nは$12/a^3$と書ける．フラーレン化合物では格子定数が大きいために，K_3C_{60}で$n=4.2\times10^{21}\,cm^{-3}$というように，通常の金属の$n$より1桁低くなっている．自由電子モデルを用いると，この密度$n=4.2\times10^{21}\,cm^{-3}$の電子ガスは，

$$\text{フェルミエネルギー；} E_F^0 = (\hbar^2/2m)(3\pi^2 n)^{2/3} = 0.9\,\text{eV}$$
$$\text{フェルミ準位での状態密度；} N^0(E_F) = 0.5\,\text{st/eV-}C_{60}$$
$$\text{フェルミ速度；} v_F^0 = 6\times10^7\,\text{cm/s}$$

表7.5 代表的なフラーレン超伝導体の電子物性（実験値）．

パラメータ	K_3C_{60}	Rb_3C_{60}
超伝導ギャップ Δ (meV)	4.2	6.6
コヒーレンス長 ξ (nm)	～3	～2
磁場侵入深さ λ_p (nm)	240～800	200～800
下部臨界磁場 H_{c1} (mT)	13	26
上部臨界磁場 H_{c2} (T)	30	55

を与える．ここでは状態密度を C_{60} 1 個あたり 1 eV あたりの状態数で表している．しかし，K_3C_{60} の電子は固体中に一様に分布しているわけではなく，C_{60} 分子の表面に主に存在する．この特徴は見過ごされ易いが，フラーレン化合物の超伝導および常伝導状態の性質を考える場合に重要である．LDA 法によるバンド計算では，一様な自由電子ガスに対する上の値とはかなり異なる値，

$$E_F \approx 0.25\,\text{eV}$$
$$N(E_F) = 13\,\text{st/eV-C}_{60}$$
$$\langle v_F^2 \rangle^{1/2} = 1.8 \times 10^7\,\text{cm/s}$$

が得られている[36]．この LDA 計算の結果にはバンド幅が狭いという分子性固体の特徴がよく現れている．電子密度が低いにも拘わらず，バンド幅が狭いため状態密度は高くなっている．実験的に得られている $N(E_F)$ の値は 2 st/eV-C_{60} から 40 st/eV-C_{60} の範囲に分布している[37]．表 7.5 に代表的なフラーレン超伝導体の電子物性の実験値をまとめてある．

(3) 転移温度と格子定数

面心立方 A_3C_{60} 超伝導体

K_3C_{60} よりも高い転移温度 T_c をもつフラーレン化合物が，より大きなアルカリ金属原子をドープすることにより得られる．大きな原子が格子間に入ると，格子定数が大きくなる．谷垣らによりまとめられた格子定数と超伝導転移温度の関係を図 7.13 に示す[12]．図中の黒丸と白抜きの丸印は常圧における T_c を示し，その他の白抜き三角と四角印は高圧力下における測定値である．T_c は格子定数の拡大とともに上昇し，両者に密接な関係があることがわかる．格子定数が増大すると，C_{60}-C_{60} 分子間相互作用が弱くなるために，LUMO バンドの幅が狭くなると同時に，状態密度が高くなる．BCS (Bardeen, Cooper and Schrieffer) 理論によれば，T_c は次の簡単な式で与えられる．

$$T_c = 1.14\,(\hbar\omega/k_B)\exp(-1/N(E_F)V) \qquad (7.2)$$

ここで，$\hbar\omega/k_B\ (=\Theta_D)$ はデバイ温度，$N(E_F)$ はフェルミ準位での状態密度，V は励起（通常はフォノン）を媒介とした電子-電子間の相互作用（本節(7)参

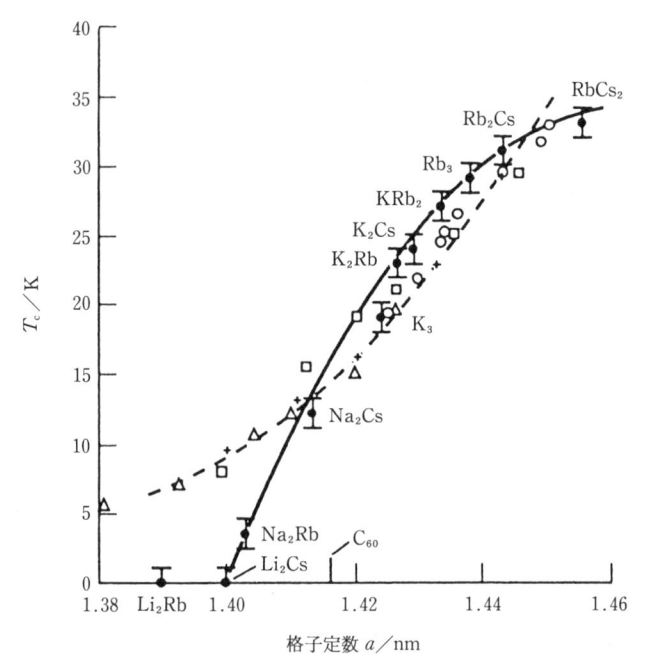

図 7.13 格子定数と T_c の関係[12].

照)の強さを表す.BCS理論に基づけば,T_c の上昇は $N(E_F)$ の増加として解釈できる.

$N(E_F)$ を大きくして,T_c を上げる方法に二つある.一つは,fcc構造を維持しながら,格子定数 a を大きくする $A_x A'_{x-1} C_{60}$ などの多元化合物を合成する道である.もう一つは,格子を広げる働きをもつ中性のスペーサー(例えば,アンモニア)をドープする方法である.

第一の戦略の下で谷垣ら[32]は $RbCs_2C_{60}$($a=1.4555\,\mathrm{nm}$)を合成し,常圧のフラーレン超伝導体の中で最高の T_c(33K)を得た[38].これ以上イオン半径の大きなアルカリ金属を入れると(すなわち,RbもCsに置き換えてしまうと)fcc構造を保持できなくなり,超伝導体ではなくなってしまう.

A15型 Cs_3C_{60} 超伝導体

Cs_3C_{60} ではfcc構造の代わりに C_{60} がbcc格子を組んだA15型構造が支配的

となることは既に述べた．これは bcc の方が大きな格子間位置が形成されるからである．bcc-A15 型 Cs_3C_{60} は，常圧では絶縁体であり，低温で反強磁性（ネール（Néel）温度 46 K）を示す．C_{60} の三重縮退 t_{1u} 軌道が 3 個の価電子により占められているので，バンド理論からは導体になると予想されるが，電子間の相関エネルギー（電子が互いに近づく時の斥力のエネルギー）が大きいために，価電子が C_{60} 分子に局在して，絶縁体になっている（モット絶縁体）．しかし，外から静水圧をかけて分子間距離を短くすると，隣同士の C_{60} の分子軌道が重なり，価電子が非局在化し，導体に転移する．体心立方 A15 型-Cs_3C_{60} では，2.6 kbar 以上の圧力をかけた時に超伝導が観察され，T_c は圧力とともに上昇し，～7 kbar 付近での T_c の極大値 38 K が得られている．この圧力とともに T_c が上昇する振る舞いは BCS 理論では説明できない．しかし，さらに圧力を上げると，T_c は単調に下がっていく．この圧力増加による T_c の低下は，格子定数が短くなったことによる $N(E_F)$ の減少により説明することができる．

Cs_3C_{60} においても，fcc 相がわずかに副生成物として形成され，その格子定数は一連の $Cs_{3-x}Rb_xC_{60}$ から Vegard 則により期待される値（$a = 1.4802$ nm）をもっているが，これは超伝導にはならない．

アンモニアドープのアルカリ C_{60} 化合物

第二の方法により T_c を上げることに成功した化合物として，$(NH_3)_4Na_2CsC_{60}$ がある．Zhou らは Na_2CsC_{60} へ NH_3 をドープすることにより，格子定数 a が 1.4132 nm から 1.4473 nm に広がるとともに T_c が 12 K から 29 K に上昇することを観察した[39]．この $(NH_3)_4Na_2CsC_{60}$ の a と T_c も図 7.13 の a-T_c 関係の上に乗っている．この化合物ではアンモニア分子は全て中性のままで八面体位置に入り，大きな $(NH_3)_4Na$ 陽イオンを形成している．

しかし，同じ狙いで K_3C_{60} に NH_3 をドープして，$NH_3K_3C_{60}$ が作られたが，これは超伝導を示さなかった[40]．この化合物では，アンモニア分子は中性のままであるが，八面体位置に入っているアンモニア分子は 1 個だけなので，K^+ イオンが八面体位置の中心からずれてしまう．このために面心斜方晶（$a = 1.4971$ nm，$b = 1.4895$ nm，$c = 1.3687$ nm）に対称性が下がる．この相におけ

る C_{60} 分子1個あたりの体積は Rb_2CsC_{60}（$a=1.4431$ nm, $T_c=31$ K）における値に匹敵する．超伝導にならない原因として，立方晶からの対称性のずれ，あるいは C_{60}^{3-} 上での電荷の局在が指摘されている[41]．

(4) A_3C_{60} メロヘドラル不規則相と Na_2AC_{60} 規則相

上で述べた A_3C_{60} および $A_2A'_1C_{60}$（A, A' は K, Rb あるいは Cs）超伝導体は C_{60} が二つの方位のうちどちらかを無秩序にとったメロヘドラル不規則な fcc 構造である．これに対して Na_2CsC_{60} と Na_2RbC_{60} では Na^+-C_{60}^{3-} 間のクーロン相互作用により C_{60} の方位が規則化した単純立方（sc）格子である（7.2節(2)）．これら二つの化合物も超伝導体であるが，超伝導転移温度 T_c の格子定数 a に対する依存性がメロヘドラル不規則相の場合よりも強い，すなわち図7.13において傾斜が大きい．a-T_c プロットにおける傾斜の違いは，固相における C_{60} 分子の相対方位が電子構造の詳細に影響を及ぼしていることを示唆している．

(5) アルカリ土類 C_{60} 化合物の超伝導

7.3節で述べたように，アルカリ土類金属をドープした C_{60} においても超伝導が観察されている．アルカリ土類イオンはアルカリイオンよりも小さいため，格子の広がりが小さく，従って T_c も低い（表7.4）．サイズが小さいために，八面体位置に複数のイオンが入りうる．実際，超伝導を示す組成は Ca_5C_{60}，Ba_6C_{60} および Sr_6C_{60} である．

超伝導を示すアルカリ土類 C_{60} 化合物は，次の二つの点でアルカリ化合物超伝導体と異なる．①結晶構造が fcc ではないこと，②ドナー元素の価数が2であることである．結晶構造に関しては（7.3節参照），Ca_5C_{60} は単純立方晶であるが，fcc と同様に単位胞あたり四つの C_{60} 陰イオンが存在し，その重心位置も fcc の格子点に対応する．他方，Ba_6C_{60} と Sr_6C_{60} はともに bcc 構造をもつ．アルカリ化合物超伝導体の fcc 構造を含めて，結晶構造には互いに違いがあっても，これらの超伝導特性は似ている．このことは，超伝導性がおもに C_{60} イオンに支配されていて，ドーパントの種類や配位数にはあまりよらないことを示している．価電子バンドの占有に関しては，1個の C_{60} に対して5個

あるいは6個の割合でアルカリ土類元素がドープされているので，t_{1u} バンドは完全に満たされ，その上の t_{1g} バンドまで電子が入っていると考えられる．これらの観察から，超伝導は t_{1u} バンドが半分占有された状態（アルカリ化合物超伝導体の場合）でもあるいは t_{1g} バンドが部分的に占有された状態（アルカリ土類化合物超伝導体の場合）でも起こりうることがわかる．

(6) 磁場の効果

フラーレン化合物超伝導体は第2種である．磁場中での第2種超伝導体の振舞いを記述する重要なパラメータは下部（または第一）臨界磁場 H_{c1} と上部（または第二）臨界磁場 H_{c2} である．下部臨界磁場 H_{c1} は超伝導体の中に磁束の侵入が始まり，磁束線を取り巻く渦電流（magnetic vortex）の形成が始まる磁場の強さを表す．温度 $T \to 0$ の極限における $H_{c1}(0)$ はギンツブルク・ランダウのコヒーレンス長（Ginzburg-Landau coherent length）ξ とロンドンの侵入深さ（London penetration depth）λ_p と次の関係をもつ．

$$H_{c1}(0) = \frac{\phi_0}{4\pi\lambda_p^2}\ln(\lambda_p/\xi) \qquad (7.3)$$

ここで，ϕ_0 は磁束量子である．フラーレン超伝導体の $H_{c1}(0)$ の値は大変小さく，10～20 mT である（表7.5）．

上部臨界磁場 H_{c2} は磁束が完全に貫通し，超伝導から常伝導状態への転移が起きる磁場の強さを表す．温度 $T \to 0$ の極限における $H_{c2}(0)$ もまた重要な量で，コヒーレンス長 ξ と次の関係をもつ．

$$H_{c2}(0) = \frac{\phi_0}{2\pi\xi^2} \qquad (7.4)$$

コヒーレンス長 ξ は超伝導電子対（クーパー対；Cooper pair）の空間的広がりの尺度で，これを超えると2電子間の干渉性が消失する最大距離を表す．磁場中での電気抵抗や磁化の測定から得られた H_{c2} を温度 $T \to 0$ に外挿することにより，K_3C_{60} に対しては～30 T，Rb_3C_{60} に対して～55 T 程度の値が得られている[37,42]．これらから ξ を求めると，それぞれ～3 nm（K_3C_{60}）および～2 nm（Rb_3C_{60}）になる．この値は，従来の元素超伝導体，例えば Nb の 40 nm に比べ遥かに小さく，酸化物高温超伝導体の ξ に匹敵する小さな値である．

侵入深さ λ_p は超伝導電子対の密度（すなわち，電子密度）に反比例し，超伝導体に磁場が侵入する深さを表す．磁化測定およびミュオンスピン共鳴法により λ_p が測られ，K_3C_{60} と Rb_3C_{60} に対しておよそ200から400nmの範囲の値が得られている[37,42]．

従って，フラーレン超伝導体では $\lambda_p/\xi \gg 1$ なので，極端な第2種超伝導体であり，また $l \sim \xi$ なので，クリーン（$l \gg \xi$）とダーティ（$l \ll \xi$）の中間にあると言える．

(7) 電子対形成の機構

BCS 理論

本節(3)で示したBCS理論の T_c の式（7.2）に現れる相互作用係数 V の中味を二つに分けて，

$$T_c = 1.14\,(\hbar\omega/k_B)\exp(-1/(\lambda-\mu^*)) \qquad (7.5)$$

と書き直すことができる．この式は，より一般的なマクミランの式（McMillan equation）[43] の $\lambda \ll 1$（弱結合）の極限としても得られる．λ は電子格子結合定数と呼ばれ，電子対の形成を担っている．超伝導が発現するには λ は電子間の反発 μ^* よりも大きくなければならない．

フラーレン化合物における電子対形成の機構として，現在のところ，フォノン媒介のBCS理論が有力なモデルと考えられている．どのフォノンモードが電子との結合に強く寄与しているかについては，おもに次の三つの振動数領域が提案されている．① $350\,\mathrm{cm}^{-1}$ 付近の低振動数の分子内振動；この場合には $\lambda \approx 1$ となる必要があり，弱結合の枠を越える．②平均振動数が $900\,\mathrm{cm}^{-1}$ くらいで広い振動数にわたって分布する H_g モード；$\lambda = 0.6$．③ $1500\,\mathrm{cm}^{-1}$ 付近の二つの最も振動数の高い H_g モード；$\lambda = 0.5$．実験的には，A_3C_{60} において，C_{60} の H_g モードが著しく変化することがラマン分光[44] および非弾性中性子散乱[45] により見いだされており，振動数の高い分子内モードが伝導電子と有効に結合していることを示唆している．

振動数の高いフォノンが電子系と有効に結合し，かつ $N(E_F)$ が高いことがフラーレン超伝導体の T_c を高くしていると考えられる．フォノン媒介のBCS

弱結合近似は幾つかの実験事実をよく再現するが，以下に述べるように，この枠内では説明できない実験結果もある．

超伝導ギャップ

BCS弱結合理論にのる超伝導体であれば，クーパー対を壊すのに必要なエネルギー，すなわち超伝導ギャップエネルギー 2Δ は T_c を用いて，

$$2\Delta(T=0) = 3.53 k_B T_c \tag{7.6}$$

と表される．しかし，Rb_3C_{60} に対してトンネル分光法（dI/dV 対 V のプロット）から測られたギャップエネルギーは $\Delta(4.2K) = 6.6$ meV であり，これから $2\Delta(0)/k_B T_c = 5.2$ が得られる[46]．K_3C_{60} もほぼ同じ比を示す．この値はBCS弱結合近似が予測する3.53に比べれば相当大きく，単純な弱結合理論では説明できない．

同位体効果

BCS理論の T_c に関する式 (7.2) は，T_c が ω に比例することを示している．格子振動の周波数 ω はバネ定数が変わらなければ，原子の質量 M の平方根の逆数に比例するので，

$$T_c \propto M^{-1/2} \tag{7.7}$$

なる関係がある．フラーレン超伝導体の場合，超伝導に関与する格子振動は C_{60} 分子の振動モードであるから，ここで問題になる質量 M は C_{60} 分子そのものあるいは炭素原子の質量である．

炭素には二つの同位体，^{12}C（自然存在比 98.888%）と ^{13}C（1.112%），がある．自然存在比からわかるように，通常の炭素原料から作製した C_{60} は ^{12}C が主成分である．そこで，炭素の同位体効果をみるために，^{12}C を ^{13}C で置き換えた C_{60} を合成しなければならない．このために，^{13}C 同位体の濃縮された炭素を使ってフラーレンを合成するわけであるが，60個の炭素原子をすべて ^{13}C に置き換えることは大変な仕事である．例えば，^{13}C が99%で残りの1%が ^{12}C の炭素を出発物質とした場合を考えてみよう．C_{60} の中の ^{13}C と ^{12}C の割合

が二項分布に従うとすると，60個すべてが ^{13}C の ^{13}C$_{60}$ は合成された C$_{60}$ のうちの 54.7％，原子 1 個だけ ^{12}C で残りが ^{13}C から成る ^{13}C$_{59}$^{12}C は 33.2％，^{13}C$_{58}$^{12}C$_2$ は 9.9％などと予想される．純粋な ^{13}C$_{60}$ は半分より若干多い程度にすぎないが，これら 3 種類の C$_{60}$ でほぼ全体を占めている（98％）．

^{13}C を濃縮した C$_{60}$ の同位体効果の実験はどれも，

$$T_c \propto M^{-\alpha} \qquad (7.8)$$

という関係を示唆している．99％ ^{13}C の炭素を使った Rb$_3$C$_{60}$ では，超伝導転移温度が 0.7 K だけ降下し，$\alpha = 0.30$ という値が得られた[47]．また，75％ ^{13}C を使った実験では，$\alpha = 0.37$ が得られた[48]．どちらの実験も BCS 理論の予測（$\alpha = 0.5$）に比べ若干小さい α を示している．スズ，鉛などの超伝導体は 0.5 に近い α を示すが，モリブデン（$\alpha = 0.33$）やオスミウム（$\alpha = 0.2$）などの遷移金属では 0.5 からの外れが大きいことは知られている[49]．これは，フォノンスペクトルに関する全ての情報をたった一つのパラメータ（すなわち，デバイ温度 $\Theta_D = \hbar\omega/k_B$）に代表させている BCS 弱結合近似の単純化によるものである．いずれにせよ，超伝導の電子対形成にフォノンが関与していることは確かなようである．

7.6　ハロゲン C$_{60}$ 化合物

グラファイトやポリアセチレンは，層間に入るゲスト原子（分子）とのイオン化ポテンシャル（あるいは電子親和力）の大小によって，酸化（電子を取られた）状態にも還元（電子を受け取った）状態にもなる両性の層間化合物をつくる．どちらの場合にもホストの格子上に非局在の電子あるいは正孔が注入されるので，金属状態になる．これに対して，C$_{60}$ の場合には，ホストである C$_{60}$ があまりにも大きなイオン化ポテンシャル（孤立分子の場合で〜7.5 eV）をもっているために，ゲスト原子（分子）が電子をもらうアクセプター型の層間化合物はできそうにない．仮にイオン結晶を組んでマーデルングエネルギー（Madelung energy）の分だけ C$_{60}$ のイオン化ポテンシャルが低くなったとしても，アクセプターとなる元素の電子親和力よりも小さくなることはないであ

ろう．ハロゲンのような陰性の強い元素を用いても，C_{60} が陽イオンになった塩はこれまでのところできていない．

C_{60} とハロゲンの間の結合の強さは F>Cl>Br>I の順である．フッ素は C_{60} と共有結合するが，分子構造の大枠は壊さない．C_{60} のフッ素処理は，"テフロンボール"を作ろうというアイデアから始まった．C_{60} に結合する F 原子の数には広い分布がある．固体フラーレンとフッ素ガスとの反応では，おもに $C_{60}F_x$ ($x=30$〜52) が得られ，完全にフッ素で包まれた $C_{60}F_{60}$ は稀にしか生成しない[50]．C_{70} でも同じ範囲の数の F 原子が結合する．フッ化 C_{60} は極性溶媒（例えば，THF，アセトン）にも非極性溶媒（ベンゼン，トルエン）にも溶けるが，水には（沸騰水でも）溶けない．固体 $C_{60}F_x$ は大気中でも安定で，長期間保存できる．

塩素も，フッ素と同じように，固体 C_{60} と反応して，幾つもの Cl 原子が結合した複雑な混合物をつくる．臭素との反応では，$C_{60}Br_x$ ($x=6$，8 あるいは 24) の単一物質を作ることができる[51]．Cl も Br も C_{60} との結合は弱く，加熱すれば容易に脱離する．これらの化合物をハロゲンの貯蔵に利用できるかもしれない．

ヨウ素は，中性分子のまま固体 C_{60} の格子の隙間に入り込み，$C_{60}I_x$ ($x \approx 1.6$ あるいは 3.6) の組成をもつ化合物をつくる．Zhu ら[52]は，固体 C_{60} と I_2 蒸気との反応により，単純六方晶（$a=0.9962$ nm，$c=0.9984$ nm）の $C_{60}I_{3.6}$ が唯一の平衡相として得られると報告している．図 7.14 に理想組成 $C_{60}I_4$ の構造を示す．fcc-C_{60} の (111) 面がせん断変位によりこの構造の (001) 面になっている．その結果，ABCABC…の積層（元の fcc-C_{60} の積層）が A／A／A／…に変化している．ここで "／" はヨウ素のゲスト層を表す．ホストとゲストの層が交互に積み重なったこの構造は第 1 ステージのグラファイト層間化合物[53]に似ている．Zhu らに対して小林ら[54]は体心斜方晶（$a=1.733$ nm，$b=0.999$ nm，$c=0.997$ nm）の $C_{60}I_{1.6}$ が得られると報告している．この体心斜方晶の構造を六方晶に読み替えると，互いの格子定数はよく合うので，組成が違っていても，$C_{60}I_x$ の構造は，上で述べた A／A／A／…が基本となっているのであろう．$C_{60}I_x$ は，室温で $10^9 \Omega$cm 以上の抵抗率をもち，4K までの範囲では超伝導は観測されてない．また，C_{60} と I_2 の間には電荷の移動はない．

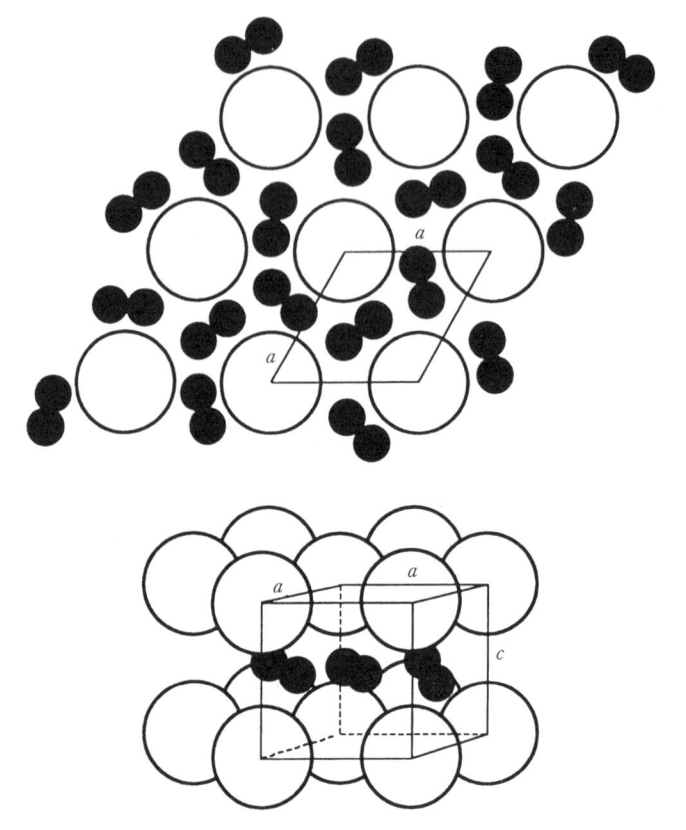

図 7.14 $C_{60}I_4$ の結晶構造[50]. 大きい白丸は C_{60} 分子,小さい黒丸はヨウ素原子を表す. 上図は底面への投影図. 下図は模式的な遠近画.

7.7 アルカリ C_{70} 化合物

アルカリ金属 (K, Rb, Cs) を固体 C_{70} にドープすることにより,C_{60} の場合と同様に,一連の A_xC_{70} ($x=1, 3, 4, 6, 9$) 化合物が生成されることが小林ら[55]により明らかにされた. 飽和組成は A_9C_{70} である.

K-C_{70} 系においては,カリウムのドープ量に応じて,K_3C_{70} (fcc, $a=1.486$ nm),K_4C_{70} (bct, $a=1.265$ nm, $c=1.098$ nm),K_6C_{70} (bcc, $a=1.202$ nm),

K_9C_{70} (fcc, $a=1.569$ nm) が順次現れてくる. K_xC_{70} ($x=3, 4, 6$) において K イオンが占める格子間位置はそれぞれ対応する K_xC_{60} ($x=3, 4, 6$) における占有位置と同じである.

Rb（および Cs）-C_{70} 系においては, A_3C_{70} (A=Rb, Cs) は存在せず, この組成比では A_1C_{70} と A_4C_{70} の混合物が得られる. $x≥4$ で得られる相はカリウムの場合と同じである.

ドープ前の結晶構造が hcp の C_{70} 粉末を用いて得られた K_xC_{70} ($x≤3$) において, 12K で超伝導転移を示唆する弱い反磁性が報告されているが[55], 他の相では 1.3K まで超伝導は観察されてない.

アルカリ C_{70} 化合物の電子構造に関する研究は高橋[56]や日野ら[57]により光電子分光法を用いて行われている. これらについては次節で高次フラーレンのアルカリ化合物とともに述べる.

7.8 アルカリ高次フラーレン化合物

C_{60} とアルカリ金属との化合物は金属的電気伝導性や超伝導性を示す. これに対して, 他のフラーレンでは, アルカリ金属のドープにより金属的になるのかあるいは半導体的になるか, また超伝導になる可能性があるか否か, 興味がもたれる. 日野, 高橋, 関らは, C_{70}, C_{76}, C_{78}, C_{82}, C_{84}, C_{96} などの高次フラーレンの薄膜にアルカリ金属をドープし, 得られた化合物の電子構造を光電子分光法により調べた[56-58].

いずれのフラーレンにおいても, ドープされたアルカリ金属の価電子がフラーレンの LUMO に入る. アルカリ金属とフラーレンの組成比がほぼ 3:1 のとき光電子スペクトルの開始点 (onset) はフェルミ準位に近づく. このときのスペクトル開始点は C_{60} 化合物ではフェルミ準位を横切るが（図 7.7 および 7.8 参照), C_{70} 化合物ではちょうどフェルミ準位, 他のフラーレンではフェルミ準位の下 0.1eV 付近になる. このことは, C_{60} 化合物が金属的であることを裏付けている一方, 他のフラーレン化合物では半導体的であることを示唆している. これらは常温付近で測定されたスペクトルに基づく結論であるが, 低温でも大きな変化はないであろう. 高次フラーレンとカリウムの化合物では

フェルミ準位に状態密度がない（バンドギャップが存在）ので，低温で相転移などが起こらない限り超伝導の発現は期待できない．

　C_{60}，C_{70} 以外の高次フラーレン化合物はバルク試料として得るのが困難なため，組成，結晶構造などが未解決の問題が残っている．高次フラーレン化合物の組成，均一性，構造評価に関する今後の研究が待たれる．

引用文献と注

1) D. W. Murphy et al., *J. Phys. Chem. Solids*, **53**, 1321 (1992).
2) D. M. Poirier, D. W. Owen and J. H. Weaver, *Phys. Rev.*, B **51**, 1830 (1995).
3) Q. Zhu, O. Zhou, N. Bykovetz, J. E. Fischer, A. R. McGhie, W. J. Romanow, C. L. Lin, R. M. Strongin, M. A. Cichy and A. B. Smith III, *Phys. Rev.*, B **47**, 13948 (1993).
4) P. W. Stephens, G. Bortel, G. Faigel, M. Tegze, A. Janossy, S. Pekker, G. Oszlanyi and L. Forro, *Nature*, **370**, 636 (1994).
5) J. E. Fischer and P. A. Heiney, *J. Phys. Chem. Solids*, **54**, 1725 (1993).
6) G. Oszlanyi et al., *Phys. Rev.*, B **51**, 12228 (1995).
7) 三次元の結晶学的点群（32 種類の結晶族のうち，それぞれの結晶系（crystal system）は立方晶系，正方晶系など七つある）の中で最も多くの対称要素をもつ点群は helohedral 点群（helohedry，完面像）と呼ばれる．七つの完面像は $\bar{1}$, $2/m$, mmm, $4/mmm$, $\bar{3}m$, $6/mmm$, $m\bar{3}m$ である．一つの結晶系の完面像の部分群を merohedry（欠面像）と呼ぶ．一般に，merohedry の結晶に双晶が入る（twinning by merohedry）と，回折パターンに鏡映面が現れて，見かけの対称性が上がる．C_{60} 結晶の場合，分子が一方の基準方位のみを向いた規則相の点群は merohedry の $m\bar{3}$ であるが，二つの基準方位が統計的に等しい割合で混じっていると，回折パターンには，本来2回軸しかない方向に4回軸が存在するように見える．これによって新たに鏡映面が加わり対称性が上がり，見かけ上 helohedry の $m\bar{3}m$ になる．merohedry の C_{60} 結晶にこの種の disorder を導入することにより，X線回折で観察された空間群 $Fm\bar{3}m$ を説明するモデルが，最初 Fleming らによって提案された．R. M. Fleming et al., *Mat. Res. Soc. Symp. Proc.*, **206**, 691 (1991).
8) T. T. M. Palstra et al., *Solid State Commun.*, **93**, 327 (1995).
9) 高圧力下で交流磁化率の温度依存性が測定され，12 kbar では約 40 K 以下で反磁性になることが観察された（上の文献8)).
10) Y. Takabayashi, A. Y. Ganin, P. Jeglič, D. Arčon, T. Takano, Y. Iwasa, Y. Ohishi, M. Takata, N. Takeshita, K. Prassides and M. J. Rosseinsky, *Science*, **323**, 1585 (2009).
11) O. Zhou, J. E. Fischer, N. Coustel, S. Kycia, Q. Zhu, A. R. McGhie, W. J. Romanow, J. P.

McCauey, Jr., A. B. Smith III and D. E. Cox, *Nature*, **351**, 462 (1991).
12) K. Tanigaki et al., *J. Phys. Chem. Solids*, **54**, 1645 (1993).
13) T. Yildirim, S. Hong, A. B. Harris and E. J. Mele, *Phys. Rev.*, B **48**, 12262 (1993).
14) T. Yildirim, J. E. Fischer, A. B. Harris, P. W. Stephens, D. Liu, L. Brard, R. A. Strongin and A. B. Smith III, *Phys. Rev. Lett.*, **71**, 1383 (1993).
15) M. J. Rosseinsky, D.W. Murphy, R.M. Fleming, R. Tycko, A.P. Ramirez, T. Siegrist, G. Dabbagh and S. E. Barrett, *Nature*, **356**, 416 (1992).
16) T. Yildirim, O. Zhou, J. E. Fischer, R. A. Strongin, M. A. Cichy, A. B. Smith III, C. L. Lin and R. Jelinek, *Nature*, **360**, 568 (1992).
17) A.R. Kortan, N. Kopylov, S. Glarum, E.M. Gyorgy, A.P. Ramirez, R.M. Fleming, F.A. Thiel and R. C. Haddon, *Nature*, **355**, 529 (1992).
18) A. R. Kortan, N. Kopylov, S. Glarum, E. M. Gyorgy, A. P. Ramirez, R. M. Fleming, O. Zhou, F. A. Thiel, P. L. Trevor and R. C. Haddon, *Nature*, **360**, 566 (1992).
19) A. R. Kortan, N. Kopylov, E. Ozdas, A. P. Ramirez, R. M. Fleming and R. C. Haddon, *Chem. Phys. Lett.*, **223**, 501 (1994).
20) E. Odas, A.R. Kortan, N. Kopylov, A.P. Ramirez, T. Siegrist, K.M. Rabe, H.E. Bair, S. Schuppler and P. H. Citrin, *Nature*, **375**, 126 (1995).
21) F. Stepniak, P. J. Benning, D. M. Poirier and J. H. Weaver, *Phys. Rev.*, B **48**, 1899 (1993).
22) P. J. Benning et al., *Phys. Rev.*, B **47**, 13843 (1993).
23) P. J. Benning, F. Stepniak and J. H. Weaver, *Phys. Rev.*, B **48**, 9086 (1993).
24) A.P. Ramirez, M.J. Rosseinsky, D.W. Murphy and R.C. Haddon, *Phys. Rev. Lett.*, **69**, 1687 (1992).
25) Y. Iwasa, K. Tanaka, T. Yasuda, T. Koda and S. Koda, *Phys. Rev. Lett.*, **69**, 2284 (1992).
26) 結晶内を運動する電子の間のクーロン反発力による電子相関に起因する絶縁体。強い電子相関の効果によって、価電子が各原子（この場合はC_{60}分子）に局在するために起こるとする説.
27) R. Tycko, G. Dabbagh, D.W. Murphy, Q. Zhu and J.E. Fischer, *Phys. Rev.*, B **48**, 9097 (1993).
28) スピン磁気モーメントの密度が結晶内で連続的に場所の関数として周期的に変化している状態をいう．一次元電子ガスの場合にはSDW状態が常磁性状態より低いエネルギーをもつが，三次元電子ガスでは一般にSDW状態は常磁性状態より不安定である．
29) O. Chauvet et al., *Phys. Rev. Lett.*, **72**, 2721 (1994).
30) A. F. Hebard, M. J. Rosseinsky, R. C. Haddon, D. W. Murphy, S. H. Glarum, T. T. M. Palstra, A. P. Ramirez and A. R. Kortan, *Nature*, **350**, 600 (1991).
31) A. Chaiken, M. S. Dresselhaus, T. P. Orlando, G. Dresselhaus, P. M. Tedrow, D. A. Neumann and W. A. Kamitakahara, *Phys. Rev.*, B **41**, 71 (1990).
32) K. Tanigaki, T. W. Ebbesen, S. Saito, J. Mizuki, J.S. Tsai, Y. Kubo and S. Kuroshima, *Nature*, **352**, 222 (1991).

33) A. Y. Ganin, Y. Takabayashi, Y. Z. Khimyak, S. Margadonna, A. Tamai, M. J. Rosseinsky, and K. Prassides, *Nature Mat.*, **7**, 367 (2008).
34) X.-D. Xiang et al., *Science*, **256**, 1190 (1992).
35) MKS単位系では $\chi = -1$.
36) W. E. Pickett, in *Solid State Physics*, **48**, eds. by H. Ehrenreich and F. Spaepen, (Academic Press, New York, 1994).
37) M. S. Dresselhaus, G. Dresselhaus and R. Saito, in Physical properties of High Temperature Superconductors IV, ed. D. M. Ginsberg (World Scientific Publishing, Singapore, 1994) Chap. 2.
38) 他の研究者によっても追試で確認されているフラーレン超伝導体の中では,高圧力下の Cs_3C_{60} 超伝導体が見いだされるまでは,$RbCs_2C_{60}$ の T_c が最高である.Rb-Tlをドープした C_{60}/C_{70} で $T_c = 45\,K$ が報告されたが,追試に成功していない.
39) O. Zhou et al., *Nature*, **363**, 433 (1993).
40) M. J. Rosseinsky, D. W. Murphy, R. M. Fleming and O. Zhou, *Nature*, **364**, 425 (1993).
41) 岩佐義宏,固体物理,**30**, 255 (1995).
42) A. F. Hebard, *Physics Today*, **45**, No. 11, 26 (1991).
43) W. L. McMillan, *Phys. Rev.*, **167**, 331 (1968).
44) S. J. Duclos et al., *Science*, **254**, 1625 (1991).
45) C. Christedes, M. J. Rosseinsky, D. W. Murphy, and R. C. Haddon, *Nature*, **354**, 462 (1991).
46) Z. Zhang, C.-C. Chen, S. P. Kelty, H. Dai and C. M. Lieber, *Nature*, **353**, 333 (1991).
47) C.-C. Chen and C. M. Lieber, *J. Amer. Chem. Soc.*, **114**, 3141 (1992).
48) A. P. Ramirez et al., *Phys. Rev. Lett.*, **68**, 1058 (1992).
49) 例えば,V. Z. Krein and S. A. Wolf, Fundamentals of Superconductivity (Plenum, New York, 1990) Chap. 6.
50) J. H. Holloway, E. G. Hope, R. Taylor, G. J. Langley, A. G. Avent, T. J. Dennis, J. P. Hare, H. W. Kroto and D. R. M. Walton, *J. Chem. Soc. Chem. Commun.*, 966 (1991).
51) P. R. Birkett, P. B. Hitchcock, H. W. Kroto, R. Taylor and D. R. M. Walton, *Nature*, **357**, 479 (1992).
52) Q. Zhu, D. E. Cox, J. E. Fischer, K. Kniaz, A. R. McGhie and O. Zhou, *Nature*, **355**, 712 (1992).
53) グラファイト層間に挿入される化学種がすべての層間に入った構造を第一ステージと呼ぶ.また,2層毎に入っているものを第二ステージと呼ぶ.
54) M. Kobayashi, Y. Akahama, H. Kawamura, H. Shinohara, H. Sato and Y. Saito, *Mater. Sci. Eng.*, B **19**, 100 (1993).
55) M. Kobayashi, Y. Akahama, H. Kawamura, H. Shinohara and Y. Saito, *Phys. Rev.*, B **48**, 16877 (1993).
56) T. Takahashi, *Mater. Sci. Eng.*, B **19**, 117 (1993).

57) S. Hino, K. Kikuchi and Y. Achiba, *Synth. Met.*, **70**, 1337 (1995).
58) S. Hino et al., *Phys. Rev.*, B **48**, 8418 (1993).

8

金属内包フラーレン

8.1 金属を内包したフラーレン

(1) レーザー蒸発クラスター分子線による金属内包フラーレンの生成

　C_{60} の内部には炭素の π 電子雲の広がりを考慮すると，直径 0.4 nm の球状の空間がある．そしてこの空間は，完全な"真空"である．この内部空間に原子を内包することができないであろうか．C_{60} 分子がサッカーボール型をしているならば，このような空間が炭素ケージ内にあり，金属原子を内包 (encage, encapsulate) できる可能性がある．Kroto, Curl, O'Brien と Smalley は，フェロセン分子[1]との類似性から，まず鉄原子が C_{60} に内包されるかどうかの実験を行った[2]．また，Smalley は鉄を内包した C_{60} の分子が生成されれば，星間空間に観測される拡散バンド (diffuse interstellar band)[3]の起源を説明できるかも知れないとも考えた．

　Kroto と Smalley らの C_{60} の安定性の発見[4]の直後[5]，Smalley らのグループは，C_{60} の"サッカーボール構造仮説"を検証するため次のような奇抜な実験を行った．彼らは，グラファイト棒の表面に塩化第二鉄をコートした試料を用いて，レーザー蒸発クラスター分子線・質量分析の実験を行った．しかしこの実験は，大学院生の O'Brien の努力にもかかわらず成功しなかった[5]．次に，大学院生の Heath はランタン原子を内包した C_{60} の生成実験にとりかかった[6]．今度はグラファイト棒の表面に塩化ランタンをコートした試料を用いて，レーザー蒸発クラスター分子線・質量分析の実験を行った．

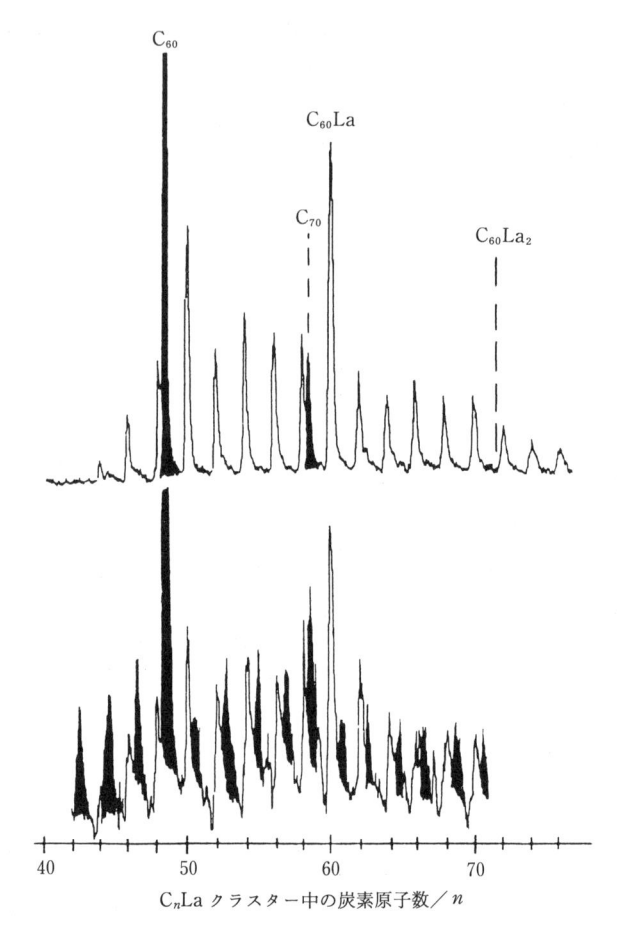

図 8.1 レーザー蒸発クラスター分子線により生成した LaC_{60} の質量スペクトル[7]. $LaCl_3$ をコートしたグラファイトのレーザー蒸発. 白いピークは LaC_n^+ のクラスターに対応する. イオン化は 193nm. 上図と下図はそれぞれ, イオン化レーザーの強度が強い場合 ($1\sim2mJ/cm^2$) と弱い場合 ($<0.01mJ/cm^2$) の質量スペクトル.

得られた質量スペクトルの結果は, 極めて興味深いものであった[7]. LaC_{2n} ($44\leq2n\leq80$) のシリーズが質量スペクトルに現れた (図 8.1). とりわけ LaC_{60} はマジックナンバー (魔法数) 的に強く, La_2C_{60} はまったく観測されなかった. Smalley らは, これは C_{60} 分子がサッカーボール型 (少なくともケージ構造) をとっていて, 1個のランタン原子が内包されているためと考えた. 確かにこの結果は, C_{60} がランタン原子を内包していることを示しているよう

に思える.C_{60}は完全に近い球状をしているので安定なのは当然として,C_{60}以外の偶数原子を含むすべてのクラスターが球状構造(フラーレン)をもっていることになる.Smalley らはランタンを使った実験により,一連の新しい金属内包フラーレンの存在を示す最初の証拠を得られたと考えた.しかし,ランタン原子がC_{60}の外側にある可能性(外接構造)もないわけではない.なぜなら,Smalley らの実験はすべて真空中で行われていて,LaC_{60}の構造が$C_{60}\cdots La$のように原子内包型でなくとも,質量分析計で観測される可能性があるからである.

(2) 金属は内包されるか?

Exxon の Cox と Kaldor らのグループは,Smalley らの解釈に疑問を投げかける論文を発表した[8].この論文には「$C_{60}La$:パンクしたサッカーボールか?」という挑発的な表題がついている.彼らは,Smalley らと同じランタンを含むグラファイト棒のレーザー蒸発を行い,生成したクラスターの質量分析を行った.しかしこの際,イオン化に用いるレーザー光の波長を(193 mn から 157 mn へと)変化させると,LaC_{60}はとくに強く観測されることはなく,Smalley らが観測したマジックナンバー的な特徴はほとんど見られなくなったのである.

彼らは,C_{60}やLaC_{60}に起因する強いシグナルは,安定なサッカーボール型構造を示すのではなく,クラスターがレーザーにより多光子イオン化されるときの効率と,イオン化のときのフラグメンテーションとの間の複雑な相互作用の結果であると考えた.また Exxon グループは,La_2C_{60}のシグナルはLaC_{60}のシグナルよりはるかに弱いはずだから,質量スペクトル中に観測されなくても不思議はないと主張した.つまり,La_2C_{60}が観測されなくても存在しないことの証拠にはならない,というのが彼らの考えであった.この実験に基づき,Exxon のグループはLaC_{60}の金属内包構造のみならず,C_{60}のサッカーボール型構造そのものにも疑問を呈したのである[9].また,UCLA の Whetten らのグループはレーザー蒸発で生成した炭素クラスターの負イオンクラスターの質量スペクトルを測定した.彼らは,質量スペクトルの分布の様子は大きなクラスターのフラグメンテーションに強く依存していると解釈し,サッカーボール型

構造を直接の原因とはしなかった[10].

C_{60} のサッカーボール型構造についての激しい議論の応酬は，1990年夏，KrätschmerとHuffmanら[11]により C_{60} 結晶が得られるまで続けられた．そして，Hawkinsら[12]によるオスミウム誘導体置換の C_{60} 単結晶X線構造解析（第5章5.1節(1)参照）により C_{60} のサッカーボール型構造が確認されるに至り，その論争に終止符が打たれた．それでは，Smalleyらが C_{60} のサッカーボール型構造の大きな証拠とした，金属内包の C_{60} はほんとうに存在するのであろうか？　存在するとしたら，C_{60} のように多量に生成するのであろうか？

金属原子や金属クラスターを内包したフラーレンを生成させてその物性や分光学を研究することは，フラーレン研究のなかでも最も刺激的でエキサイティングな研究の一つである．なぜなら，金属内包フラーレンはいわゆる "super-atom"（超原子）の典型ともいえるもので，この "原子" の分光学的研究や固体物性の研究は，まったく新しい分野を切り開く可能性をもっているからである．この研究がにわかに現実味を帯びてきたのは，KrätschmerとHuffmanらの C_{60} 多量合成法の発表からちょうど1年後の1991年夏，またしてもRice大学のSmalleyのグループによって，ランタンを内包したフラーレンが生成・抽出されてからである[13].

8.2　金属内包フラーレンのマクロスコピック量の生成と $La@C_{82}$

Smalleyらは，先に述べた1985年に行ったのと同様の，グラファイト・ランタン系のレーザー蒸発の実験を行った[13]．試料は La_2O_3 とグラファイト粉末をピッチで固めたものを，400〜1200℃で炭素化した後，1200℃で熱処理したものを使用した．この実験で重要なのは，図3.1に示すようにレーザー蒸発をアルゴンガス・フローの条件下で，しかも蒸発部分近傍を1200℃の高温に保って行ったことである[14]．レーザー蒸発クラスター分子線の実験と大きく異なるところは，高温かつ高圧条件で炭素試料を蒸発している点である（高温レーザー蒸発法；第3章3.1節参照）．実はこの二つの条件が，フラーレンや金属内包フラーレンの生成において重要な意味をもっている．

図3.1において，C_{60} やそのほかのフラーレンおよび LaC_{2n} は電気炉の下

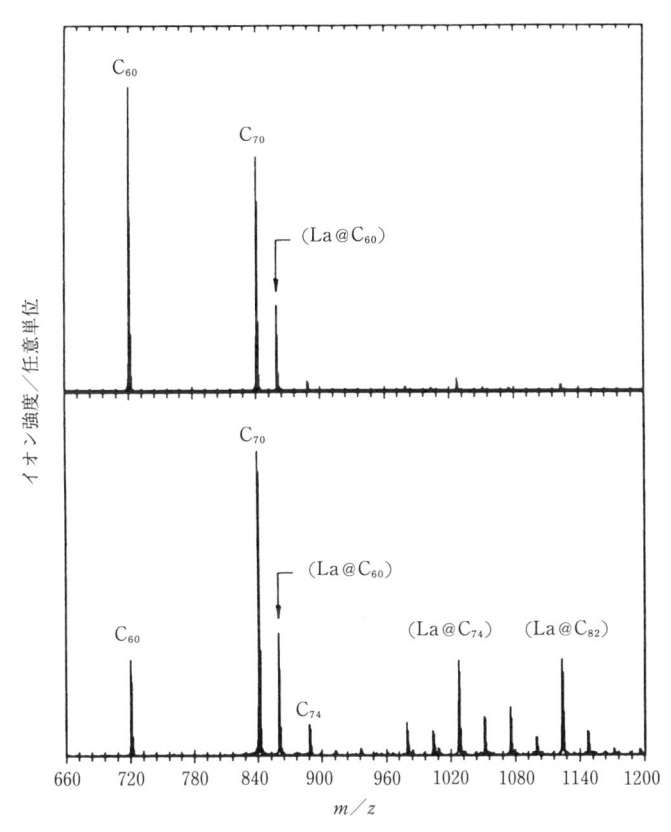

図 8.2 高温レーザー蒸発装置（図 3.1）で生成した堆積物を昇華させた試料の FT-ICR の質量スペクトル[1,5]．上図；C_{60}〜C_{70} 付近の感度を最適化，下図；C_{84} 付近の感度を最適化．

流の低温部に蒸着する．そして，この黒褐色の蒸着物をさらに真空中で銅板に昇華させ，生成した黒色のフィルムのレーザー脱離質量分析（laser-desorption mass spectroscopy, LDMS）を行った．その結果が図 8.2 に示す質量スペクトルである．C_{60}，C_{70} 以外に，LaC_{60}，LaC_{82} と LaC_{74} が強いピークとして観測された．ところが，レーザー蒸発法で得た同様の試料を，トルエンでソックスレー抽出した成分の LD 質量スペクトルでは，（C_{60}，C_{70} 以外には）LaC_{82} のみが観測された（図 8.3）．つまり溶媒で抽出され，空気中の湿気（この実験が行われた 8 月のヒューストンの湿度は名古屋以上である！）にさ

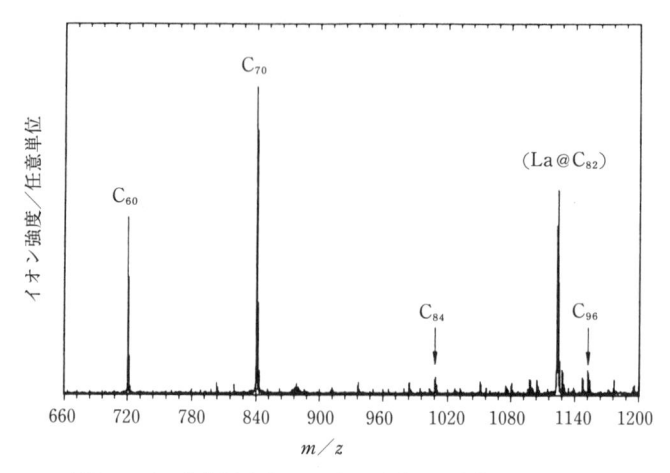

図8.3 高温レーザー蒸発装置（図3.1）で生成した堆積物のトルエン抽出物のFT-ICRの質量スペクトル[13]．図8.2と異なり，金属内包フラーレンはLa@C$_{82}$のみが観測されている．

らされても比較的安定なLa-フラーレンは，LaC$_{60}$やLaC$_{70}$ではなくLaC$_{82}$であった．LaC$_{82}$はマクロスコピックに生成，抽出された最初の金属内包フラーレン（endohedral metallofullerene）[15]である．

以上の結果は，まったく予想外であった．なぜならば，ランタン原子は中空の（hollow）フラーレンとして最も多量に存在するC$_{60}$やC$_{70}$ではなく，ごく少量しか存在しないC$_{82}$という高次フラーレン[16]（第5章5.3節(3)参照）に内包される場合に，特に安定となることが明らかになったからである．炭素ケージ内部にランタン原子を取り込んだことにより，明らかにフラーレンの安定性や反応性が影響を受け，LaC$_{82}$が予想外の安定性を得たのである．

Pitzerら[17]の理論計算によれば，LaC$_{60}$の電子構造はランタンの6s軌道の二つの電子がC$_{82}$へ移動したLa^{2+}C$_{60}^{2-}$型になっている．この計算結果を参考にして，LaC$_{82}$の場合も同様な電子移動が起こって，その電子構造がLa^{2+}C$_{82}^{2-}$になるとするのであればフラーレンの電子数は84となる．実際，C$_{84}$は安定に存在し，閉殻電子構造をもつことが知られている（第5章5.3節参照）．また，ManolopoulosとFowlerの理論計算[18]によると，LaC$_{82}$は閉殻電子構造をとり，HOMO-LUMOギャップは前後のLaC$_{80}$やLaC$_{84}$と比較すると大きい．Smalleyらは，これらの理論的な予想を基礎にして，LaC$_{82}$の安

定性を説明しようとした．しかし研究が進むにつれ，8．4節以降に述べるように，LaC$_{82}$の安定性の説明はそれほど簡単ではないことがわかってきた．

8．3　金属内包フラーレンの表記法

Smalleyらは，金属内包フラーレンの表記法に関して一つの提案をした[13]．適切な表記法を用いれば，原子を内包（endohedral）したフラーレンと原子を外接（exohedral）したフラーレンを区別することができる．1991年夏に，Rice大学を訪問していたTel Aviv大学のOri Cheshnovskyの提案に従って，Smalleyら[13]は内包構造を表すのに＠という記号を採用した[19]．＠記号は，電子メールのアドレスなどで使用されているが，今まで化学式に関連して使われていないので，単純でわかりやすい表記法である．ランタン原子を内包したC$_{82}$フラーレンは　La＠C$_{82}$と書かれる．一方，LaC$_{82}$と表記するときは，La原子が内包されているか外接しているのかが確認されていない場合である．La原子が外接している場合は，La(C$_{82}$)と書かれる．したがって，K$_2$(K＠C$_{60}$)は1個のカリウム原子を内包して，かつ2個のカリウム原子を外接していることを示している．実際には，括弧はどうしても必要なときのみ使われている．多くの場合には，内包か外接かは文脈で判断できるからである．この内包性を示す"＠"記号はIUPAC（International Union of Pure and Applied Chemistry：国際純正・応用化学連合）のnomenclature委員会でも推薦されている．

内包構造を示す＠記号は現在一般的に使われている．本章でもこの便利な記号を採用する．ただし，実際に構造解析で内包構造が確認されている内包フラーレン以外でも，"状況証拠"が内包性を示しているフラーレンの場合でもあえて＠記号を用いることにする．

8．4　金属内包フラーレンの特異性

(1)　金属内包フラーレン内の電子移動

Smalleyグループの研究が引き金となり，にわかに金属内包フラーレンの研

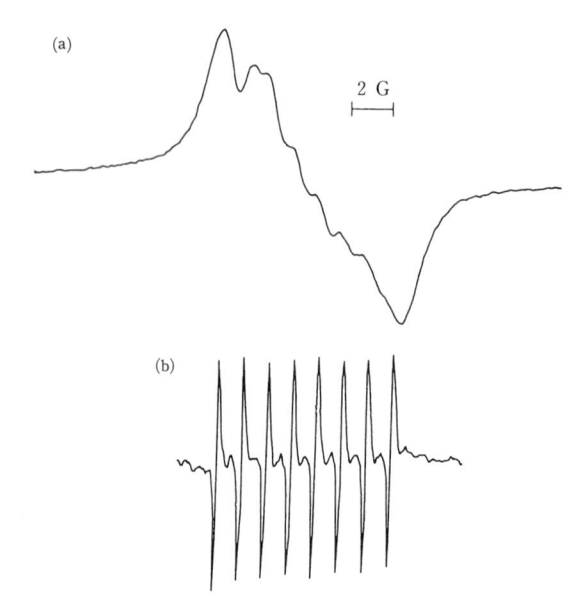

図8.4 La@C_{82}のESR超微細構造；(a)トルエン抽出物の粉末試料，(b)トルエン抽出物の1,1,2,2-テトラクロロエタン溶液試料[20].

究が脚光を浴びはじめた．IBM (Almaden) のグループは La@C_{82}のESRスペクトルを初めて観測することに成功した[20]．ランタン原子は核スピン（I）が7/2なので，La@C_{82}のESRの超微細構造（hyperfine structure, hfs）は8本現れるはずである[21]．実際に，同グループが観測したhfsは，図8.4に示すように等価な強度をもつ8本の信号であった．また，ESRのシグナル強度からLa@C_{82}の試料中の存在比は重量で〜1％（残りはC_{60}とC_{70}）と見積もられた．このESRスペクトルでとくに重要なことは，超微細結合定数（hyperfine coupling constant, hfc）がきわめて小さい（1.25G）ことである．

CaF_2格子中のLa^{2+} hfcは〜50 Gauss程度であるとの報告がある[22]．また，スピン偏極SCF (self-consistent field) 波動関数を用いたLa^{2+}のhfcの計算値は186Gであった[20]．これらのhfcの値に比べ，La@C_{82}の1,1,2,2-テトラクロロエタン溶液中でのhfcの値（1.25G）は異常に小さく，ランタン原子の酸化状態が3価（La^{3+}）であることを示している．つまり，La@C_{82}の電子状態はLa^{3+}@C_{82}^{3-}と表すことができる．すると8.2節で述べた，Smalleyらの

La@C_{82} の安定性の議論のよりどころとしている閉殻 84 電子構造説は成立しなくなる．この実験によって La@C_{82} は，3 個の電子が金属から炭素ケージに電子移動をしているという非常に特異な電子構造をしていることが明らかにされた．La^{3+}@C_{82}^{3-} 型の分子内電荷移動は理論計算[23-27] によっても支持されている．

UCLA の Whetten らのグループは，La$_2$O$_3$ を含んだグラファイト棒の抵抗加熱で生成したススからトルエン抽出物の LDMS を行った[28]．その結果，La@C_{82} 以外にも La$_2$C$_{80}$ が質量スペクトルに現れた．Smalley らの実験は[13] La$_2$O$_3$ が重量比で 10% の La ／グラファイト試料を用いたが，UCLA の実験では 20% の La$_2$O$_3$ 混合物を試料として用いている．ランタン二量体のフラーレンが観測されたのは，ランタン含有量に関係している．実際，UCLA の結果によるとランタン三量体フラーレン，たとえば La$_3$C$_{106}$ などがトルエン抽出物の LD 質量スペクトルに現れている．また，同じ溶媒抽出でも室温と高温（沸点近くの温度）とでは，抽出物に大きな違いが観測されている．高温抽出のほうが，より大きなサイズの La-フラーレンが数多く観測されている．このように，ランタンの含有量などのパラメータを変えると抽出物に大きな違いが見られる．LaC$_{2n}$ 分子の安定性は，Smalley らが La@C_{82} の安定性で展開した議論だけでは説明がつかない．

Smalley らのグループが高温レーザー蒸発の実験ではじめにランタン原子を選んだのは[13]，以前に行った分子線の実験[7]（8.1 節(1)参照）で基本的な予想がすでになされていたことに大きな理由がある．それではランタン以外の金属ではどうか？ 複数の研究グループにより，III 族の金属 (M) は他の金属に比べ，一般に M@C_{82} 型の内包フラーレンを生成しやすいことが示された．Smalley らのグループは[29] Y$_2$O$_3$／グラファイト棒のレーザー蒸発で得られたフィルムの LDMS を行い，YC$_{60}$，YC$_{70}$，Y@C_{82}，Y$_2$C$_{82}$ などの金属フラーレンを観測している．篠原と齋藤ら[30] は，Y$_2$O$_3$／グラファイト棒のアーク放電で生成したスス（溶媒抽出物）の LDMS を行った．その結果，Y@C_{82} と Y$_2$C$_{82}$ のほかに Y$_2$C$_{2n}$（$90 \leq 2n \leq 140$）の金属フラーレンを観測している．しかし，Smalley のグループと大きく異なるのは YC$_{60}$ と YC$_{70}$ を検出していない点である．YC$_{60}$ も LaC$_{60}$ と同様に溶媒中では，Y@C_{82} と比較して不安定（あるいは，

不溶）であることがわかった．また，両グループは Y@C$_{82}$ の ESR の超微細構造を観測し，La@C$_{82}$ の場合と同様，非常に小さな超微細構造（0.48G：両グループともにまったく同じ値）を報告している[29,30]．イットリウムの核スピンは $I=\frac{1}{2}$ なので等価な 2 本の超微細構造が観測される（図 8.5）．Y@C$_{82}$ についても電子移動が起こり，その電子構造は $Y^{3+}@C_{82}{}^{3-}$ であることを示している．また，永瀬らの理論計算[25-27]も $Y^{3+}@C_{82}{}^{3-}$ 構造を支持している．

　同じⅢ族の金属でもスカンジウムの場合は，ランタンやイットリウム内包フラーレンと比較するといくつかの大きな特徴をもっている．篠原ら[31]は，スカンジウム内包フラーレンでは，スカンジウムを 1 個（Sc@C$_{82}$）だけではなく，2 個，3 個まで内包したフラーレンを生成することを明らかにした．Sc@C$_{82}$ も非常に小さな超微細構造（3.82G）をもつ．これは，低温（30K 以下）における CaF$_2$ 結晶中での Sc^{2+} の超微細構造（60〜70G）[32]と比べ非常に小さい．La や Y の金属内包フラーレンの場合と同様に，Sc 原子から C$_{82}$ に 3 個あるいは 2 個の電子移動が起こっている[33]．分子科学研究所（当時，現在京都大学）の加藤ら[34]は，La@C$_{82}$ と Sc@C$_{82}$ の ESR 超微細構造の温度変化を詳細に検討した結果，La@C$_{82}$ ではラジカル電子は C$_{82}$ の π 軌道に帰属されるが，Sc@C$_{82}$ ではスカンジウム原子の d 軌道に帰属されることを報告している．

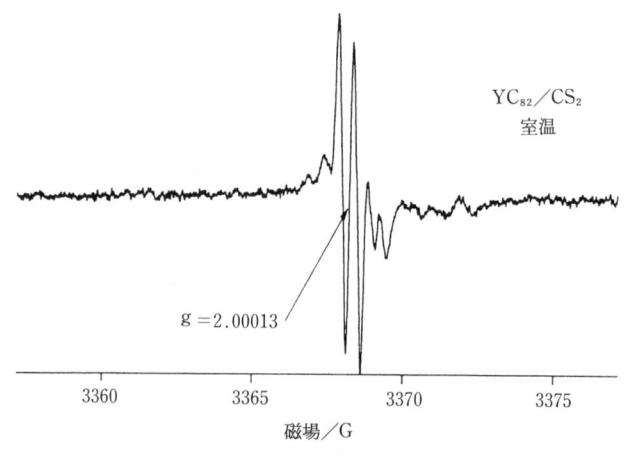

図 8.5　Y@C$_{82}$ の ESR の超微細構造（二硫化炭素溶液中）[30].

(2) 複数の原子を内包した金属フラーレン

抽出物の質量分析によりスカンジウム2個では，$Sc_2@C_{82}$, $Sc_2@C_{84}$などのフラーレンの生成が確認された[31]．これらの2個入りのスカンジウムフラーレ

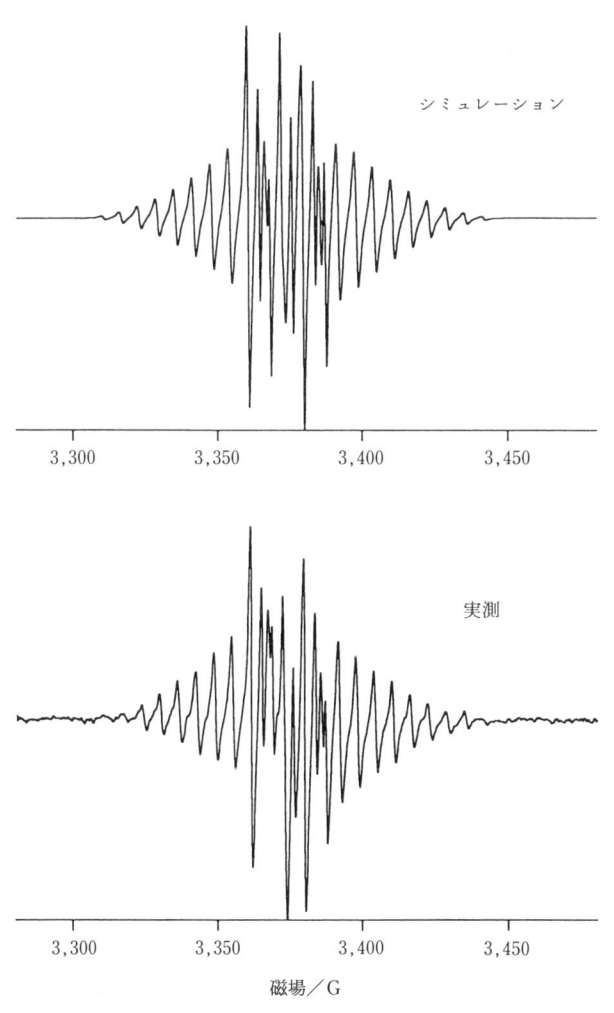

図 8.6 $Sc_3@C_{82}$（その後，$Sc_3C_2@C_{80}$と再同定された）のESRの超微細構造とそのシミュレーション（二硫化炭素溶液中）[31]．22本の超微細構造の他に，$Sc@C_{82}$に起因する8本の超微細構造も観測されている．

ンはESR不活性である．スカンジウム金属内包フラーレンで特異的なことは，スカンジウムが3個内包されたフラーレンも生成，抽出されることである．これは長らく$Sc_3@C_{82}$と考えられてきたが[35]，最近の構造解析[36,37]で$Sc_3C_2@C_{80}$であることが判明した[38]．以下で記載する$Sc_3@C_{82}$は，原著論文の表記通りとしたが，実際は$Sc_3C_2@C_{80}$と記すべきであるので，注意されたい．

図8.6に示すのが$Sc_3@C_{82}$に起因するESRの超微細構造（左右対称の22本）である[21,31]．左右対称な22本の超微細構造は，3個のスカンジウム原子はC_{82}中で幾何学的に等価な環境にある[31,39]ことを示している（図8.7）．加藤らは精製，単離された$Sc_3@C_{82}$[40]を用いて，ESR超微細構造の温度変化を観測した[41]．その結果，C_{82}ケージがヤーン-テラー（Jahn-Teller）効果により変形するため，3個のスカンジウムイオンはケージ内で環境の平均化を受けることがわかった．室温付近では平均化が速くなり，その結果，左右対称な22本の超微細構造が観測される．これにより，C_{82}内の3個のスカンジウムイオンは等価な環境におかれることになる．$Sc_3@C_{82}$について，同様の研究結果がIBM（Almaden）のグループにより発表された[42,43]．IBMグループも$Sc_3@C_{82}$に起因する22本の超微細構造を報告している．しかし，スカンジウムイオンの環境の平均化については，加藤らのヤーン-テラー変形に基づく平均化の機

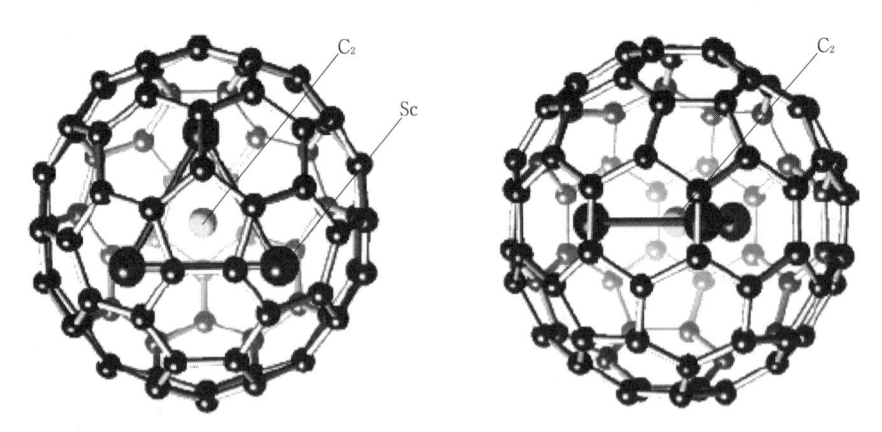

図8.7 $Sc_3C_2@C_{80}$のX線構造解析に基づく分子構造[37]．中心にSc_3とC_2が内包されている．

構とは異なり，各スカンジウムイオンと C_2 が C_{80} 中で高速に回転することによる平均化を提唱している[43]．

UCLAの研究グループ[44]は，それまで生成と抽出が報告されていた La@C_{82}，Y@C_{82}，Sc@C_{82}，Sc_2@C_{84}，Sc_3@C_{82}（≡Sc_3C_2@C_{80}）以外に，ランタノイド系列の元素セリウム（Ce），ネオジム（Nd），サマリウム（Sm），ユーロピウム（Eu），ガドリニウム（Gd），テルビウム（Tb），ジスプロシウム（Dy），ホルミウム（Ho），エルビウム（Er）などのM@C_{82}型の金属内包フラーレンの生成と抽出を報告している．また，SRI（Stanford Research Institute）の研究グループは[45]，プロメチウム（Pm），ジスプロシウム（Dy）とツリウム（Tm）を除くランタノイド系列の金属すべてが内包フラーレンを形成することを報告した．その後，名古屋大学，東京都立大学（現，首都大学東京），ドレスデンIFW研究所などの研究グループが，Dy[46]，Er[47,48]，Tm[49]，Lu[50] を2〜3個含む複核内包フラーレンの生成と単離を報告している．表8.1に現在（2011年5月）までに，生成と単離されている金属内包フラーレンを示す．

表8.1 合成，単離および精製されている内包フラーレン．

注）黒塗りが合成，単離および精製されている金属内包フラーレン．灰色塗りが合成，単離，精製されている非金属の内包フラーレン．

8.5 金属内包フラーレンの生成法

金属内包フラーレンは，Smalleyらの高温・高圧下でのレーザー蒸発法[13,14]により初めてマクロスコピックに生成された（8.2節参照）．高温レーザー蒸発法の優れたところは，蒸発点近傍の温度を電気炉によりコントロールできる点である（図3.1参照）．また，集光した可視／紫外レーザー光をグラファイトの蒸発に用いているため，蒸発点近傍の温度が高い．一般に，アーク放電法[14]と比較すると高温レーザー蒸発法は金属内包フラーレンの生成効率が高い．しかし，レーザー蒸発法はかなりのスケールアップをしない限り，グラム量の原料ススを生成するには時間がかかる[51]．レーザー蒸発法は，金属内包フラーレンの多量生成を目指すよりも，フラーレンや金属内包フラーレンの生成機構を探るのに適した実験法である[14,52]．一方，抵抗加熱法[11]やアーク放電法[14]は高温レーザー蒸発法と比べて生成効率では劣るものの，短時間にグラム量の多量の原料ススを簡単に生成することができる[30,31]．このため現在では，金属内包フラーレンの生成には主にアーク放電法が用いられている．

高温レーザー蒸発法やアーク放電法では，金属／炭素を任意の割合で混合した混合ロッド（composite rod）[53]を金属内包フラーレンの蒸発源に用いている．混合ロッドはSmalleyらが$La@C_{82}$を生成させるときの蒸発源として初めて用いた[13]．金属内包フラーレンの生成効率を向上させるために混合ロッドの作製に工夫がなされている．最も大切なことは，作製した混合ロッドを高温（1,600～2,000℃）で数時間焼成することである[13,30,31]．ランタンやイットリウムなどのⅢ族の金属およびランタノイド金属の多くは，1,600℃以上でカーバイド化する[54]．このカーバイド化した混合ロッドにより，金属内包フラーレンの生成効率を改善できる．実際に，坂東ら[55]は混合ロッド中にランタンカーバイド（LaC_2）をエンリッチすると，$La@C_{82}$フラーレンの生成が10倍程度まで増加することを報告している．ランタン原子が1個内包された$La@C_{82}$フラーレンでは，ランタンと炭素の原子数比（C/La）が100前後のときが最も生成効率が高い[56]．また，一般に混合ロッド中の金属の割合が増加すると$La_2@C_{80}$[57]，$Y_2@C_{82}$[30]，$Sc_2@C_{84}$，$Sc_3@C_{82}$（≡$Sc_3C_2@C_{80}$）[31]などの2個，3個

入りの金属内包フラーレンの生成が増加する．多くの金属／炭素の混合ロッドは市販されている[58]．

　高温レーザー蒸発法やアーク放電法以外の方法を用いた，金属内包フラーレンの生成の試みも行われている．代表的な方法は，C_{60}を中心とするフラーレンと金属原子との衝突を利用したイオンインプランテーション（ion implantation）法である．Andersonら[59]は，Li^+とNa^+イオンとC_{60}との気相でのイオンビーム衝突でそれぞれ，$(Li@C_{60})^+$および$(Na@C_{60})^+$が生成することを報告している．$(Li@C_{60})^+$と$(Na@C_{60})^+$は，衝突エネルギーがそれぞれ6eVと20eV以上の場合に生成する．

　Andersonらの実験は気相で行われているため，マクロスコピック量の金属内包フラーレンを生成することはできなかった．その後，Campbellら[60]は，よりスケールアップしたC_{60}の蒸着膜とイオンビームによる実験を行った．基板に蒸着されたC_{60}薄膜に電圧印加し，運動エネルギーが制御されたLiイオンビームを照射する．C_{60}蒸着とLiイオンビーム照射のプロセスを繰り返すことによって，一定量の$Li@C_{60}$や$Na@C_{60}$などのアルカリ金属内包C_{60}を得ることができると報告した．しかし，Campbellらの方法も，これらの金属内包フラーレンの構造や物性の研究には，収量が十分ではなかった．一方，東北大学の畠山ら[61]は，これらの収量問題を解決する方向の一つとして，より高密度にイオンを発生させることができるLiイオンプラズマを，気相中でフラーレンと反応させることにより，$Li@C_{60}$の収量の向上に成功した．さらに，畠山らの方法を改良して，大幅に$Li@C_{60}$の収量をスケールアップしたのが㈱イデアルスターの笠間らの研究である．笠間ら[62]は，イオン源としてイオンビームではなくイオンプラズマを用い，フラーレンの昇華蒸着も逐次ではなく連続的に堆積させる方法（プラズマシャワー法）を開発した．この方法により，ついに$Li@C_{60}$が大量に合成され，分離精製を経て$Li@C_{60}$の単結晶構造解析に成功した（8.9節(3)参照）．

8.6　金属内包フラーレンの分離と精製

　金属内包フラーレンは，前節で述べたように，おもに金属／グラファイト混

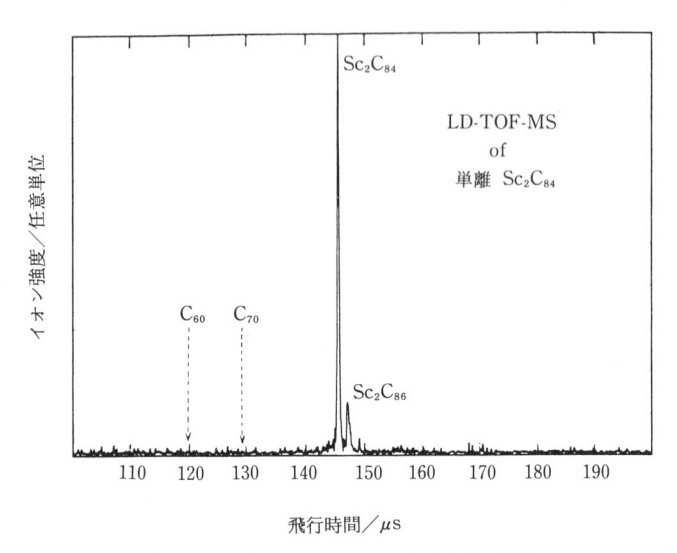

図 8.8 $Sc_2@C_{84}$ の初めての単離を示すレーザー脱離飛行時間質量スペクトル[63]．355 nm レーザー光による脱離・イオン化．

合ロッドのアーク放電でつくられているが，C_{60} などと比べるとその生成量は少ない[56]．このため金属内包フラーレンを精製・単離するには，少量の金属内包フラーレンをほかの C_{60}，C_{70} や高次フラーレンから分離しなければならない．このような状況から，金属内包フラーレンの分離は困難を極めた．これは通常の HPLC のカラム（たとえば ODS カラムなど）ではマクロスコピック量の金属内包フラーレンの分離・単離が非常に困難であったためである．このような状況下で篠原ら[39]は，エタノールで部分的に不活性化したシリカゲルカラムを固定相にしたオープンカラムクロマトグラフィーを用いて，$Sc@C_{82}$ と $Sc_3@C_{82}$（$\equiv Sc_3C_2@C_{80}$）の分離を初めて報告した．

Smalley らの研究グループ[13]によって $La@C_{82}$ が溶媒抽出されてから初めて金属内包フラーレンの精製・単離が行われるまで，一年以上の時間が必要であった．99％以上の純度での金属内包フラーレンの単離は HPLC（高速液体クロマトグラフィー）（第 4 章 4.4 節）を用いて行われた．HPLC を用いて金属内包フラーレンの精製・単離に初めて成功したのは日本の二つのグループであった．名古屋大学と三重大学の共同研究グループは，スカンジウムを内包したフラーレン（$Sc_2@C_{74}$，$Sc_2@C_{82}$，$Sc_2@C_{84}$ など）の単離に初めて成功した（図 8.

8)[63]．また，東京都立大学の研究グループはランタン内包フラーレン（La@C_{82}）の単離に成功した（図8．9)[64]．これらの日本のグループの金属内包フラーレンの単離の成功は，Buckyclutcher や Buckyprep などのフラーレン分離専用のカラム（固定相）の開発によるところが大きい（第4章4．4節(2)参照)．

二つの研究グループとも，吸着機構の異なる二つの固定相（カラム）を用いた二段階 HPLC（two-stage high-performance liquid chromatography）により金属内包フラーレンの分離，精製を行っている．金属内包フラーレンは，クロマトグラム上で空のフラーレンと同じ保持時間に現れることが多い．このような場合，吸着機構の異なる複数の固定相を用いることにより，目的とする金属内包フラーレンを空のフラーレンから完全に分離することができる．一例として，図8．10に Sc_2@C_{84} の HPLC 分離のクロマトグラム[65]を示す．二段階の HPLC 分離を経て，Sc_2@C_{84} が完全に単離されているのがわかる．その後，動力炉核燃料開発事業団（現，日本原子力研究開発機構）の研究グループも La@C_{82} の単離の報告[66]を，IBM（Almaden）研究所のグループも Sc_3@C_{82}（≡Sc_3C_2@C_{80}）の単離の報告[67]を行っている．表8．1に精製，単離された金属内包フラーレンを示した．金属内包フラーレンの精製と単離の成功は，純物質を用いた金属内包フラーレンの構造，物性や反応の研究を大きく発展させることになった．

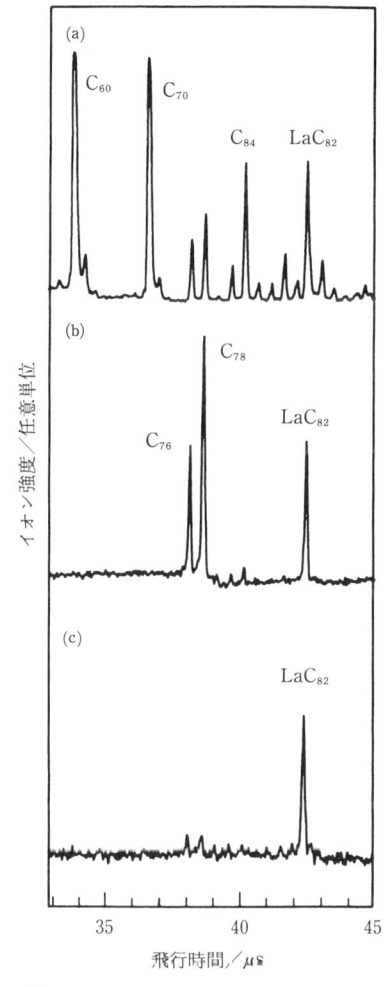

図8．9 La@C_{82} の初めての単離を示すレーザー脱離飛行時間質量スペクトル[64]．

8　金属内包フラーレン　　**211**

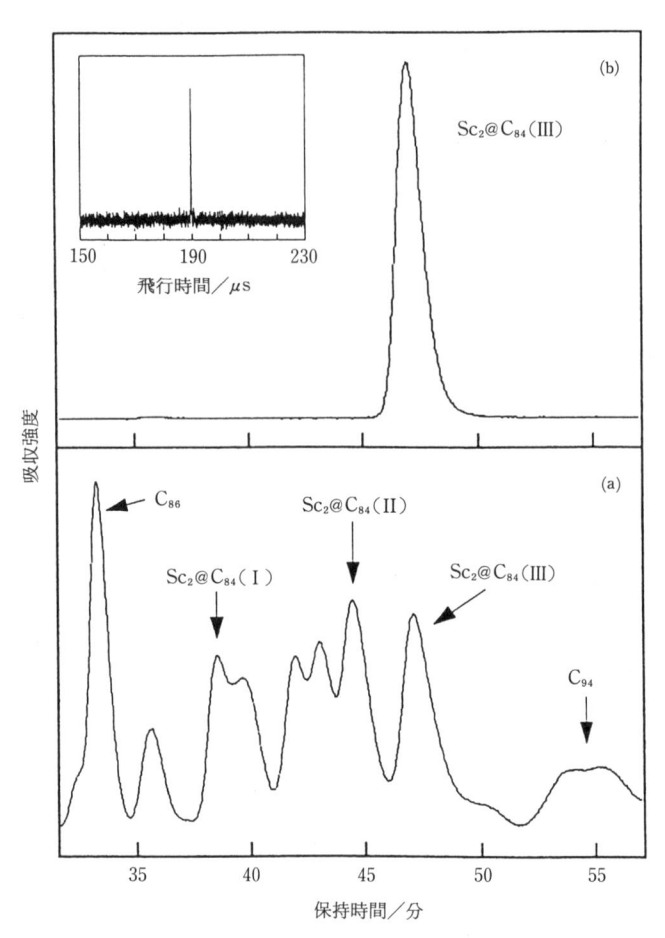

図 8.10 二段階 HPLC 法を用いた $Sc_2@C_{84}$(Ⅲ)構造異性体の単離のクロマトグラム;(a)初段のクロマトグラム,(b)最終段のクロマトグラム[65]. 構造異性体(Ⅰ),(Ⅱ)も同様に分離,単離される.

8.7 金属内包フラーレンの構造

(1) 金属内包フラーレンの構造異性体

これまでに述べてきた研究結果では,金属は大量に存在する C_{60} よりもごく

微量にしか存在しないC_{82}を中心に内包されている．この結果をどう解釈したらよいのだろうか？ III族のランタン，イットリウム，スカンジウムでは，溶媒（トルエンや二硫化炭素）抽出されている金属フラーレンは，La@C_{82}, Y@C_{82}, Sc@C_{82}である．そのほか，抽出物の質量スペクトルに顕著に現れるピークは，La$_2$@C_{80}, Y$_2$@C_{84}, Sc$_2$@C_{84}などがあるが，基本的にはC_{82}という存在量の少ないフラーレンにこれらの金属が内包されている．この疑問を解決する手がかりとして，まずM@C_{82}型の金属フラーレンについての実験結果をさらに詳しく見てみよう．

東京都立大学のグループ[68]は，溶媒中のLa@C_{82}, Y@C_{82}, Sc@C_{82}の高分解能のESR超微細構造を測定した．図8.11に示すように，それぞれメインの8本（La, Scの場合）あるいは2本（Y）の超微細構造以外に，メインの7〜27%程度の強度で，別のシリーズの吸収線が観測されている．とくに顕著なのはLa@C_{82}の場合で，この第二のシリーズも（メインのシリーズと同様に）8本の等価な吸収線であることがわかる．つまり，これもランタン原子を含んだフラーレンに起因した信号であるといえる．同グループはシミュレーションとの対応から，第二のシリーズはLa@C_{82}の構造異性体によるものと推定している．またIBM (Almaden)のグループ[69]も，ESRの超微細構造の観測に基づき，La@C_{82}とY@C_{82}について同様の結果を報告している．La@C_{82}に起因するメインの8本シリーズのおよそ33%の強度で，第二の8本のシリーズが観測されている．さらに彼らはランタンを含んだ試料の高感度のESR測定を行い，メインのLa@C_{82}の吸収線の1%程度の信号強度で，La@C_{76}によると思われる信号を検出している．

坂東らは[70]，"gas flow-cold trap"法[71]と呼ばれるサンプリング・溶媒抽出法を用いて，完全な嫌気下で，ランタンとグラファイトのアーク放電で生成したLa-フラーレンを含むススから，新しいサイズのLa-フラーレンを生成・抽出することに成功した．この試料のLD質量スペクトルには，La@C_{82}のほかにLa@C_{76}やLa@C_{84}などの金属フラーレンが観測された．さらにESR測定を行ったところ，図8.12のように少なくとも五種類の8本の等価な吸収からなるシリーズが観測された．図中，aのシリーズはLa@C_{82}に対応するもの，bのシリーズは都立大学グループ[68]とIBMグループ[69]が観測している超微細

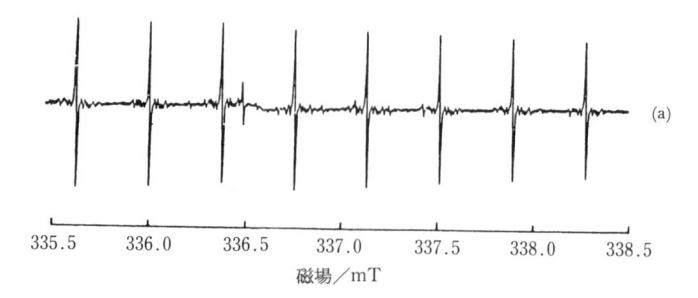

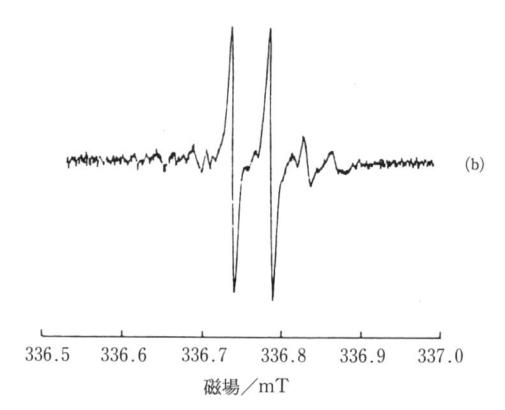

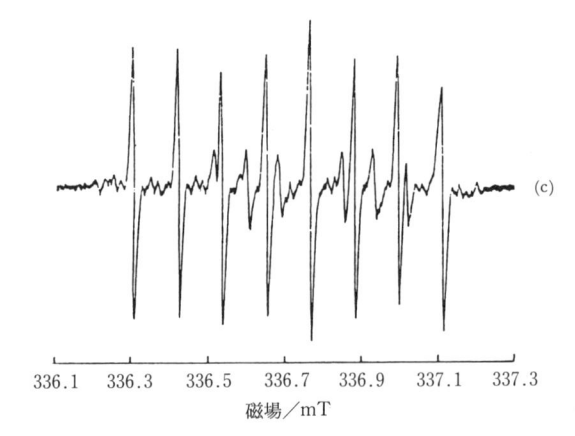

図 8.11 構造異性体の存在を示す ESR 超微細構造；(a) Sc@C_{82}, (b) Y@C_{82}, (c) La@$C_{82}^{68)}$.

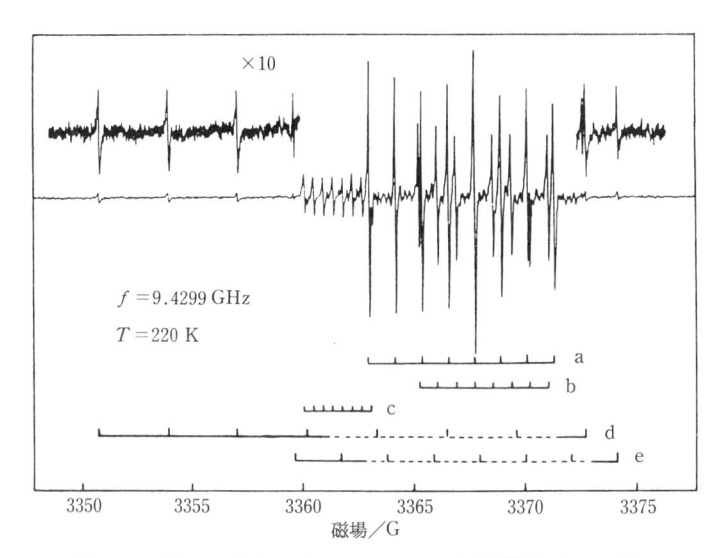

図8.12 嫌気下で抽出された La@C$_n$ の ESR 超微細構造 (a〜e)[70].

構造と同じである。ただし嫌気下では，b のシリーズの強度が（a のシリーズに対して実に 66％ にも達するほど）増大しているのが大きな特徴である。また c のシリーズは，IBM のグループが高感度の ESR で観測しているシリーズに対応しているが，相対強度は IBM の観測強度[69]の 30 倍にも達している。質量分析の結果との対応から，c のシリーズは La@C$_{76}$ に起因していると考えられている。そのほか，d と e の二つのシリーズが弱い吸収ながら観測されている。注目すべきは，シリーズ c〜e が La@C$_{82}$ などと比較すると極端に air-sensitive で，大気中に放置すると ESR の信号強度が急激に小さくなることである。未同定の air-sensitive なシリーズ d と e がどのサイズのランタンフラーレンに起因しているのかは解明されていない。質量分析の結果から嫌気下でのトルエン抽出でも M@C$_{60}$ 型の金属内包フラーレンは抽出されなかった。

第二の 8 本の超微細構造（図 8.12 の b）に由来する金属内包フラーレンは，動力炉核燃料開発事業団のグループにより HPLC を用いて精製，単離され，第 2 の LaC$_{82}$ であることが報告された[72]。また，名古屋大学のグループ[73,74]はイットリウムフラーレンにおいてランタンフラーレンの場合と同様に，第二の 2 本の ESR 超微細構造を与える金属フラーレンの精製と単離を HPLC を用い

て行い，質量分析によりこのフラーレンは第2のYC$_{82}$であることを報告している．このようにこれらの金属フラーレンはLa@C$_{82}$やY@C$_{82}$と同様にHPLCでの精製，単離が可能である．それでは，これらのフラーレン，LaC$_{82}$とYC$_{82}$はそれぞれ内包フラーレンLa@C$_{82}$とY@C$_{82}$の構造異性体なのであろうか？ これらはLa@C$_{82}$やY@C$_{82}$において，金属の内包構造（フラーレンケージ内で金属が異なった位置を占める）の違いによるものなのか？ あるいは，これらはLaやYがC$_{82}$に外接しているフラーレン，La(C$_{82}$)やY(C$_{82}$)に対応するものなのか？ この問いに答えるためには，まず，La@C$_{82}$やY@C$_{82}$などの金属内包フラーレンの構造を解明しなくてはならない．これらは本当に金属を"内包"したフラーレンなのか？

(2) 金属内包フラーレンの分子構造

金属内包フラーレンの構造については，1991年の生成，抽出の第一報[13]以来，その特異な構造のために数多くの議論がなされてきた[75,76]．特に金属の"内包性"については，激しい議論が戦わされた．例えば，Y@C$_{82}$のEXAFS (extended X-ray absorption fine structure) の実験結果[77,78]では，二つの相反する結論，Y原子の内包性と外接性，が得られた．Argonne国立研究所のグループ[77]の結論は，Y原子はC$_{82}$の外に位置（外接）していて，炭素とイットリウムの最近接距離（nearest neighbor distance）は0.253 ± 0.002 nmであった．これに対して，IBM (Almaden) 研究所のグループの結論は[78]，Y原子はC$_{82}$に内包されていて，C-Yの最近接距離は0.24 nmであった．いずれの研究グループも，EXAFSの実験に用いたY@C$_{82}$の試料はその他の"空の"フラーレンやY$_2$@C$_{82}$などの他の金属フラーレンが含まれた混合物であった．これらは構造解析の試料としては不十分である．いっぽう菊地ら[79]は，精製，単離されたLa@C$_{82}$の試料を用いてEXAFSの実験を行った結果，La原子はC$_{82}$に内包されていてC-Laの最近接距離は0.247 ± 0.002 nm，第二最近接距離は0.294 ± 0.007 nmであることを報告している．しかしいずれの実験も，金属の内包性についての最終的な結論には至らなかった．

IBM (Almaden) のグループ[80]は，精製したスカンジウムフラーレンSc$_2$@C$_{84}$の高分解能透過型電子顕微鏡（HRTEM）により，二つのスカンジウ

ム原子の内包性を支持する結論を得ている．La@C_{82}[20]，Y@C_{82}[29,30]，Sc@C_{82}[73]のESRの超微細構造に現れる^{13}C同位体に起因するピークの存在も，これらの金属の内包性を示している[81]．また，金属内包フラーレンとシリコン表面との衝突の実験結果も金属の内包性を示している．UCLAのグループ[82]は，トルエン抽出物中のLa_2C_{80}[57]をレーザーで蒸発させた後，質量選別してシリコン（オキサイド）表面に200eVまでの衝突エネルギーで衝突させているが，分解物は観測されなかった．二つの（あるいはどちらか一方の）La原子がC_{80}に外接しているとすれば，大きな衝突エネルギーではLaやC_{80}などの衝突分解物が観測されるはずである．さらに，La@C_{82}やY@C_{82}などは，大気中や溶媒中で比較的安定であり，そしてこれらはHPLCで分離，精製が可能である，などの"状況証拠"も金属原子の内包性を示しているように見える．

東北大学金属材料研究所と名古屋大学の共同研究グループは，金属内包フラーレンの超高真空下での走査型トンネル顕微鏡（scanning tunneling microscopy, STM）観察を行った[83-85]．Si(100) 2×1清浄表面上におけるSc_2@C_{84}のSTM像から得られる分子のサイズ分布は，C_{84}のSTM像から得られるサイズ分布に類似している．比較的球形（0.78×0.89×0.86nm）なSTM像が得られた．Sc_2@C_{84}の正確な分子構造は不明であるが，STM像を解析するとSc_2@C_{84}の異性体は，D_{2d}か三つのD_2のうちの球形に近い異性体（D_2(No. 22)）に近いことがわかった．得られたすべてのSTM像で外接する原子は観測されず，Sc原子の内包性を強く示している．同様な結果はCu(111) 1×1清浄表面上のY@C_{82}のSTM観察でも得られている[86,87]．初期のフラーレンのSTM研究は，桜井らの総説[88]にまとめられている．

なお2005年には，Crommieらの研究グループが[89]Ag(001)清浄表面上のGd@C_{82}分子を極低温かつ高分解能で観察し，Gd@C_{82}分子内の局在した金属と炭素ケージの相互作用を見いだしている．

(3) 金属内包フラーレンのX線構造解析

このように以上のほとんどの実験結果は金属の内包性を強く示しているが決定的な結論には至らなかった．金属原子の内包性に関する最終的な結果は，シンクロトロンX線回折実験により得られた．名古屋大学と三重大学の研究グル

ープ[90,91]は精製，単離したY@C$_{82}$のシンクロトロンX線構造解析を行い，初めてイットリウム原子の内包構造を明らかにした．得られたX線回折データはMEM法（maximum entropy method：最大エントロピー法）[90,92-94]により解析が行われ，十分な精度（信頼度因子R_1=1.4％）でY@C$_{82}$の電子密度分布を得ることに成功した．図8.13にY@C$_{82}$の全電子密度分布を示す．図で等高線の高い部分は，電子密度の高いところに対応している．炭素ケージ付近の高い電子密度の部分がY原子の位置である．明らかにY原子はC$_{82}$に内包されている．C–Yの最近接距離は0.247(3)nmであった．興味深いことに，Y原子はC$_{82}$炭素ケージの中心にはなく，ケージの近傍に"内接"している．これは，Y原子から3個の電子がC$_{82}$へ電子移動しているために（8.4節参照），Y^{3+}とC$_{82}^{3-}$の間に電荷移動

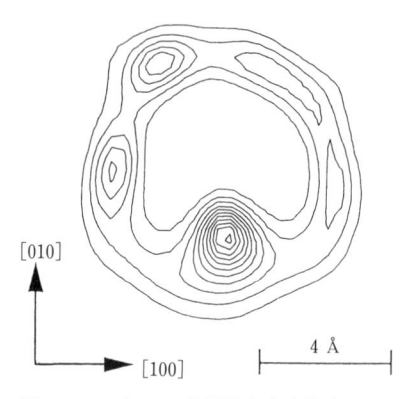

図8.13 Y@C$_{82}$の全電子密度分布（MEMマップ）[90]．等高線の一番高い部分はY原子が存在している位置である．Y原子が炭素ケージ内に内包されているのが明らかである．

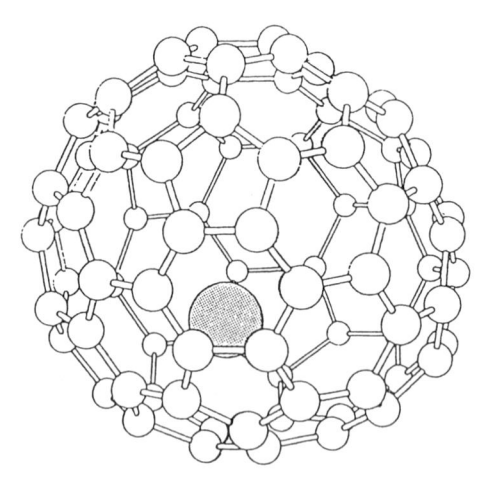

図8.14 *ab initio* 理論計算から得られたY@C$_{82}$の分子構造[25]．この計算ではC$_{82}(C_2)$構造異性体を仮定している．

による強い相互作用が働くためである．この結果は永瀬と小林の ab initio 理論計算から得られた構造（図8.14）[25]と良い一致を示している．$Sc_2@C_{84}$[83-85]や$Y@C_{82}$[86]などの金属内包フラーレンの結晶は，清浄固体表面上では面心立方構造をとる．また，$La@C_{82}$はバルクでは二硫化炭素溶媒を含む場合は格子定数の大きな立方晶系（$a=2.572$nm）[95]を，溶媒分子を含まない場合は面心立方構造[96]をとることがわかっている．$Y@C_{82}$は，バルク状態でトルエンの溶媒分子を結晶中に含む場合には単斜晶系の結晶構造をもつ[90,91]．

(4) 金属カーバイド内包フラーレン

金属内包フラーレンには，金属原子（M）のみを内包した金属内包フラーレンだけでなく，金属炭化物（金属カーバイド）（M_2C_2）と金属窒化物（M_3N）などのクラスターを内包したフラーレンが生成，分離されている．最初の金属カーバイド内包フラーレンである（Sc_2C_2）$@C_{84}$は，2001年にWangらによって発見された[97]．当初，この内包フラーレンは$Sc_2@C_{86}$であると考えられていた[98]．$Sc_2@C_{86}$を高速液体クロマトグラフィーで分離している時に，その保持時間がC_{86}よりC_{84}に近いことから，（Sc_2C_2）$@C_{84}$金属カーバイド内包フラーレンが偶然に発見された（口絵6参照）[97]．その後，それまで$Sc_2@C_{84}$や$Sc_3@C_{82}$と考えられていたスカンジウム内包フラーレンは，詳細なX線構造解析の結果，それぞれ，$Sc_2C_2@C_{82}$[99,100]（図8.15）と$Sc_3C_2@C_{80}$[36,37]（図8.7参照）であることが解明された．

（M_2C_2）$@C_{2n}$と$M_2@C_{2n}$の「対」をなす内包フラーレン同士の吸収スペクトルが互いに酷似している場合は，同じ異性体構造のフラーレンケージをもっていることを示している．これら「対」をなす内包フラーレンの質量はC_2（$m/z=24$）だけ互いに異なるので，質量分析

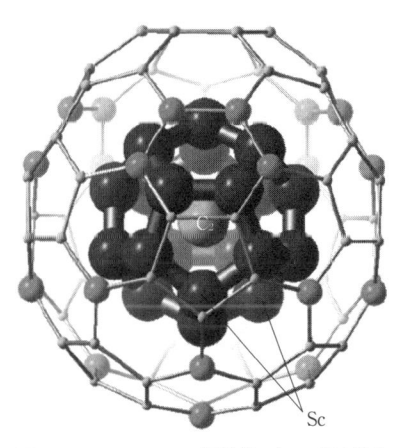

図8.15 $Sc_2C_2@C_{82}$（異性体III）の分子構造．Sc原子は結晶の不規則性により，いくつかの位置に見える．中央のC_2分子は回転のため丸く平均化されている[99,100]．

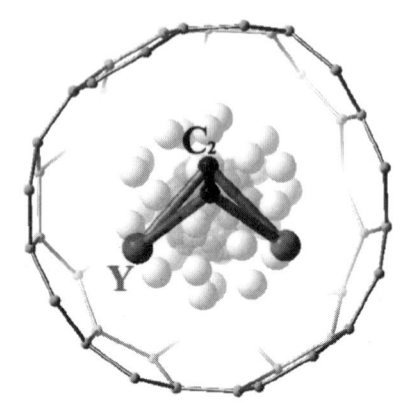

図 8.16 Y$_2$C$_2$@C$_{82}$（異性体III）の分子構造．薄い色で示したのは，結晶の不規則性によりディスオーダーしたY原子とC$_2$分子を示す[102]．

で同定することができる．一方，(M$_2$C$_2$)@C$_{2n-2}$ とM$_2$@C$_{2n}$ は同じ質量をもつので同定が難しい．これが，初期の段階で両者が混同された大きな原因であった．最終的には，X線構造解析で分子構造を決定する必要がある．

さらに，Y$_2$@C$_{84}$ と考えられていたイットリウム内包フラーレンが，2003年にはY$_2$C$_2$クラスターを内包した(Y$_2$C$_2$)@C$_{82}$であることが報告された[101,102]．これらのM$_2$C$_2$内包フラーレンの発見に先駆けて，菅井らは，様々なSc内包フラーレンで，C$_2$内包を示す気相イオン移動度測定の報告を行っている[103]．興味深いことに，この(Y$_2$C$_2$)@C$_{82}$に対して，フラーレンケージがまったく同じ構造でC$_2$をケージ内に含まないY$_2$@C$_{82}$という「対」をなす金属内包フラーレンが得られる．図8.16に示すように，C$_2$はケージのほぼ中央に位置することがX線回折によって決定されている[102]．X線回折による構造解析で，(Y$_2$C$_2$)@C$_{82}$ とY$_2$@C$_{82}$ の内包されている二つの金属イオンの電子密度は，室温ではケージ内の特定サイトにほぼ均等に分布している．つまり，Yイオンは，サイト間をホッピング運動していることになる．あるいは，Y$_2$C$_2$クラスターがケージ内で回転運動をしているとも解釈できる．

内包されたY$_2$C$_2$クラスターの電子状態も興味深い．X線回折の電子密度マップから求めたY$_2$@C$_{82}$ と(Y$_2$C$_2$)@C$_{82}$ の電子状態は，それぞれY$_2^{6.1+}$@C$_{82}^{6.1-}$ と(Y$_2$C$_2$)$^{5.6+}$@C$_{82}^{5.6-}$ であり，Y$_2$C$_2$クラスターの価数がやや小さい．また，日野らは，紫外光電子分光（ultraviolet photoelectron spectroscopy, UPS）スペクトルから，それぞれの電子状態をY$_2^{6+}$@C$_{82}^{6-}$，(Y$_2$C$_2$)$^{4+}$@C$_{82}^{4-}$ であることを報告している[104]．異なる測定法でともにY$_2$C$_2$クラスターの価数がY$_2$よりも小さいという結果が得られており，C$_2$はある程度の負電荷を帯びていることを示している．

C_2 が内包される機構は，フラーレン生成がアーク放電という高温反応であるために，十分に解明されていない．ケージがある程度組まれてから C_2 がケージ内部に取り込まれるという説と，M_3N 内包フラーレンで提唱されているようなクラスターをテンプレートとしたケージ形成説との二つが提唱されている．いずれの生成機構であっても，二つの金属原子に加えて，さらに C_2 がフラーレンに内包されるのは，C_2 が二つの金属イオンの間に割り込むように位置することで，金属陽イオン同士の静電反発を緩和する安定化効果によると考えられる．これは，金属原子が1個の場合の MC_2 タイプの金属カーバイド内包フラーレンが観測されていないことからも支持される．

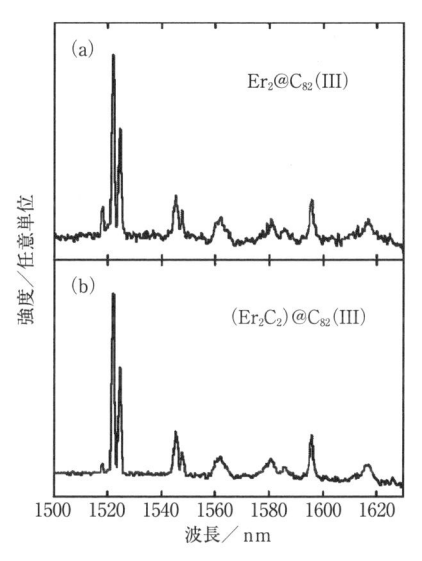

図8.17 3.5Kでの bisphenol polycarbonate 薄膜中の $Er_2@C_{82}$ （異性体III）と $Er_2C_2@C_{82}$ （異性体III）の蛍光スペクトル[48]．

　M_2C_2 型のクラスター内包フラーレンは，Sc，Y 以外にも Dy，Er，Lu などの重ランタノイド元素で生成，抽出されている．2個，3個の金属原子に加えて C_2 を内包してフラーレンが安定化するためには，La，Ce などの軽ランタノイドは大きすぎるのに対して，ランタノイド収縮で約1.0Åのイオン半径になる重ランタノイドおよび Sc と Y がちょうどよい大きさであると考えられる．$(M_2C_2)@C_{2n}$ と $M_2@C_{2n}$ の生成，安定性などを系統的に調べれば，ランタノイド元素について従来にない新たな知見が得られるかもしれない．その他に，Ti など，周期表で希土類に隣接する金属でも M_2C_2 内包フラーレンが報告されている[105]．

　Er 内包フラーレンのなかでも，$(Er_2C_2)@C_{82}$ と $Er_2@C_{82}$ の「対」がそれぞれ分離され，蛍光測定が行われた[48]．その結果はまったくの予想外のものであった．C_2 を内包した $(Er_2C_2)@C_{82}$ の蛍光強度は，C_2 を内包していない従来型の金属内包フラーレン $Er_2@C_{82}$ よりも強い（図8.17）．この $(Er_2C_2)@C_{82}$

の特異な蛍光発光現象は，金属カーバイド内包フラーレンの光学的な用途への応用が期待される．

M_2C_2 クラスターは，従来型の金属内包フラーレンのケージに内包されて，C_2 の有無の違いしかない「対」となる内包フラーレンを形成するとともに，従来型の金属内包フラーレンには見られない新規なフラーレンケージに内包されるなど実に多彩であり，今後の金属内包フラーレン研究の新たな潮流となるであろう．

(5) **金属窒化物内包フラーレン**

金属カーバイドクラスターを内包したフラーレンの他に，窒素原子と金属原子からなるクラスターが内包されたフラーレンが生成，単離されている．1999年に Dorn らにより，Sc 原子と窒素原子とのクラスターを内包したフラーレン（Sc_3N）@C_{80} が初めて単離され構造決定された[106]．実は，アーク放電で合成されたスカンジウム金属内包フラーレン含有ススの溶媒抽出物の質量スペクトルに，(Sc_3N)@C_{80} の質量（$m/z=1109$）に対応するピークが存在することが，この発見より以前から，金属内包フラーレンの研究者に知られており，一時は，Sc@C_{86} の一酸化物である（Sc@C_{86}）O_2（$m/z=1109$）などと考えられていたが，最終同定には至らなかった[107]．

Dorn らは，アーク放電時のバッファーガスであるヘリウム中に微量の空気や窒素を混入させると，$m/z=1109$ に対応するピークのフラーレンが急激に増大することなどから，$m/z=1109$ に対応するフラーレンは窒素とスカンジウムのクラスターを内包していることに気づいた．この分子は I_h 対称性の C_{80} ケージに，Sc 原子が窒素原子を中心にした三角形の頂点に位置する（Sc_3N）分子を内包したフラーレンである（図 8.18）．(Sc_3N)@C_{80} は Sc 金属内包フラーレン

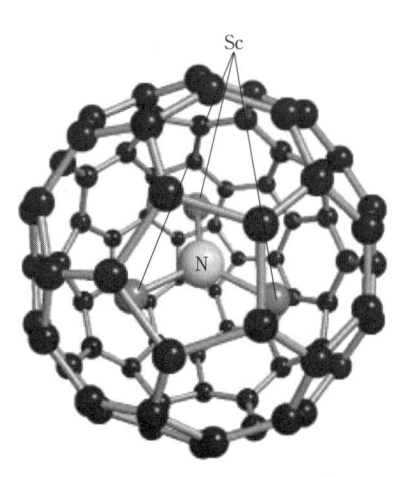

図 8.18 Sc_3N@C_{80} の分子構造[106]．

の合成中に，偶然空気（窒素分子が主成分）が少量チャンバー内に混入したためだ生成した．ヘリウムガスとともに窒素ガスを少量入れてアーク放電を行うと，$(Sc_3N)@C_{80}$の生成量は飛躍的に向上する．金属-窒素クラスターはC_{80}ケージだけでなくC_{78}[108]やC_{68}[109]ケージにも内包され，構造解析がなされている（$(Sc_3N)@C_{68}$については本節(6)参照）．Sc原子だけでなく，ルテチウム（Lu）原子も金属-窒素クラスター内包フラーレン$(Lu_3N)@C_{80}$を生成することがわかっている[110]．そして異なる金属が組み合わさった金属-窒素クラスター内包フラーレン$(A_xB_{3-x}N)@C_{80}$（A, Bは金属原子）も生成されている．これらの一連の$(M_3N)@C_{2n}$フラーレンは，TNT（trimetallic nitride template）フラーレンとも呼ばれている[111]．

(6) IPRを破る金属内包フラーレン

フラーレンケージは五員環と六員環で構成された多面体である．幾何学における「Eulerの多面体に関する定理」（第5章5.4節(1)参照）をフラーレンに適用すると，フラーレンケージの大きさにかかわらず五員環の数は常に12であることが導かれる．現在までに生成，単離されているすべての空のフラーレンでは孤立五員環則（IPR）という経験則が厳密に成り立っている（第5章5.4節(2)参照）．炭素ケージにおいて，五員環が隣り合うとその部分のひずみが大きくなり，安定に存在しないためである．また，ほとんどの金属内包フラーレンやクラスター内包フラーレンについてもIPRが満たされている．

ところが，2000年，これらの常識を破る金属内包フラーレン$Sc_2@C_{66}$が生成，単離された[112]．$Sc_2@C_{66}$のC_{66}ケージにはIPRを満たす構造異性体は存在しない．口絵

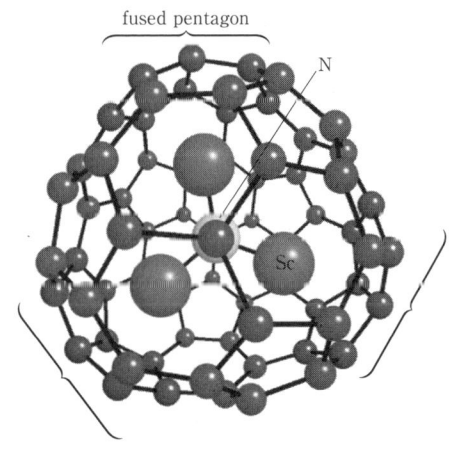

図8.19 非IPR構造をもつ，$Sc_3N@C_{68}$の分子構造．三つのSc原子が位置するコーナーにfused pentagonが存在する[109]．

7にSc$_2$@C$_{66}$の電子密度分布と分子構造を示す．2個のSc原子がSc$_2$ダイマーを形成し，2組の隣接した五員環（fused pentagon）に寄り添っている．Sc$_2$ダイマーはC$_{66}$ケージに2個もしくは3個の電子を与えることで，ケージ内部で静電的な引力と反発力がつりあう位置（fused pentagon付近）に安定に存在している．

Sc-窒素クラスターを内包したC$_{68}$ケージをもつ(Sc$_3$N)@C$_{68}$もIPRを破るフラーレンである[109]．(Sc$_3$N)@C$_{68}$は炭素ケージ内に三つのfused pentagonが存在し，三つのSc原子がそれぞれ寄り添っている（図8.19参照）．このフラーレンにおいてもSc原子から炭素ケージのfused pentagonへの電荷移動により，炭素ケージが安定していると考えられる．非IPR内包フラーレンのケージであるC$_{66}$とC$_{68}$は，空のフラーレンでは存在しないが，内包フラーレンでは金属原子からの電荷移動によって極めて安定化される．これらのIPRに従わない金属内包フラーレンを詳しく研究することにより，フラーレンや金属内包フラーレンの生成過程を解明できるであろう．

8.8　金属内包フラーレンの電子状態と物性

(1) 金属内包フラーレンの電子状態

Minnesota大学，IBM（Almaden）と東京都立大学の共同研究チームは，La@C$_{82}$の電子状態を光電子分光と理論計算を用いて調べた[113]．その結果，La@C$_{82}$の電子状態についていくつかの特性が明らかになった．すなわち，(1) La@C$_{82}$結晶は非金属である，(2) La原子はC$_{82}$のケージの中心には存在せず，炭素ケージの近くに位置している，(3) Laの価数は三価（La^{3+}）である，(4) Laの5d状態はLa原子に局在していて，SOMO (singly-occupied-molecular orbital) 軌道より〜1.2 eVだけ上に位置する，などの特徴である．図8.20にLa@C$_{82}$の価電子帯の光電子分光のスペクトルを示す．C$_{82}$のスペクトルと比較すると，La@C$_{82}$のスペクトルは全体にわたって変化があることがわかる．1のバンドはSOMO軌道によるもので，フェルミ面より0.6 eVだけ下に位置している．

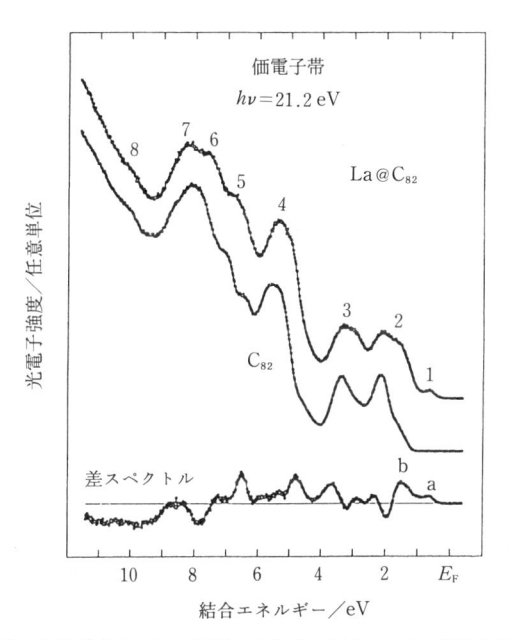

図 8.20 La@C$_{82}$ の光電子スペクトル[113]．1 のピークはフェルミ準位より 0.64 eV 低い SOMO 軌道に対応する．スペクトルの立ち上がりは 0.35 eV である．

また，日野ら[114]は，La@C$_{82}$ の紫外光電子分光 (ultraviolet photoemission spectroscopy, UPS) を行い，フェルミ準位近傍に空の C$_{82}$ にはない新しい二つのピーク (0.9, 1.6 eV) を観測した．二つのピークは La 原子から，それぞれ HOMO-1 軌道と HOMO 軌道への電子移動に起因している．二つのピークの強度比が 1:2 であることから La から C$_{82}$ へは 3 個の電子が移動していることがわかる．つまり，La@C$_{82}$ は La^{3+}@C$_{82}$$^{3-}$ の電子構造をもち，これは先の IBM (Almaden) グループの ESR による結果 (8.4 節参照) と一致する．高橋ら[115]は，Sc$_2$@C$_{84}$(D_{2d}(No.23)) の XPS (X-ray photoemission spectroscopy) と UPS を行い，Sc 原子の酸化数が +2 に近いこと，また固体の Sc$_2$@C$_{84}$(D_{2d}(No.23)) は約 1 eV のバンドギャップをもつ絶縁体であることを報告している．

金属内包フラーレンの電子状態はサイクリックボルタメトリー (cyclic voltametry) を用いても調べられている．分子科学研究所と東京都立大学の共同

表8.2 金属内包フラーレンの電気化学的な特性[a,27,116,117].

Redox (V)	ᵒˣE2	ᵒˣE1	ʳᵉᵈE1	ʳᵉᵈE2	ʳᵉᵈE3	ʳᵉᵈE4	ʳᵉᵈE5	ʳᵉᵈE6	IP (eV)	EA (eV)
La@C_{82}(I)[b]	+1.07[c]	+0.07	−0.42	−1.37	−1.53	−2.26	−2.46		6.19	3.22
La@C_{82}(II)	+1.08[c]	−0.07	−0.47	−1.40[d]		−2.01				
Y@C_{82}(I)	+1.07[c]	+0.10	−0.37	−1.34[d]		−2.22	−2.47		6.22	3.20
Sc@C_{82}(I)									6.45	3.08
Ce@C_{82}	+1.08[c]	+0.08	−0.41	−0.41	−1.53	−1.79	−2.25	−2.50		
Gd@C_{82}	+1.08[c]	+0.09	−0.39	−1.38[d]		−2.22[c,d]				
La$_2$@C_{80}	+0.95	+0.56	−0.31	−1.71	−2.13[c]					

a) T. Suzuki et al., *Angew. Chem. Int. Ed. Engl.*, **34**, 1094 (1995).
b) I, IIは異性体を示す[65].
c) 不可逆.
d) 2電子過程.

研究グループは，La@C_{82}の酸化還元電位を測定した[116]．その結果，通常のC_{60}，C_{70}などの空のフラーレンと比較して，La@C_{82}は特徴的な酸化還元電位をもっていることがわかった．これらは，（1）La@C_{82}はフェロセンと同程度の可逆的な酸化電位をもち，優れた電子供与体である，（2）La@C_{82}のC_{82}の電荷は−3であるのに，サイクリックボルタモグラムには可逆的な五つの波が観測され，第一還元電位はC_{84}までの空のフラーレンのものよりプラス側にある，（3）つまりLa@C_{82}はC_{60}，C_{70}，C_{76}やC_{84}の空のフラーレンと比較して，強い電子受容体でもある，（4）第一酸化電位と第一還元電位が非常に近い（～500 mV，C_{60}では～2,300 mV）．第一還元電位が非常に小さい理由は，La@C_{82}のHOMOは一つの電子があるだけなので（SOMO軌道），La@C_{82}^-になって閉殻電子構造をとりやすいためである．また，La@C_{82}^-からLa@C_{82}^{5-}までの還元過程は，La原子に局在したものではなく，La@C_{82}分子全体に非局在していると考えられる．このため，5個の電子はそれぞれ，HOMO（1個），LUMO（2個），LUMO+1（2個）の各分子軌道を占める．これらの軌道はもともとC_{82}の分子軌道なので，少なくとも5−まで電子はC_{82}ケージに移動することができ，La原子は3+のままであると予想される．これは先のIBM（Almaden）グループのESRによる結果[20]および日野ら[114]のUPSの結果と一致する．

　Y@C_{82}，Ce@C_{82}，Gd@C_{82}などの金属内包フラーレンの第一酸化還元電位は

La@C$_{82}$ のものとほとんど変わらない（表8.2参照）[117]．これは，理論計算[27]より求められたイオン化ポテンシャルと電子親和力がこれらの金属内包フラーレンで非常に近い値をとることと一致する．結論として，M@C$_{82}$ 型の金属内包フラーレンは今まで知られているどのフラーレンより優れた電子供与体であると同時に電子受容体である．

(2) 金属内包フラーレンの磁性と超原子性

それではこのように特徴的な電子特性をもつ金属内包フラーレンは，固体状態でどのような磁気特性をもつのだろうか？ 現在までに行われている金属内包フラーレンの磁気特性に関する実験は極めて少ない．この大きな理由の一つは，ミリグラム以上の量の高純度の金属内包フラーレンを得るのに，多くの時間と労力が必要なためである．これらの困難を克服して，山本と船坂らの動力炉核燃料開発事業団の研究グループ[118,119]は La@C$_{82}$ と Gd@C$_{82}$ の磁気特性を 5〜200 K の温度範囲で測定した．La@C$_{82}$ と Gd@C$_{82}$ は常磁性を示し，一定磁場（5T）において磁化率の逆数（$1/(\chi-\chi_0)$）を温度（T）に対してプロットした曲線はキュリー-ワイス（Curie-Weiss）則でフィットすることができる[120]．La@C$_{82}$ と Gd@C$_{82}$ の 1g あたりのキュリー定数（C）はそれぞれ，1.63×10^{-5} emu K g^{-1} Oe^{-1} と 5.22×10^{-3} emu K g^{-1} Oe^{-1} であり，ワイス温度はそれぞれ 0.890 K と -0.65 K であった．また，これらのキュリー定数から計算した有効磁気モーメント（μ_{eff}）は，La@C$_{82}$ と Gd@C$_{82}$ で一分子あたりそれぞれ $0.38\mu_{\mathrm{B}}$ と $6.90\mu_{\mathrm{B}}$ であった．これらの μ_{eff} 値は理論的に予想される値（Gd@C$_{82}$ では $\mu_{\mathrm{eff}}=7.94\mu_{\mathrm{B}}$）より小さい．特に，La@C$_{82}$ の μ_{eff} は異常に小さい．La@C$_{82}$ では何らかの原因で磁気モーメントが固体中ではかなり消失している．この原因は明らかではないが，La@C$_{82}$ の固体結晶中では何らかの強い分子間相互作用が働いていることを意味している．

篠原ら[86,87]は，La@C$_{82}$ と同様な電子状態をもつ Y@C$_{82}$ は，Cu(111) 清浄表面上で二量体を中心とするクラスターを形成する傾向があることを STM 観測により見いだしている．La@C$_{82}$ や Y@C$_{82}$ を原子に，(La@C$_{82}$)$_2$ や (Y@C$_{82}$)$_2$ を分子に対応させると，La@C$_{82}$ や Y@C$_{82}$ などの金属内包フラーレンは超原子（superatom）と考えることができる．超原子という概念は NEC

基礎研究所の渡辺ら[121]によって，半導体ヘテロ構造中の球形正電荷に関連して提案された．その後，いくつかの理論計算のグループによって，フラーレンのsuperatom特性が指摘されている．RosénとWaestbergにより[122] La@C_{60}について，斎藤晋により[123] C_{60}X (X = K, O, Cl) に，永瀬と小林によって[124] M@C_{82} (M = Sc, Y, La, Ce) についてsuperatom特性が指摘された．特に，M@C_{82} (M=Sc, Y, La, Ce) では，M@C_{82}，(M@C_{82})$^+$，(M@C_{82})$^-$で中心金属Mの価数はほとんど変化しないことがわかっている[124]．たとえばLa@C_{82}では，La@C_{82}，(La@C_{82})$^+$，(La@C_{82})$^-$のLaの価数はそれぞれ，+2.92, +2.97, +2.90である．これは，通常の原子では当たり前のことであるが，これらの金属内包フラーレンのsuperatom特性を裏付けている．

8.9　C_{60}内包型の金属内包フラーレン

(1) M@C_{60}型のフラーレンの生成

これまで述べてきたように現在までの金属内包フラーレンの研究の多くは，M@C_{82} (M = Sc, Y, Laなど) やSc$_2$@C_{84}などの高次フラーレンに内包された金属フラーレンについてのものである．一方，La@C_{60}やY@C_{60}などのC_{60}内包型の金属フラーレンは，高温レーザー蒸発法やアーク放電法で生成したススの質量分析では観測されるが[13,29,45]，溶媒による抽出が一般に非常に困難である[13]．

M@C_{60}型の金属内包フラーレンは，CaC$_{60}$やCeC$_{60}$などが溶媒抽出されている．Smalleyら[125,126]はカルシウムがC_{60}に内包されるという報告をしている．CaO／グラファイトの混合ロッドの高温レーザー蒸発法（図3.1参照）で生成したススを，二硫化炭素溶媒で抽出した試料の質量スペクトルには$C_{60}{}^+$と$C_{70}{}^+$のほかに，CaC$_{60}{}^+$に起因する強いシグナルが観測された．CaC$_{70}{}^+$とCaC$_{84}{}^+$に対応する弱いピークも見られた．興味深いことに，ランタノイド系列の場合におもに観測されていた，C_{82}に内包されていた金属フラーレンCaC$_{82}{}^+$はほとんど観測されていない．そのほか，二，三の点でCa内包フラーレンはランタノイドフラーレンと異なっている．たとえば，Ca@C_{60}の生成

量は，レーザー脱離質量スペクトル上でC_{70}と同程度であることや，カルシウムが複数個内包された内包フラーレンが観測されていないことなどである．また，CaO／グラファイトの混合ロッドを作製する際には，Ca/Cの原子比が0.3%が最適である．これも，La，Y，Sc@C_{82}などの場合と比較すると大きく異なる点である．Ca@C_{60}とCa@C_{70}の生成は混合ロッド（8.5節）中のCaとCの混合比に非常に敏感である[125-127]．一方，La，Y，Sc@C_{82}などでは，混合比は大きな許容範囲をもっている．Ca内包フラーレンの最大の特徴は，C_{82}にではなく，C_{60}に内包された初めての金属フラーレンであることである．Smalleyらは，Ca@C_{60}とCa@C_{70}はトルエン，二硫化炭素，ピリジンに可溶であると報告している[125]．

(2) M@C_{60}型フラーレンの溶媒抽出

久保園ら[128]は，Smalleyらの実験を再現したが，Ca@C_{60}とCa@C_{70}は酸素除去下での室温のピリジンによって抽出されることを報告している．図8.21に室温でのピリジン抽出物の質量分析スペクトルを示す．空のフラーレンのほかに，Ca@C_{60}とCa@C_{70}の強いピークが観測されている．また，M@C_{82}

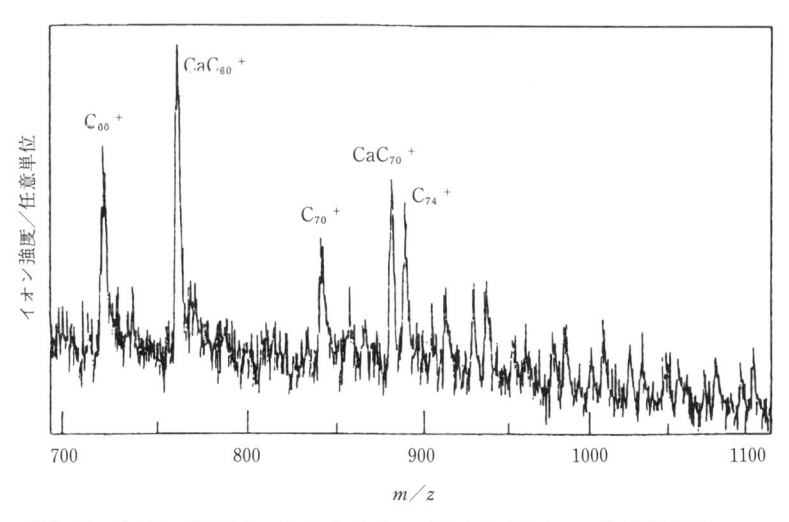

図8.21 ピリジン抽出物中のCaC_{60}とCaC_{70}の存在を示唆するレーザー脱離質量スペクトル[128]．

(M＝Sc，Y，La など) 型の金属内包フラーレンの抽出物の質量スペクトル (図8.3) と異なり，Ca 内包フラーレンでは C_{82} や C_{84} 以外にも，C_{72} 以上のサイズのフラーレンのほとんどに内包されることが大きな特徴である[96,99,100]．つまり，Ca 内包フラーレンでは C_{82} はもはや特殊なフラーレンケージではない．また，Ca@C_{60} と Ca@C_{70} は酸素除去下でなくとも，室温以下の温度であれば，ピリジンで効率良く抽出されることが報告されている[129,130]．

　M@C_{60} の溶媒抽出が，Ca@C_{60} を除いて一般に観測されていない理由が大きく分けて二つ考えられる．(1) M@C_{60} は金属とグラファイトの混合ロッドのアーク放電 (または高温レーザー蒸発法など) で生成するが，大気中では不安定で (あるいは反応性が高く)，なんらかの原因で分解してしまう．(2) M@C_{60} はいろいろな溶媒に不溶であるため，ススの抽出物や可溶性成分を調べても検出されない．理由 (1) が原因で M@C_{60} が検出されないのだとすると，アーク放電で生成した M@C_{60} を含んだススを anaerobic (嫌気下) でサンプリング・溶媒抽出すれば，M@C_{60} を検出できるはずである．8.7節(1)で述べたように，トルエン溶媒では嫌気下でも M@C_{60} は抽出されなかった．M@C_{60} はピリジンなどのごく限られた溶媒に可溶なのである．それではなぜ，M@C_{60} はピリジンやアニリン[131]で抽出されるのであろうか？ Wang ら[125]によれば，Ca@C_{60} はヤーン-テラー変形をうけるため対称性は C_{5v} に低下している．また Ca は二価で (Ca^{2+}@C_{60}^{2-})，Ca^{2+} は C_{60} の中心から 0.07nm ケージに近いところにあり，Ca@C_{60} は基底状態で三重項状態 ($^3A_2$) である．今までのところ，Ca@C_{60} はピリジンやアニリンなどの非結合性の電子[132]をもつ溶媒で抽出されている．Ca@C_{60} はこれらの溶媒分子の非結合性電子により安定化され抽出されている可能性が高い[131]．

(3) Li@C_{60} 塩の単離と単結晶構造解析

　半導体など無機材料でのドーピングに用いられるイオンインプランテーション (ion implantation) と呼ばれる方法のフラーレンへの適用を最初に論文として報告したのは Anderson のグループである (8.5節参照)．彼らは気相中でアルカリ金属イオンと C_{60} を衝突させることにより，質量スペクトルでアルカリ金属と C_{60} の合わさった分子量ピークを観測した．この結果を受け，

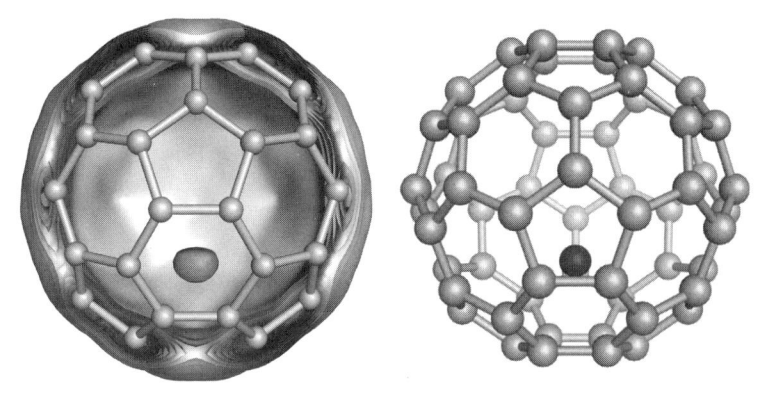

図 8.22 Li@C_{60} の単結晶 X 線構造解析に基づく分子構造（断面図）．Li^+ イオンは C_{60} ケージ内で揺動しているため長細く観測されている[133]．

Campbell ら[60]はよりスケールアップした C_{60} の蒸着膜とイオンビームによる実験を行った．Campbell らのイオン照射による方法と畠山らの発案したプラズマを用いる合成法（8.5 節参照）の基礎研究に触発され，これらの方法を融合して極端にスケールアップしたのが笠間ら（㈱イデアルスター）の研究である．彼らは，イオン源としてイオンビームではなくイオンプラズマを用い，フラーレンの昇華蒸着も逐次ではなく連続的に堆積させる方法（プラズマシャワー法）を開発した[62]．

東北大の飛田らによって，Li@C_{60} 単離精製のために，電子を除去（酸化）する手法が試みられた．結果としてその試みが突破口を開くことになった．ヘキサクロロアンチモン酸トリス（4-ブロモフェニル）アンモニウムル [(4-BrC_6H_4)$_3$N]($SbCl_6$) を用い，o-ジクロロベンゼンとアセトニトリルの混合溶媒中で酸化したところ，空の C_{60} と相互作用しない Li 内包 C_{60} 陽イオン ([Li@C_{60}]$^+$) が $SbCl_6$ 塩として得られた．この塩は，抽出，洗浄および再結晶の繰り返しにより単離され，さらに名古屋大学の澤・篠原らによってラマン測定や単結晶 X 線構造解析が行われた[133]．金属原子を内包した C_{60} について，X線構造解析によってその結晶構造が明らかにされたのはこれが初めての例である．澤らが SPring-8 と共同で測定した放射光 X 線回折データを元に解析された結晶構造の Li 内包 C_{60} 陽イオン部を図 8.22 に示す．C_{60} の球状の電子雲に囲まれた内部に Li 原子が存在している．Li 原子はフラーレン殻内部の 2 箇所

に50％ずつの存在確率で位置しており，殻に隣接する陰イオンに引かれるように，フラーレン殻の中心から約1.3Åずれたところに存在している．ついに，C_{60}に内包された金属の存在が明らかにされた！

吸収スペクトルでは[Li@C_{60}]$^+$イオンと空のC_{60}の違いはほとんどなく，フロンティア軌道間のエネルギーギャップはほぼ同じである．これに対し電気化学測定（differential pulse voltammogramによる酸化還元電位測定）では，[Li@C_{60}]$^+$は空のC_{60}に比べて0.5〜0.7V程度還元されやすい[133]．これは，分子軌道の絶対的なエネルギー準位は内包Liとの相互作用によって大きく引き下げられていることを意味する．これらの結果は，内包されたLiは一価の陽イオンとなっており，C_{60}殻との軌道相互作用はほとんどないが，クーロン相互作用は強いことを示している．すなわち，外側のC_{60}殻は，電子構造的には中性のC_{60}とほぼ等しいが，それが内包Liイオンのクーロンポテンシャルによって全体的に安定化を受けている．

8.10 金属内包フラーレンの生成機構と反応性

溶媒抽出されやすいM@C_{82}（M＝Sc, Y, Laなど）型の金属内包フラーレンでは，金属がC_{82}という特別なサイズのフラーレンに内包されている．この実験事実をわれわれはどのように解釈すればよいのだろうか？　この大きな謎を解明するには，その生成機構（growth mechanism）を考えなければならない．

斎藤晋と沢田[134]は，いくつかの実験事実を説明する非常に興味深いLa@C_{82}の生成機構を提唱した．彼らは，金属フラーレンが生成する際にはつねにC_{60}の生成量が減少するという実験事実[13,30]に注目し，La@C_{82}の"原料"としてC_{60}を考えた．C_{60}とランタン原子が接近することにより，ランタン原子からC_{60}へ電子移動が起こる．この場合，ランタン原子はC_{82}ケージ上の六員環の一つに電子移動を起こしてLa^{3+}状態になる（ここでLa^{3+}の半径が大きく減少する）．電子移動の結果，六員環を形成する三つのC-C一重結合が開裂すると同時に，La^{3+}のまわりに12個の炭素原子が配位してLa-C_{72}を形成する．C_{12}は炭素クラスター分子線中には多量に存在するといわれている．いったん

LaC_{72} が生成すると，優先的に $La@C_{82}$ を形成する．

斎藤晋らのモデルのほかに，若林と阿知波らによりフラーレンの Ring-Stacking モデル[135]（第5章5.5節(2)参照）に基づいた $La@C_{82}$ の生成機構が提唱されている[136]．このモデルでは，ランタン原子は $La-C_6$ クラスターとして穴の開いた C_{76} クラスターと反応する．この結果，$La@C_{82}$ が比較的効率よく生成する．この場合に"原料"として重要な $La-C_6$ クラスターは，レーザー蒸発クラスター分子線質量分析で実際に観測されている[136]．また，Jarroldら[137] は，気相イオンクロマトグラフィー法（第2章2.2節(3)参照）を用いてLa内包フラーレンの生成プロセスを研究した．気相では単一サイズの炭素クラスターに多くの異性体が存在することがわかっているが[23,24,27-29]，金属を含んだ炭素クラスターにもいくつかの異性体が存在する．Jarrold らによれば，多環状の炭素クラスターにLa原子が結合したクラスターが熱せられると，98%以上の収率でLa内包フラーレンに構造転移する．このクラスターの熱的なアニール過程では，La原子の回りに炭素クラスターが再配列してLa原子内包型のフラーレンを生成する．

以上の生成モデル以外の金属内包フラーレンの生成機構も提案されているが，これらはいずれも具体性に乏しい．金属内包フラーレンの生成機構は C_{60}・フラーレンの生成機構と直接に結びついている．金属内包フラーレンの生成機構を解明することにより，C_{60}・フラーレンの生成の機構も解明されると思われる．気相イオンクロマトグラフィーなどによる実験的な研究によって，フラーレンの生成に関する新たな情報が得られてきている．今後は生成途中にある，さまざまなフラーレンの"原料"を質量分析などの手段を用いて実際に観測する必要がある．

8.11 金属内包フラーレン研究の展開

Rice 大学のグループ[138,139] は，高温レーザー蒸発法とアーク放電法を用いて，グラファイトと UO_2（二酸化ウラン）の混合試料を蒸発させた．生成したフィルム状の試料（レーザー蒸発法の場合）あるいはススの蒸発性部分（アーク放電の場合）のレーザー脱離質量スペクトルを観測すると，ウラン原子を含ん

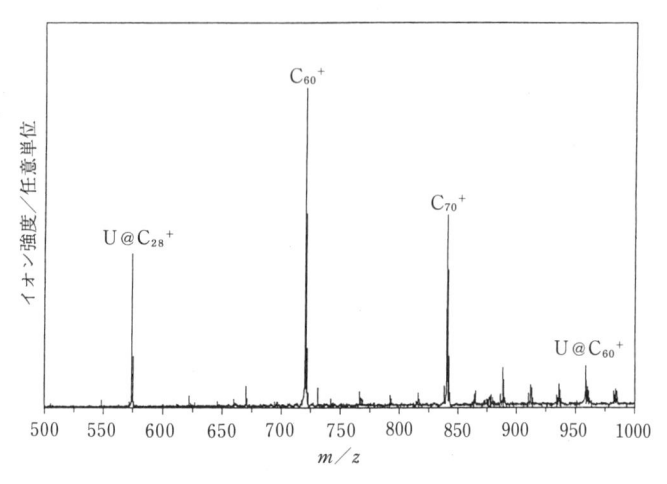

図 8.23 U@C$_{2n}$ の存在を示す FT-ICR 質量スペクトル[138]．高温レーザー蒸発法（図 3．1 参照）で生成した堆積物の昇華フィルムの質量スペクトル．グラファイト／UO$_2$ の混合ロッドのレーザー蒸発．

だ U@C$_{60}$ や U@C$_{28}$ が観測された（図 8.23）．この質量スペクトルで見逃してはならないのは U@C$_{28}$ の強いピークである．Smalley らは，このマジックナンバー的に強いピークは，ウラン原子が C$_{28}$ という小さいサイズのフラーレンに内包されているためと解釈している．実際に同グループは，ウラン原子以外にも Hf@C$_{28}$，Zr@C$_{28}$，Ti@C$_{28}$ などの一連の M@C$_{28}$ の存在を質量分析で確認している[138,139]．以上の M@C$_{28}$ をとくに多量に生成する金属Mに共通することは，これらの金属の価数が +4 であることである．

Smalley らは，これらのウラン原子を含んだウラン内包フラーレン（uranofullerenes）の構造についての情報を得るために，XPS を観測した．標準試料の UO$_2$ の 4f エネルギー分布と比較すると，観測ピークに 1.9 eV 程度の化学シフトが見られる．このことから，Smalley らは四価の酸化状態にある中心のウラン原子（U^{4+}）は炭素のケージと共有結合的な強い結合をつくっていると結論している．また二つのスペクトルの比較から，U@C$_n$ のウラン原子は UO$_2$ のように酸化されていないので，ウラン原子がフラーレンのケージに内包されている実験的な証拠としている．そして注目すべきことは，これらの M@C$_{28}$ 型の金属内包フラーレンは真空中で昇華することである．五・六員環

からなる，いわゆるケージ状フラーレン構造はC_{32}からはじまるとされてきた[140]が，M@C_{28}金属フラーレンの発見は，今までのフラーレンの生成あるいは安定構造の議論に，新たなそして大きな波紋を投げかけたといえる．現在までで，C_{60}より小さなサイズのフラーレンはマクロスコピックに生成，単離されていない．これは，C_{60}より小さなサイズのフラーレンはIPR（第5章5．4節(2)参照）を満足しないからと考えられている．将来，M@C_{28}型の金属内包フラーレンがマクロスコピックに単離されればフラーレン科学に新しい世界をもたらすであろう．

金属内包フラーレンが精製，単離された直後から，金属内包フラーレンの化学反応性の研究も行われている[141-143]．赤坂ら[141,142]は，La@C_{82}，La$_2$@C_{80}やSc$_2$@C_{84}などの金属内包フラーレンに，フラーレンケージの外から光および熱誘起でジシリレン（disilirane）を修飾したフラーレン，La@C_{82}[(Mes$_2$Si)$_2$CH$_2$]$_2$，La$_2$@C_{80}[(Mes$_2$Si)$_2$CH$_2$]$_2$，Sc$_2$@C_{84}[(Mes$_2$Si)$_2$CH$_2$]$_2$を生成している．鈴木ら[143]は，La@C_{82}に熱的にジフェニルジアゾメタン（diphenyl-diazomethane, Ph$_2$CN$_2$）を反応させ金属内包フラーレン，La@C_{82}[(CPh$_2$)$_n$]（$n=1$-3）を生成した．La@C_{82}[(Mes$_2$Si)$_2$CH$_2$]$_2$とLa@C_{82}[(CPh$_2$)$_n$]はLa@C_{82}と同様にESR活性であり，8本の超微細構造が観測された．これらの有機化学的な修飾を施した金属内包フラーレンは，新たな金属内包フラーレン関連物質の開発に関連して興味深い．

真島らの研究グループは，STMのトンネル電流を注意深く変化させることにより，Tb@C_{82}[144]やLu@C_{82}[145]分子をそれぞれ，Au(111)清浄表面上と自己組織化単分子（self-assembled monolayer, SAM）膜上で回転させることに成功した．これは，ナノサイズの究極の分子スイッチである．

金属内包フラーレンの放射化分析も行われている[146-148]．菊地ら[146]は，Gd@C_{82}に中性子を照射することにより^{159}Gd@C_{82}と^{161}Tb@C_{82}を生成し，C_{82}炭素ケージ中でのこれらの放射性元素の崩壊を観測している．その結果，β崩壊時にもC_{82}の炭素ケージは安定であることがわかった．つまり金属内包フラーレンを放射性のラベリング（radioactive labeling）に用いることが可能である．東京都立大学のグループは[148]，実際に，放射性の^{140}La@C_{82}を生成しラットの内臓に注入し，γ線を観測することにより生体内での生理活性と分布を測

定した．その結果，La@C$_{82}$ はとくに，肝臓と血液中に多く存在することがわかった．これらの結果は，金属内包フラーレンの生体系での放射性のラベリングやトレーサーとしての有用性を示すものとして注目に値する．

　一方，核磁気共鳴診断法（magnetic resonance imaging, MRI）は，今日の医療診断を支える非常に重要な手法である．体内の水プロトンの緩和時間により画像化するこの方法では，特定の部位や状態によってはコントラストが悪く，不鮮明な像しか得られない場合がある．このような場合に，コントラスト比を強くする目的で，MRI 造影剤が使用される．現在市販されている MRI 造影剤は，水溶性の Gd^{3+} 錯体が使用される．Gd^{3+} イオンは，七つの不対電子をもつ．これが生体内の水プロトンを緩和させ，コントラストが向上することから，MRI において欠かせないイオン種である．

　一方で，金属内包フラーレンとして，Gd^{3+} を内包したフラーレン Gd@C$_{82}$ を合成することが可能である．これは，造影剤に使用される Gd^{3+} とほぼ同じ電子状態にある．また，金属内包フラーレンの利点として，ケージ構造で Gd^{3+} がくるまれた状態なため人体への害もほとんど無い．また，Gd 錯体では，多くの不対電子が錯形成に使用されてしまうが，Gd 内包フラーレンにおいては，フラーレンのケージ内で不対電子はすべて残っているため，より高い水プロトンの緩和が期待される．

　三川らは，水溶性の Gd@C$_{82}$(OH)$_{40}$（Gd フラレノール）を合成して，その緩和能を市販の造影剤（Gd-DTPA）と比較した結果，Gd-DTPA は 3.8 mM^{-1}s^{-1} なのに対して，Gd@C$_{82}$(OH)$_{40}$ は，67 mM^{-1}s^{-1} であり，市販品の 20 倍近い造影効果を有することを明らかにした[149,150]．図 8.24 に，Gd フラレノールをマウスに使用した時の MRI 像を示す．24 時間後には，ほとんどのフラレノールが体外に排出される．また急性毒性についてこのフラレノール型では毒性が低いことも報告されている[151]．

　これらの研究以降，Gd 内包フラーレンの MRI 応用研究が世界中で展開され始めている[151,152]．中国の研究グループは，Gd 内包フラーレン誘導体として臓器特異的な官能基を修飾し，生体認識能を有する誘導体の合成を報告している[153]．また，MRI 造影剤だけでなく CT 造影剤としても金属内包フラーレンの応用研究が行われている[110,154]．CT 造影剤として重要なことは，いかに X 線

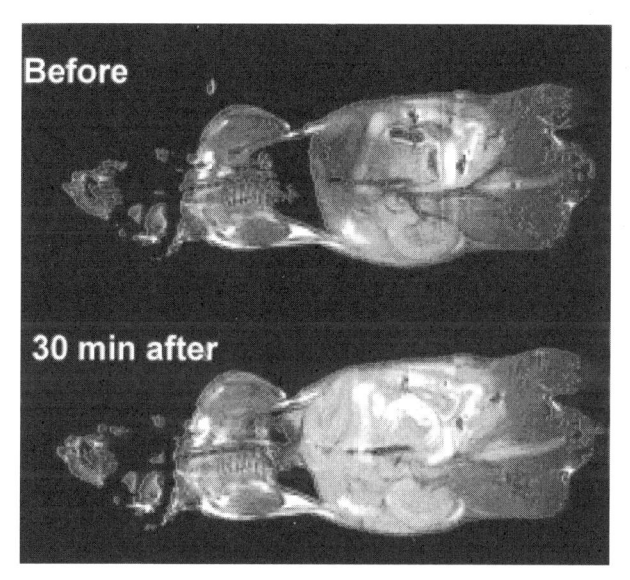

図8.24 Gdフラレノール（Gd@C$_{82}$(OH)$_{40}$）を造影剤として用いた時のマウスのMRI画像．ドーズ量は5μmolGd/kgで，これは市販の造影剤Gd-DTPAの1/20の量である[149]．

を遮蔽できるかということである．市販のX線造影剤は，ヨウ素を含むトリヨードベンゼン誘導体が使用され，かなりの高濃度の水溶液が体内に投与される．金属内包フラーレンは，最大で重ランタノイド元素を3個内包させることが可能であり，高いX線遮蔽効果が期待されている．

以上のように，その構造，物性，反応のすべての面において新規で興味深い金属内包フラーレンは，材料や生体系での応用の大きな可能性を考えると，なんらかの方法で金属内包フラーレンを多量に生成，抽出することが今後の重要なテーマとなってくる．これはフラーレン研究において魅力に富んだ非常にチャレンジングな研究テーマである．

引用文献と注

1）フェロセン分子［Fe(C$_5$H$_5$)$_2$］は，五角形をした二つの炭化水素の間に鉄の原子がはさまったサンドイッチのような分子構造をもつ．

2）篠原久典，「奇跡の 2 週間―1985 年夏，Rice 大学」，C_{60}・フラーレンの化学，『化学』編集部編，化学同人（1993）pp. 175-185, に詳しい背景が述べられている．

3）星間空間には，拡散（diffuse）した暗線のバンドが観測される．これらの拡散バンドのもっとも強いものの一つは，波長 443 nm に現れ，1930 年代に星間空間に起源をもつことが確かめられた．1970 年代までに 40 本以上の拡散バンドが観測されたが，その起源は解明されていなかった．

4）H. W. Kroto, J. R. Heath, S. C. O'Brien, R. F. Curl and R. E. Smalley, *Nature*, **318**, 162 (1985).

5）Smalley が紙で作った C_{60} の構造モデルを，彼のオフィスでのグループミーティングで紹介したのが 1985 年 9 月 10 日（火）の朝であるが，金属を内包した C_{60} の議論は翌，11 日（水）の午前中に行われている．午後には O'Brien が Fe@C_{60} の生成を目指したレーザー蒸発質量分析の実験を始め夜遅くまで実験をくりかえしたが，成功しなかった（文献 2）参照．

6）Heath は学生実験のときに使った LaF_3 という化合物との類似から，La 原子内包の C_{60} を考えついた．LaF_3 結晶では，格子構造のなかで 12 個のフッ素原子と 1 個のランタン原子が結びついている．この化合物のなかのランタン原子は球状の電子雲の中に位置していたので，C_{60} のケージ内部にもランタン原子がうまく内包されるかも知れないと考えた．

7）J.R. Heath, S.C. O'Brien, Q. Zhang, Y. Liu, R.F. Curl, H.W. Kroto, F.K. Tittel and R.E. Smalley, *J. Am. Chem. Soc.*, **107**, 7779 (1985).

8）D.M. Cox, D.J. Trevor, K.C. Reichman and A. Kaldor, *J. Am. Chem. Soc.*, **108**, 2457 (1986).

9）しかし Cox らも，論文の最後には和解の余地を残していた．質量スペクトルだけから構造を推定すると間違った解釈を生みやすいが，サッカーボール型構造の研究は続けるべきだ，と．この意見は，現在（2011 年）でも正しい．というのは，アーク放電などで生成され，単離されている C_{60} はサッカーボール型構造をしていることが直接の構造解析で確認されているが，クラスター分子線中の C_{60} については"状況証拠"以外の構造解析は依然として行われていないからである（第 2 章 2.2 節(3)参照）．

10）M.Y. Hahn, E.C. Honea, A.J. Paguia, K.E. Schriver, A.M. Camerea and R.L. Whetten, *Chem. Phys. Lett.*, **130**, 12 (1986). この論文には，Rice グループからすぐに反論の論文が報告された．すなわち，S.C. O'Brien, J.R. Heath, H.W. Kroto, R.F. Curl and R.E. Smalley, *Chem. Phys. Lett.*, **132**, 99 (1986).

11）W. Krätschmer, L. D. Lamb, K. Fostiropoulos and D. R. Huffman, *Nature*, **347**, 354 (1990).

12）J.M. Hawkins, A. Meyer, T. A. Lewis, S. Loren and F. J. Hollander, *Science*, **252**, 312 (1991).

13）Y. Chai et al., *J. Phys. Chem.*, **95**, 7564 (1991).

14）R. E. Haufler et al., "Carbon Arc Generation of C_{60}", in Cluster and Cluster-Assembled

Materials, eds. R. S. Averback, J. Bernholc and D. L. Nelson, Materials Research Society, Pittsburgh (1991) pp. 627-637.
15) "endohedral" とは,「表面の中」に位置するという意味である.endo も hedral もギリシャ語が語源である.反対は "exohedral" である.
16) C_{82} は C_{76}〜C_{96} までの高次フラーレンのなかでも,最も生成量が少ないフラーレンである. C_{82} は菊地らにより初めて生成・単離された:K. Kikuchi et al., *Chem. Phys. Lett.*, **188**, 177 (1992).
17) A. H. H. Chang, W. C. Ermler and R. M. Pitzer, *J. Chem. Phys.*, **94**, 5004 (1991).
18) D. E. Manolopoulos and P. W. Fowler, *Chem. Phys. Lett.*, **187**, 1 (1991).
19) J. Baggott, "Perfect Symmetry", Oxford Univeristy Press, Oxford (1994). 日本語訳:「究極のシンメトリー」(フラーレン発見物語),小林茂樹訳,白揚社 (1996).
20) R. D. Johnson et al., *Nature*, **355**, 239 (1992).
21) 電子の近くに核スピンをもつ原子核があると,核スピンの向きに応じて,実効的に磁場が電子に働き,外部磁場と異なる位置に共鳴磁場が移動する.核スピンを I で表すと,核スピンの向きは $(2I+1)$ 個ある.そのために $(2I+1)$ 個の共鳴条件が満たされることになる.一般に,核スピン I の $α$ 個の核を内包する ESR 活性のフラーレンは,$(2αI+1)$ 本の ESR 超微細構造を示す.たとえば,スカンジウム $(I=7/2)$ を3個内包する金属内包フラーレン,$Sc_3@C_{82}$ は22本の超微細構造を示す.
22) H. Bill and O. Pilla, *J. Phys.*, C **17**, 3263 (1984).
23) K. Laasonen, W. Andreoni and M. Parrinello, *Science*, **258**, 1916 (1992).
24) S. Nagase, K. Kobayashi, T. Kato and Y. Achiba, *Chem. Phys. Lett.*, **201**, 475 (1993).
25) S. Nagase and K. Kobayashi, *Chem. Phys. Lett.*, **214**, 57 (1993).
26) S. Nagase and K. Kobayashi, *Chem. Phys. Lett.*, **228**, 106 (1994).
27) S. Nagase and K. Kobayashi, *J. Chem. Soc., Chem. Commun.*, 1837 (1994).
28) M. M. Alvarez, E. G. Gillan, K. Holczer, R. B. Kaner, K. S. Min and R. L. Whetten, *J. Phys. Chem.*, **95**, 10561 (1991).
29) J. H. Weaver et al., *Chem. Phys. Lett.*, **190**, 460 (1992).
30) H. Shinohara, H. Sato, Y. Saito, M. Ohkohchi and Y. Ando, *J. Phys. Chem.*, **96**, 3571 (1992).
31) H. Shinohara, H. Sato, M. Ohkohchi, Y. Ando, T. Kodama, T. Shida, T. Kato and Y. Saito, *Nature*, **357**, 52 (1992).
32) U. T. Hoechli and T. L. Estle, *Phys. Rev. Lett.*, **18**, 128 (1967).
33) 超微細構造の大きさの推測からは,ランタンやイットリウム内包フラーレンの場合と同様に,スカンジウムは+3価になっていると考えられる.しかし,永瀬ら(文献25)の理論計算によると Sc (3d) 軌道が深いために,スカンジウムは+2価になっている.
34) T. Kato, S. Suzuki, K. Kikuchi and Y. Achiba, *J. Phys. Chem.*, **97**, 13425 (1993).
35) M. Takata, E. Nishibori, M. Sakata, M. Inokuma, E. Yamamoto and H. Shinohara, *Phys.*

Rev. Lett., **83**, 2214 (1999).
36) Y. Iiduka et al., *J. Am. Chem. Soc.*, **127**, 12500 (2005).
37) E. Nishibori, I. Terauchi, M. Sakata, M. Takata, Y. Ito, T. Sugai and H. Shinohara, *J. Phys. Chem. B*, **110**, 19215 (2006).
38) これはいわゆる金属カーバイド内包フラーレンという新しい型の内包フラーレンである（8．7節(4)参照）．
39) H. Shinohara et al., *Mater. Sci. Engin.*, B **19**, 25 (1993).
40) H. Shinohara, M. Inakuma, N. Hayashi, H. Sato, Y. Saito, T. Kato and S. Bandow, *J. Phys. Chem.*, **98**, 8597 (1994).
41) T. Kato, S. Bandow, M. Inakuma and H. Shinohara, *J. Phys. Chem.*, **99**, 856 (1995).
42) C. S. Yannoni et al., *Science*, **256**, 1191 (1992).
43) P. H. M. van Loosdrecht, R. D. Johnson, D. S. Bethune, H. C. Dorn, P. Burbank and S. Stevenson, *Phys. Rev. Lett.*, **73**, 3415 (1994).
44) E. G. Gillan et al., *J. Phys. Chem.*, **96**, 6869 (1992).
45) L. Moro, R. S. Ruoff, C. H. Becker, D. C. Lorents and R. Malhotra, *J. Phys. Chem.*, **97**, 6801 (1993).
46) N. Tagmatarchis and H. Shinohara, *Chem. Mater.*, **12**, 3222 (2000).
47) N. Tagmatarchis, E. Aslanis, K. Prassides and H. Shinohara, *Chem. Mater.*, **13**, 2374 (2001).
48) Y. Ito, T. Okazaki, S. Okubo, M. Adachi, Y. Ohno, T. Mizutani, T. Nakamura, R. Kitaura, T. Sugai and H. Shinohara, *ACS Nano*, **1**, 456 (2007).
49) K. Kikuchi et al., *Chem. Phys. Lett.*, **319**, 472 (2000).
50) H. Umemoto, K. Ohashi, T. Inoue, N. Fukui, T. Sugai and H. Shinohara, *Chem. Commun.*, **46**, 5653 (2010).
51) 文献14）によれば，3時間の実験で約100mgのフラーレン堆積物を得ている．
52) Z. C. Ying, C. Jin, R. L. Hettich, A. A. Puretzky, R. E. Haufler and R. N. Compton, "Production and Characterization of Metallofullerene "Superatoms"", in Fullerenes: Recent Advances in the Chemistry and Physics of Fullerenes and Related Materials, eds. K. M. Kadish and R. S. Ruoff, The Electrochemical Society, Pennington (1994) pp. 1402-1412.
53) 混合ロッドの作製には，通常，グラファイトと酸化金属（例えば，La_2O_3 など）をピッチと呼ばれるバインダーとともに混合してロッド状に整形する．整形したロッドは，グラファイト棒に詰められた後に高温（1,600～2,000℃）で焼成される．またこのとき，焼成が十分でないと混合ロッドに酸素が残るため，金属内包フラーレンの生成効率が低下したり酸素が置換したフラーレンが生成することがある．
54) G. Adachi, N. Imanaka and Z. Fuzhong, "Rare Earth Carbides", in Handbook on the Physics and Chemistry of Rare Earths, Vol. 15, eds. K. A. Gschneidner, Jr. and L. Eyring, Elsevier Science, New York (1991) pp. 61-189.

55) S. Bandow, H. Shinohara, Y. Saito, M. Ohkohchi and Y. Ando, *J. Phys. Chem.*, **97**, 6101 (1993).
56) 坂東俊治, 齋藤弥八, 篠原久典, 未発表データ. ランタンと炭素の原子数比（C/La）が100のときに生成したLa@C_{82}の生成量は, C_{60}に対して約2.5〜3.0%（分子数比）であった.
57) M. M. Alvarez, E. G. Gillan, K. Holczer, R. B. Kaner, K. S. Min and R. L. Whetten, *J. Phys. Chem.*, **95**, 10561 (1991).
58) 東洋炭素株式会社（530-0001 大阪市北区梅田 3-3-10 梅田ダイビル10階）. 要望に応じて, 希望の金属／炭素混合ロッドを作製してくれる.
59) Z. Wan, J. F. Christian and S. L. Anderson, *Phys. Rev. Lett.*, **69**, 1352 (1992).
60) R. Tellgmann et al., *Nature*, **382**, 407 (1996) ; E. E. B. Campbell et al., *J. Phys. Chem. Solids.*, **58**, 1763 (1997).
61) T. Hirata et al., *J. Vac. Sci. Technol.*, A**14**, 615 (1996).
62) 岡田洋史ほか, 国際公開番号 WO2007/123208.
63) H. Shinohara, H. Yamaguchi, N. Hayashi, H. Sato, M. Ohkohchi, Y. Ando and Y. Saito, *J. Phys. Chem.*, **97**, 4259 (1993).
64) K. Kikuchi et al., *Chem. Phys. Lett.*, **216**, 67 (1993).
65) E. Yamamoto, M. Tansho, T. Tomiyama, H. Shinohara, H. Kawahara and Y. Kobayashi, *J. Am. Chem. Soc.*, **118**, 2293 (1996).
66) Y. Yamamoto, H. Funasaka, T. Takahashi and T. Akasaka, *J. Phys. Chem.*, **98**, 2008 (1994).
67) S. Stevenson et al., *Anal Chem.*, **66**, 2675 (1994) ; ibid., **66**, 2680 (1994).
68) S. Suzuki, S. Kawata, H. Shiromaru, K. Yamauchi, K. Kikuchi, T. Kato and Y. Achiba, *J. Phys. Chem.*, **96**, 7159 (1992).
69) M. Hoinkis, C. S. Yannoni, D. S. Bethune, J. R. Salem, R. D. Johnson, M. S. Crowder and M. S. de Vries, *Chem. Phys. Lett.*, **198**, 461 (1992).
70) S. Bandow, H. Kitagawa, T. Mitani, H. Inokuchi, Y. Saito, H. Yamaguchi, N. Hayashi, H. Sato and H. Shinohara, *J. Phys. Chem.*, **96**, 9609 (1992).
71) K. Kimura and S. Bandow, *Bull. Chem. Soc. Jpn.*, **56**, 3578 (1983).
72) Y. Yamamoto, H. Funasaka, T. Takahashi and T. Akasaka, *J. Phys. Chem.*, **98**, 12831 (1994).
73) M. Inakuma, M. Ohno and H. Shinohara, "ESR Studies of Endohedral Mono-Metallofullerenes", in Fullerenes : Recent Advances in the Chemistry and Physics of Fullerenes and Related Materials Vol. II, eds. K. M. Kadish and R. S. Ruoff, The Electrochemical Society, Pennington (1995) pp. 330-342.
74) Buckyprepカラムでの Y@C_{82} と YC_{82} の保持時間はそれぞれ, 22.94分と24.74分である. 実験条件は, Buckyprepカラム（20.0mmϕ×500mm）, 移動相100%トルエン, 流速16.0mL/min, 検出波長312nm：大野　誠, 名古屋大学大学院理学研究科

化学専攻　修士論文（1996年）．
75) D. S. Bethune, R. D. Johnson, J. R. Salem, M. S. de Vries and C. S. Yannoni, *Nature*, **366**, 123 (1993).
76) H. Shinohara, *Rep. Prog. Phys.*, **63**, 843 (2000).
77) L. Soderholm, P. Wurz, K. R. Lykke, D. H. Parker and F. W. Lytle, *J. Phys. Chem.*, **96**, 7153 (1992).
78) C.-H. Park et al., *Chem. Phys. Lett.*, **213**, 196 (1993).
79) K. Kikuchi, Y. Nakao, Y. Achiba and M. Nomura, "Endohedral Metallofullerenes, LaC$_{82}$ and La$_2$C$_{80}$", in Fullerenes : Recent Advances in the Chemistry and Physics of Fullerenes and Related Materials Vol. I, eds. K. M. Kadish and R. S. Ruoff, The Electrochemical Society, Pennington (1994) pp. 1300-1308 ; M. Nomura, Y. Nakao, K. Kikuchi and Y. Achiba, *Physica*, B **208/209**, 539 (1995).
80) R. Beyers et al., *Nature*, **370**, 196 (1994).
81) Laなどの金属がC$_{82}$に外接しているとすると，^{13}Cと金属の相互作用による超微細構造のシグナル強度を説明できない（文献20）参照）．
82) C. Yeretzian et al., *Chem. Phys. Lett.*, **196**, 337 (1992).
83) X. D. Wang, T. Hashizume, Q. Xue, H. Shinohara, Y. Saito, Y. Nishina and T. Sakurai, *Jpn. J. Appl. Phys.*, **32**, L866 (1993).
84) H. Shinohara, N. Hayashi, H. Sato, Y. Saito, X. D. Wang, T. Hashizume and T. Sakurai, *J. Phys. Chem.*, **97**, 13438 (1993).
85) X. D. Wang, Q. Xue, T. Hashizume, H. Shinohara, Y. Nishina and T. Sakurai, *Phys. Rev.*, B **48**, 15492 (1993) ; *Chem. Phys. Lett.*, **76/77**, 329 (1994).
86) H. Shinohara, M. Inakuma, M. Kishida, S. Yamazaki, T. Hashizume and T. Sakurai, *J. Phys. Chem.*, **99**, 13769 (1995).
87) T. Sakurai, S. Yamazaki, Y. Hasegawa, Y. Ling, T. Hashizume and H. Shinohara, "Interaction of Y@C$_{82}$ Molecules Adsorbed on the Cu (111)", in Fullerenes : Recent Advances in the Chemistry and Physics of Fullerenes and Related Materials Vol. I, eds. K. M. Kadish and R. S. Ruoff, The Electrochemical Society, Pennington (1995) pp. 709-723.
88) T. Sakurai et al., *Prog. Surf. Sci.*, **51**, 263 (1996).
89) M. Grobis, K. H. Khoo, R. Yamachika, X. Lu, K. Nagaoka, S. G. Louie, M. F. Crommie, H. Kato and H. Shinohara, *Phys. Rev. Lett.*, **94**, 136802 (2005).
90) M. Takata, B. Umeda, E. Nishibori, M. Sakata, Y. Saito, M. Ohno and H. Shinohara, *Nature*, **377**, 46 (1995).
91) M. Takata, E. Nishibori, M. Sakata, Y. Saito and H. Shinohara, Proceedings of the International Winterschool on Electronic Properties of Novel Materials (IWEPNM '96), March 2-9 (1996), Kirchburg/Tirol, Austria, 155.
92) MEM法は情報理論から発展した一種の推論法であるが，1980年代から結晶構造解析

に導入され大きな成功をおさめた．この方法は，電子密度分布に基づく情報エントロピーを定義し，観測された結晶構造因子と誤差の範囲で一致する電子密度分布の中で曖昧さの最も大きい（エントロピー最大）ものを解とする方法である．MEMは測定されたX線回折データに合うように物質の電子密度分布を求めるモデルフリーな解析方法である．このため複雑な構造をもち平均構造の原子配列モデルを予測するのが非常に困難な，金属内包フラーレンなどのフラーレン分子の分子構造と結晶構造解析にとって，有力な解析手段である．詳細は文献90, 93, 94)を参照．

93) D. M. Collins, *Nature*, **298**, 49 (1982).
94) M. Sakata and M. Saito, *Acta Cryst.*, A **46**, 263 (1990).
95) H. Suematsu et al., *Mat. Res. Soc. Symp. Proc.*, **349**, 213 (1994).
96) 寿栄松宏仁，菊地耕一，阿知波洋次，私信．
97) C. R. Wang, T. Kai, T. Tomiyama, T. Yoshida, Y. Kobayashi, E. Nishibori, M. Takata, M. Sakata and H. Shinohara, *Angew. Chem. Int. Ed.*, **40**, 397 (2001).
98) C. R. Wang, M. Inakuma and H. Shinohara, *Chem. Phys. Lett.*, **300**, 379 (1999).
99) Y. Iiduka et al., *Chem. Commun.*, 2057 (2006).
100) E. Nishibori, M. Ishihara, M. Takata, M. Sakata, Y. Ito, T. Inoue and H. Shinohara, *Chem. Phys. Lett.*, **433**, 120 (2006).
101) T. Inoue et al., *Chem. Phys. Lett.*, **382**, 226 (2003).
102) T. Inoue at al., *J. Phys. Chem.*, **108**, 7573 (2004).
103) T. Sugai et al., *J. Am. Chem. Soc.*, **123**, 6427 (2001).
104) S. Hino, N. Wanita, K. Iwasaki, D. Yoshimura, T. Akachi, T. Inoue, T. Sugai and H. Shinohara, *Phys. Rev.*, B **72**, 195424 (2005).
105) S. Hino et al., *Phys. Rev.*, B **75**, 125418 (2007).
106) S. Stevenson et al., *Nature*, **401**, 55 (1999).
107) T. Kondow, K. Kaya and A. Terasaki Eds., Structures and Dynamics of Clusters, Universal Academy Press, Tokyo (1996) pp. 505-510.
108) M. M. Olmstead et al., *Angew. Chem. Int. Ed*, **40**, 1223 (2001).
109) S. Stevenson et al., *Nature*, **408**, 427 (2000).
110) E. B. Iczzi ct al., *Nano Lett.*, **2**, 1187 (2002).
111) M. M. Olmstead et al., *J. Am. Chem. Soc.*, **122**, 12220 (2000).
112) C.-R. Wang et al., *Nature*, **408**, 426 (2000).
113) D. M. Poirier et al., *Phys. Rev.*, B **49**, 17403 (1994).
114) S. Hino et al., *Phys. Rev. Lett.*, **71**, 4261 (1993).
115) T. Takahashi, A. Ito, M. Inakuma and H. Shinohara, *Phys. Rev.*, B **52**, 13812 (1995).
116) T. Suzuki, Y. Maruyama, T. Kato, K. Kikuchi and Y. Achiba, *J. Am. Chem. Soc.*, **115**, 11006 (1993).
117) T. Suzuki, K. Kikuchi, F. Oguri, Y. Nakao, S. Suzuki, Y. Achiba, K. Yamamoto, H. Funasaka and T. Takahashi, *Tetrahedron*, **52**, 4973 (1996).

118) H. Funasaka, K. Sigiyama, K. Yamamoto and T. Takahashi, *J. Phys. Chem.*, **99**, 1826 (1995).
119) H. Funasaka, K. Sakurai, Y. Oda, K. Yamamoto and T. Takahashi, *Chem. Phys. Lett.*, **232**, 273 (1995).
120) 動力炉核燃料開発事業団の研究グループの測定した La@C_{82} と Gd@C_{82} の固体粉末試料には，溶媒のトルエンが含まれている．溶媒分子がこれらの測定結果にどのような影響を与えているかは不明である．溶媒分子を含まない昇華精製された試料の再測定が待たれる．
121) H. Watanabe and T. Inoshita, *Optoelectron. Dev. Technol.*, **1**, 33 (1986).
122) A. Rosén and B. Waestberg, *Z. Phys. D*, **12**, 387 (1989).
123) S. Saito, "Electronic Structure of Icosahedral C_{60} and C_{60}X (X = K, O and Cl) Clusters", in Cluster and Cluster-Assembled Materials, eds. R. S. Averback, J. Bernholc and D. L. Nelson, MRS, Pittsburgh (1990) pp. 115–120.
124) S. Nagase and K. Kobayashi, *Chem. Phys. Lett.*, **231**, 319 (1994).
125) L. S. Wang et al., *Chem. Phys. Lett.*, **207**, 354 (1993).
126) L. S. Wang et al., *Z. Phys. D*, **26**, S297 (1993).
127) 文献 125) と 126) によれば，Ca@C_{60} 生成は Ca/C 比が 0.3% 付近の場合に限られている．これは，M@C_{82} (M = Sc, Y, La) 型の金属内包フラーレンの生成が，M/C 比のかなり広い範囲で起こることと比較するとかなり状況を異にしている．
128) Y. Kubozono et al., *Chem. Lett.*, 457 (1995).
129) 中根知康，菅井俊樹，篠原久典，質量分析連合討論会，福井，1996 年 4 月 24～25 日，要旨集 pp. 124-125.
130) 5℃ 前後での超音波抽出で Ca@C_{60} は比較的効率よく抽出される．
131) Ca@C_{60}，Sr@C_{60} などはアニリンを用いても溶媒抽出されることが発表された：Y. Kubozono et al., *Chem. Lett.*, 453 (1996).
132) 分子内で結合に関与しないとみなされる分子軌道にある電子は，非結合性電子（non-bonding electron）と呼ばれる．
133) S. Aoyagi et al., *Nature Chem.*, **2**, 678 (2010).
134) S. Saito and S. Sawada, *Chem. Phys. Lett.*, **198**, 466 (1992).
135) T. Wakabayashi and Y. Achiba, *Chem. Phys. Lett.*, **190**, 465 (1992).
136) S. Suzuki, H. Torisu, H. Kubota, T. Wakabayashi, H. Shiromaru and Y. Achiba, *Int. J. Mass Spectrom. Ion Proc.*, **138**, 297 (1994).
137) D. E. Clemmer, K. B. Shelimov and M. F. Jarrold, *Nature*, **367**, 718 (1994) ; *J. Am. Chem. Soc.*, **116**, 5971 (1994).
138) T. Guo et al., *Science*, **257**, 1661 (1992).
139) T. Guo et al., *J. Chem. Phys.*, **99**, 352 (1993).
140) R. F. Curl and R. E. Smalley, *Science*, **242**, 1017 (1988) ; *Sci. Am.*, **265**, 54 (1991).
141) T. Akasaka, T. Kato, K. Kobayashi, S. Nagase, K. Yamamoto, H. Funasaka and T.

Takahashi, *Nature*, **374**, 600 (1995).
142) T. Akasaka et al., *Angew. Chem. Int. Ed. Engl.*, **34**, 2139 (1995).
143) T. Suzuki, Y. Maruyama, T. Kato, T. Akasaka, K. Kobayashi, S. Nagase, K. Yamamoto, H. Funasaka and T. Takahashi, *J. Am. Chem. Soc.*, **117**, 9606 (1995).
144) Y. Yasutake, Z. Shi, T. Okazaki, H. Shinohara and Y. Majima, *Nano Lett.*, **5**, 1057 (2005).
145) M. Iwamoto et al., *J. Phys. Chem. C*, **114**, 14704 (2010).
146) K. Kikuchi et al., *J. Am. Chem. Soc.*, **116**, 9775 (1994).
147) T. Ohsuki, K. Matsumoto, K. Sueki, K. Kobayashi and K. Kikuchi, *J. Am. Chem. Soc.*, **117**, 12869 (1995).
148) K. Kobayashi et al., *J. Radioanal. Nuc. Chem.*, **192**, 81 (1995).
149) M. Mikawa, H. Kato, M. Okumura, M. Narazaki, Y. Kanazawa, N. Miwa and H. Shinohara, *Bioconjugate Chem.*, **12**, 510 (2001).
150) H. Kato, Y. Kanazawa, M. Okumura, A. Taninaka, T. Yokawa and H. Shinohara, *J. Am. Chem. Soc.*, **125**, 4391 (2003).
151) C. Chen, G. Xing, J. Wang, Y. Zhao, B. Li, J. Tang, G. Jia, T. Wang, J. Sun, L. Xing, H. Yuan, Y. Gao, H. Meng, Z. Chen, F. Zhao, Z. Chai and X. Fang., *Nano. Lett.*, **5**, 2050 (2005).
152) R. D. Bolskar, A. F. Benedetto, L. O. Husebo, R. E. Price, E. F. Jackson, S. Wallace, L. J. Wilson and J. M. Alford, *J. Am. Chem. Soc.*, **125**, 5471 (2003).
153) C.-Y. Shu, L.-H. Gan, C.-R. Wang, X.-L. Pei and H.-B. Han, *Carbon*, **44**, 496 (2006).
154) A. Miyamoto, H. Okimoto, H. Shinohara and Y. Shibamoto, *Euro. Radiol.*, **16**, 1050 (2006).

9

カーボンナノチューブの成長と構造

カーボンナノチューブ（carbon nanotube, CNT）の作製には主に次の三つの方法が用いられる：①炭素電極間のアーク放電，②炭素ターゲットのレーザー蒸発，③炭化水素ガスの熱分解．アーク放電法は，金属触媒や雰囲気ガスを選ぶことにより，単層CNT（single-wall carbon nanotube, SWCNT），二層CNT（double-wall carbon nanotube, DWCNT）および多層CNT（multi-wall carbon nanotube, MWCNT）を作り分けることができる．一方，レーザー法は専らSWCNTの作製に用いられる．熱分解法は，化学気相成長（chemical vapor deposition, CVD）法とも呼ばれ，作製条件により，MWCNTの他にもSWCNTやDWCNTも作ることが可能であり，さらに，固体基板の上に直接成長させることが可能で半導体デバイス作製との適合性があることから注目されている．

9.1 カーボンナノチューブの発見

ヘリウムガス中で直流アーク放電により炭素電極を蒸発すると，フラーレンを含んだススの他に，陰極先端にスラグ状の堆積物が形成される．C_{60}の多量合成法が発見された直後の1990年末から1991年にかけては，ほとんどのフラーレン研究者はC_{60}の生成に熱中していたため，陰極先端に堆積した塊にはあまり関心がなかった．しかし，飯島（当時NEC基礎研究所）はススの回収後に残されていたこの堆積物に注目し，これを電子顕微鏡で調べることにより，

多層のナノチューブ (nanotube) を発見した[1]．

炭化水素ガスの熱分解による円筒状の炭素繊維はすでに知られていたが，飯島の発見したナノチューブは従来のファイバーよりも細く，ほぼ完全にグラファイト化し（グラファイトの各層が入れ子構造的に積層し），そして，先端部はフラーレンと同様に五員環が入ることにより閉じていた．チューブを構成するグラファイト層はそれぞれ円筒状に閉じていて，各々の層は螺旋 (herical) 構造をもっていることが示された．この同軸多層構造モデルは，Baconにより1960年に提案された渦巻 (scroll) 構造[2]とは異なる．当時，Baconが炭素ファイバー合成に用いた方法もアーク放電であった．ただし，ガスの圧力が高く，92気圧のアルゴンガス中で作られていた．そのせいか，今日のナノチューブよりも太く（直径1〜5μm)て，長い（最長3cm）ファイバーが得られていた．Baconの渦巻モデルも推測のものであり，彼が得た電子回折図形は飯島が示したナノチューブからのものと非常によく似ている．

多層カーボンナノチューブ（MWCNT）の発見から2年後の1993年には，単層カーボンナノチューブ（SWCNT）の合成が報告されたが[3,4]，このSWCNTの発見も思いがけないものであった．もともとは，鉄やコバルトなどの磁性金属の超微粒子をグラファイトで包んだナノカプセル（9.9節参照）を合成するのが目的であったが，思いもよらないこの新物質が発見された．

飯島・市橋[3]とBethuneら[4]がアーク放電生成物中に初めてSWCNTを見つけたとき，その生成に必要な金属触媒は鉄あるいはコバルトに限られるとそれぞれ報告していた．しかし，その後すぐに，ニッケルを用いても，SWCNTが合成されることが齋藤らにより示された[5]．同じ鉄族のFe, Co, Niで研究者により単層ナノチューブを見つけることができたりできなかったりした理由は，前著や文献[6]でも述べたように，作製条件と成長領域がこれら3元素で微妙に違っていたためである．実は，飯島やBethuneらによる報告以前に，ベンゼン・水素混合ガスの触媒熱分解法により作製されたカーボンファイバーとともにSWCNTが生成していることが，遠藤らにより示されていた[7]．

アーク放電法により得られるSWCNTの長さと直径は金属触媒の種類に依存し，長いものは数μmあり，直径は典型的には1から3nmまでのものを得ることができる．最も細いものは，C_{60}のそれと同程度（0.7nm）である．こ

のため，MWCNTに比べて，SWCNTは一次元性がより強く，またその物性は六員環ネットワークの幾何学により支配されることになる（第10章参照）．

9.2　カーボンナノチューブの原子構造

カーボンナノチューブ（CNT）は，炭素原子のみでできた蜂の巣（ハニカム）構造のネット（図9.1）が円筒状に丸まったシームレスの管（チューブ）である（図9.2）．この1枚の網面をグラフェン（graphene）あるいは炭素六角網面と呼ぶ．CNTは，その円筒構造を構成するグラフェンの層数により，単層CNT（SWCNT）と多層CNT（MWCNT）の二つに大別される．SWCNTの直径はわずか1〜2nm，MWCNTは外径が5〜50nmで，その中心空洞は直径1〜5nmである．MWCNTのうち層数の最も少ない二層CNT（DWCNT）も選択的に合成することができる．その直径はSWCNTとMWCNTの中間で，典型的には3〜4nmの範囲にある．

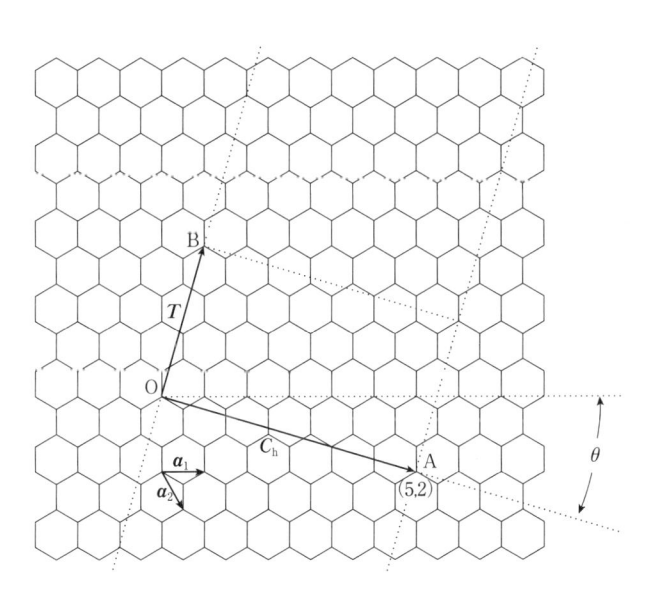

図9.1　グラフェンシート（齋藤「カーボンナノチューブの材料科学入門」コロナ社，2005））．カイラル指数（5,2）のカイラルベクトル C_h と格子ベクトル T も示されている．

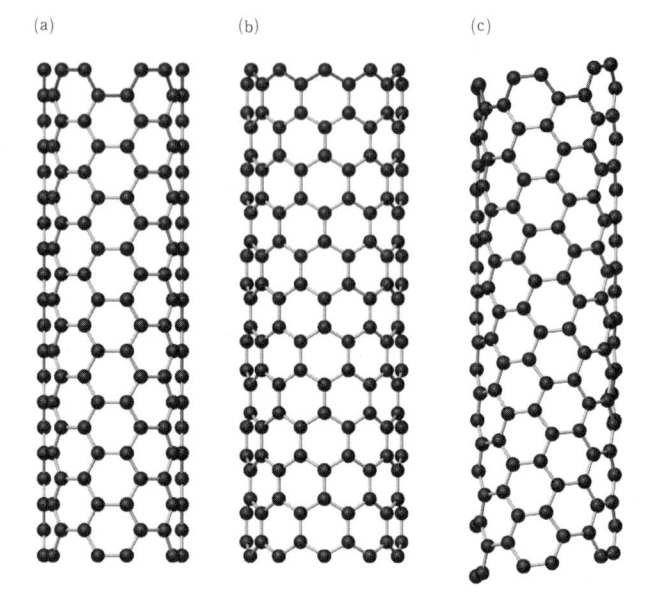

図9.2 (a)アームチェア型, (b)ジグザグ型, および(c)カイラル型のカーボンナノチューブ (齋藤「カーボンナノチューブの材料科学入門」コロナ社, 2005)).

カーボンナノチューブという名称は,炭素でできた直径が1nm程度から数十nmで,長さは直径に対して十分長い中空の管に対して,広く用いられているが,狭義には,構造完全性の高いグラフェンを巻いてできたシームレス管を指す.ここでは,おもに狭義のCNTを対象として,その構造を解説する.

(1) 単層カーボンナノチューブ

カイラルベクトル

SWCNTの構造はカイラルベクトル(chiral vector)によって一義的に決まる.カイラルベクトル C_h は円筒軸(すなわち,チューブ軸)に垂直に円筒面を一周するベクトル,すなわち,円筒を平面に展開したときの等価な点OとA(円筒にした時に重なる点)を結ぶベクトルである(図9.1).カイラルベクトル C_h は二次元六角格子の基本並進ベクトル a_1 と a_2 を用いて,

$$C_h = na_1 + ma_2 \equiv (n, m) \qquad (9.1)$$

と表すことができる.ここで,n と m は整数である.この二つの整数の組 (n, m) はカイラル指数(chiral index)と呼ばれ,ナノチューブの構造を表すのに使われる.CNT の直径 d_t およびカイラル角 θ は n と m を用いて,

$$d_t = a\sqrt{n^2 + nm + m^2}/\pi \tag{9.2}$$

$$\theta = \cos^{-1}\left(\frac{2n+m}{2\sqrt{n^2+nm+m^2}}\right) \quad \left(|\theta| \leq \frac{\pi}{6}\right) \tag{9.3}$$

と表される.ここで,炭素原子間の距離 a_{C-C} を 0.142 nm とすると,$a = |\boldsymbol{a}_1| = |\boldsymbol{a}_2| = \sqrt{3}\,a_{C-C} = 0.246$ nm である.

$n = m$ ($\theta = \pi/6$) および $m = 0$ ($\theta = 0$) の時には螺旋構造は現れず,それぞれ "アームチェア(armchair)" 型,"ジグザグ(zigzag)" 型と呼ばれるチューブとなる.それぞれの名前は,チューブ円周に沿った原子間結合の幾何学的特徴に由来する.残りの $n \neq m \neq 0$ が "カイラル型" と呼ばれる螺旋構造をもつ一般的な CNT である.図9.2(a),(b)および(c)にアームチェア型,ジグザグ型およびカイラル型 CNT をそれぞれ示す.

格子ベクトル

格子ベクトル(lattice vector)$\boldsymbol{T}$ はチューブの軸方向の基本並進ベクトル(basic translational vector)で(図9.1),式(9.1)のカイラル指数 (n, m) を用いて,

$$\boldsymbol{T} = \frac{(2m+n)\boldsymbol{a}_1 - (2n+m)\boldsymbol{a}_2}{D_R} \tag{9.4}$$

また,$\boldsymbol{T}$ の長さは,カイラルベクトルの長さ(つまり,チューブの周長)L を用いれば,

$$|\boldsymbol{T}| = \frac{\sqrt{3}L}{D_R} \tag{9.5}$$

$$L = |\boldsymbol{C}_h| = a\sqrt{n^2 + nm + m^2} \tag{9.6}$$

と表される[8].ここで,D_R は,n と m の最大公約数 D を用いて,次式のよう

に定義される整数である．

$$D_R = \begin{cases} D; n-m \text{ が } 3D \text{ の倍数ではない時} \\ 3D; n-m \text{ が } 3D \text{ の倍数の時} \end{cases} \quad (9.7)$$

例えば，図9.2(a)に示された(5,5)アームチェア型チューブの場合，$D_R=3D=15$，図9.2(b)の(10,0)ジグザグ型チューブの場合，$D_R=D=10$，図9.2(c)の(4,6)カイラル型チューブの場合，$D_R=D=2$となり，Tの長さはそれぞれa，$\sqrt{3}a$，$\sqrt{57}a$となる．つまり，(n,m)の組み合わせ方により，チューブ軸方向の周期が異なる．

CNTの先端構造

図9.3は，アーク放電法で生成されたSWCNTの透過型電子顕微鏡（TEM）像である．CNTの先端は半球状あるいは多面体的に閉じていることがわかる．炭素六角網面に正の曲率をもたせて半球（立体角2π-ステラジアン）にするには，この六角網面に五員環を6個導入しなければならない．

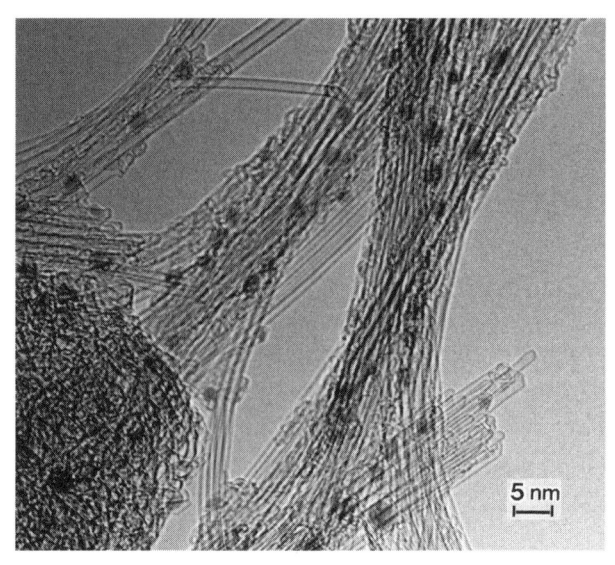

図9.3 アーク放電法で生成されたSWCNTのTEM像．

CNTの両方の端にそれぞれ6個，すなわち，合計で12個の五員環が存在することにより，CNTは完全に閉じる[9]．これは，フラーレンの場合と同様に，六角形と五角形からなる多面体では，五角形が必ず12個存在するという理由と同じである．実際，CNT先端に6個の五員環が存在することを示す実験的証拠が得られている[10]．

(2) 多層カーボンナノチューブ

MWCNTは複数枚のグラフェン円筒が入れ子状に詰まった同軸の多層チューブである．MWCNTの層数の制御は難しいために，二層以上のCNTをまとめて多層ナノチューブと呼ぶ．ただし，次項で述べるように二層のCNTは，ある程度選択的に成長させることができる．

図9.4はアーク放電法で作製したMWCNTのTEM像である．MWCNTの軸に平行に走る間隔約0.34 nmの格子縞はグラファイトの(002)格子面，すなわちグラフェン層一枚一枚に対応している．MWCNTのTEM像に見られる格子縞の本数は中心軸の両側で同じである．MWCNTの先端部分でも，側面と同じ数の層が，それぞれ多面体的に閉じている（図9.5）[11]．六員環ネットを閉じるためには12個の五員環が必要なので，ナノチューブの場合にはそれぞれの端に6個の五員環が存在することになる．先端部が多面体的形態を示すのは，六員環ネットに導入された五員環の周りに歪みが集中するため，そ

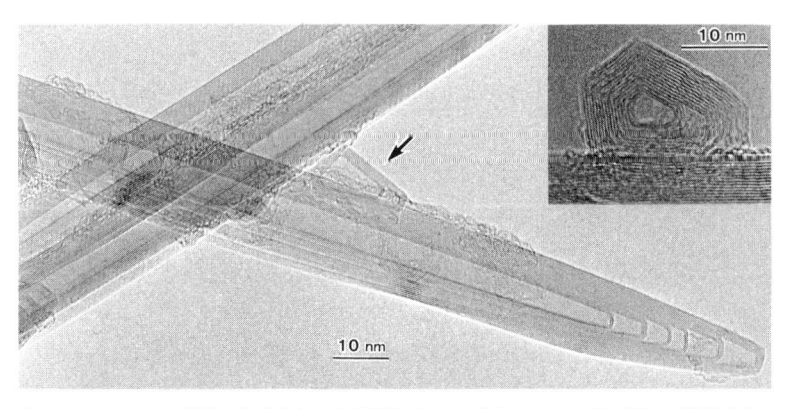

図9.4 アーク放電法で生成されたMWCNTとナノポリヘドロン（矢印および挿入図）のTEM像．

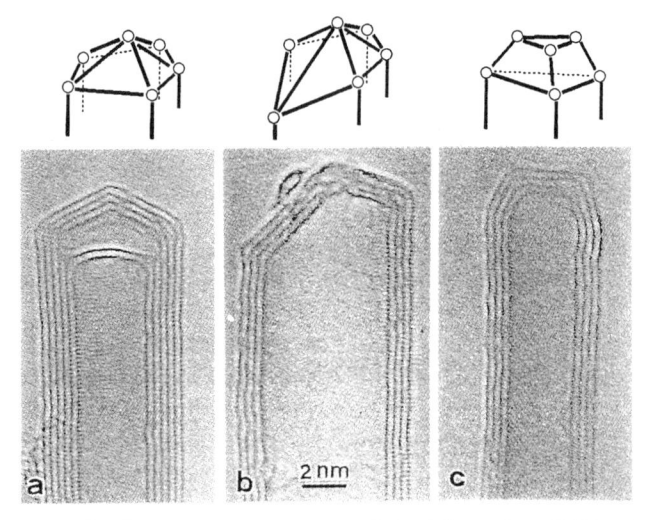

図9.5 多面体で閉じた MWCNT の TEM 像[11]．白丸は五員環の位置を示す．

こが頂点のように突き出るからである．五員環の配置の仕方により先端の形態が変化する．これらの観察結果から，MWCNT は継ぎ目の無い円筒が入れ子構造状に重なった構造であると推測されている．この同軸入れ子モデルは，積層数の少ない MWCNT には当てはまるだろうが，後でも述べるように，太い MWCNT では必ずしも各層が閉じていない可能性もある．

MWCNT におけるグラファイト層の間隔は，理想的なグラファイト結晶における面間隔（0.3354 nm）より 2～3% 伸びている[12]．この広がった面間隔は乱層構造の炭素（turbostratic carbon）[13] に特有のものである．MWCNT を構成するグラフェン円筒の上下の層の間で原子の相対的位置と方位にずれが生じるため，理想的なグラファイトにおける六方晶積層構造（…ABAB…）を保つことができずに，乱層構造炭素と同じように層間の距離が広がる．

MWCNT からの電子回折図形の例を図9.6に示す．$(00l)$ 斑点のほかに，$(hk0)$ 斑点が観察される．$(00l)$ 斑点は入射電子線にほぼ平行な (002) 格子面（図9.7 の影を付けた"V"の部分）からのブラッグ反射によるもので，$(hk0)$ 斑点は電子線にほぼ垂直な六員環ネット（図9.7 の影を付けた"H"の部分）からの回折である[1]．$(hk0)$ 斑点は複数組の $(hk0)$ 回折図形が重なったもので，図形全体として見たとき常にチューブ軸に対して鏡面対称である．

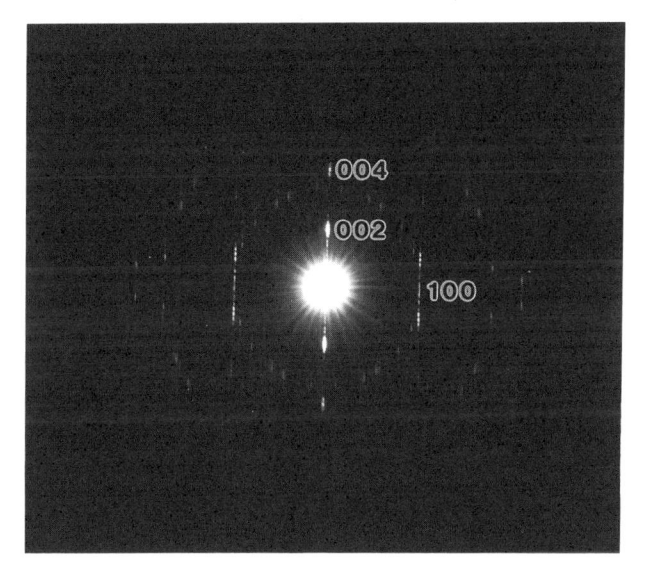

図 9.6 1 本の MWCNT からの電子回折図形.

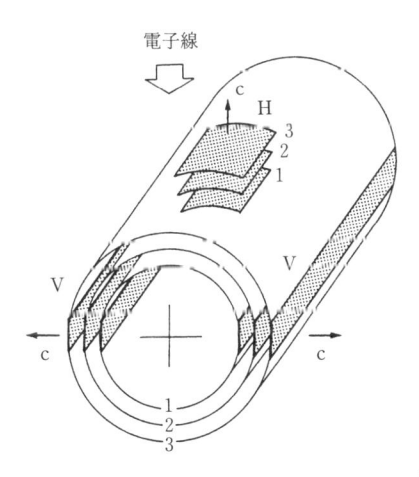

図 9.7 MWCNT からの電子回折に寄与する部分の説明図[1]. 影を付けた V の部分は入射電子線にほぼ平行で $(00l)$ の回折斑点を与え，H の部分は入射電子線にほぼ垂直な六員環ネットで $(hk0)$ 回折斑点を与える.

9 カーボンナノチューブの成長と構造

これは，"H" 部分の六員環ネットの方位に複数種類あり，チューブの上面と下面で六員環ネットの方位が互いに鏡映関係にあることによる．もう一つの重要な特徴は，{100} 斑点の位置がチューブ軸の方向にもその垂直方向にもないものが存在することである．これは，六員環の列が円筒軸に対して斜めに並んでいる，すなわち六員環が螺旋を巻いている層が存在することを示している．

　上で述べた同軸入れ子モデルに対して，中心部では幾層かは入れ子構造であるが外側では渦巻（scroll）構造であるというモデルが Zhou ら[14]ならびに Amelinckx ら[15] により提案された．この構造モデルの根拠は，① 1 本の MWCNT を構成する層の数に比べてピッチの種類が少ない，② MWCNT の壁の両側で（002）格子縞の間隔が非対称（例えば，壁の一方のみに異常に広い間隔が観察される），③ c 軸方向の熱膨張率も圧縮率も通常のグラファイトの値に匹敵するなど，である．さらに，鈴木ら[16]によりアルカリ金属のカリウムが層間にインタカレートされることが TEM 観察により示されているが，これも MWCNT の渦巻構造あるいは構造欠陥の存在を示している．

(3) 二層カーボンナノチューブ

　MWCNT の中で最も層数の少ない DWCNT は，2001 年にアーク放電法を用いて初めて選択的に合成できるようになった[17]．図 9.8 は，鉄族金属の硫

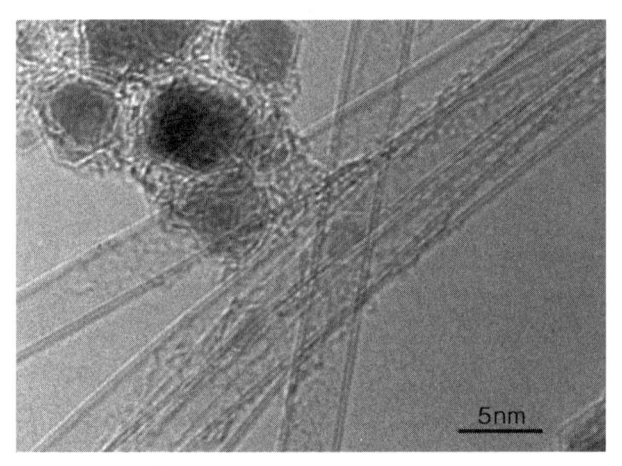

図 9.8 アーク放電法で生成された DWCNT の TEM 像．

化物（FeS，NiS，CoS）を触媒に用いて水素ガス中でのアーク放電によって合成したDWCNTのTEM像である．DWCNTの外直径は，一般のMWCNTとSWCNTの中間の大きさで3から4nmの範囲にある．2枚のグラフェン層の間隔は0.37から0.39nmであり，通常のMWCNTの層間隔に比べ10％くらい広がっている[18]．

9.3　アーク放電法による作製

CNT作製に用いられるアーク放電装置は，フラーレンや金属内包フラーレンの合成に使われるもの（第3章の図3.2）をそのまま利用することができる．二つの炭素（黒鉛）電極の間でアーク放電を飛ばし，炭素を蒸発する．合成条件を適切に選ぶことにより，単層，多層，二層のすべてのCNTをこの装置で作製することができる．

(1) 単層カーボンナノチューブ

SWCNTとDWCNTを合成する場合は，それらの成長を促す触媒金属を炭素と一緒に気相に供給する必要がある．金属を炭素と同時に蒸発するために，金属内包フラーレン合成（第8章）の場合と同様に，金属（あるいはその酸化物）粉末を詰めた炭素棒が直流アークの陽極に用いられる．この方法によるSWCNT生成に使用されている金属触媒は，鉄族，白金族および希土類のいずれかに属する．単一の金属を用いるよりも，2種類あるいは3種類の金属を適切に混合して用いるとSWCNTの収量が飛躍的に上昇する．表9.1に代表的な金属触媒とその触媒能がまとめてある．

鉄系触媒

鉄族の3元素（Fe, Co, Ni）のいずれもSWCNT成長の触媒として働くが，それぞれの金属を単体で用いたのでは，その触媒能は低い．Fe-Co, Fe-Niなどのように二元で用いると触媒能は飛躍的に向上する[19]．鉄族金属を触媒にして生成されるSWCNTの直径は1から1.5nmの範囲にある．

SWCNTの生成場所は，MWCNTとは違って，気相で凝縮したススの中で

表 9.1 SWCNT 合成に用いられる代表的な触媒金属.

触媒金属		製法／雰囲気ガス	触媒能
鉄族	Fe	アーク／Ar+CH$_4$	低
	Co	アーク／He	中
	Ni	アーク／He	低
	Fe-Ni	アーク／He	高
		レーザー／Ar, 1000〜1200℃	高
	Co-Ni	レーザー／Ar, 1000〜1200℃	高
白金族	Rh	アーク／He	中
	Ru-Pd	アーク／He	中
	Rh-Pd	アーク／He	中
		レーザー／Ar, 1200〜1400℃	高
	Rh-Pt	アーク／He	高
		レーザー／Ar, 1200〜1400℃	高
希土類	Y, La, Ce など	アーク／He	中
鉄族-希土類混合系	Ni-Y, Ni-La	アーク／He	高

ある.しかも,SWCNT が見いだされる場所が触媒金属により異なる.Ni では陰極表面に付着したススに,他の触媒金属では合成容器の内壁に付着したススの中に,SWCNT はおもに見いだされる.SWCNT が多量に含まれている場合は,ススが容器の内部を蜘蛛の巣を張ったように付着している.さらに,容器内壁に堆積したススは箔片状に剝がれ,古いくたびれたゴム片に似た弾力がある.

　鉄族触媒の場合には,生成されるナノチューブは長く,10μm を超えると推定される.また,触媒金属微粒子が炭素で覆われていることが多く,各々のチューブが金属微粒子からどのように成長しているかを観察するのは困難であるが,図 9.9 に示すように,金属微粒子(粒径 20〜50nm)から多数の SWCNT が"ウニ(sea-urchin)"の刺(とげ)のように放射状に生え出している様子が観察されている[20].

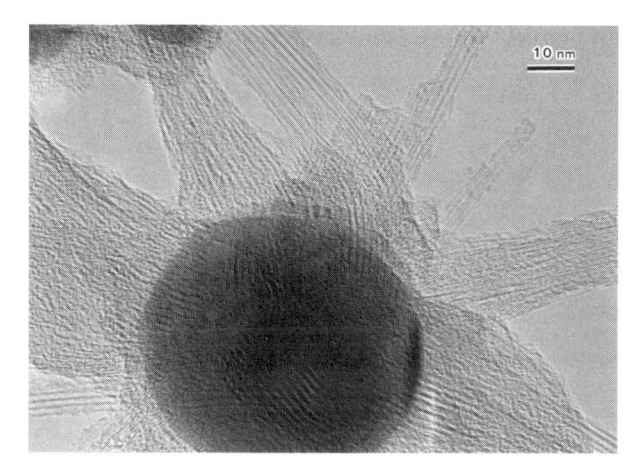

図9.9 Ni微粒子から密集して放射状に生え出しているSWCNTのTEM像.

白金系触媒

6種類の白金族金属（Ru, Rh, Pd, Os, Ir, Pt）のうち，SWCNT生成の触媒として働くのは単体ではパラジウム（Pd），ロジウム（Rh）および白金（Pt）のみである[21]. PdとRh触媒では，直径1.3～1.7 nmのSWCNTが触媒金属微粒子から放射状に成長する，いわゆる"ウニ"形の成長形態を示す．一方，Ptの場合には，1本ないし2, 3本のSWCNTが一つのPt微粒子（粒径～10 nm）から生え出している．SWCNTの直径は1.5から2 nmのものが多いが，中には5 nmもある太いチューブも生成される．PdとPtの単体ではSWCNTの収量は少ないが，Rhと混ぜて二元（特にRh-Pt）にすると，触媒能は飛躍的に上がる[22].

希土類元素触媒

一連の希土類元素の中でSWCNTを生成する元素は，蒸気圧の低いY, La, Ce, Pr, Nd, Gd, Tb, Dy, Ho, Er, Tm, およびLuである[23]. SWCNTの生成能力に関しては，LaとCeが高い．

希土類元素においても，SWCNTは中心の微粒子から放射状に成長する"ウニ"形成長を示す．Laの場合，中心微粒子の組成は電子顕微鏡法による分析ではLa_2O_3，他方，X線回折では$La(OH)_3$であることが示唆された[24]. こ

の結果は陰極堆積物に成長するナノカプセル（9.9節）に閉じ込められたLaC_2ナノ結晶が変質しないことと対照的である．この原因は芯の微粒子の表面が黒鉛層で覆われていないためである．芯微粒子はもともと炭化物であったが，黒鉛層で保護されていないために大気に晒された時に，加水分解して$La(OH)_3$に変質し，これが電子顕微鏡の中で電子線に照射されLa_2O_3に分解したと考えられる[24]．このように芯微粒子が黒鉛層で覆われていないのは，ほとんどLaに限られる．SWCNTを生成する他の多くの希土類元素では，芯微粒子は黒鉛層で覆われ，炭化物として加水分解から保護されている．

SWCNTの生成を助ける希土類元素は，Scを除いて，ナノカプセルを形成する元素と一致する[23]．Scはナノカプセルを多量に生成するがSWCNTは作らない．また，軽希土元素（La，Ce，…，Eu）は重希土（Ga，…，Lu）より多くのSWCNTを生成する．SWCNTの直径は1.8から2.1nmあり，鉄系触媒から成長したものに比べて太い．長さは鉄系触媒の場合より随分短い：軽希土元素の場合で80〜100nm，重希土の場合はさらに短く20〜30nmである[23]．

その他混合触媒

触媒金属に硫黄（S）を添加したり，2種類の触媒金属を混合するとSWCNTの収量が飛躍的に増加することがある．CoにSを添加すると，Coのみの場合に比べ，SWCNTの収量が増すとともに，直径の太い（直径〜5nm）チューブが生成される[25]．この場合，細いCNTも同時に成長するため，直径分布は広くなる（1〜5nm）[25]．他方，Rh-Pt合金では直径分布の狭いSWCNTが合成されている（1.28 ± 0.07nm）[22]．

希土類元素とNiとの混合触媒の有効性はY-Ni[26]において最初に示されたが，その後，La-Ni，Ce-Niにおいても同程度の高い触媒能が見いだされている[27]．

(2) 単層カーボンナノチューブの成長機構

ここではチューブの先端が閉じたまま成長する"根元成長モデル"と開いたままの状態で成長する"開端成長モデル"の二つの仮説的成長機構を紹介する．図9.10に根元成長モデルを示す[24]．まず，アーク放電によって蒸発した触媒

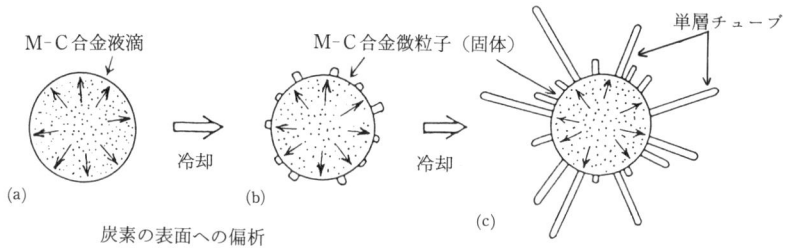

図9.10 単層カーボンナノチューブの成長機構[24].

金属（M）と炭素の蒸気はHeガス分子との衝突によって冷却され，過飽和状態になると凝縮が起こり，M-C化合物の微粒子を形成する（図のa）．この微粒子は対流に乗って上昇しながらさらに冷却され，温度の低下に伴う炭素の溶解度の低下のため，炭素が微粒子表面に析出する(b)．この時，微粒子の表面には原子サイズの特異な構造が存在し，これが核となって単層チューブのキャップが形成されると推測される．この後の単層チューブの成長(c)には，微粒子内部の炭素が表面に析出し，チューブの根元に供給されることによって起きる"根元成長"[24]か，あるいは，チューブの先端に気相中から炭素原子および分子が供給される"先端成長"[28]という二つの様式が考えられる．La触媒の場合，単層チューブの成長は，アーク電極ギャップから2cmを超えた領域から始まり，4cm以内のところで終了している[24]．この2〜4cmの成長領域の温度は約900〜700℃である．このような比較的低い温度では，閉じたチューブ先端に炭素分子が組み込まれる可能性は低いので，根元成長が支配的であると考えられる．

ほとんどの触媒金属において，単層チューブを生やしている芯の微粒子はその表面がグラファイト層に覆われている．根元成長モデルの枠内では，グラファイト層が形成されると，これが触媒毒となり，単層チューブの成長が止まる．従って，グラファイト層の形成を阻止できれば，さらに長い単層チューブが得られる可能性がある．他方，LaやPdでは，グラファイト層で被覆されていない芯微粒子が多く観察されているが，この場合はチューブ根元への炭素の供給量が単層チューブの長さを支配しているのであろう．

これに対して，Smalley らは開端成長モデルを提案した[29]．このモデルでは金属触媒原子が開いたチューブの端の炭素原子と結合し，ダングリングボンドが部分的に飽和することにより安定化される．チューブの端が開いているので，炭素原子がそこからチューブ側面の六員環ネットワークへ容易に組み込まれる．チューブの直径は，開端部のダングリングボンドの存在による過剰エネルギー（チューブ直径に比例）とチューブ胴周りが円形に湾曲していることによる歪みエネルギー（チューブ直径に反比例）の総和が最小になる直径で決まると考えられている．

(3) 二層カーボンナノチューブ

前節でも述べたように，Fe，Ni および Co の三元触媒に硫黄（S）を添加し，水素とアルゴンの混合気体中で炭素をアーク放電蒸発することにより二層 CNT が初めて大量に選択的に生成された[17]．また類似の方法で，鉄族金属の硫化物（FeS, NiS, CoS）を用いた純水素ガス中での放電によっても DWCNT を生成することができる[30]．その後，9.6節で述べる化学気相成長（CVD）法によっても DWCNT を作製できるようになった．

(4) 多層カーボンナノチューブ

炭素電極間のギャップを 1〜2mm 程度に維持して安定なアーク放電を持続させると，陰極先端に陽極棒とほぼ同じ直径の円柱状の堆積物が形成される．陽極炭素棒が直径 6mm でアーク電流が 70A（電圧は約 25V）の時，毎分 2〜3mm の速さで堆積物が成長する．この堆積物は円柱状で，内側のもろくて黒い芯と，外側の灰色の固い殻の二つの領域から成る．図9.11にそれぞれの部分の走査型電子顕微鏡（SEM）像を示す．芯の部分は，堆積物円柱の長さ方向に伸びた繊維状の組織をもち，その中に MWCNT とそれに付着した炭素微粒子（9.8節で述べるナノポリヘドロン）が含まれている（図9.4）．MWCNT の存在する部分が繊維状組織を形成しているのは，MWCNT が互いに集まり束を作っているためである．外側の固い部分はグラファイトの多結晶である．

MWCNT は陰極堆積物の中にしか成長しない．放電チェンバーの他の場所

図 9.11 陰極堆積物の断面写真（中央），繊維状組織をもつ内芯部（左）と固い外殻部（右）の SEM 像.

（フラーレンが含まれるススの中など）には存在しない．これは，堆積物，すなわち MWCNT は電流の流れるところでのみ成長することを示している．しかし，電流密度が高過ぎると，固い外殻が多くなり，MWCNT の収量が落ちる．電流の低い方が MWCNT の収量が高いという報告もある[31]．もう一つの重要なパラメータは容器内の不活性ガスの圧力である．ヘリウムが約 500 Torr の時に最大収量が得られる[32]．100 Torr 以下のときには MWCNT はほとんど成長しない．これは，フラーレンの収量が 100 Torr あるいはそれ以下の圧力のとき最大になることと対照的である（3.3節）．アークの安定持続と電極の冷却も MWCNT 生成量を向上させる因子である．しかし，MWCNT 合成に最適の条件で作られた堆積物中の繊維状の内芯部にも，まだかなりの量のグラファイト片が含まれている．

　アーク放電を行う雰囲気は，通常，ヘリウムであるが，水素ガス，大気中のアーク放電でも MWCNT を得ることができる．特に，水素ガス中で短時間（10秒程度）のアーク放電を行うと，CNT の中心空洞までグラファイト円筒の詰まったナノグラファイバーが成長する[33]．また，大気中あるいは酸素雰囲気で作製すると，グラファイト片やナノポリヘドロンなどの副生成物の少ない純度の高い MWCNT が生成され，リボン状に集合した高純度の MWCNT も

得られる[34].

(5) 多層カーボンナノチューブとナノポリヘドロンの成長機構

アーク放電下におけるナノチューブの成長機構は，まだ解明されてない問題であるが，これまでに提案された二つの成長モデルをここで紹介する．一つは電界とイオンが関与したモデル，もう一つは電界の有無にはかかわりなく環状炭素クラスターから成長するモデルである．

図9.12に電界とイオンが関与したナノポリヘドロン（9.8節参照）とナノチューブの成長モデルを示す[35]．まず，陰極の先端表面に堆積した炭素の蒸気やC^+イオンが凝集しクラスターになる（図のa）．クラスターは炭素原子の付着やクラスター間の合体により微粒子に成長する(b)．この成長段階では微粒子は，陰極表面が高温（〜3500 K）[36]であることやイオン衝突の影響により，擬似液体状態で構造的に高い流動性をもつアモルファスであると考えられる．陰極付近の電圧降下は電極表面から10^{-3}〜10^{-4} cmの薄い層で急に起き，その大きさ（陰極降下電圧）は約10 Vである[37]．そのため，平均して10 eV程度

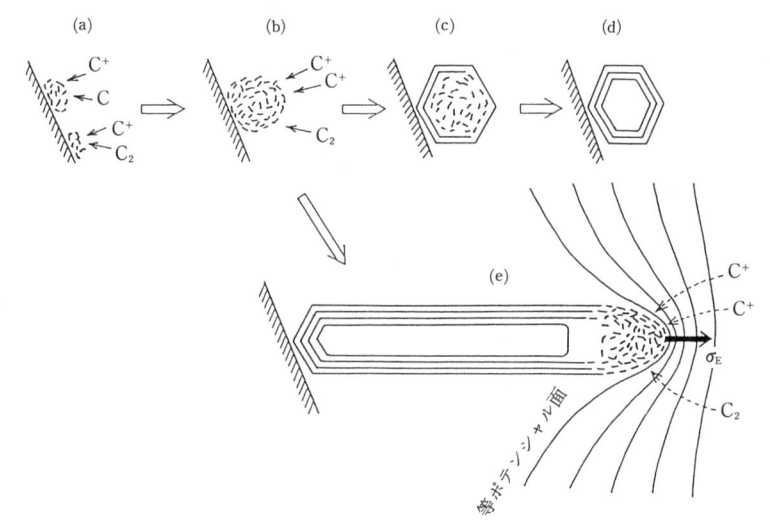

図9.12 MWCNTとナノポリヘドロンの成長モデル1（電界，イオンが関与するモデル）[35]．σ_Eはチューブ先端にかかる静電張力を表す．

の運動エネルギーをもつ C^+ イオンが微粒子に衝突し，流動性を増している．蒸気の堆積とイオン衝突は，微粒子が他のチューブや微粒子の成長によって覆い隠されるまで続き，次にグラファイト化が始まる．冷却過程は微粒子の外側から中心へと進むので，グラファイト化もそれにしたがって進む(c)．その際，内側の層は外側の層との平行を保ちながら成長する．微粒子の平らな面(facet)は六員環からできており，多面体の角には五員環が存在すると考えられる．五員環が12個導入されることにより，多面体は完全に閉じる．グラファイトの密度（～$2.2 g/cm^3$）はアモルファスのそれ（$1.3～1.5 g/cm^3$）より高いので，微粒子の中心には小さな空隙が残される(d)はずであるが，実際にこのような空洞が必ず観察されている（図9.4）．

図9.12の下段(e)にはMWCNTの成長モデルを示すが，その成長の核はナノポリヘドロンのそれと同様である．陰極表面には，表面に垂直に約10^4から$10^5 V/cm$の強電界が存在する．この電界によって生じた静電張力（Maxwell tension）が擬似液体状態の微粒子にかかることにより，電界方向に微粒子の表面が引っ張られ，直線状に成長していく．引き伸ばされている微粒子の根元から凝固が始まり長さの増加とともに凝固も進んでいく．C^+イオンだけでなく中性炭素原子もまた，ナノチューブ先端付近の不均一電界により誘起される分極力により，ナノチューブ先端に引き寄せられる．このようにして，蒸気とイオンが先端に集まり，ナノチューブは，蒸気やイオンが供給され電界が定常である限り成長し続ける．

もう一つの成長モデルとして，八田ら[38]により提案された機構を図9.13に示す．まず，両端の開いた短い単層チューブ（図のc，d）が環状クラスター（a，b）から成長する．環状クラスターがグラファイトのレーザー蒸発で作られた炭素蒸気の中に多量に存在することは知られている（第2章2.2節(1)参照）．この最初の環状クラスターの構造によって，ナノチューブの螺旋構造（非螺旋も含む）が決まる（b′，c′）．次の段階で，ナノチューブの表面に炭素クラスターが堆積し，多層構造を形成する(e)．その後，先端部の六員環ネットに五員環が入り，先端が閉じる(f)．

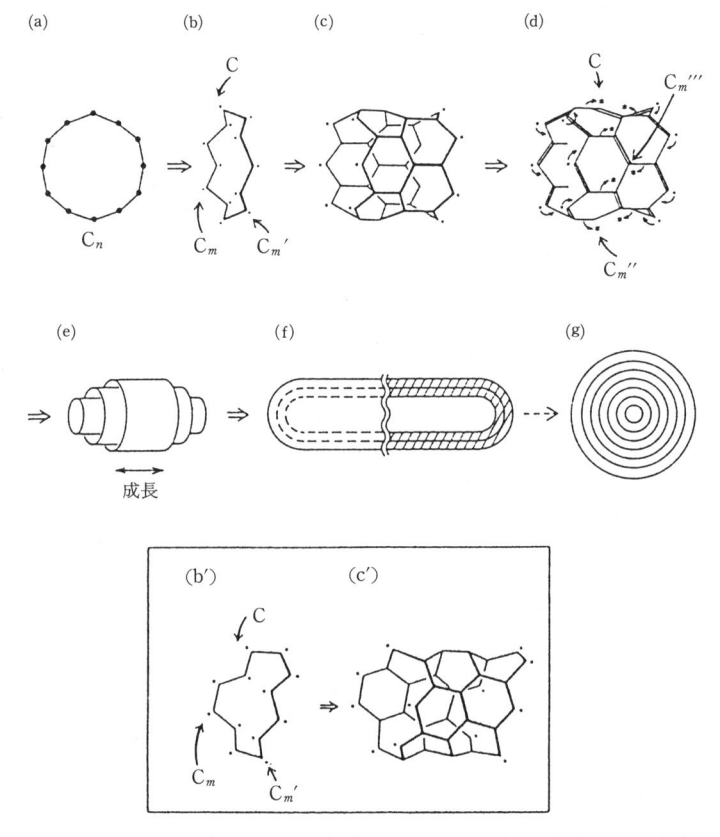

図9.13　MWCNTの成長モデル2（環状クラスターから成長が始まるモデル）[38].

9.4　特殊な放電法による作製

　上で述べたアーク放電法は，直流の連続放電に基づいており，単にアーク放電法と言えば通常これを指すが，交流アーク[39]やアークプラズマジェット[38,40]を用いてもCNTおよびその関連物質を得ることができる．ここでは，パルス放電および高周波プラズマを使ったCNT合成法を紹介する．

　菅井ら[41]は，高温の不活性ガス中で炭素電極間に直流パルスアーク（50 μs～300 ms，40～60 A）を飛ばす高温パルスアーク法を開発した．1000℃以上（DWCNT作製の場合は1200℃以上）に加熱したアルゴンあるいはクリプトン

を雰囲気ガスに用いると，フラーレン，SWCNT および DWCNT が生成される．SWCNT および DWCNT の合成には，触媒としてそれぞれ Ni-Co および Y-Ni が必要である．

アーク放電の代わりに，高周波プラズマによりグラファイト棒を加熱・蒸発することにより，MWCNT を合成することができる．小塩ら[42]は，高周波プラズマ発生電源（4 MHz, 10 kW）を用いて，アルゴンと水素の混合ガスの中でプラズマを発生させ，このプラズマフレームでグラファイト（金属触媒を含まない純粋な炭素）を蒸発することにより，MWCNT を作製した．得られる MWCNT は直径が細く（外径約 5 nm），中心までグラファイト層が詰まっている（内径 0.4 nm）．また，先端が円錐状（頂角 19.2°）に尖っていることも特徴である．この形状は円錐先端部に五員環が 5 個，円錐の付け根部に 1 個導入されていることによる．

9.5 レーザー蒸発法による作製

高温の不活性ガス中で，炭素を金属触媒とともにレーザー蒸発することにより純度の高い（すなわち残留触媒金属やアモルファスカーボンが少ない）SWCNT を合成することができる．しかし，大量に作製するのは難しく，生産性は低い．SWCNT を作る原料は，アーク放電の場合と同じく，遷移金属を数原子％の濃度で炭素に練り込んだ混合ロッドである．これを電気炉で加熱した高温（約 1100℃ 以上）の不活性ガス（主に Ar）中で，Nd:YAG パルスレーザーにより蒸発する．このレーザー蒸発法による SWCNT 合成には，Co-Ni 混合触媒がよく用いられるが，Fe-Ni，白金族系の Rh-Pt および Rh-Pd も有効な触媒として知られている[43]．

9.6 化学気相成長法による作製

この方法は，メタン，アセチレン，一酸化炭素などの炭素を含むガスを熱分解して，Fe, Ni, Fe-Mo などの触媒作用により CNT を合成するもので，触媒 CVD（catalytic chemical vapor deposition）法とも呼ばれる．CNT の成長

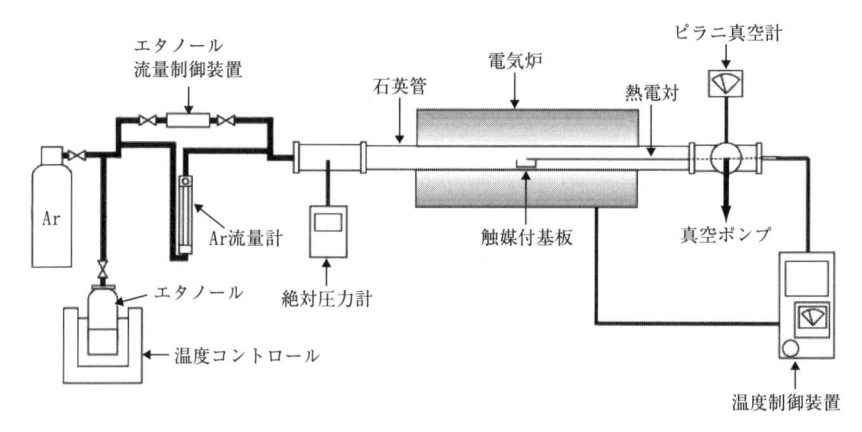

図9.14 熱CVD法によるCNT合成装置（エタノールを炭素源とする場合の一例）．

温度は用いる原料ガスの種類に依存するが，通常600℃から900℃の範囲にある．熱CVD法によるCNT合成装置の一例を図9.14に示す．炭化水素の分解は熱エネルギーだけでも可能であるが，基板上にCNTを成長させる場合，マイクロ波プラズマや高周波プラズマで分解を支援することにより，基板温度を低く抑えてCNTを成長させることができる．

触媒，炭素源の種類，反応温度などの合成条件を制御することにより，SWCNT，DWCNTおよびMWCNTを生成することができる．触媒金属は基板（あるいは担体）表面に薄膜あるいは微粒子の形で予め固定する場合と，ガスとして気相から供給する場合がある．ここでは，固体基板上にCNTを成長させる基板成長法，粉体（担体）表面にCNTを成長させる担持触媒法，および気相でCNTを成長させる流動触媒法の三つに分けてCVD法を説明する．

(1) **基板成長法**

基板としては，シリコン（酸化膜付き），石英ガラス，サファイア，多孔性シリコン，多孔性アルミナなどが用いられ，その上に触媒を固定する．典型的な触媒は，Fe，Co，Niの単体およびこれらの合金であるが，さらにMoなどを添加することで相乗効果によりCNTの質と選択性が向上する[44]．遷移金属に比べれば収率は劣るが，貴金属（Cu，Ag，Au），半導体（Si，Ge，SiC，ダイヤモンド）でもナノ粒子化すれば，SWCNT成長の触媒として働くことが

高木ら[45]により明らかにされている．触媒の固定は，金属の真空蒸着やスパッタ堆積，金属クラスターの堆積，金属超微粒子の塗布，スタンプ転写などにより行われる．シャドーマスクを使えば，基板表面に金属触媒をパターンニングすることができるので，必要な場所にCNTを成長させることが可能である．さらに，微細加工技術により予め作製したシリコン微小突起の先端[46,47]やAFM/STM探針先端へのCNT成長も行われている[48]．また，触媒能をもったFe，Niなどの金属元素を含んだ金属（合金）の板を使えば，その金属板全面にCNTを成長させることもできる[49]．

炭素源としては，メタン（CH_4），アセチレン（C_2H_2），エチレン（C_2H_4），一酸化炭素（CO），エタノール（CH_3CH_2OH）などが用いられ，これらを熱CVD，プラズマCVD等により分解し，CNTを成長させる．炭素源ガスは水素やアルゴンで希釈して反応炉に供給される．アンモニアやチオフェン（硫黄を含む有機分子）が添加される場合もある．

触媒を予め基板上に固定するのではなく，炭素源ガスと一緒に気相から供給する方法も有る．このような気相輸送触媒としては，鉄(II)フタロシアニン，フェロセンなどが用いられる[50,51]．

MWCNT

サイズの大きい触媒金属を基板に直接固定した場合には，得られるCNTは多層で，"竹（bamboo）"形ナノチューブ（図9.15）と呼ばれる構造をとることが多い．成長後のCNTには触媒金属の微粒子がCNTの先端あるいは根元に残っている．CVD法により成長するCNTは"竹"形に見られるように途中に節をもっていたり，湾曲したり，縮れていることが多い．とさには，マイクロコイルやナノコイルのように，螺旋を巻いたCNTが成長する．このために，CNTを形成するグラファイト層は途中で終端したり，屈曲し，多くの欠陥を含んでいる．

MWCNTの直径は，CVDの手法（熱分解，高周波プラズマ，マイクロ波プラズマなど），基板温度，炭素源ガスの分圧などに依存し，概ね7nmから100nmまで変化する．長さは，通常，数μmから数十μmであるが，長いものは2mmあるいは4mmに達するものも作られている[52,53]．

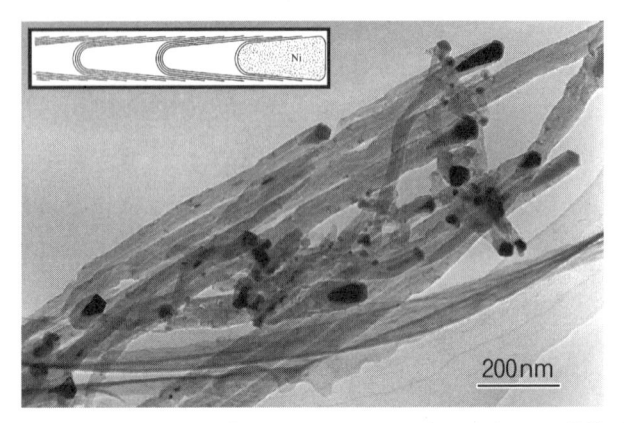

図9.15 CVD法で成長した"竹"形CNTのTEM像．左上の挿入図は"竹"形CNTの構造模式図．

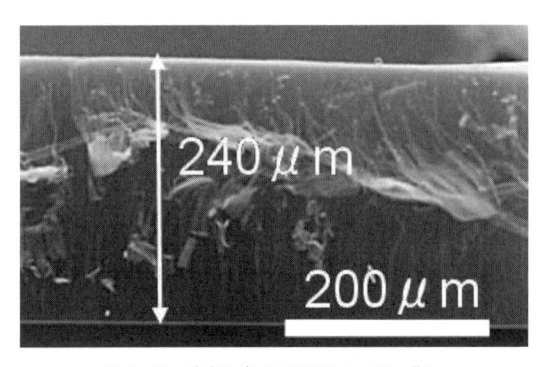

図9.16 垂直配向MWCNTのSEM像．

　CNTが密集して成長すると基板に対して垂直に立ったCNTの膜を作ることができる（図9.16）．この垂直配列成長は，電場が基板にかかっていなくても起こる．この理由は，CNTが密集しているために，互いに支えあっているために倒れないでいる（"crowding"効果）と考えられている．4インチSiO_2/Si基板上に垂直で，互いに平行に超整列（"super-aligned"）成長したMWNTの配向膜（高さ0.9mm程度）を用いることにより，繊維径20～30 μmの"より糸（yarn）"も作られている[54]．

SWCNT

SWCNT を固体基板に直接成長させるには，触媒微粒子の微細化（数 nm オーダー）と，そのサイズが CVD プロセス中でも維持されることが重要である．そのために Dai ら[55,56]は，触媒超微粒子を担持した多孔性アルミナやゼオライトの粉体を予め作製し，これを基板に塗布あるいはパターン転写した．多孔性の担体を用いれば，超微細な触媒微粒子を安定に保持できると期待される．一方，本間ら[57]は，Fe_2O_3 超微粒子（直径 10nm 以下）を用いれば，基板加熱によっても微粒子の融合による触媒金属の肥大を抑制できることを見いだし，シリコン表面（表面は酸化膜で覆われている）に Fe_2O_3 超微粒子を直接分散することにより SWCNT を成長させることに成功した．さらに簡便には，真空蒸着により鉄を薄く（平均膜厚 1nm 以下）シリコン基板に堆積する方法でも，酸化鉄微粒子の塗布の場合と同様に SWCNT を生成できることを示している．これは，鉄薄膜が酸化されたことにより超微粒子間の融合が抑えられるためと推測される．また，丸山ら[58]は多孔性の酸化シリコンを基板表面に形成し，その表面に金属超微粒子を固定することにより，川原田ら[59]は Al_2O_3（≥5nm）層の上の鉄触媒（0.5nm）のさらに上に Al_2O_3（0.5nm）をかぶせることにより触媒微粒子の融合をそれぞれ抑えている．SWCNT の合成には金属触媒の微細化の他にも，炭素供給（炭素源ガスの濃度と流量）の制限，成長温度の適正化が必要である．

通常，CVD 法で SWCNT を合成すると，触媒寿命は数分，活性な触媒の割合は数％程度と低いため，大量の触媒金属粒子が CNT に不純物として混在する．この問題を解決するために，畠ら[60]（産業総合技術研究所）は気相合成雰囲気中に極微量の水分を添加することにより，触媒の寿命を延ばし活性を高め，10 分間のプロセスで高さ 2.5mm の垂直配向 SWCNT の成長に成功した．この方法はスーパーグロース（Super Growth）と名付けられ，現在では，高さ 10mm に達する垂直成長 SWCNT が得られている．炭素源としてエチレン，キャリアガスとしてアルゴン（あるいはヘリウム）と水素，Si 基板上の鉄を触媒として，平均直径約 2.8nm の SWCNT が作製される．添加される水分の量は極微量で，エチレンに対して 1000 分の 1 程度が最適とされている[61]．触媒微粒子の活性はその表面が炭素殻で覆われることにより失われると言われて

いる．水分が触媒の失活を抑える理由は，その炭素殻を除去し，触媒微粒子表面が炭素で被覆されるのを防ぐ作用があるためと考えられる．基板上に成長したSWCNTの密度は5.2×10^{11}本/cm^{2}で，SWCNT成長に寄与する活性な触媒微粒子の割合は84%と見積もられている[61]．触媒微粒子は基板に保持された根元成長であると言われている．基板上の鉄触媒の膜厚が厚くなると成長するCNTの直径が太くなり，二層および多層CNTが成長するので，これを利用して，DWCNTを選択的に（85%）合成することもできる[62]．CVD法によるDWCNTの固体基板上への直接成長としては，この他にもMo/Fe/Al多層膜を基板に用いる方法[63]も報告されている．

スーパーグロース以外のCVD法による長尺SWCNTの作製としては，高さ5mmの高密度の垂直配向膜[59]，また孤立SWCNTとしては長さ48mmの成長が報告されている[64]．

(2) 担持触媒法

ゼオライト，シリカ，酸化マグネシウム，アルミナなどの微粒子の表面に触媒金属の超微粒子を担持する．ここで使用される触媒と炭素源は上述の基板成長法で使われるものと同じであり，SWCNT，DWCNT[65,66]およびMWCNTが作製されている．

得られるSWCNTの直径は，合成条件により1から3nmまで変化するが，触媒微粒子の直径を制御しない限り[67,68]，一般にアークやレーザー蒸発法に比べて直径分布が広い[55]．CoMoCAT[69]と呼ばれるSWCNT合成法ではMo添加のCoが触媒として用いられている．CoMoCATによるSWCNTは一般に直径が細く，分布が狭いと言われるが，詳細なTEM観察により，太いSWCNTもかなり多く含まれている[70]．

(3) 流動触媒法

触媒を気相から供給するこの方法では，フェロセン（$Fe(C_5H_5)_2$）などのメタロセン（$M(C_5H_5)_2$, $M=Fe, Co, Ni$），鉄ペンタカルボニル（$Fe(CO)_5$）などの金属原子を含むガスが使われる．これらの有機金属ガスが熱分解すると，金属原子が凝集してクラスターを形成し，これが触媒能を発揮すると考えられ

ている．また，これらのガスは炭素を含んでいるので，炭素源として使うこともできるが，アセチレン，キシレン，一酸化炭素などの炭素源ガスを一緒に供給することが多い．水素，アルゴンなどのキャリアガスの他に，チオフェンを添加剤として加える場合がある．

流動触媒法により，MWCNTはもちろん，SWCNTおよびDWCNTを作製することができる．Smalleyらにより開発されたHiPco（high-pressure carbon monoxide）法[71]では，鉄ペンタカルボニル（Fe(CO)$_5$）とCOの熱分解（1～10気圧，800～1200℃）によりSWCNTが合成される．HiPcoで合成されたSWCNTは平均直径が1.0から1.1 nmで比較的細いが，直径分布は広い[72]．また，電気炉を縦にして，ガスの流れを鉛直にすることにより，長さ数cmに及ぶSWCNTの束を生成できるという報告もある[73]．

9.7　カーボンナノチューブの分離精製

(1) 精製

CVD法で合成されるCNTには，触媒金属微粒子が残留するものの，非晶質炭素などの副生成物は少なく，比較的純度の高い試料が得られる．他方，アーク放電，レーザー蒸発法で生成されるCNT試料には，非晶質炭素，グラファイト粒子，フラーレン類，金属微粒子等も副生成物として混入する．フラーレン類などは，トルエン，二硫化炭素，ベンゼン，クロロベンゼン等の有機溶媒に可溶なためソックスレー（Soxhlet）抽出が可能であり，比較的容易に取り除くことができる．金属微粒子は，酸処理により簡単に取り除くことができそうであるが，実際には，金属表面がグラファイト層で覆われているため，このままの状態では処理できない．さらに，非晶質炭素に至っては，各種溶媒には不溶で，化学的に安定というやっかいな代物である．CNTの精製には，(1)気相酸化，(2)湿式化学酸化，(3)遠心分離，あるいは(4)ろ過のいずれかの方法，あるいはこれらの組み合わせが用いられる．SWCNTおよびMWCNTの精製法は文献74,75)に具体例が述べられているので，ここではSWCNTの金属・半導体分離についてこれらの文献以降の進歩を紹介する．

(2) 金属・半導体分離

SWCNTはカイラル指数に依存して,半導体か金属的な電子構造をもつ(10章参照).半導体と金属SWCNTの生成比は,どのカイラリティー(chirality)も,すなわちカイラル指数によらず等確率で生成されるならば,2対1である.合成方法によっては,この比からずれるという報告[76]はあるものの,現在のSWCNT合成技術では半導体と金属的SWCNTが混在して生成され,さらにSWCNT同士が凝集して束を形成している.SWCNTの電子・光デバイスへの応用には,単一カイラリティーあるいは少なくとも金属と半導体に分離された試料が欠かせない.金属と半導体のSWCNTは,伝導特性には大きな差はあるものの,どちらも同じsp^2結合でできた物質であり,化学的な反応性に本質的な違いはない.そのため,化学的な手法では高い効率での分離は期待できないが,オクタデシルアミン[ODA,$CH_3(CH_2)_{17}NH_2$]の半導体SWCNTへの強い化学親和性[77],臭素とSWCNTの電荷移動錯体の選択的形成[78],DNAを使った選択的ラッピング[79],硝酸塩を加えた溶液中での攪拌処理による金属SWCNTの除去[80]などにより,それぞれの型のSWCNTの濃縮が報告されている.物理的手法として誘電関数の違いを利用する交流電気泳動法[81]があるが,大量分離は困難である.それでも2006年以降,密度勾配超遠心分離法,ゲル分離法の新技術とDNAラッピング法の改良により,SWCNT分離の効率,量および選択性が飛躍的に改善された.これらの技術について以下に述べる.

密度勾配超遠心分離法

Arnoldら(Northwestern大学)[82]は,DNAやたんぱく質などの生体高分子の分離によく使用される密度勾配超遠心分離法(density gradient ultracentrifugation, DGU)を用いて,金属と半導体SWCNTを高純度で分離できることを初めて示した.彼らは当初,SWCNTの水中での孤立分散化のためにDNAラッピングを用いていたが,これを界面活性剤に代えることにより分散液の安定性とSWCNTのタイプ(金属/半導体)に対する選択性を改善した.DGUは密度のわずかに異なる物質を分離する手法であるが,密度に差の無い金属と

半導体SWCNTがこの手法によりうまく分離される理由は，水中で形成されたミセルの密度差にあると考えられている．DGU処理を繰り返し（3回）行うことにより，直径分布の狭いSWCNT試料（平均直径0.76 nmにおいて97％が分布幅0.02 nmの範囲に収まる）が得られている．また，2種類の界面活性剤（ドデシル硫酸ナトリウム（SDS）とコール酸ナトリウム（SC））をある比率で混合すると，金属・半導体を極めて明瞭に分離できることも見いだされている．

これを発展させた片浦ら[83]は第3の界面活性剤としてデオキシコール酸（DOC）を添加することにより，金属SWCNTを効率よく分離し，さまざまな直径の金属SWCNTを高純度で分離可能であることを示した．直径0.6から1.7 nmの金属SWCNTではM_{11}（第一サブバンド間の電子遷移）による光吸収帯がちょうど可視域にあり，吸収波長が直径に比例して変化することにより，金属SWCNTは直径に依存してその分散液の色が三原色（1.4，1.0，0.8 nmがそれぞれシアン，マゼンタ，イエロー）に亘って変化する．このDGU法により，金属SWCNTではその純度は原料SWCNTに依存して93から99％と見積もられている．

ゲルによる分離法

田中ら[84]はDNAなど生体高分子の電気泳動に広く用いられているアガロースゲル（agarose gel）をSWCNTに応用し，SWCNTの金属・半導体分離にも使えることを示した．SDSで分散したSWCNTとアガロースを混合してゲルを作製し，それを電気泳動にかけると，半導体SWCNTはゲルに取り残され，金属型だけが電気泳動により移動することにより金属と半導体が効率良く分離される．投入されたSWCNTのほぼ100％が金属と半導体に分離し，光吸収スペクトルからそれぞれの純度は半導体95％，金属70％と求められている．

その後，電気泳動は必須ではなく，ゲルのアガロースファイバーの部分と，隙間の液体の部分を分離する手法であれば，同様の結果が得られることが示された[85]．例えば，SWCNT含有アガロースゲルをいったん凍結させた後，それを解凍して手で押しつぶすことにより，ゲルのマトリックスと液体部分が分離

される．あるいは，SWCNTのSDS分散液にゲルを浸すと，半導体SWCNTのみが吸着される．この性質を利用して，小さなアガロースゲルのビーズを充填したカラムにSDS分散SWCNTを流すことにより，金属SWCNTを連続して流出させ，その後ゲルビーズに吸着した半導体SWCNTをDOCで洗い出すことができる[86]．

DNAによる分離法

これまで述べた方法はSWCNTの金属・半導体分離には有効であるが，SWCNT分離の究極であるカイラリティー毎の分取は困難である．これに対して，特定の配列をもつDNAでSWCNTを分散することにより，単一カイラリティーのSWCNTを分離することができることがZhengら[87]（デュポン社）により報告された．特定配列のDNAがSWCNTに巻きついて規則的な構造をとり，好条件においてはカイラリティー選別が可能であるという以前の研究成果[79]を発展させたもので，系統的に選んだ20以上のDNA配列でSWCNTをラッピングし，可溶化し，その分散液をイオン交換液体クロマトグラフィーにかけることにより，12種類の単一カイラリティーの半導体SWCNTを分離することに成功した．

9.8 ナノポリヘドロンとバッキーオニオン

(1) ナノポリヘドロン

図9.4にも見られるように，アーク放電の陰極堆積物中に成長するMWCNTと常に共存して観察される炭素微粒子はナノパーティクル（nanoparticle）あるいはナノポリヘドロン（nanopolyhedron）と呼ばれる．ナノポリヘドロンは数層から数十層のグラファイトがやはり入れ子構造状に積み重なって，全体として多面体の形態をなしている[32]．ナノポリヘドロンの大きさは，概ねナノチューブの外径と同じであり（数～数十nm），中心には比較的大きな空洞がある．ナノポリヘドロンもC_{60}と同様に12個の五員環がそれぞれの層に導入され，三次元的に閉じた構造になっていると推測される．したがって，

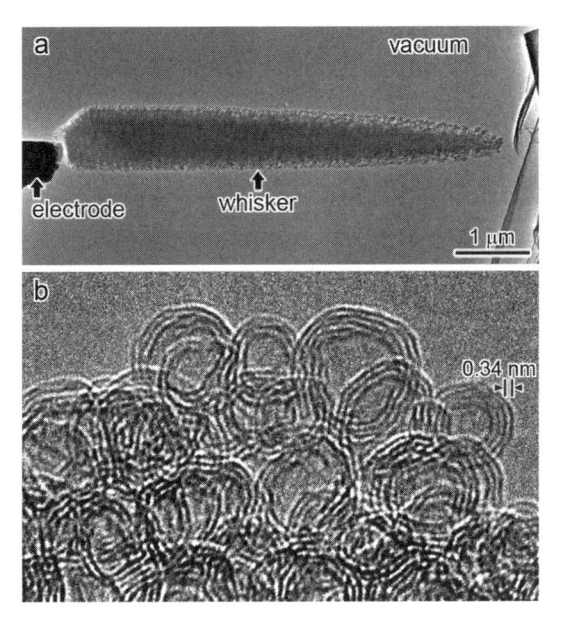

図9.17 フラーレンナノウィスカーの TEM 像.

ナノポリヘドロンはハイパーフラーレン (hyper fullerene)[88] すなわち巨大多層フラーレンと呼べるものである．外形が多面体になる理由は，ナノチューブの先端部が多面体的であるのと同じである．

最近，C_{60} の繊維状結晶（フラーレンナノウィスカー）[89] を真空中で熱処理した後，通電加熱することにより，巨大多層フラーレンが生成されることが安坂らにより見いだされた[90]．直径 $1.1\mu m$ の 1 本のウィスカーを透過電子顕微鏡中で電極間に架橋して，1.2mA 程度の電流を流すと，図9.17に示すようにフラーレンの一部分は蒸発して，残ったウィスカーの表面に多数の球形巨大フラーレンが生成される．この巨大フラーレンはサイズが 3 ないし 8nm 程度で，2 ないし 4 層の炭素層からなり，内部に比較的大きな空洞を有する．

(2) バッキーオニオン

Ugarte[91] は電子顕微鏡の中でナノポリヘドロンやナノチューブに，通常の電子線の 10～20 倍の密度の電子（例えば，加速電圧 300kV で 100～

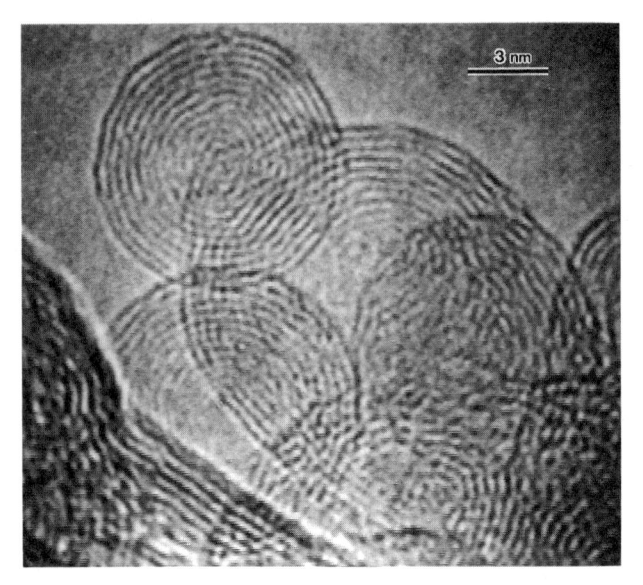

図 9.18 バッキーオニオンの TEM 像（太田慶新博士のご好意による）．

400 A/cm^2）を照射することにより，グラファイト構造が崩れ，図 9.18 に示すような対称性のよい同心球形の微粒子に徐々に（20 分くらいかけて）変化することを見いだした．玉ねぎに似た形態的特徴から，これらの微粒子はバッキーオニオン（Bucky onion）と呼ばれる．バッキーオニオンはナノポリヘドロンやナノチューブとは明らかに異なる次の構造的特徴をもつ．（1）同心状に重なったグラファイト層はほぼ完全な球であり，（2）最も内側の層の直径は C_{60} に匹敵するくらい小さい．オニオンは五員環が導入されて閉じているのではなく（もし，五員環が入っていれば多面体になる），ちょうど，小さな紙片を張り合わせて玉を作ることができるように，微細なグラファイト層が球の表面に平行に何層も積み重なり全体として球になったものと推測される．

一旦できたオニオンは電子照射に対して安定であると言われていたが，電子線をさらに長時間（1〜2 時間）かけて十分照射すると，ファセットと頂点が発達した多面体（正二十面体でよく合う）へ変化する場合があることが，茹らにより指摘されている[92]．オニオン構造の再編成により，ナノポリヘドロンと同様に頂点に五員環が導入された巨大多層フラーレン構造に変化したのであろ

う．この観察結果は，細かいグラフェン片が球状に積み重なったオニオンより，五員環が12個導入されたハイパーフラーレン構造が安定であることを示している．

電子線照射により試料が受ける効果には，試料温度の上昇，電子励起によるボンドの切断，原子核への運動量移行による原子の弾き出し（knock on）などがあるが，オニオンの場合には，ボンドの切断と原子の弾き出しのために，構造が流動化し，表面張力により球形になったものと考えられる．電子線の照射を止めて，高温で熱処理すれば，ナノポリヘドロンに構造が戻ると予想される．オニオンは電子線照射という特殊な環境の下で取りうる構造と言える．

また，オニオンを約700℃に加熱した状態で，高速電子（加速電圧1000 kV程度）を照射すると，オニオンの中心部にダイヤモンドが生成することが報告されている[93]．これはオニオンの表面張力により生ずる内部の圧力が，中心部のグラファイト構造をダイヤモンドに変化させるほど高くなったことを示している．実際，グラファイトの層間距離がオニオンの外側から内部に向かって連続的に狭くなっていることが観察されている．オニオン内部での層間距離（0.28 nm）から見積もられる圧力は36 GPaである[93]．

9.9 ナノカプセル

金属内包フラーレン合成の研究過程で，炭化ランタンの単結晶超微粒子を閉じ込めた多層のグラファイト籠が発見された[94,95]．この複合物質は数nmから数十nmのサイズをもち，外側のグラファイト層が三次元的に閉じた構造をもっている．ランタン炭化物は元来，大気中では不安定で，すぐに加水分解してしまうにもかかわらず，このグラファイト籠に閉じ込められた炭化物（LaC_2）は長期にわたって大気に晒されても，全く加水分解しない．外殻グラファイト層のこの優れた気密性とサイズの微細性から，この複合物質は"ナノカプセル"と名付けられた．このLaC_2内包ナノカプセルの発見を端緒に，他の希土類元素，遷移金属元素，一部のアクチノイド元素などの微結晶を詰めたカーボンナノカプセルが続々と作られた[96]．カーボン本来の耐熱性，耐薬品性と相まって，この気密カプセルはナノサイズ物質を酸化や融合反応（焼結）から保護

表 9.2 アーク放電法により微結晶内包ナノカプセルが合成されている元素およびSWCNT成長の触媒能を有する元素.

■：ナノカプセルを生成する元素
☆：SWCNTを生成する元素（アーク放電法の場合）
( )は生成量が少ないことを示す．
■の右横のMはカプセル内の微結晶が金属相，Cは炭化物であることを表す．

Li	Be											B	C	N	O	F	Ne
Na	Mg											Al	Si	P	S	Cl	Ar
K	(■)C Ca	■C Sc	■C Ti	■C V	■C Cr	■C Mn	■M,C Fe (☆)	■M,C Co ☆	■M,C Ni ☆	■M Cu	Zn	Ga	Ge	As	Se	Br	Kr
Rb	(■),C,M Sr	■C Y ☆	■C Zr	■C Nb	■C Mo	Tc	■M Ru	■M Rh ☆	■M Pd (☆)	Ag	Cd	In	Sn	Sb	Te	I	Xe
Cs	Ba	ランタノイド	■C Hf	■C Ta	(■)C W	(■)M Re	■M Os	■M Ir ☆	■M Pt (☆)	■M Au	Hg	Tl	Pb	Bi	Po	At	Rn
Fr	Ra	アクチノイド															

■C La ☆	■C Ce ☆	■C Pr (☆)	■C Nd (☆)	Pm	Sm	Eu	■C Gd ☆	■C Tb ☆	■C Dy (☆)	■C Ho ☆	■C Er ☆	(■)C Tm	(■)C Yb	■C Lu ☆
Ac	■C Th	■C Pa	■C U	Np	Pu	Am	Cm	Bk	Cf	Es	Fm	Md	No	Lr

280

する機能をもつ．

　ナノカプセルの合成には，金属内包フラーレン合成（第8章）の場合と同様に，金属（あるいはその酸化物）粉末を詰めた炭素棒を直流アークの陽極に使い，これをヘリウムガス中で蒸発する．アーク放電により蒸発した炭素と金属のおよそ半分は気相中で凝集し，ススを生成する．残りの半分は反対側の陰極先端に堆積する．気相で生成したススの中に，金属内包フラーレンやSWCNTが含まれている．これに対して，金属やその炭化物の微細結晶を包み込んだナノカプセルは陰極堆積物の内部や表面に成長する．これまでに微細結晶内包カプセルの合成に成功している元素を表9．2にまとめた．この表にはSWCNT生成の触媒能を有する元素も示してある．

(1) 希土類およびアクチノイド元素

　希土類元素は4nmから50nmの炭化物単結晶となってナノカプセル内に密封される．図9．19に希土類炭化物内包ナノカプセルのTEM像を示す．外側の層状物質はグラファイト化炭素で，25枚の炭素層が約0.34nmの間隔で積

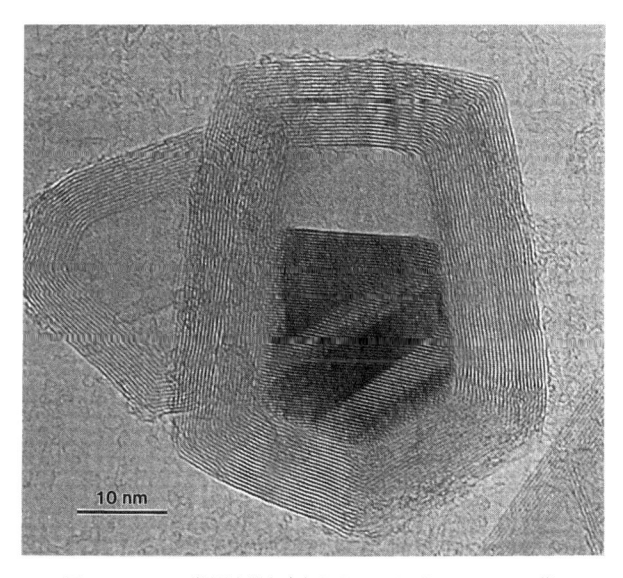

図9.19 LaC_2 微細結晶を内包したナノカプセルのTEM像．

み重なり，入れ子構造をなしている．カプセル内の下部の空間を占めている微細結晶は LaC_2（ランタン二炭化物）である．この炭化物は正方晶系 CaC_2 型の結晶構造（$a = 0.393$ nm, $c = 0.657$ nm）をもち，この構造の（110）格子面による 0.278 nm の縞が観察される．上部に残されている空洞は真空と考えられる．外側のグラファイト殻は多面体的外形をもち，平坦なファセットがよく発達している．また，グラファイト殻と LaC_2 結晶の界面は平坦で中間相は認められない．

 LaC_2 は，伝導電子をもち，金属的な電気的特性を示す炭化物である．また，空気中の湿気に対して不安定で，CaC_2 と同様に，吸湿性があり，水と直ちに反応して，水酸化ランタンとアセチレン，水素に分解してしまうため，通常はアルゴンなどの不活性ガスや油の中で扱う必要がある物質である．しかし，ナノカプセルの中の LaC_2 は外側の気密性に優れた多層炭素層によって保護されているため，まったく変質しない．内部の LaC_2 が健在であることは各炭素層に五員環が 12 個導入され，籠がフラーレンのように完全に閉じていることを示唆している．

 裸の希土類炭化物の物性測定には，グローブボックスの使用やガラス管封入など面倒な操作が必要だが，このカプセルにより保護された希土類炭化物を用いれば，通常の道具立てで物性測定が行える．カプセルに内包された Gd 炭化物[97]と Ho 炭化物の磁性[98]，YC_2 の超伝導性[99]などがこれまでに調べられている．

 一連の希土類金属について行われた内包実験から，蒸気圧の低い希土類元素（Sc, Y, La, Ce, Pr, Nd, Gd, Tb, Dy, Ho, Er, Tm, Lu）は炭化物として内包されるのに対して，蒸気圧の高い希土類元素（Sm, Eu, Yb）はカプセルに内包されないか稀にしか内包されないことがわかった[96]．どの希土類元素のナノカプセルも，図 9.9 に示した LaC_2 の場合と同様に，多層のグラファイト外殻は多面体的外形をもち，内部は一部空洞を残し単結晶の炭化物が詰まっているという共通した構造と形態をもっていた．カプセルに内包された炭化物は，Sc_3C_4[100]を形成するスカンジウムを除いて，すべて二炭化物（RC_2, R は希土類元素を表す）である．いずれの炭化物も，炭素濃度の最も高い希土類炭化物である点が特徴であり，後で述べるカプセルの成長機構と深く関わっ

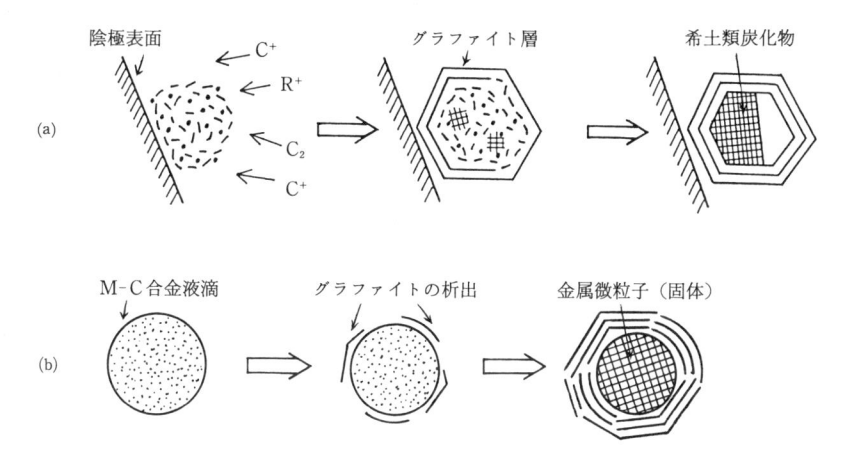

図 9.20 (a)希土類金属炭化物内包ナノカプセルの成長モデル，Rは希土類元素を表す．
(b)鉄族金属内包ナノカプセルの成長モデル．

ている．

　一連の希土類およびアルカリ土類金属を対象に，M@C_{82}（ここでMは金属原子を表す）などの金属内包フラーレンの作製と分析（質量分析）が行われ，金属内包フラーレンを作る元素とそうでないものとの二つの組に明瞭に分かれることが示されている[101]．興味深いことに，この金属内包フラーレンを生成する希土類元素と上に示したナノカプセルに内包される元素とはほぼ一致する．

　放射性元素を閉じ込めた炭素ナノカプセルを自在に合成できれば，核医学，核燃料などへの応用が期待できる．希土類元素の場合と全く同様の方法で，ThやUの二炭化物の微結晶を内包したカプセルが合成されている[102]．これらの元素も蒸気圧が低く，やはりLa, Ceなどと同じ難揮発性グループに入る．

　アーク法によるナノカプセルの成長において，金属の蒸気圧が重要な因子となっていることを上に述べた．ここで，その成長機構について考えてみる．図9.20(a)に希土類炭化物内包ナノカプセルの成長モデルを示す[103]．希土類元素（R）を炭素（C）と同時に蒸発させると，R-C合金微粒子がまず陰極表面に形成される．ナノチューブの成長機構においても述べたように（9.3節(5)），陰極表面は高温で，さらに，～10eVの運動エネルギーをもったR^+, C^+などのイオンが衝突してくるため，合金微粒子は最初，液相あるいは流動性の高い

9　カーボンナノチューブの成長と構造　283

構造をもっていると考えられる．また，炭素の中に金属が溶け込むことにより起こる融点降下もこの微粒子の融解を容易にする．やがて，温度の低下とイオン衝撃からの遮蔽とともに，固化が始まる．グラファイトの融点はRC_2のそれよりも高いので，グラファイトがまず析出する．この時，冷却は表面から進み，グラファイト籠が外側から形成され，希土類元素濃度の高くなった合金融液が内部に残る．多面体的グラファイト籠の角の部分には五員環が導入されることにより，ダングリングボンドが解消されるものと推測される．グラファイトの析出は，内部に残された合金が炭素と平衡する組成，すなわちRC_2（ただし，ScではSc_3C_4）になるまで続く．かくして，グラファイト層で覆われた微細結晶が形成される．カプセル内に空洞が一部分残されるのは，融液が固化するときの体積減少と，外殻形成期における希土類原子の蒸発のためと考えられる．

(2) 鉄族元素（Fe，Co，Ni）

これらの金属においてもグラファイトで覆われた微結晶（粒径50nmから200nm）が成長するが，構造・形態において次の点で，希土類元素の場合と異なる．まず，内包された微結晶の多くは金属相の鉄，コバルト，ニッケルであり，炭化物は少ない．次に，カプセル全体の形態が球状か，あるいは不規則でいびつな外形をもっている．鉄およびコバルトにおいては，それぞれα-Feおよびβ(fcc)-Coがおもに内包されるが，γ-Feやα(hcp)-Coの内包微結晶も少量ながら得られる．炭化物はいずれの金属においてもセメンタイト相，すなわちFe_3C，Co_3CおよびNi_3Cである．炭化物微結晶の生成される割合は，鉄の場合が最も多く，およそ20％ある[104]．一番少ないのがNiで，Coはこれらの中間である．一般に，遷移金属では周期表の右に移るほど炭化物を生成しにくくなる傾向があるが，これと一致している．ちなみに，一番右端の銅は，炭化物を生成せず，カプセルに入っているのは金属相の銅微粒子のみである．

図9.21にグラファイト層で覆われたα-Fe微結晶の電子顕微鏡写真を示す．グラファイトが一様の厚さで金属微結晶を隙間なく覆い，金属とグラファイトの間には炭化物などの中間相はみられない．グラファイト層には，転位を示唆する欠陥が頻繁に観察されている[105]．

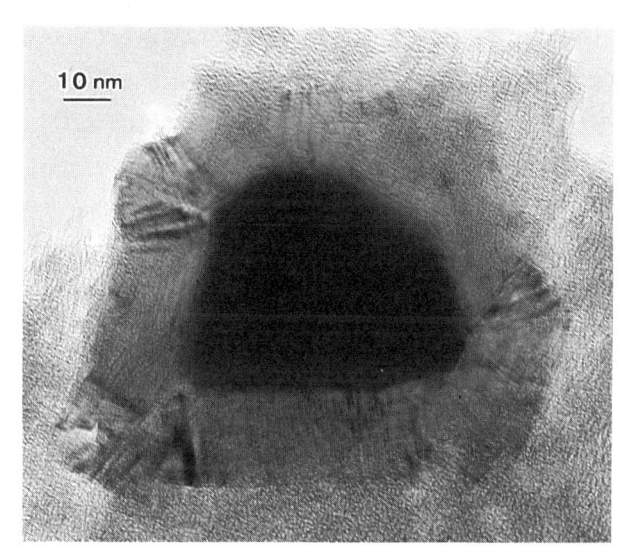

図 9.21 グラファイト層で覆われた α-Fe 微結晶の TEM 像.

　鉄族元素のカプセルは，希土類元素を閉じ込めているカプセルとは異なって，三次元的に完全に閉じたものではなく，転位や粒界などの欠陥を伴ったものである．また，希土類の場合には必ず残っていた空洞が多くの場合見られないのも鉄系カプセルの特徴である．

　ここで述べたグラファイト層の構造・形態学的特徴は金属内包カプセルの成長の履歴を反映したものである．鉄族金属の内包カプセルは陰極堆積物側面や合成容器内壁に付着したスス状物質の中に見いだされる．これに対して，希土類内包カプセルは堆積物円柱の内部に成長する．陰極側面や容器内壁では，堆積物円柱の中心部が経験するほどの高温と激しいイオン衝撃に曝されることはないので，鉄族内包カプセルは希土類内包カプセルに比べ低い温度で形成される．実際，鉄を覆うグラファイトは，湾曲し多くの欠陥を含み，希土類金属を覆うそれに比べ，平坦部（ファセット）の発達の程度が低い．

　鉄，コバルト，ニッケルなどの遷移金属はピッチ，カーボンブラック，樹脂などからグラファイト（"kish" graphite，キッシュ・グラファイトと呼ばれる）を形成する触媒として知られている[106]．これらの触媒を用いることにより1000℃程度の低い温度でもグラファイト構造炭素が得られている．今回生成さ

れた鉄カプセルもこのキッシュの生成機構と密接に関連していると考えられる。これに基づいた鉄族カプセルの成長モデルを図9.20(b)に示す。

カーボンカプセルで包まれた鉄微粒子の環境試験（温度80℃，相対湿度85％の環境に7日間）を行った結果，鉄微粒子は全く酸化しないことが示された[107]。外殻のグラファイトが，希土類のナノカプセル（前項）に比べ，多くの粒界を含んだ欠陥の多い構造であるにもかかわらず，優れた耐候性を有する。気密性に優れ，かつ潤滑性のあるグラファイトに包み込まれた磁性超微粒子は，磁気記録媒体，磁性流体などへの応用が期待される。

(3) **アルカリ土類元素**

カルシウム（Ca）あるいはストロンチウム（Sr）を炭素と一緒にアーク放電により蒸発すると，直方体の形をもつナノカプセルが生成される。この場合，大多数のカプセルは内部が空であるが，炭化物 CaC_2（tetragonal, monoclinic, cubic の3種類）[108]，SrC_2（tetragonal）微結晶の詰まった直方体ナノカプセル（サイズは30〜80nm）が得られる（図9.22）。ストロンチウムの場合は，

図9.22 γ-CaC_2 微結晶を内包する直方体形ナノカプセルのTEM像。

金属 Sr（α, β, γ の 3 種類）として内包されるものもある[109].

(4) その他の元素

バナジウム（V），クロム（Cr），ジルコニウム（Zr）がそれぞれ VC，Cr_3C_2（および Cr_7C_3 など），ZrC という炭化物の超微粒子となってナノカプセルに内包される[110]．タンタル（Ta），モリブデン（Mo），タングステン（W）などの蒸気圧の低い，いわゆる耐熱金属の中でも，Ta と Mo は比較的多くの内包型ナノカプセルを形成するが，W はヘリウム圧力の高い（～2 気圧）条件においてのみ少量ながらナノカプセルに内包される[111]．これらの元素も TaC，Mo_2C（PbO_2 型または Fe_2N 型），MoC（NaCl 型），MoC（AsTi 型），W_2C（PbO_2 型または Fe_2N 型），WC（NaCl 型）などの炭化物微粒子になって内包される．

他方，炭化物を作らない白金族の金属（Ru, Rh, Pd, Os, Ir, Pt）[112] や金（Au）[113] では，金属相のままナノカプセルに内包される．

9.10 金属内包ナノチューブ（ナノワイヤ）

MWCNT の中に金属や化合物を詰め込み，ナノワイヤを作る試みが幾つかあるが，その方法は大きく二つに分けられる．①あらかじめ作っておいた中空のナノチューブを使って，その先端を化学反応により破り，鉛やビスマスなどの低融点金属あるいは金属塩を溶かした酸を毛管作用により吸い込む方法，および②金属を炭素と一緒にアーク放電やレーザーなどで蒸発し，これらの凝縮の過程で自己形成的に金属入りナノチューブを作る方法である．①の方法のうち低融点金属の空気中加熱（乾式法）によりチューブ内に詰め込まれた物質は純粋な金属ではなく酸化物あるいは炭素を含む化合物と推測される[114]．また，金属塩を用いる湿式法では，例えば，硝酸ニッケル溶液の中で MWCNT を熱処理（140℃で 4.5 時間，溶液を還流）することにより，まず NiO 結晶を MWCNT 中に詰め込み，次にこれを水素ガス中で熱処理（400℃，2 時間）して金属ニッケルに還元する方法が報告されている[115]．これらはいずれも毛管吸引（capillary suction）を利用しているので，内包される物質の表面張力を低くする必要がある．これについての詳細は文献 116) に解説されている．

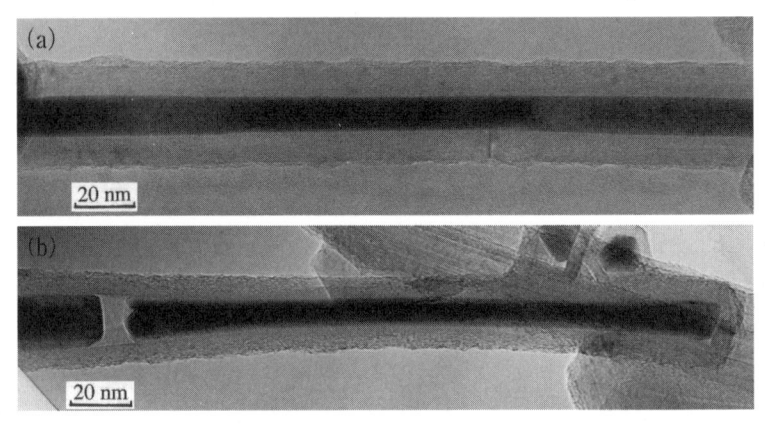

図9.23 グラファイト層の鞘で覆われたナノワイヤのTEM像. (a)完全に詰まったナノワイヤ（炭化マンガン，Mn_7C_3），(b)不完全に（部分的に）詰まったナノワイヤ（二炭化テルビウム，TbC_2）.

他方，②の方法では，希土類元素の一部（Y[117], Gd[97]），3d遷移金属元素の幾つか（Mn[118], Cr[119], Ni[120] など），銅（Cu）[121]，半導体・半金属元素の一部（Ge, Sb, S, Se）[117] がMWCNTの内部に詰め込まれている．しかし，その収量は一部の元素（Mn, Cu, Sb, S, Se）を除いて極めて少ない．希土類やMn, Crは炭化物となって内包されるが，Ni, Geなどでは金属相のまま詰め込まれる．ナノワイヤのグラファイト部分も含めた外径は10nmから100nmであり，長さは$0.1\mu m$から$10\mu m$ある．内部物質の詰まり方には2種類ある．①内部物質がナノチューブの端から端まで完全に詰まっている場合（図9.23(a)）と②細長い微粒子が先端部分と内部の何箇所かに閉じ込められた不完全詰め込みである（図9.23(b)）．内包物の存在のため，ナノチューブの直径が途中で変化し，屈曲・湾曲している場合もある．

従来の合成法では，内包率が低かったり，間欠的に内包されるのみであったが，高圧（0.9MPa（約9気圧））アルゴンガス中でのレーザー蒸発[122]により，ほぼ100%の内包率で銅ワイヤを包んだ一層から三層のCNTが形成される．また，銅を高濃度で含有させた炭素電極をアーク放電により水素ガス中で蒸発させても，極めて銅内包率の高いMWCNTが形成される．

SWCNTナノピーポッドを用いた一次元金属ナノワイヤの形成については，

第11章11.6節で述べる.

引用文献と注

1) S. Iijima, *Nature*, **354**, 56 (1991).
2) R. Bacon, *J. Appl. Phys.*, **31**, 283 (1960).
3) S. Iijima and T. Ichihashi, *Nature*, **363**, 603 (1993).
4) D. S. Bethune, C. H. Kiang, M. S. de Vries, G. Gorman, R. Savoy, J. Vazquez and R. Beyers, *Nature*, **363**, 605 (1993).
5) Y. Saito, T. Yoshikawa, M. Okuda, N. Fujimoto, K. Sumiyama, K. Suzuki, A. Kasuya and Y. Nishina, *J. Phys. Chem. Solid*, **54**, 1849 (1993).
6) 齋藤弥八, 坂東俊治, 「カーボンナノチューブの基礎」, コロナ社 (1998) 第1章.
7) A. Oberlin, M. Endo and T. Koyama, *J. Cryst. Growth*, **32**, 335 (1976).
8) R. A. Jishi, L. Venkataraman, M. S. Dresselhaus and G. Dresselhaus, *Phys. Rev.*, B **51**, 11176 (1995).
9) CNTに七員環が存在する場合は, 七員環の数と同じだけ六員環を余分に導入しなければ閉じない. 七員環1個がもたらす負の曲率は六員環1個により補償される.
10) Y. Saito, K. Hata and T. Murata, *Jpn. J. Appl. Phys.*, **39**, L271 (2000).
11) P. M. Ajayan, T. Ichihashi and S. Iijima, *Chem. Phys. Lett.*, **202**, 384 (1993).
12) Y. Saito, T. Yoshikawa, S. Bandow, M. Tomita and T. Hayashi, *Phys. Rev.*, B **48**, 1907 (1993).
13) 隣接する層は互いに平行であるが, 面内の方位あるいは並進位置が上下の層の間で相対的にずれた構造のこと.
14) O. Zhou, R. M. Fleming, D. W. Murphy, C. H. Chen, R. C. Haddon, A. P. Ramirez and S. H. Glarum, *Science*, **263**, 1744 (1994).
15) S. Amelinckx, D. Bernaerts, X. B. Zhang, G. van Tendeloo and J. van Landuyt, *Science*, **267**, 1334 (1995).
16) S. Suzuki and M. Tomita, *J. Appl. Phys.*, **79**, 3739 (1996). 太いMWCNTは第2ステージの層間化合物を作るが, 細いMWCNTにはインタカレーションは起こりにくい. また, ナノポリヘドロンにもインタカレートすることが観察された.
17) J. L. Hutchison, N. A. Kiselev, E. P. Krinichnaya, A. V. Krestinin, R. O. Loutfy, A. P. Morawsky, V. E. Muradyan, E. D. Obraztsova, J. Sloan, S. V. Terekhov and D. N. Zakharov, *Carbon*, **39**, 761 (2001).
18) Y. Saito, T. Nakahira and S. Uemura, *J. Phys. Chem.*, B **107**, 931 (2003).
19) Y. Saito, M. Okuda and T. Koyama, *Surface Rev. Lett.*, **3**, 863 (1996).
20) Y. Saito, M. Okuda, N. Fujimoto, T. Yoshikawa, M. Tomita and T. Hayashi, *Jpn. J. Appl.*

Phys., **33**, L526 (1994).
21) Y. Saito, K. Nishikubo, K. Kawabata and T. Matsumoto, *J. Appl. Phys.*, **80**, 3062 (1996).
22) Y. Saito, Y. Tani, N. Miyagawa, K. Mitsushima, A. Kasuya and Y. Nishina, *Chem. Phys. Lett.*, **294**, 593 (1998).
23) Y. Saito, K. Kawabata and M. Okuda, *J. Phys. Chem.*, **99**, 16076 (1995).
24) Y. Saito, M. Okuda, M. Tomita and T. Hayashi, *Chem. Phys. Lett.*, **236**, 419 (1995).
25) C. H. Kiang, W. A. Goddard III, R. Beyers, J. R. Salem and D. S. Bethune, *J. Phys. Chem.*, **98**, 6612 (1994).
26) C. Journet, W. Maser, P. Bernier, A. Loiseau, M. L. Chapelle, S. Lefrant, P. Deniard, R. Lee and J. E. Fischer, *Nature*, **388**, 756 (1997).
27) 谷 善彦，三重大学大学院工学研究科修士論文（平成10年度）．
28) M. Endo and H. W. Kroto, *J. Phys. Chem.*, **96**, 6941 (1992).
29) A. Thess et al., *Science*, **273**, 483 (1996).
30) Y. Saito, T. Nakahira and S. Uemura, *J. Phys. Chem.*, B **107**, 931 (2003).
31) S. Seraphin, D. Zhou, J. Jiao, J. C. Withers and R. Loutfy, *Carbon*, **31**, 685 (1993).
32) T. W. Ebbesen and P. M. Ajayan, *Nature*, **358**, 220 (1992).
33) Y. Saito, R. Mizushima, S. Kondo and M. Maida, *Jpn. J. Appl. Phys.*, **39**, 1468 (2000).
34) JFEエンジニアリング株式会社，JFE技法 No.3（2004年3月），p.78.
35) Y. Saito, T. Yoshikawa, M. Inagaki, M. Tomita and T. Hayashi, *Chem. Phys. Lett.*, **204**, 277 (1993).
36) Y. Murooka and K. R. Hearne, *J. Appl. Phys.*, **43**, 2656 (1972).
37) W. Finkelnburg and S. M. Segal, *Phys. Rev.*, **83**, 582 (1951).
38) N. Hatta and K. Murata, *Chem. Phys. Lett.*, **217**, 398 (1994).
39) 坪井利行，縄巻健司，小林春広，第15回フラーレン総合シンポジウム講演予稿集（1998, 7月）p.23.
40) Y. Ando, X. Zhao, K. Hirahara, K. Suenaga, S. Bandow and S. Iijima, *Chem. Phys. Lett.*, **323**, 580 (2000).
41) T. Sugai, H. Yoshida, T. Shimada, T. Okazaki and H. Shinohara, *Nano Lett.*, **3**, 769 (2003).
42) A. Koshio, M. Yudasaka and S. Iijima, *Chem. Phys. Lett.*, **356**, 595 (2002).
43) H. Kataura, Y. Kumazawa, Y. Maniwa, Y. Ohtsuka, R. Sen, S. Suzuki and Y. Achiba, *Carbon*, **38**, 1691 (2000).
44) W. E. Alvarez, B. Kitiyanan, A. Borgna and D. E. Resasco, *Carbon*, **39**, 547 (2001).
45) D. Takagi, Y. Kobayashi and Y. Homma, *J. Am. Chem. Soc.*, **131**, 6922 (2009).
46) K. Matsumoto, S. Kinoshita, Y. Gotoh, T. Uchiyama, S. Manalis and C. Quante, *Appl. Phys. Lett.*, **78**, 539 (2001).
47) P. N. Minh, L. T. T. Tuyen, T. Ono, H. Miyashita, Y. Suzuki, H. Mimura and M. Esashi, *J. Vac. Sci. & Tech.*, B **21**, 1705 (2003).

48) J. H. Hafner, C.-L. Cheung, A. T. Woolley and C. M. Lieber, *Progress in Biophysics & Molecular Biology*, **77**, 73 (2001) ; J. H. Hafner, C.-L. Cheung and C. M. Lieber, *Nature*, **398**, 761 (1999).
49) J. Yotani, S. Uemura, T. Nagasako, H. Kurachi, H. Yamada, T. Ezaki, T. Maesoba, T. Nakao, M. Ito, T. Ishida and Y. Saito, *Jpn. J. Appl. Phys.*, **43**, L1459 (2004).
50) Y. Yang, S. Huang, H. He, A. W. H. Mau and L. Dai, *J. Am. Chem. Soc.*, **121**, 10832 (1999).
51) B. Q. Wei, R. Vajtai, Y. Jung, J. Ward, R. Zhang, G. Ramanath and P. M. Ajayan, *Nature*, **416**, 495 (2002).
52) W. Z. Pan, C. Y. Wang, B. H. Chang, S. S. Xie, L. Lu, W. Liu, W. Y. Zhou and W. Z. Li, *Nature*, **394**, 631 (1998).
53) Y. H. Yun, V. Shanov, Y. Tu, S. Subramaniam and M. J. Schulz, *J. Phys. Chem.*, B **110**, 23920 (2006).
54) X. Zhang, K. Jiang, C. Feng, P. Liu, L. Zhang, J. Kong, T. Zhang, Q. Li and S. Fan, *Adv. Mater.*, **18**, 1505 (2006).
55) J. Kong, H. T. Soh, A. M. Cassell, C. F. Quante and H. Dai, *Nature*, **395**, 878 (1998).
56) Y. G. Zhang, A. L. Chang, J. Cao, Q. Wang, W. Kim, Y. M. Li, N. Morris, E. Yenilmez, J. Kong and H. J. Dai, *Appl. Phys. Lett.*, **79**, 3155 (2001).
57) Y. Homma, T. Yamashita, P. Finnie, M. Tomita and T. Ogino, *Jpn. J. Appl. Phys.*, **41**, 89 (2002).
58) Y. Murakami, S. Yamakita, T. Okubo and S. Maruyama, *Chem. Phys. Lett.*, **375**, 393 (2003).
59) G. Zhong, T. Iwasaki, J. Robertson and H. Kawarada, *Nano Lett.*, **8**, 886 (2008).
60) K. Hata, D. N. Futaba, K. Mizuno, T. Namai, M. Yumura and S. Iijima, *Science*, **306**, 1362 (2004).
61) 畠 賢治, 表面科学, **28**, 104 (2007).
62) T. Yamada, T. Namai, K. Hata, D. N. Futaba, K. Mizuno, J. Fan, M. Yudasaka, M. Yumura and S. Iijima, *Nature Nanotech.*, **1**, 131 (2006).
63) H. Cui, G. Eres, J. Y. Howe, A. Puretkzy, M. Varela, D. D. Geohegan and D. H. Lowndes, *Chem. Phys. Lett.*, **374**, 222 (2003).
64) L. X. Zheng, M. J. O'Connell, S. K. Doorn, X. Z. Liao, Y. H. Zhao, E. A. Akhadov, M. A. Hoffbauer, B. J. Roop, Q. X. Jia, R. C. Dye, D. E. Peterson, S. W. Huang and J. Liu, *Nature Mater.*, **3**, 673 (2004).
65) T. Hiraoka, T. Kawakubo, J. Kimura, R. Taniguchi, A. Okamoto, T. Okazaki, T. Sugai, Y. Ozeki, M. Yoshikawa and H. Shinohara, *Chem. Phys. Lett.*, **382**, 679 (2003).
66) H. Ago, K. Nakamura, S. Imamura and M. Tsuji, *Chem. Phys. Lett.*, **391**, 308 (2004).
67) Y. M. Li, W. Kim, Y. G. Zhang, M. Rolandi, D. W. Wang and H. J. Dai, *J. Phys. Chem.*, B **105**, 11424 (2001).

68) H. C. Choi, W. Kim, W. Wang and H. J. Dai, *J. Phys. Chem.*, B **106**, 12361 (2002).
69) B. Kitiyanan, W. E. Alvarez, J. H. Harwell, D. E. Resasco, *Chem. Phys. Lett.*, **317**, 497 (2000).
70) T. Koyama, K. Asaka, N. Hikosaka, H. Kishida, Y. Saito, and A. Nakamura, *J. Phys. Chem. Lett.*, **2**, 127 (2011).
71) P. Nikolaev, M. J. Bronikowski, R. K. Bradley, F. Rohmund, D. T. Colbert, K. A. Smith and R. E. Smalley, *Chem. Phys. Lett.*, **313**, 91 (1999).
72) W. Zhou, Y. H. Ooi, R. Russo, P. Papanek, D. E. Luzzi, J. E. Fischer, M. J. Bronikowski, P. A. Willis and R. E. Smalley, *Chem. Phys. Lett.*, **350**, 6 (2001).
73) H. W. Zhu, C. L. Xu, D. H. Wu, B. Q. Wei, R. Vajtai and P. M. Ajayan, *Science*, **296**, 884 (2002).
74) 齋藤弥八,坂東俊治,「カーボンナノチューブの基礎」,コロナ社（1998）第2章.
75) 齋藤弥八編著,「カーボンナノチューブの材料科学入門」,コロナ社（2005）第1章.
76) Y. M. Li, D. Mann, M. Rolandi, W. Kim, A. Ural, S. Hung, A. Javey, J. Cao, D. W. Wang, E. Yenilmez, Q. Wang, J. F. Gibbons, Y. Nishi and H. J. Dai, *Nano Lett.*, **4**, 317 (2002).
77) D. Chattopadhyay, I. Galeska, and F. Papadmitrakopoulos, *J. Am. Chem*, Soc., **125**, 3370 (2003).
78) Z. Chen, X. Du, M.-H. Du, C. D. Rancken, H.-P. Cheng and A. G. Rinzler, *Nano Lett.*, **3**, 1245 (2003).
79) M. Zheng, A. Jagota, E. D. Semke, B. A. Diner, R. S. McLean, S. R. Lustig, R. E. Richardson and N. G. Tassi, *Nature Mater.*, **2**, 338 (2003).
80) K. H. An, J. S. Park, C.-M. Yang, S. Y. Jeong, S. C. Lim, C. Kang, J.-H. Son, M. S. Jeong and Y. H. Lee, *J. Am. Chem. Soc.*, **127**, 5196 (2005)
81) R. Krupke, F. Hennrich, H. v. Lohneysen and M. M. Kappes, *Science*, **301**, 344 (2003); R. Krupke, F. Hennrich, M. M. Kappes and H. v. Lohneysen, *Nano Lett.*, **4**, 1395 (2004).
82) M. S. Arnold, A. A. Green, J. F. Hulvat, S. I. Stupp and M. C. Hersam, *Nature Nanotech.*, **1**, 60 (2006).
83) K. Yanagi, Y. Miyata and H. Kataura, *Appl. Phys. Express*, **1**, 034003 (2008).
84) T. Tanaka, H. Jin, Y. Miyata and H. Kataura, *Appl. Phys. Express*, **1**, 114001 (2008).
85) T. Tanaka, H. Jin, Y. Miyata, S. Fujii, H. Suga, Y. Naitoh, T. Minari, T. Miyadera, K. Tsukagoshi and H. Kataura, *Nano Lett.*, **9**, 1497 (2009).
86) 片浦弘道,応用物理, **78**, 1128 (2009).
87) X. Tu, A. Jagota and M. Zheng, *Nature*, **460**, 250 (2009).
88) M. Yoshida and E. Osawa, *Fullerene Sci. Tech.*, **1**, 55 (1993).
89) K. Miyazawa, A. Obayashi, and M. Kuwabara, *J. Am. Ceram. Soc.*, **84**, 3037 (2001).
90) K. Asaka, R. Kato, R. Yoshizaki, K. Miyazawa and T. Kizuka, *Phys. Rev.*, B **76**, 113404 (2007).
91) D. Ugarte, *Nature*, **359**, 707 (1992).

92) Q. Ru, M. Okamoto, Y. Kondo and K. Takayanagi, *Chem. Phys. Lett.*, **259**, 425 (1996).
93) F. Banhart and P. M. Ajayan, *Nature*, **382**, 433 (1996).
94) R. S. Ruoff, D. C. Lorents, B. Chan, R. Malhotra and S. Subramoney, *Science*, **259**, 346 (1993).
95) M. Tomita, Y. Saito and T. Hayashi, *Jpn. J. Appl. Phys.*, **32**, L280 (1993).
96) Y. Saito, *Carbon*, **33**, 979 (1995).
97) S. Subramoney, R. S. Ruoff, D. C. Lorents, B. Chan, R. Malhotra, M. J. Dyer and K. Parvin, *Carbon*, **32**, 507 (1994).
98) B. Digg, C. Silva, B. Brunett, S. Kirkpatrick, A. Zhou, D. Petasis, N. T. Nuhfer, S. A. Majetich, M. E. McHenry, J. O. Artman and S. W. Staley, *J. Appl. Phys.* **75**, 5879 (1994).
99) A. Kasuya, H. Iwasaki, Y. Saito, M. Okuda, M. Suezawa, K. Sumiyama, K. Suzuki and Y. Nishina, *Surface Rev. Lett.*, **3**, 853 (1996).
100) 以前 $Sc_{15}C_{19}$ と記されていた炭化物の組成は Sc_3C_4 に修正された．R. Pöttgen and W. Jeitschko, *Inorg. Chem.*, **30**, 427 (1991).
101) L. Moro, R. S. Ruoff, C. H. Becker, D. C. Lorents and R. Malhotra, *J. Phys. Chem.*, **97**, 6801 (1993).
102) H. Funasaka, K. Sugiyama, K. Yamamoto and T. Takahashi, *J. Appl. Phys.*, **78**, 5320 (1995); R. S. Ruoff, S. Subramoney, D. Lorents and D. Keegan, Program of 184th Meeting of the Electrochemical Society, New Orleans, October 10-15, (1993) 652.
103) Y. Saito, T. Yoshikawa, M. Okuda, M. Ohkohchi, Y. Ando, A. Kasuya and Y. Nishina, *Chem. Phys. Lett.*, **209**, 72 (1993).
104) T. Hihara, H. Onodera, K. Sumiyama, K. Suzuki, A. Kasuya, Y. Nishina, Y. Saito, T. Yoshikawa and M. Okuda, *Jpn. J. Appl. Phys.*, **33**, L24 (1994).
105) Y. Saito, T. Yoshikawa, M. Okuda, N. Fujimoto, S. Yamamuro, K. Wakoh, K. Sumiyama, K. Suzuki, A. Kasuya and Y. Nishina, *Chem. Phys. Lett.*, **212**, 379 (1993).
106) S. B. Austerman, S. M. Myron and J. W. Wagner, *Carbon*, **5**, 549 (1967).
107) Y. Saito, "Synthesis and Characterization of Carbon Nanocapsules Encaging Metal and Carbide Crystallites", in Fullerenes : Recent Advances in the Chemistry and Physics of Fullerenes and Related Materials, eds. by K. M. Kadish and R. S. Ruoff, The Electrochemical Soc., Pennington, New Jersey, (1994) 1419.
108) Y. Saito and T. Matsumoto, *Nature*, **392**, 237 (1998).
109) Y. Saito and T. Matsumoto, *J. Cryst. Growth*, **187**, 402 (1998).
110) S. Bandow and Y. Saito, *Jpn. J. Appl. Phys.*, **32**, L1677 (1993).
111) Y. Saito, T. Matsumoto and K. Nishikubo, *J. Cryst. Growth*, **172**, 163 (1997).
112) Y. Saito, K. Nishikubo, K. Kawabata and T. Matsumoto, *J. Appl. Phys.*, **80**, 3062 (1996).
113) D. Ugarte, *Chem. Phys. Lett.*, **209**, 99 (1993).
114) P. M. Ajayan and S. Iijima, *Nature*, **361**, 333 (1993); P. M. Ajayan, T. W. Ebbesen, T. Ichihashi, S. Iijima, K. Tanigaki and H. Hiura, *Nature*, **362**, 522 (1993).

115) S. C. Tsang, Y. K. Chen, P. J. F. Harris and M. L. H. Green, *Nature*, **372**, 159 (1994).
116) 齋藤弥八,坂東俊治,「カーボンナノチューブの基礎」,コロナ社 (1998) 第 7 章.
117) S. Seraphin, D. Zhou, J. Jiao, J. C. Withers and R. Loutfy, *Appl. Phys. Lett.*, **63**, 2073 (1993).
118) A. Loiseau and H. Pascard, *Chem. Phys. Lett.*, **256**, 246 (1996).
119) C. Guerret-Piecourt, Y. L. Bouar, A. Loiseau and H. Pascard, *Nature*, **372**, 761 (1994).
120) Y. Saito and T. Yoshikawa, *J. Cryst. Growth*, **134**, 154 (1993).
121) A. A. Setlur, J. M. Lauerhaas, J. Y. Dai and R. P. H. Chang, *Appl. Phys. Lett.*, **69**, 345 (1996).
122) F. Kokai, T. Shimazu, K. Adachi, A. Koshio and Y. Takahashi, *Appl. Phys.*, A **97**, 55 (2009).

10

カーボンナノチューブの物性とグラフェン

　グラフェンがナノメータースケールの直径の円筒に丸まることにより，CNT の電気的性質はカイラル指数により半導体にも金属にもなり得るという劇的な変化を示す．さらに，擬一次元構造を反映して電子状態密度に現れる一連のスパイク状の極大のために，CNT の構造に敏感な光学的性質が観察される．また，機械的性質においても，CNT のシームレス構造と直径の細さは，従来のミクロンサイズのグラファイトのファイバーにはない，興味深い効果をもたらす．

　CNT の物性の本質的な基礎をなすグラフェンが，仮想の物質ではなく，実際に簡便に作製できる方法が見いだされたことをきっかけに，この二次元物質の研究が現在，世界中でブームを呼んでいる．本章の最後の節にこのグラフェンの特異な物性を簡単にまとめた．

10.1　カーボンナノチューブの電子的性質

(1) 単層カーボンナノチューブの電子構造

　CNT 内の価電子の波数 k をチューブの円周方向と軸方向の 2 成分 $(k_\perp, k_\parallel)$ に分けると，$k_\perp$ に対しては波長の整数倍が円周に等しくなくてはならない量子条件，

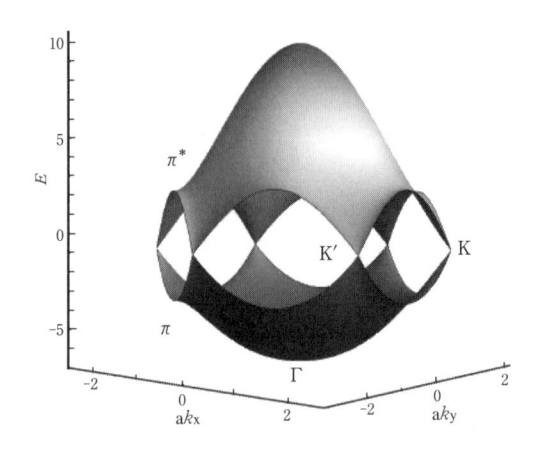

図10.1　グラフェンのπバンドのエネルギー分散（エネルギーEと波数kの関係）.

$$k_\perp = \frac{j}{r} = j \cdot \frac{2\pi}{L} \qquad (10.1)$$

により量子化され，$k_\perp$は$1/r$の間隔で離散的な値しか許されない．ここで，jは整数，rはCNTの半径，Lはカイラルベクトルの長さである．一方，$k_\parallel$は連続で，チューブ軸方向の周期性（第9章の格子ベクトルT）から，$k_\parallel$の範囲は$-\pi/|T|<k_\parallel\leq\pi/|T|$である．CNTではグラフェンが曲率をもつことによって，価電子帯である結合π軌道はσ軌道との混成を起こすが，太いCNT（直径$d_t>1$nm）では，その効果は小さい．従って，CNTの電子構造は，グラフェンのπバンドのエネルギー分散$E(k_x,k_y)$を基本とし，チューブ軸に垂直な方向ではkの量子化のためにこれが離散化し，チューブ軸方向では連続した分散のある一次元バンド（サブバンド）の集まりとして表される．図10.1は二次元グラフェンのπバンドのエネルギー分散を示す．図10.2にグラフェンのブリルアン帯とCNTの波数の関係を（9,0）ナノチューブを例にあげて示す．

二次元グラフェンの価電子帯（πバンド）と伝導帯（π*バンド）は，図10.1に示すように，六角形のブリルアン帯境界の角（KとK′点）で接している．CNTで許される波数がこのK点（あるいはK′点）を通れば，エネルギーギャップがなく金属になり，横切らないときは，ギャップが開き半導体になる．具

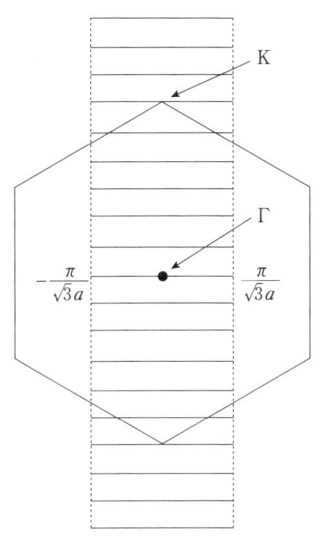

図 10.2 グラフェンのブリルアン帯（正六角形の領域）と (9,0) ジグザグ型ナノチューブの波数（黒の線分の集まり）．(9,0) ナノチューブではチューブ軸に垂直方向の波数の間隔は $\frac{1}{9a}$，軸方向の波数は $\frac{-\pi}{\sqrt{3}a}$ から $\frac{\pi}{\sqrt{3}a}$ までである．

体的には，カイラル指数の差 $n-m$ が3の倍数になるときは金属的チューブになり，そうでないときは半導体的チューブになる．厳密には，$n=m$（アームチェア型）以外の金属チューブは，グラフェンの曲率に起因して微小なギャップ（2～50 meV）が開いた微小ギャップ半導体（small-gap semiconducting）であるが，室温では金属とみなせる[1,2]．

図 10.3(a)および(b)に，グラフェンシートの電子状態を使って計算された (9,0) および (10,0) のジグザグ型チューブの電子状態密度をそれぞれ示す[3]．図中の破線は，比較のためのグラフェンの状態密度である．(a)は，エネルギー軸が0（フェルミエネルギー）のところで有限の状態密度をもち金属になっている．一方(b)では，フェルミエネルギー付近でギャップが開き半導体となっている．図 10.3(c)は，$(n,0)$ ジグザグ型チューブに対するエネルギーギャップの n 依存性である[4]．(a), (b), (c) いずれの場合もエネルギーの値は，C-C の結合エネルギーに対応する最近接相互作用（$\gamma \approx 2.5$～3.1 eV）によってスケールされている．

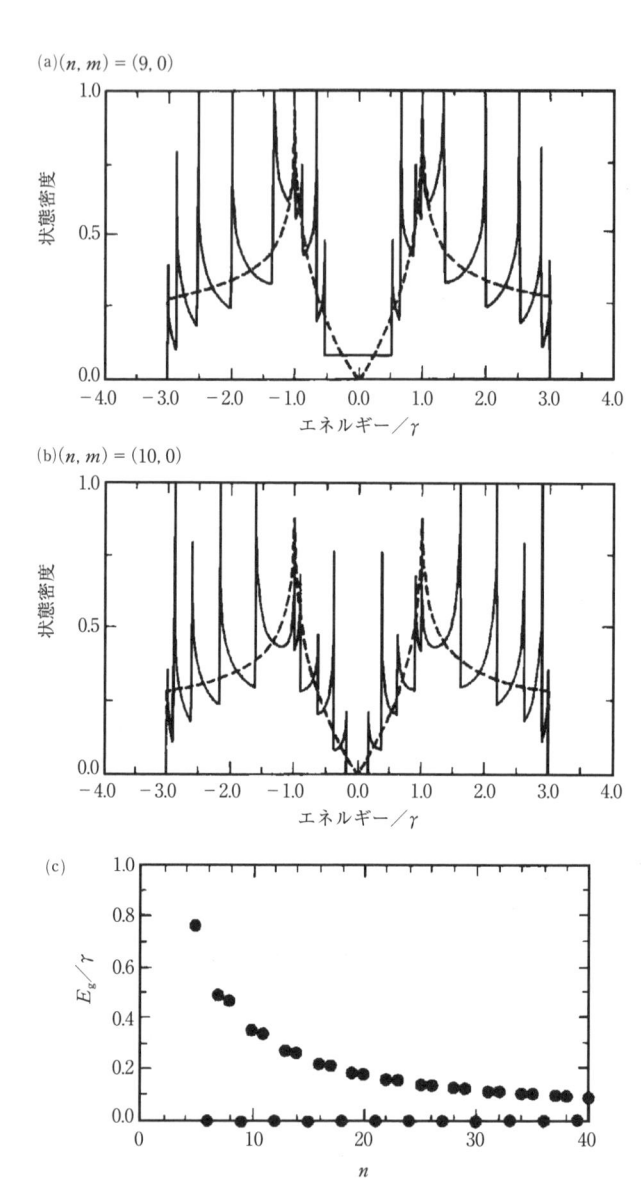

図 10.3 (a)および(b)はそれぞれ (9,0) および (10,0) ジグザグ型チューブの電子状態密度である．破線はグラフェンの状態密度を示す[3]．(c)は (n,0) ジグザグ型チューブにおけるエネルギーギャップの n 依存性である[4]．エネルギーの値はいずれの場合も C–C の結合エネルギーに対応する最近接相互作用 ($\gamma \approx 3.13\text{eV}$) によってスケールされている．

半導体的CNTのエネルギーギャップE_gは，一電子近似の強束縛法（tight binding method）では，カイラリティーに関係なく，チューブ直径d_tに反比例し，

$$E_g \approx 2\gamma a/\sqrt{3}\,d_t \qquad (10.2)$$

と表される[5]．最も典型的なSWCNTの直径1.3nmでは，E_gは約0.6eVの大きさになる．

一次元系では，電子やフォノンの状態密度がエネルギーの平方根に反比例して発散する，いわゆるファンホーベ特異性（van Hove singularity）が現れる．実際，CNTにおいても図10.3に見られるように，状態密度にファンホーベ極大が幾つも現れ，CNTの共鳴ラマン散乱，フォトルミネッセンスなど興味深い光学的性質をもたらす（次節参照）．

(2) 多層カーボンナノチューブの電子構造

上述の電子構造は，単層のCNTに対するものである．同心構造をもつ多層のCNTにおいては，層間の相互作用を取り入れなければならない．このような相互作用を取り入れた計算が，二層のCNTに対して行われ[6]，金属-金属，半導体-半導体，半導体-金属（金属-半導体）の組み合わせのいずれの場合も個々のチューブの電気的性質は，それぞれのチューブが単独にある場合と変わらない性質を保つと予想されている．

(3) カーボンナノチューブの電気伝導特性

金属的CNTは一次元導体であり，その二端子コンダクタンスは，ランダウア（Landauer）の式[7]，

$$G = (2e^2/h)\cdot\sum_{i}^{N} T_i \qquad (10.3)$$

により与えられる．ここで，hはプランク定数，$2e^2/h$は量子コンダクタンス，T_iは伝導に寄与する電子導波路（チャンネルと呼ぶ）の透過確率である．CNT内部および電極との接合部で散乱が無い場合は$T_i=1$であり，また金属的CNTのチャンネル数Nは室温で$N=2$であるので[8]，金属的CNTの抵抗

($R=1/G$) は $h/4e^2≈6.5$kΩ と予想される．実験的にも，量子コンダクタンスに対応する電気抵抗のステップが観測されている[9,10]．

導体内の伝導電子は，不純物などが作るポテンシャルの乱れによる弾性散乱とフォノン（格子振動を量子化した準粒子）による非弾性散乱を受ける．その実効的な平均自由行程 λ_{eff} は，弾性散乱の平均自由行程 λ_{el}，音響フォノンおよび光学フォノンによる散乱の平均自由行程 λ_{ac} と λ_{op} を用いて，

$$\frac{1}{\lambda_{eff}} = \frac{1}{\lambda_{el}} + \frac{1}{\lambda_{ac}} + \frac{1}{\lambda_{op}} \tag{10.4}$$

と表される．金属的 CNT では，電子運動の一次元への閉込め効果（エネルギーと運動量保存の条件による散乱位相空間の制約）のため弾性散乱は抑えられ[11]，$\lambda_{el} \gtrsim 1\mu$m である．音響フォノンによる散乱も弱く，$\lambda_{ac} ≈ 1\mu$m である[12]．したがって，弱電界の電子輸送では，金属的 CNT は 1μm オーダーの長さにわたってバリスティック（ballistic，弾道的）である．一方，伝導電子が光学フォノンのエネルギー（~180meV）を超えるエネルギーを得ることのできる強電界では，非弾性散乱が頻繁に起こる（$\lambda_{op} ≈ 20~30$nm）．この散乱が，CNT を流れる電流の飽和現象，CNT のジュール発熱による断線をもたらす．

10.2　カーボンナノチューブの光学的性質

(1)　カーボンナノチューブの光学遷移

CNT の一次元性は光学遷移に強く反映する．特にファンホーベ極大の間の強い吸収と発光が鋭く（半値幅~25meV）[13]観察される．CNT の価電子帯と伝導帯には多数のファンホーベ極大があるが（図 10.3 参照），これらの間の光学遷移は次の選択則により制限される[13]．

(a) 偏光面と CNT が平行の場合：同一の $k_\perp$（式(10.1)の j が同じ）に由来する価電子帯と伝導帯サブバンドの間の遷移のみが許容される．すなわち，遷移の前後で j の変化 $\Delta j = 0$．

(b) 偏光面と CNT が垂直の場合：式(10.1)の j が 1 だけ違う $k_\perp$ の価電子帯と伝導帯サブバンドの間の遷移のみが許容される．すなわち，$\Delta j = \pm 1$．

CNTは，細長い双極子アンテナと同じように，光の吸収・発光に強い異方性を示す．このため，上の(a)のタイプの遷移（フェルミ準位に対して対称の位置にあるファンホーベ極大間の遷移）が支配的で，CNTの光学スペクトルの特徴のほとんどがこの遷移に由来する．

(2) ラマン散乱スペクトル

ラマン（Raman）散乱分光法は，電子顕微鏡法，走査プローブ顕微鏡法とならんで，CNT評価の有力な手法である．CNTからのラマン散乱スペクトルには，三つの特徴的なバンドがある．第一は，CNTに特有なradial breathing mode（RBM）と呼ばれる，動径方向の伸縮振動（円筒が呼吸するような振動）によるラマン散乱ピークであり，低周波数領域（150から200 cm^{-1}付近）で観察される．このRBMは，その振動数ω_Rが直径d_tに反比例することから，CNTの直径の見積もりに使われている．ω_Rとd_tの間の関係としては，カイラリティーに依存しない次の式が広く採用されている[13]．

$$d_t = 248/\omega_R \tag{10.5}$$

ただし，六員環の歪が無視できない直径の細いCNT（$d_t<1\,\mathrm{nm}$）に対しては，カイラリティー依存性が予想されるので，この簡単な式の利用には注意が必要である．

第二は，1592 cm^{-1}に最大強度をもつバンドである．1592 cm^{-1}は，グラファイトにおける面内伸縮振動（1584 cm^{-1}）に対応すると考えられており，グラファイトの頭文字をとってGバンドと呼ばれている．SWCNTの直径が細く，また分布が狭い場合には，1592 cm^{-1}の主ピークのおもに低波数側に複数の副ピークやショルダーが観察される[14]．

第三の特徴は，1350 cm^{-1}付近のブロードなバンドである．グラファイトではこの振動数領域に多数のフォノン状態があるが，これらのフォノンはラマン活性ではないため，結晶性の高いグラファイトでは観察されない．しかし，欠陥が存在すると運動量保存則の制約がなくなるため，ラマン散乱として観察される．欠陥（defect）に由来することから，1350 cm^{-1}のバンドはDバンドと呼ばれ，アモルファスカーボンやグラファイト微粒子では強く観察される．G

バンドとDバンドの強度比が，G/D比と称して，試料中のSWCNTの純度やSWCNTの欠陥の目安に使われることがあるが，ラマン散乱のみでこれらを評価するのは危険である．

　入射光のエネルギーがファンホーベ極大間のエネルギー E_{jj} に一致するとラマン散乱強度が増大し（共鳴ラマン効果），RBMが強く観察される．E_{jj} はCNTのカイラル指数 (n,m) に依存し，またRBMの振動数はCNTの直径の関数であるので，RBMの振動数とその強度を詳しく調べることにより，CNTの (n,m) 指数を推定することができる．

(3) カーボンナノチューブの光吸収と発光

　CNT試料の光吸収および発光スペクトルには，SWCNTの E_{jj} に対応したピークが現れる．発光は，第一ファンホーベ極大間のエネルギーギャップ E_{11} に由来する近赤外の蛍光で，孤立した半導体SWCNTから観測される．励起波長をスキャンし，近赤外蛍光スペクトルを測定することにより，励起波長と

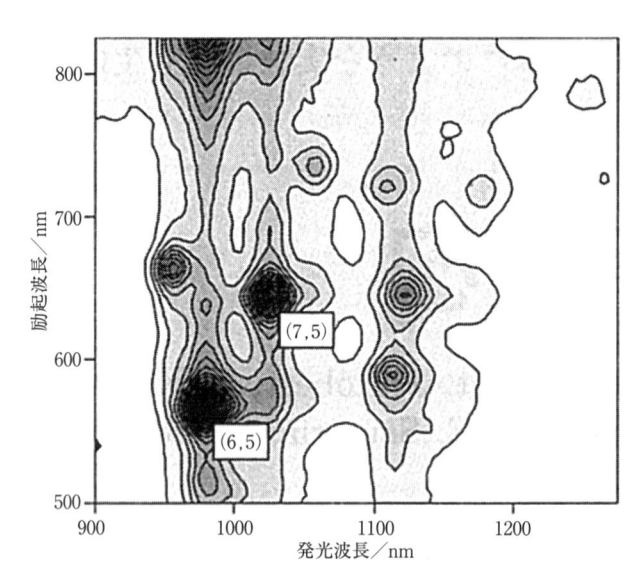

図10.4　よく分散した（孤立した）SWCNTを試料として，励起波長（縦軸）と発光波長（横軸）の関数として示された近赤外蛍光スペクトルの三次元マップ[15]．おのおののピークは，単一のカイラル指数 (n,m) のSWCNTに対応する．

発光波長の関数として蛍光強度を示す三次元マップを作成することができる．その例を図 10.4 に示す[15]．蛍光強度は等高線で示されており，いくつかの強度ピークが観察される．おのおののピークは，特定の一つのカイラル指数 (n,m) の SWCNT の E_{jj} と E_{11} による強い光吸収と発光に起因する．つまり，このマップにより，試料中に分散した SWCNT の (n,m) を同定することができる．ただし，光吸収によって生成された電子−正孔が無放射で緩和する金属 SWCNT や SWCNT の束においては，蛍光が観察されないので，この蛍光分光法は使うことはできない．

10.3　カーボンナノチューブの機械的・熱的性質

CNT の最も顕著な力学的性質は，非常に堅いにもかかわらず，可撓性（柔軟性）と強度に優れていることである．また，熱的性質として，ダイヤモンドに匹敵あるいはそれを超える高い熱伝導率が期待されることである．

(1) ヤング率

材料の硬さを表す弾性定数としてヤング率がある．CNT のヤング率が種々の計算方法と原子間ポテンシャルを用いて理論的に予測されているが，その手法に依存して，SWCNT においては 0.44 から 1.2 TPa 程度の範囲，MWCNT では 0.9 から 1.1 TPa の範囲の値が報告されている[16-18]．

CNT の弾性率は，電子顕微鏡の中で CNT 片持ち梁の熱振動の振幅や，交流外場による共振の観察，また原子間力顕微鏡のプローブを使った CNT の変

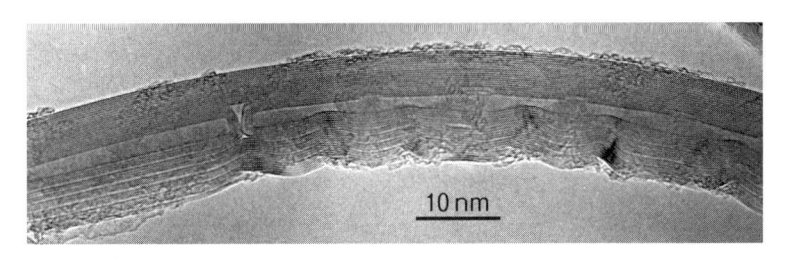

図 10.5　湾曲した MWNT の TEM 像．湾曲の内側に波状のしわが観察される．

形と応力の測定などにより行われ，ヤング率としてMWCNTでは0.1から4.15TPa[19-21]，SWCNTでは約1TPaが報告されている[22]．測定値のバラツキの原因には，CNTの内部構造の違い（層数や竹状構造の有無），CNT片持ち梁の長さ，温度などの測定誤差のほかに，MWCNTが湾曲した時にCNTの円弧内側（圧縮側）で波状のしわ（リップル，ripple）が発生する（図10.5）ことにより起こる曲げ弾性率の低下がある．このリップルは，MWCNTが太いほど小さな湾曲で起こるため，CNT片持ち梁の共鳴振動数から求めたヤング率（正確には，曲げ弾性率）はMWCNTの直径とともに減少することになる[21]．

(2) 引張強度

CNTに対する引張強度σ_Tの測定値としては，アーク放電で作製されたMWCNTに対して11〜63GPa[20]および150±45GPa[21]，SWCNTでは約200GPa[23]という大きな値が報告されている．ただし，CVD法で作製されたMWCNTの束では，遥かに小さな値（1.72GPa）が報告されているが[24]，これはCNT間の滑りあるいは構造欠陥の存在によるものと考えられる．

(3) 熱伝導率

ダイヤモンドやグラファイトに代表される炭素ベースの材料は，室温付近で他のどの材料よりも高い熱伝導率をもつ．グラファイトにおいては，格子振動（フォノン）が熱伝導のほとんどを担っており，試料の中の結晶粒のサイズによりその大きさが決まる．従って，CNTの高い結晶性は，その長さ方向の熱伝導率がグラファイトの面内伝導率を越える可能性を示唆している．グラファイトでは，温度$T \gtrsim 20K$においてはフォノンが熱伝導の主要な部分を占めるが，SWCNTとMWCNTでは$T=0$までのすべての温度でフォノンが支配的である．

マイクロデバイスの微小溝を架橋するようにCVD成長された単一SWCNTに対する熱伝導率が測定され，室温付近で最大値を示すことが示されている[25,26]．架橋部の長さ2.6μm，直径1.7nmのSWCNTにおいて，室温で約3500Wm^{-1}K^{-1}が得られている[26]．この測定値は，理論的に予測される

SWCNT の熱伝導率（2000〜6000 Wm^{-1}K^{-1})[27-29] に符合する値である．SWCNT の長さがフォノンの平均自由行程（室温で 1 μm オーダー）より短くなると，熱伝導は弾道的になり[30]，熱伝導（conductance）は CNT の長さに依存せず一定となる．SWCNT の長さがフォノン平均自由行程より十分大きい拡散的熱伝導領域では，通常のバルク物質と同様に熱伝導は断面積 S に比例し，長さ L に反比例する．熱伝導率（conductivity）は S/L で規格化されているため，弾道領域では L に比例して増大し，準弾道領域では勾配は緩やかになり，拡散領域で飽和し一定値となる[31]．MWCNT を用いた熱伝導の測定において，フォノンの弾道的輸送を示唆する結果が報告されている[32]．

高磁場中で方向を揃えられた塊状 SWCNT の熱伝導率が 10 から 400 K までの温度で測定され，CNT 軸に平行な方向では，熱伝導率は室温で 40 Wm^{-1}K^{-1} を越える値が報告されている[33]．この値は，金属と同程度であるが，高配向グラファイトやダイヤモンド（室温では約 2000 Wm^{-1}K^{-1}）に比べて 2 桁近く小さい．方向の無秩序な試料では，さらに 1 桁低い値に下がる．塊状試料を用いた測定では，チューブ間あるいはロープ（束）間の多数の接合部を経て熱が伝わらなければならないため，単独の SWCNT で期待される真性の熱伝導率[26-28]より遥かに小さな値になってしまう．35 K 以下の低温では，熱伝導率は温度 T [K] とともに線形に減少することが観測されている[25]．この温度依存性は，一次元物質における量子化された熱コンダクタンス（quantized thermal conductance）[34] に期待される振舞いと一致し，その観測の可能性を示唆している．その熱コンダクタンス量子 κ_0 は

$$\kappa_0 = \pi^2 k_B^2 T / 3h \qquad (10.6)$$

と表される．ここで，k_B はボルツマン定数である．

1本の孤立 MWCNT（直径 14 nm）と束状 MWCNT（直径 80 nm と 200 nm）の熱伝導率が 8 から 370 K までの温度で測定されている[35]．架橋された1本の MWCNT の熱伝導率は室温で 3000 Wm^{-1}K^{-1} 以上の高い値を示すのに対して，束では，熱伝導率は大きく低下する．MWCNT 束の熱伝導率は，束が太いほど，小さな値を示す．これも束のような塊状試料では，チューブ間の接合部の熱抵抗が相当に大きいことによる．

10.4 グラフェン

グラフェン（graphene）は，炭素原子が蜂の巣格子を組んだ，単一原子層厚さの二次元結晶である（口絵8）．これは，1枚のグラファイト層とも言える．グラフェンや量子細線のような低次元（low-dimensional）物質は，三次元の安定な固体の表面や内部に支持されていれば存在できるが，それ自身だけでは不安定で有限温度ではより安定な三次元構造に変化してしまう．従って，長い間，グラフェンも自立した結晶としては取り出すことはできなかった．しかし，グラファイトの機械的剥離によりグラフェンを得ることが可能であることが2004年に示されて以来[36,37]，そのエキゾチックな電子構造と物性，さらにエレクトロニクスなどへの応用の可能性から，この二次元物質の研究が最近急速に注目を集めている．このグラフェンの作製と革新的な実験を先導したGeimとNovoselovが2010年のノーベル物理学賞を受賞した．

(1) 特異な物性

電子の線形エネルギー分散

グラフェン内を運動する伝導電子（π電子）や正孔は，フェルミ準位付近では，運動エネルギーEは波数kに対して線形（$E \propto k$）であるという特殊なエネルギー分散関係をもつ．このエネルギーと波数（運動量）の関係は光のそれと同じで，π電子の速度は波数によらず一定である．グラフェンにおいては，ブリルアン帯境界のK点（図10.1）から測った波数をk，フェルミ速度をv_Fとすると，K点の近傍では$E = \hbar v_F |k|$と表される．v_Fは約10^6m/sで光速の300分の1程度の大きさである．この分散関係は，普通の固体物質における電子の分散関係$E = (\hbar k)^2/2m^*$（ここで，m^*は電子の有効質量）とは全く異なり，また，静止質量ゼロのディラック（Dirac）粒子であるニュートリノのそれと同じである[38]ということで，大変注目されている．

キャリヤの高い移動度

グラフェンの移動度は，低温（5K）で200,000 cm^{2}V^{-1}s^{-1}，室温近傍（240

K）でも概ね 120,000 cm^{2}V^{-1}s^{-1} という高い値が報告されている[39,40]．これは GaAs や InP ベースの高移動度トランジスタ（HEMT）の移動度（〜10,000 cm^{2}V^{-1}s^{-1}）[41] より一桁も高い値である．グラフェンの高移動度は，電荷キャリヤの後方散乱が抑制され，平均自由行程が長い（室温でサブミクロンオーダー）ことを反映している．グラフェンを支える基板表面が多少荒れていても（原子レベルのステップがあっても），キャリヤの散乱はほとんど無いため，量子効果（例えば量子ホール効果）が明瞭に現れる[42]．

真に二次元の物質（単原子厚さの層）

二次元電子ガス（2-dimensional electron gas, 2DEG）は AlGaAs-GaAs などの半導体界面に形成することができるが，これはバルク固体に挟まれた系である．これに対して，グラフェンは単独で存在することができる真の二次元物質である．従って，種々の走査プローブで容易に直接アクセスできる，他の物質（誘電率絶縁体（いわゆる high-k 誘電体），超伝導体，強磁性体）との接触に敏感に応答するといった特徴をもつ．

機械強靭性としなやかさ

グラフェンは，CNT と同程度の機械的強靭さ（破壊強度〜100 GPa）と堅さ（ヤング率〜1 TPa）[43]を有し，一方で，曲げ変形には柔軟で曲がりやすく，弾性的な伸縮量が大きく 20％も変形する[43]．人間の作った最も薄く機械的に強靭な膜と言える．

高い熱伝導率と負の熱膨張率

室温で 5000 Wm^{-1}K^{-1} の非常に高い熱伝導率[44]をもつ．これは銅の 20 倍大きな値である．もう一つ興味深い熱的性質として，熱膨張率が負で大きな値をもつことが挙げられる．300 K から 400 K までの実験によれば，グラフェンの面内の線膨張率は 300 K で約 -7×10^{-6}K^{-1} であり，温度と共にその絶対値は小さくなり 340 K 付近でゼロを通り，正の値に転じている[45]．グラファイトの線膨張率（300 K で約 -1×10^{-6}K^{-1}）に比べてグラフェンの方が 5 から 10 倍大きい．この熱膨張率の測定値と温度依存性は，第一原理計算の予測[46]に比べ

て，2倍くらい大きく，ずっと低い温度でゼロになっている．この大きな負の面内線膨張率は，グラフェンの二次元性を反映して，面外の格子振動によるものである．

高い光透過率

グラフェンは光の透過性が良く，吸収率は一枚当たり約 2.3% である[47]．興味深いことに，単層グラフェンの光透過率 T_{opt} は波長や他の物理定数に無関係で，微細構造定数（fine structure constant）$\alpha = e^2/\hbar c$ のみで表される[48]：

$$T_{\mathrm{opt}} = \left(1 + \frac{\pi\alpha}{2}\right)^{-2} \approx 1 - \pi\alpha \approx 0.977 \qquad (10.7)$$

これもグラフェンの電子構造を直接反映するものである．

(2) 作製方法

グラフェンの作製には，①機械的剥離法（別名 scotch-tape 法），②SiC 熱分解法，③Ni, Cu などの金属基板表面上への CVD 法がある．

機械的剥離

2004 年以降のグラフェン研究フィーバーをもたらしたグラフェンの作製法で，グラファイトの結晶を平滑な固体表面に擦りつけたり，スコッチテープで何度も薄くはがして固体表面に転写するものである[36,37]．SiO_2（厚さ 300 nm）被覆の Si 基板の上のグラフェンは，白色光の照射の下では反射光の色がグラフェンの厚さによって異なることを使って，光学顕微鏡により層数を知ることができる．反射光の色が層数に依存する理由は，光透過率が層数に比例すること，およびグラフェン表面と基板との界面からの反射光の間の干渉の二つの要因にある．大きさはミリメートルに達することもでき，結晶性も電子的性質においても質が高い膜が得られている．グラフェン膜の平坦性では，次項の SiC 熱分解法に比べて悪く，剥離時に欠陥が導入されるためか表面が波打っている（20 nm 四方の領域で 0.8〜1.5 nm の高さ変動）という報告がある[49]．

SiC 熱分解

機械的な剝離法は簡便で手っ取り早い方法であるが，層数や基板上への配置が行き当たりばったりで制御が困難であるため，集積回路などのエレクトロニクス応用には向かない．これを克服して，絶縁体基板上にグラフェンをエピタキシャル成長させる方法の一つが，SiC 単結晶基板の熱分解である．熱処理により Si が表面層から蒸発することにより SiC 表面にグラファイト膜が形成されることは古くから知られていたが[50]，2004 年以降のグラフェン研究ブームにより脚光を浴びるようになった．SiC には大きく分けて六方晶系と立方晶系の構造があるが，ウエハとして入手し易い六方晶（6H-SiC，4H-SiC など）の結晶を用いて，グラフェン成長が行われている．これまでに超高真空（$\sim 10^{-8}$ Pa）での熱分解によるグラフェン形成過程が固体表面科学の手法を用いて詳細に研究されている[49]．SiC 結晶は極性をもつため，Si 原子が最表面に出ている (0001) 面（Si 面）と C 原子が出ている裏の面 ($000\bar{1}$) 面（C 面）があり，グラフェンの成長速度と積層秩序がそれぞれの面で異なる．Si 面では熱分解が遅く，単層あるいは二層（bilayer）の層数の少ない，SiC 基板に対して方位成長したエピタキシャルグラフェン（epitaxial graphene）が得られる．一方，C 面は，超高真空中加熱では Si の蒸発が速いため，方位の不揃いの小さな結晶粒からなるカーボン層が形成されるが，最近，Si の蒸発速度を抑えるため低真空あるいは Ar ガス（1 気圧以下）雰囲気において，より高温（雰囲気ガス圧力にも依存するが 1300～1600℃）で熱分解することにより，10 層程度の厚さの結晶性の良いグラフェン層を形成できる[49]．この C 面上の多層（multilayer）グラフェンは隣接する層の間で面内の角度が不規則である．そのため，多層であるにもかかわらず，それぞれの層は実質的に孤立したグラフェンのように振る舞うと言われている[49]．

金属基板上への CVD 成長

バルク金属や炭化金属の表面での炭化水素ガスの熱分解により単層のグラファイトが固体表面に成長することは，2004 年以前から知られているが[51]，この方法をベースに，大面積のグラフェン膜の作製を目指して，多結晶の Ni や Cu の膜や薄板の表面に CVD 成長させる研究が 2009 年から幾つか報告されて

いる[52-54].

(3) バンドギャップエンジニアリング

グラフェンはエネルギーギャップがゼロの半導体（gapless semiconductor）であるので，デジタル回路の能動素子としては直接は使えない（次項で述べるアナログ回路としては働くことが報告されている）．シリコンを補完あるいは代替するためには，エネルギーギャップを創出する必要がある．その方法をここでは紹介する．

グラフェンナノリボン（nanoribbon）

細長い帯状のグラフェンはグラフェンリボンあるいはグラフェンナノリボンと呼ばれる．グラフェンリボンの電子状態はリボンの幅を決めている端（edge）の構造により支配的に影響を受ける．リボンの端がアームチェアの場合（図10.6(a)），その幅により金属か半導体になる．アームチェアナノリボンの幅 W_a は $W_a=(a/2)(N_a-1)$ と表すことができる．ここで，a はグラフェン六角格子の単位胞の長さ，N_a はアームチェア端に平行な炭素原子列の数である．整数 M に対して $N_a=3M-1$ の時に金属的，それ以外は半導体となる[55]．N_a の値が周期3で金属と半導体が繰り返すのは，ナノチューブの場合と同じである．幅2nmの半導体ナノリボンで，0.5eV程度のエネルギーギャップになると予想されている[56]．一方，ジグザグの場合（図10.6(b)）はリボン幅によらず，すべて金属である．

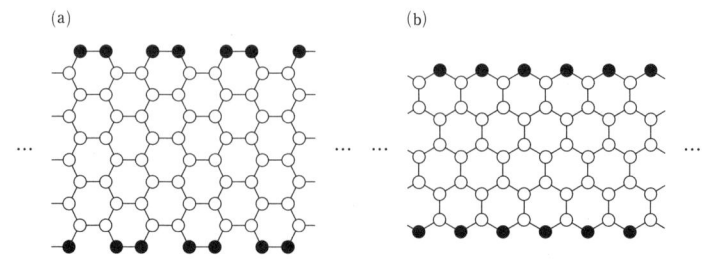

図10.6 (a)アームチェアリボン（$N_a=10$），(b)ジグザグリボン．

グラフェイン(graphane)

グラフェンを化学的に変化させることにより,バンド構造を変えることができる.例えば,水素プラズマに曝して,炭素原子に水素を結合させて,グラフェンからπ電子を取り去ることにより,バンド構造を変えることができる[57].この水素化グラフェンはグラフェイン(graphane)と呼ばれ,グラフェンが完全に水素化されることにより炭素原子の結合はsp^2からsp^3へ変化し,3.5 eV のエネルギーギャップの半導体になると予想されている.

二層グラフェンへの電界印加

二層グラフェン(bilayer graphene)も単層グラフェン(monolayer graphene)と同様に注目されている.二層グラフェンのバンド構造は,単層グラフェンとは全く異なった独特の形をもっている.二層グラフェンでは価電子帯も伝導帯も電子のエネルギー分散は,通常の質量のある粒子と同様に放物線形($E\propto k^2$)であるが,二つのバンドのトップとボトムが接触するだけでエネルギーギャップがない(gapless).しかし,二層グラフェンに垂直に電界をかけると,二つのバンドの間にギャップが開く[58].この電界誘起ギャップの大きさは 0.2 eV 程度である[59].

(4) 応用

グラフェンの応用では,カーボンナノチューブとのアナロジー(類推,対比)によって進められている研究が多い.以下に示す代表的な事例の他に,MEMS(micro-electro-mechanical system)や NEMS(nano-electro-mechanical system)などの電子機械素子,フレキシブルエレクトロニクス,化学およびバイオセンサ,バッテリやスーパーキャパシタの電極材料への応用が期待されている.

アナログ電子デバイス

Gapless グラフェンはデジタルデバイスには使えないが,その電荷キャリヤの両極性(ambipolar)特性[60]は,高周波 FET,高周波混合器,電波受信機などのアナログ電子デバイスに利用できる.実際に,カットオフ周波数 100 GHz

の高周波 FET の動作が IBM によりデモされている[61]．

スピントロニクス

炭素は軽元素で ^{12}C（天然存在比 98.9％）は核スピンがゼロであるので，スピン-軌道相互作用も超微細相互作用（核磁気モーメントと電子のスピン磁気モーメントとの相互作用）も弱く，非常に長いスピン寿命が期待できる．この特性と優れたキャリヤ移動度によって，スピントロニクス回路におけるスピン搬送素子として有望視されている[62]．

透明電極

ITO（indium tin oxide）の代替を目指して，グラフェンの透明電極としての性能評価が行われているが，光透過率 80％（標準的に使用されている透過率）において，グラフェン懸濁液を塗布して作製されたグラフェンフィルムの電気抵抗は，市販 ITO の約 10Ω/sq の 100 倍以上高いシート抵抗をもつので[63,64]，フィルム伝導率を向上させる必要がある．そのための有効な方法の一つがグラフェンへの化学ドーピングによりキャリヤ密度を増加させることである．グラフェンの硝酸処理により，シート抵抗〜30Ω/sq，光透過率〜90％の性能達成が報告されている[65]．

引用文献と注

1) C. L. Kane and E. J. Mele, *Phys. Rev. Lett.*, **78**, 1932 (1997).
2) C. Zhou, J. Kong and H. Dai, *Phys. Rev. Lett.*, **84**, 5604 (2000).
3) R. Saito, M. Fujita, G. Dresselhaus and M. S. Dresselhaus, *Appl. Phys. Lett.*, **60**, 2204 (1992).
4) M. S. Dresselhaus, G. Dresselhaus and R. Saito, *Solid State Commu.*, **84**, 201 (1992).
5) M. S. Dresselhaus, G. Dresselhaus and P. C. Eklund, "Science of Fullerenes and Carbon Nanotubes" (Academic Press, 1996) Chap. 19.
6) R. Saito, G. Dresselhaus and M. S. Dresselhaus, *J. Appl. Phys.*, **73**, 494 (1993).
7) 例えば，川畑有郷，「メゾスコピック系の物理学」，培風館（1997）．
8) C. T. White and T. N. Todorov, *Nature*, **393**, 240 (1998).
9) S. Frank, P. Poncharal, Z. L. Wang and W. A. de Heer, *Science*, **280**, 1744 (1998).

10) A. Urbina, I. Echeverría, A. Pérez-Garrido, A. Díaz-Sánchez and J. Abellán, *Phys. Rev. Lett.*, **90**, 106603 (2003).
11) 安藤恒也,「カーボンナノチューブの基礎と応用」, 齋藤理一郎・篠原久典共編, 培風館 (2004) 第5章.
12) P. Avouris, *MRS Bulletin*, **29**, 403 (2004).
13) A. Jorio, R. Saito, T. Hertel, R. B. Weisman, G. Dresselhaus and M. S. Dresselhaus, *MRS Bulletin*, **29**, 276 (2004).
14) A. Kasuya, Y. Sasaki, Y. Saito, K. Tohji and Y. Nishina, *Phys. Rev. Lett.*, **78**, 4434 (1997).
15) 丸山茂夫,「カーボンナノチューブの基礎と応用」, 齋藤理一郎・篠原久典共編, 培風館 (2004) 第8章.
16) J. P. Lu, *Phys. Rev. Lett.*, **79**, 1297 (1997).
17) P. Zhang, Y. Huang, P. H. Geubelle, P. A. Klein and K. C. Hwang, *Inter. J. Solids & Struct.*, **39**, 3893 (2002).
18) C. Li and T.-W. Chou, *Composite Sci. & Tech.*, **63**, 1517 (2003).
19) M. M. J. Treacy, T. W. Ebbesen and J. M. Gibson, *Nature*, **381**, 678 (1996).
20) M.-F. Yu, O. Lourie, M. J. Dyer, K. Moloni, T. F. Kelly and R. S. Ruoff, *Science*, **287**, 637 (2000).
21) P. Poncharal, Z. L. Wang, D. Ugarte and W. A. de Heer, *Science*, **283**, 1513 (1999).
22) J. P. Salvetat, G. A. D. Briggs, J. M. Bonard, R. R. Bacsa, A. J. Kulik, T. Stockli, N. A. Burnham and L. Forro, *Phys. Rev. Lett.*, **82**, 944 (1999).
23) J. Kong, H. T. Soh, A. M. Cassell, C. F. Quante and H. Dai, *Nature*, **395**, 878 (1998).
24) Z. W. Pan, S. S. Xie, L. Lu, B. H. Chang, L. F. Sun, W. Y. Zhou, G. Wang and D. L. Zhang, *Appl. Phys. Lett.*, **74**, 3152 (1999).
25) C. Yu, L. Shi, Z. Yao, D. Li and A. Majumdar, *Nano Lett.*, **5**, 1842 (2005).
26) E. Pop, D. Mann, J. Cao, Q. Wang, K. Goodson and H. Dai, *Nano Lett.*, **6**, 96 (2006).
27) B. Savas, Y.-K. Kwon and David Tománek, *Phys. Rev. Lett.*, **84**, 4613 (2000).
28) N. Mingo and D. A. Broido, *Nano Lett.*, **5**, 1221 (2005).
29) J. X. Cao, X. H. Yan, Y. Xiao and J. W. Ding, *Phys. Rev.*, B **69**, 073407 (2004).
30) N. Mingo and D. A. Broido, *Nano Lett.*, **5**, 1221 (2005).
31) T. Yamamoto, S. Konabe, J. Shiomi and S. Maruyama, *Appl. Phys. Exp.*, **2**, 095003 (2009).
32) E. Brown, L. Hao, J. C. Gallop and J. C. Macfarlane, *Appl. Phys. Lett.*, **87**, 023107 (2005).
33) J. Hone, M. C. Llaguno, M. J. Biercuk, A. T. Johnson, B. Batlogg, Z. Benes and J. E. Fischer, *Appl. Phys.*, A **74**, 339 (2002).
34) T. Yamamoto, *Phys. Rev. Lett.*, **92**, 075502 (2004).
35) P. Kim, L. Shi, A. Majumdar and P. L. McEuen, *Phys. Rev. Lett.*, **87**, 215502 (2001).
36) K. S. Novoselov, A. K. Geim, S. V. Morozov, D. Jiang, Y. Zhang, S. V. Dubonos, I. V. Grigorieva and A. A. Firsov, *Science*, **306**, 666 (2004).

37) K. S. Novoselov, D. Jiang, F. Schedin, T. J. Booth, V. V. Khotkevich, S. V. Morozov and A. K. Geim, *Proc. Natl. Acad. Sci.*, **102**, 10453 (2005).
38) 安藤恒也，中西　毅，「カーボンナノチューブと量子効果」，岩波書店（2007）第2章.
39) S. V. Morozov, K. S. Novoselov, M. I. Katsnelson, F. F. Schedin, D. C. Elias, J. A. Jaszczak and A. K. Geim, *Phys. Rev. Lett.*, **100**, 016602 (2008).
40) K. I. Bolotin, K. J. Sikes, Z. Jianga, M. Klima, G. Fudenberg, J. Hone, P. Kim and H. L. Stormer, *Solid State Comm.*, **146**, 351 (2008).
41) B. R. Bennett, R. Magno, J. B. Boos, W. Kruppa and M. G. Ancona, *Solid-State Electron.*, **49**, 1875 (2005).
42) X. Wu, Y. Hu, M. Ruan, N. K Madiomanana, J. Hankinson, M. Sprinkle, C. Berger and W. A. de Heer, *Appl. Phys. Lett.*, **95**, 223108 (2009).
43) C. Lee, X. Wei, J. W. Kysar and J. Hone, *Science*, **321**, 385 (2008).
44) A. A. Balandin, S. Ghosh, W. Bao, I. Calizo, D. Teweldebrhan, F. Miao and C. N. Lau, *Nano Lett.*, **8**, 902 (2009).
45) W. Bao, F. Miao, Z. Chen, H. Zhang, W. Jang, C. Dames and C. N. Lau, *Nature Nanotech.*, **4**, 562 (2009).
46) N. Mounet and N. Marzari, *Phys. Rev.*, B **71**, 205214 (2005).
47) R. R. Nair, P. Blake, A. N. Grigorenko, K. S. Novoselov, T. J. Booth, T. Stauber, N. M. R. Peres and A. K. Geim, *Science*, **320**, 1308 (2008).
48) A. B. Kuzmenko, E. van Heumen, F. Carbone and D. van der Marel, *Phys. Rev. Lett.*, **100**, 117401 (2008).
49) J. Hass, W. A. de Heer and E. H. Conrad, *J. Phys. : Condens. Matter*, **20**, 323202 (2008).
50) A. J. van Bommel, J. E. Crombeen and A. van Tooren, *Surface Sci.*, **48**, 463 (1975).
51) C. Oshima and A. Nagashima, *J. Phys. : Condens. Matter*, **9**, 1 (1997).
52) K. S. Kim, Y. Zhao, H. Jang, S. Y. Lee, J. M. Kim, K. S. Kim, J.-H. Ahn, P. Kim, J.-Y. Choi and B. H. Hong, *Nature*, **457**, 706 (2009).
53) A. Reina, X. Jia, J. Ho, D. Nezich, H. Son, V. Bulovic, M. S. Dresselhaus and J. Kong, *Nano Lett.*, **9**, 30 (2009).
54) X. Li, W. Cai, J. An, S. Kim, J. Nah, D. Yang, R. Piner, A. Velamakanni, I. Jung, E. Tutuc, S. K. Banerjee, L. Colombo and R. S. Ruoff, *Science*, **324**, 1312 (2009).
55) K. Nakata, M. Fujita, G. Dresselhous and M. S. Dresselhous, *Phys. Rev.*, B **54**, 17954 (1996).
56) Y. W. Son, M. L. Cohen and S. G. Louie, *Phys. Rev. Lett.*, **97**, 216803 (2006).
57) D. C. Elias, R. R. Nair, T. M. G. Mohiuddin, S. V. Morozov, P. Blake, M. P. Halsall, A. C. Ferrari, D. W. Boukhvalov, M. I. Katsnelson, A. K. Geim and K. S. Novoselov, *Science*, **323**, 610 (2009).
58) E. McCann, *Phys. Rev.*, B **74**, 161402 (2006).
59) Y. Zhang, T.-T. Tang, C. Girit, Z. Hao, M. C. Martin, A. Zettl, M. F. Crommie, Y. R. Shen

and F. Wang, *Nature*, **459**, 820 (2009).
60) ゲート電圧に依存して正孔（p 型）伝導と電子（n 型）伝導の両方の特性を示すこと．
61) Y.-M. Lin, C. Dimitrakopoulos, K. A. Jenkins, D. B. Farmer, H.-Y. Chiu, A. Grill and Ph. Avouris, *Science*, **327**, 662 (2010).
62) W. Han, K. Pi, W. Bao, K. M. McCreary, Yan Li, W. H. Wang, C. N. Lau and R. K. Kawakami, *Appl. Phys. Lett.*, **94**, 222109 (2009).
63) A. Reina et al., *Nano Lett.*, **9**, 30 (2009).
64) K. S. Kim et al., *Nature*, **457**, 706 (2009).
65) S. Bae, H. Kim, Y. Lee, X. Xu, J.-S. Park, Y. Zheng, J. Balakrishnan, T. Lei, H. R. Kim, Y. I. Song, Y.-J. Kim, K. S. Kim, B. Özyilmaz, J.-H. Ahn, B. Hee Hong and S. Iijima, *Nature Nanotech.*, **5**, 574 (2010).

11

ナノピーポッド

11.1 ナノピーポッドの発見

　フラーレンと同様に，カーボンナノチューブの内部空間は，極めて特異なナノメータースケールの空間である．直径が1～3nm程度と分子サイズであるにもかかわらず，通常，その長さは数μmであり長いチューブではmmにも達する．この特殊な空間に原子や分子を内包させる試みは，多層カーボンナノチューブ（MWCNT）で最初に行われた[1]．それは酸化鉛を内包したMWCNTで，ナノチューブ表面の活性を調べるために，鉛をデポジットした際に，偶然に，酸化鉛が内包されることがわかった．内部空間のサイズがナノメートルであっても，毛管現象として説明できる[2]．実際，MWCNT内部に挿入することができるのは，表面張力が100～200mN/m以下の物質のみである．

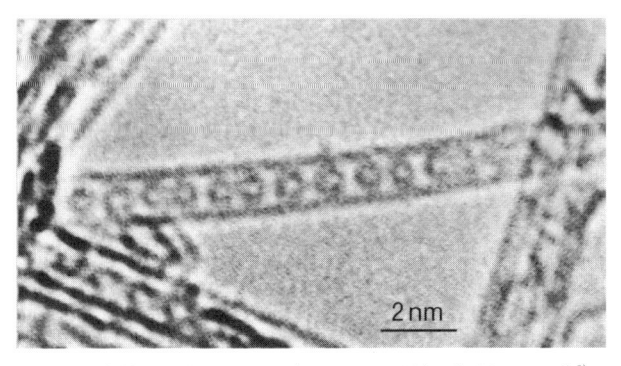

図11.1　偶然に発見されたC_{60}ピーポッドの最初の高分解TEM像[3]．

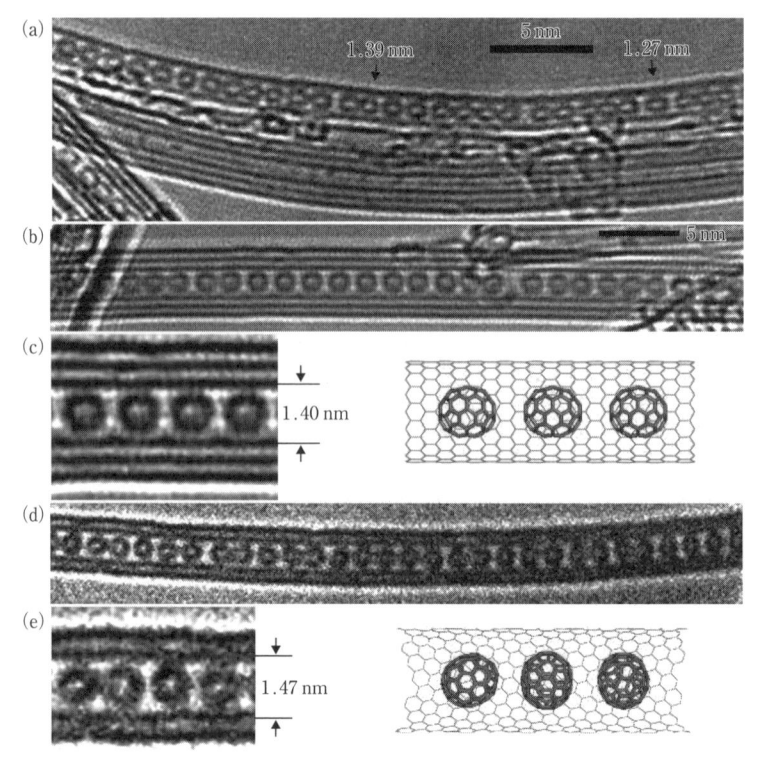

図 11.2 C_{70} が単層(a),二層(d,e)および三層(b,c)カーボンナノチューブに内包されたピーポッドの電子顕微鏡像とその模式図.ナノチューブの直径に依存して,C_{70} 分子は整列したり(c),あるいはランダムな配向(e)をとる.

　単層カーボンナノチューブ(SWCNT)内部への挿入も,MWCNT へのドーピングの場合と同じく,偶然に発見された[3].それは C_{60} を一次元的に内包した単層カーボンナノチューブ(SWCNT),$(C_{60})_n$@SWCNT,であり,フラーレンと単層カーボンナノチューブが融合した最初のハイブリッド・ナノカーボン物質である.1998 年に Pennsylvania 州立大学の Luzzi らの研究グループが,偶然にも SWCNT のある透過型電子顕微鏡(TEM)写真の中に,C_{60}・ナノチューブのコンポジット物質(通称,nano-peapod,ナノピーポッドあるいはピーポッド)を発見した(図 11.1).彼らはこの偶然の発見を"God made it."といった.2000 年には,ピーポッドの高収率合成法が,日本の二つのグルー

プによって，それぞれ独立に開発された[4,5]（"We made it!"）．それらの方法は細かい点を除けば類似のもので，真空中でフラーレンを昇華させて，開端したSWCNTの両端からフラーレンを詰める，という非常に簡便な方法である．そのため，この合成法発見以後，ピーポッドの研究は飛躍的に発展した．

ピーポットの高収率合成は到って簡単である．両端を開口したカーボンナノチューブ（単層，二層，あるいは多層）と粉末の高純度フラーレンを，真空脱気して400〜500℃に熱したガラス管中に1〜2日間放置すれば良い．ナノテク新物質を作る極めて簡単なローテクの方法である．現在では，80〜90％の収率でC_{70}, C_{76}, C_{78}, C_{80}, C_{82}, C_{84}などの高次フラーレンや$Sc_2@C_{84}$, $La@C_{82}$, $Sm@C_{82}$, $Gd@C_{82}$などの金属内包フラーレンをカーボンナノチューブ内部に内包したSWCNTが合成されている（図11.2）．

11.2　ナノピーポッドの合成法[4,5]

フラーレンのピーポッドを作るためには，単離されたフラーレンと，純度が高く開管したSWCNTが必要である．フラーレンは有機溶媒に可溶であるため，高速液体クロマトグラフィーなどの化学的分離法が適用でき，99％以上の純度で精製することができる（第4章参照）[6]．一方，SWCNTは分子量が大きく溶媒に不溶であるため，フラーレンの場合と同様の方法で精製することは難しい．そこで，レーザー蒸発法で合成したSWCNTを用いる場合は，SWCNTを含んだススを過酸化水素水や塩酸，硝酸中で加熱することによって，アモルファスカーボンなどの不純物や触媒金属を取り除く．このような精製の方法は，合成時点でのSWCNTの純度に大きく依存する．最初からグラファイト物質の不純物ができないようにSWCNTを合成することが重要である．空気中420℃で20分程度熱処理してさらに開管させると同時に，アモルファスカーボンを取り除いたほうが，ピーポッドの合成収率は向上する．

SWCNTの直径分布も高収率合成には，非常に重要である．直径以上の大きさをもつ分子はSWCNT中に内包されないためである．フラーレンを内包するとSWCNTのラマン散乱のradial breathing mode（RBM，10.2節(2)参照）がシフトすることを利用して，C_{60}からC_{84}までを内包できるSWCNTの

表 11.1 C_{60}, C_{76}, C_{78}, C_{84} フラーレンを内包できる SWCNT の直径の最小値.ただし,直径を算出する際に第 10 章 10.5 式の関係を用いている[7].

フラーレン	内包できる SWCNT の直径の最小値／nm
C_{60}	1.37
C_{76}	1.45
C_{78}	1.45
C_{84}	1.54

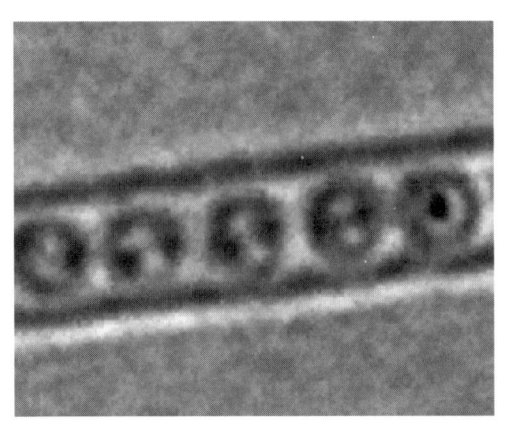

図 11.3 テルビウム原子を 2 個内包した C_{92} フラーレン（$Tb_2@C_{92}$）ピーポッド,（$Tb_2@C_{92}$）@SWCNT,の HRTEM 像.各フラーレン中に 2 個の Tb 原子（黒いドット）が観測できる.

直径の最小値が求められている（表 11.1）[7].例えば C_{60} を内包させるためには,直径が 1.37 nm 以上の SWCNT を用意する必要がある.こうして準備した SWCNT 中にフラーレンをドープするのは容易である.SWCNT とフラーレンを同じガラス管の中に入れ,真空引きを行い,封じ切る.封じ切ったガラス管を電気炉で加熱し,フラーレンの蒸気圧を上げることによって,SWCNT 内部へのドーピングを行う.C_{60} であれば 400℃,高次フラーレンや金属内包フラーレンであれば 500℃で 2 日間程度,加熱する.

図 11.3 には,以上の気相法により製作したテルビウム内包フラーレン・ピーポッド（$Tb_2@C_{92}$）@SWCNT の高分解 TEM（HRTEM）像を示す.高収率で $Tb_2@C_{92}$ 分子が内包されていることがわかる.各フラーレンの中に見える黒い二つのドットは,個々の Tb 原子である.室温でも一個一個の原子が動く

ことなく，ここまで高分解能で観測される理由は，ピーポッド構造によりTb原子がフラーレンとナノチューブにより二重に内包されているためである．TEM像から明らかなように，SWCNT中にフラーレンは「ぎっしり」詰まっているが，これらの像から定量的な収率（フラーレンのドープ割合）を求めることは容易ではない．現在までに，ラマン散乱，電子エネルギー損失分光法（EELS）[8]，X線散乱[9]，反応の前後における重量の差[10]による評価法が提案されている．X線散乱による評価法は，SWCNTが中空構造であることに起因する散乱ピークが，分子を内包することによって強度が減少することを利用している．現在これが最も信頼性が高い，バルク状態でのピーポッドの収率の評価法である．

11.3 ナノピーポッドの生成機構

フラーレンや金属内包フラーレンはどのような経路でSWCNT中に内包されるのであろうか？ フラーレンがSWCNTの内部に，その開いた端から入るプロセスをリアルタイムで捕まえた直接的な実験はまだなされていないが，いくつかの分子動力学（MD）法による計算機シミュレーションが報告されている[11,12]．一般に，純度の高いSWCNTは，通常，互いのファンデルワールス力により束（ロープ，バンドル）を形成する．ここにフラーレンが内包される確率は，SWCNT側面の欠陥や1本の孤立したSWCNTの端から内包される確率に比べて，約100倍も効率が良いことが示唆されている．

いったんフラーレンが内包されたピーポッド構造を形成すると，この物質は非常に安定である．実際，SWCNTへのフラーレン導入反応は発熱反応であることが理論計算により示されている[13,14]．例えば，(10,10)のカイラル指数をもつSWCNTにC_{60}が内包されると，0.5eVの安定化エネルギーを得る．これは，内包されたフラーレンを，熱的にSWCNTの外側に取り出すことは非常に難しいことを意味している．実験的にも，フラーレンが外側に飛び出す前にSWCNT内で，フラーレンの融合などの化学反応が起こることがわかっている．しかし，有機溶媒中で超音波処理を行うことにより，内包されたフラーレンを取り出すことは可能である．

ピーポッドの合成は，上述の気相法のほかに，フラーレン溶液に酸処理を施した開管 SWCNT を浸すことで，ドープを行う方法もある[15]．しかし，この方法は，気相法に比べて収率が低いこと，また，溶媒分子も内包されることが知られている．

11.4 電子顕微鏡で見るフラーレン・ピーポッドの構造

SWCNT のピーポッドでは，内包されたフラーレンは一般に，一次元結晶を形成する．SWCNT 中に内包されたフラーレンの分子間距離が，透過型電子顕微鏡（TEM）中での電子線回折により求められている（表 11.2）[16,17]．C_{60} の場合，SWCNT では三次元結晶中に比べ，少し分子間隔が縮まっている．しかし，その距離は C_{60} ポリマーの分子間隔よりも広い．また，C_{70} や C_{80} (D_{5d}) のように細長い形をしたフラーレンをドープした場合，SWCNT の直径によって，内包されるフラーレンは長軸方向に並ぶものと短軸方向に並ぶものの，2 種類が存在する[18]．これは，分子軸の長さが SWCNT の内部よりも大きいと，その分子軸を SWCNT の壁に向けては内包されないためである．

金属内包フラーレンは基底状態で電荷分離をしており，通常，ひとつの金属原子からフラーレンケージへ 2 個あるいは 3 個の電子が移動している（第 8 章）[19]．例えば $Sm@C_{82}$ や $Tm@C_{82}$ では電子が 2 個移動し，$Sm^{2+}@C_{82}^{2-}$ や $Tm^{2+}@C_{82}^{2-}$ となっていて，$Gd@C_{82}$ や $La@C_{82}$ では 3 電子が移動して

表 11.2 ピーポッド構造における様々なフラーレンの分子間距離（nm）[16,17]．

フラーレン（対称性または異性体）	ピーポッド	三次元バルク結晶	ポリマー結晶
C_{60}	0.97 ± 0.02	1.002	0.91
C_{70}	1.02 ± 0.04	1.044	
$C_{78}(C_{2v}(3))$	1.00 ± 0.02		
$C_{80}(D_{5d})$	1.08 ± 0.04		
$C_{82}(C_2)$	1.10 ± 0.03	1.14	
$Sm@C_{82}(I)$	1.10 ± 0.02		
$Gd@C_{82}$	1.10 ± 0.03		
$La@C_{82}(I)$	1.11 ± 0.03		
$C_{84}(D_2/D_{2d})$	1.10 ± 0.03		
$Sc_2@C_{84}$	1.10 ± 0.03		

$Gd^{3+}@C_{82}{}^{3-}$ や $La^{3+}@C_{82}{}^{3-}$ となっている．しかしピーポッド中の分子間距離にはその違いが反映されない（表11.2）．つまり，分子間距離の違いは，ほとんど分子のサイズにのみ依存している．炭素原子は電子線散乱能が低いので，TEM観察では，フラーレンやSWCNTは，炭素原子の集まったケージや壁の縁のみが線となって観測される．金属内包フラーレン・ピーポッドでは，それらに加えて中心金属がコントラストの高いドットとして観測される．たとえば，$Gd@C_{82}$ の場合，ほとんどのフラーレンの中にGd由来のドットが観測できる．Tbの場合も同様なドットが見られる（図11.3）．しかし，$Sm@C_{82}$ ピーポッドや $Sc@C_{82}$ ピーポッドでは非常にまれにしかドットが観測されない．これは，$Sm@C_{82}$ や $Sc@C_{82}$ 分子がSWCNT内で回転しているので，SmやSc原子が一カ所にとどまっておらず，強いコントラストを与えないためである．フラーレンとSWCNTの相互作用の大きさの違いにより，ピーポッド中の分子運動が異なる．

フラーレンに内包された金属原子のケージ内での運動もSWCNTをナノスケールのテンプレート（鋳型）とすることによって観測できる．$Gd_2@C_{92}$ を内包したSWCNTを室温でHRTEM観察すると，Gdがケージ内で揺動運動しているため，丸い点ではなく，黒い楕円形が観測される．この丸から楕円形へのずれは，低温下で観測すると小さくなるので，Gdの揺動運動が熱的であることがわかる．また，ピーポッド中でフラーレンが一次元的に並んでいることを利用して，走査型TEMを使ったEELSによる元素マッピングも行われた[20]．1原子マッピングを可能にする究極の元素分析である．

SWCNT内部にはフラーレン以外の種々の分子もドープできる．その場合，これらの原子や分子は，通常のバルクとは異なった相をSWCNT内部に形成する[21-23]．例えば，SWCNT中の水は，バルクの氷では存在しない種々の相を形成することが理論的に予測されている[24]．実際，SWCNTをテンプレートとしてチューブ状の氷が存在することがX線解析により明らかにされた[25-27]．

11.5 電子物性

ピーポッド中の金属内包フラーレンの金属原子の電荷数が電子エネルギー損

失分光法（EELS）によって調べられている．これまで，$Sc_2@C_{84}(I)$，$Ti_2C_2@C_{78}$，$La@C_{82}$，$La_2@C_{80}$，$Ce_2@C_{80}$，$Sm@C_{82}(I)$，$Gd@C_{82}$，$Gd_2@C_{92}$などをドープしたピーポッドが調べられているが[27]，どの場合も SWCNT に取り込まれることによる金属原子の価数変化は観測されていない．つまり，Sc，Ti や Sm は+2，その他の金属原子は+3のままで変化しない．これは，金属，半導体といった SWCNT の性質にも全く依存しない．フラーレンに内包される際には電子をケージへと渡す金属も，さらに SWCNT に包まれる場合には価数の変化はない．

一方，フラーレンを取り込むことによって SWCNT の電子状態は変化する．この変化は走査型トンネル分光法（STS）によって調べられている[28,29]．例えば，低温（～5K）条件下で，$Gd@C_{82}$ を(11,9)のカイラル指数をもつ半導体 SWCNT に内包させたピーポッドを STS により観測すると，0.43 eV あったバンドギャップが，フラーレンが存在している部分では 0.17 eV に狭まっていることが報告されている（図 11.4）．SWCNT の内側に張り出した π 軌道が，フラーレンの π 軌道と空間的に近く，互いに強く相互作用する．このため，内包されたフラーレンと外側の SWCNT の電子状態が混合することによって，バンドギャップに変調が起こることが理論計算により明らかにされている[30-32]．二つの軌道の混合の仕方は，内包されるフラーレンの種類によって大きく異なる．つまり，金属フラーレンを内包することによって，ナノメートルの空間分解能をもって，SWCNT の電子物性を変調することができる．STS の結果を定量的に再現するには，金属基板とピーポッドとの相互作用も考慮する必要があることが，理論計算により示唆されている．

フラーレンを内包したことによる電子物性の変化は，電子輸送特性にも反映される．半導体 SWCNT をチャンネルとして用いた電界効果トランジスタ（FET）は通常 p 型半導体の特性を示す．一方，$Gd@C_{82}$ ピーポッドでは，p 型，n 型の両方の特性が現れる[33]．これは STS 測定でも見られたように，$Gd@C_{82}$ を内包することによって SWCNT のバンドギャップが減少するので，p と n の両方のチャンネルが，ゲート電圧を変えることでアクセス可能になるためである．上述の FET 構造を用いた，1本あるいは1本のバンドルの輸送物性だけでなく，いわゆる薄膜状態のピーポッドについても，同様に電気伝導

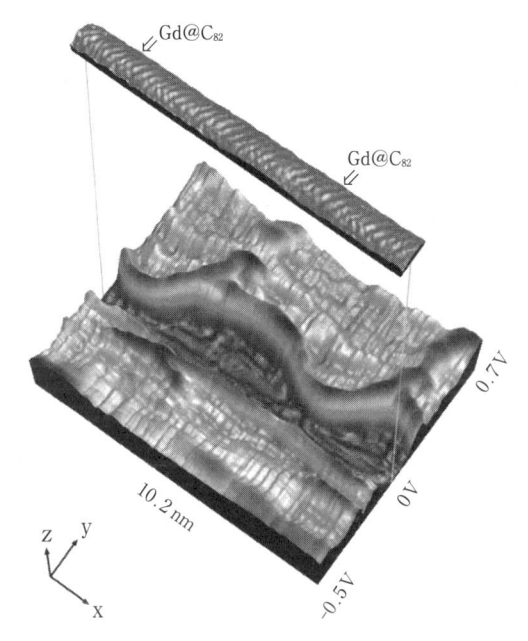

図 11.4 Gd@C_{82} ピーポッドの走査型トンネル顕微鏡 (STM) 像 (上部) とそれぞれの位置において測定した STS (下部). x 軸はピーポッドの位置, y 軸はエネルギー, z 軸は状態密度を示す. Gd@C_{82} の存在する部分でバンドギャップが狭くなっている.

度が調べられている[34,35].

11.6 ナノピーポッド内部での特異な化学反応

SWCNT 内部のナノ空間中の化学反応では, 通常のバルクでの反応では起こらない特異な反応が進行することが期待される. 例えば, ナノ空間中では, 分子にとって動ける方向が制限されるため, 反応の進む方向を制御することが可能である. また, SWCNT にほとんど接した状態で内包されているため, π電子雲が触媒の役割を果たし, バルクでは見られない反応が進む可能性がある. このような SWCNT 内部空間の利点を生かした化学反応の中で最も代表的なものは, C_{60} ピーポッドを用いた高収率な二層ナノチューブ (DWCNT) の合成である[36].

SWCNT の C_{60} ピーポッドを真空中 1200℃で加熱すると, SWCNT 内部で

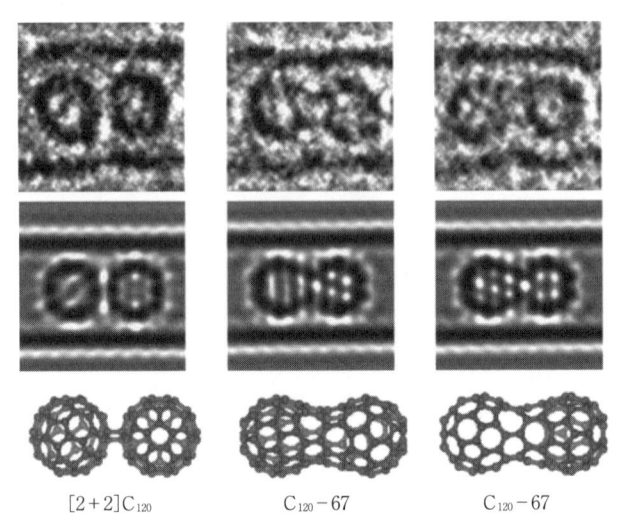

[2+2]C$_{120}$　　　　C$_{120}$-67　　　　C$_{120}$-67

図 11.5 C$_{60}$ ピーポッド中の二つの C$_{60}$ 分子が，電子線照射によって反応してゆく様子：HRTEM 像（上），シミュレーション像（中），および模式図（下）．

C$_{60}$ 同士が融合し始め，また SWCNT がテンプレートとなり，内壁に新しいナノチューブが形成される．この方法で合成された DWCNT は内側のチューブのラマン信号も検出され，完全な DWCNT ができていることが確かめられている．このほか，C$_{60}$ ピーポッドにカリウムをドープすることで，SWCNT 内部で C$_{60}$ ポリマーを作ることもできる[34]．このポリマー化反応はドープされたカリウムから C$_{60}$ へと電子が供与されるために起こったと考えられる．このような反応はバルクの C$_{60}$ では起こらないため，ナノチューブが反応のテンプレートとなった特異な反応である．

　ピーポッドを TEM 観測すると，ナノチューブがサンプル管となり，内包分子が透けて見える．これを利用して化学反応のダイナミクス[37]や内包分子の分子運動[38]がリアルタイム観測できる．Sm@C$_{82}$(I) がさらに大きなナノカプセルへと融合反応する化学反応ダイナミクスを観測した例を口絵 9 に示す．口絵 9(a)は，反応前の Sm@C$_{82}$ ピーポッドで，個々の Sm@C$_{82}$ は一定の間隔で整然と並んでいる．電子線照射によって Sm@C$_{82}$ はエネルギーを与えられ反応し始める（口絵 9(b)）．あるものは隣の分子に近づき，あるものは既にダイマー状になっている．さらに時間が経過すると，本格的に反応が起こり始め（口

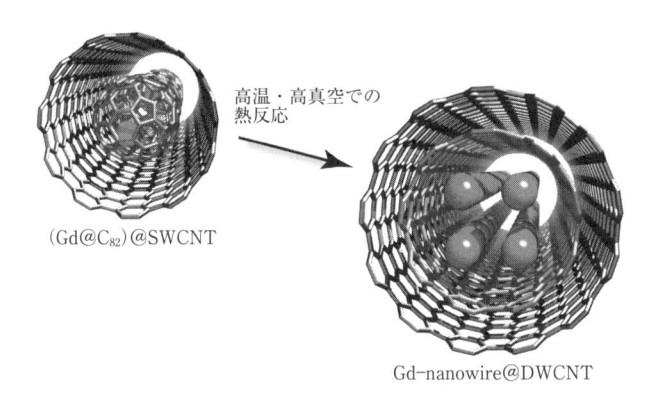

図11.6 ガドリニウム内包フラーレンのピーポッドを1,300℃程度で真空中で高温アニールをすると，二層カーボンナノチューブの中に一次元ガドリニウム・ナノワイヤが生成する．

絵9(c)），最終的にはナノカプセルへと変化する（口絵9(d)）．まったく同じ実験条件下で，EELSの時間変化を観測すると，約10分の寿命で，Sm原子が+2から+3へと変化している．つまり，フラーレンケージが破け，融合し始めたと同時に内包されていたSmが，新しい化学結合を形成したことを意味する．

また，SWCNT中での電子線照射によるC_{60}の融合反応が，HRTEM観察で詳細に調べられている（図11.5）[39]．二つのフラーレンの融合は，電子線照射下では単一の相互配向だけでなく，いくつかの配向から誘起され，ピーナツ形の融合フラーレンを経てチューブ状のフラーレンへと成長する．

さらに興味深い，ナノチューブ内反応が名古屋大学の北浦らによって発見された．金属内包フラーレン・ピーポッドを1,300〜1,400℃で加熱すると，金属ナノワイヤが内包された二層カーボンナノチューブが生成される[40]．金属内包フラーレンを構成する炭素原子は内層チューブへ変換し，金属内包フラーレンの金属原子は二層チューブ内で見事に整列して一次元の金属ナノワイヤを形成する．同様の反応は，産業技術総合研究所の末永らによっても観測された[41]．この反応は，安定に金属ナノワイヤをカーボンナノチューブ中に合成する方法として重要である（図11.6）．

カーボンナノチューブがもつ内部のナノ空間は，21世紀の化学反応の研究

に多大な影響を与える可能性がある．反応容量がマイクロスケールの空間を利用したマイクロリアクター（microreactor）が近年注目を浴びている．マイクロリアクション（microreaction）は精密工学や医療・診断分野のみならず，化学工学の分野でも大きな関心を集めている．一方，SWCNTはマイクロリアクターよりもさらに1000分の1小さい極微の反応容器を与えている．直径1.0nm前後で長さが100nm～0.1mmの空間は，究極の極微サイズ（ナノスケール，サブナノスケール）の化学反応の場「ナノリアクター」（nanoreactor）として，将来の新物質合成の研究に大きな役割を果たすであろう．

引用文献と注

1) P. M. Ajayan and S. Iijima, *Nature*, **361**, 333 (1993).
2) E. Dujardin, T. W. Ebbesen, H. Hiura and K. Tanigaki, *Science*, **265**, 1850 (1994).
3) B. W. Smith, M. Monthioux and D. E. Luzzi, *Nature*, **396**, 323 (1998).
4) 片浦弘道，固体物理，**36**, 232 (2001).
5) 岡崎俊也，化学工業，**53**, 575 (2002).
6) 篠原久典，齋藤弥八，「フラーレンの化学と物理」，名古屋大学出版会 (1997).
7) S. Bandow et al., *Chem. Phys. Lett.*, **347**, 23 (2001).
8) X. Liu et al., *Phys. Rev.*, B **65**, 045419 (2002).
9) H. Kataura et al., *Appl. Phys.*, A **74**, 349 (2002).
10) B. W. Smith et al., *J. Appl. Phys.*, **91**, 9333 (2002).
11) S. Berber, Y.-K. Kwon and D. Tománek, *Phys. Rev. Lett.*, **88**, 185502 (2002).
12) H. Ulbricht, G. Moos and T. Hertel, *Phys. Rev. Lett.*, **90**, 095501 (2003).
13) S. Okada, S. Saito and A. Oshiyama, *Phys. Rev. Lett.*, **86**, 3835 (2001).
14) S. Okada, S. Saito and A. Oshiyama, *Phys. Rev.*, B **67**, 205411 (2003).
15) M. Yudasaka, K. Ajima, K. Suenaga, T. Ichihashi, A. Hashimoto and S. Iijima, *Chem. Phys. Lett.*, **380**, 42 (2003).
16) K. Hirahara et al., *Phys. Rev.*, B **64**, 115420 (2001).
17) T. Okazaki et al., *Physica*, B **323**, 97 (2002).
18) Y. Maniwa et al., *J. Phys. Soc. Jpn*, **72**, 45 (2003).
19) H. Shinohara, *Rep. Prog. Phys.*, **63**, 843 (2000).
20) K. Suenaga et al., *Science*, **290**, 2280 (2000).
21) R. R. Meyer et al., *Science*, **289**, 1324 (2000).
22) J. Sloan, A. I. Kirkland, J. L. Hutchison and M. L. H. Green, *Chem. Comm.*, 1319 (2002).
23) Y. Maniwa et al., *J. Phys. Soc. Jpn.*, **71**, 2863 (2002).

24) K. Koga, G. T. Gao, H. Tanaka and X. C. Zheng, *Nature*, **412**, 802 (2001).
25) Y. Maniwa et al., *J. Phys. Soc. Jpn.*, **71**, 2863 (2002).
26) Y. Maniwa et al., *Nature Mater.*, **6**, 135 (2007).
27) R. Kitaura and H. Shinohara, *Chem. Asian. J.*, **1**, 646 (2006).
28) J. Lee et al., *Nature*, **415**, 1005 (2002).
29) D. J. Hornbaker et al., *Science*, **295**, 828 (2002).
30) T. Miyake and S. Saito, *Solid State Comm.*, **125**, 201 (2003).
31) Y. Cho, S. Han, G. Kim, H. Lee and J. Ihm, *Phys. Rev. Lett.*, **90**, 106402 (2003).
32) C. L. Kane et al., *Phys. Rev.*, B **66**, 235423 (2002).
33) T. Shimada et al., *Appl. Phys. Lett.*, **81**, 4067 (2002).
34) T. Pichler, H. Kuzmany, H. Kataura and Y. Achiba, *Phys. Rev. Lett.*, **87**, 267401 (2001).
35) J. Vavro, M. C. Llaguno, B. C. Satishkumar, D. E. Luzzi and J. E. Fischer, *Appl. Phys. Lett.*, **80**, 1450 (2002).
36) S. Bandow, M. Takizawa, K. Hirahara, M. Yudasaka and S. Iijima, *Chem. Phys. Lett.*, **337**, 48 (2001).
37) T. Okazaki et al., *J. Am. Chem. Soc.*, **123**, 9673 (2001).
38) B. W. Smith, D. E. Luzzi and Y. Achiba, *Chem. Phys. Lett.*, **331**, 137 (2000).
39) M. Koshino et al., *Nature Chem.*, **2**, 117 (2010).
40) R. Kitaura, N. Imazu, K. Kobayashi and H. Shinohara, *Nano Lett.*, **8**, 693 (2008).
41) L. Guan et al., *J. Am. Chem. Soc.*, **130**, 2162 (2008).

12

自然界と宇宙におけるフラーレン

　炭素は，宇宙空間に最も豊富に存在している元素の一つである．また，われわれの身近なものは全て炭素からできているといっても過言ではない．炭素が宇宙でどのように生成したか，あるいは，炭素がどのようなメカニズムで地球上に蓄積されてゆき，生命や生物の進化が可能となったか，という疑問は，昔から数多くの科学者をとりこにしてきた．現代の宇宙物理学は，宇宙空間に存在するすべての炭素は，超新星の爆発の際の核融合でできたことを教えてくれる．このため，炭素の物質科学は必然的に自然や宇宙と密接に関連する[1]．フラーレンも例外ではない．実際に，第1章で述べたように，KrotoとSmalleyら[2]のC_{60}・フラーレンの発見とKrätschmerとHuffmanら[3]のC_{60}・フラーレン多量合成法の発見のそれぞれが，星間分子や星間塵と密接に関連している．

　前章までに述べてきたC_{60}・フラーレンはグラファイトのレーザー蒸発やアーク放電で生成したものであった．また，ナフタレンなどの熱分解でもC_{60}は生成することも述べた（第3章3.4節参照）．フラーレンの研究が進むにつれ，炭素が燃えるところでは，基本的にどこでも（収率は非常に低くなるが）C_{60}が生成する可能性が高いことがわかってきた．炭素が"燃える"あるいは，"非常に高いエネルギー状態になる"ような条件は，実は実験室以上に，自然界や宇宙空間の至るところにある．このためC_{60}を中心とするフラーレンは，自然界や宇宙空間に存在する可能性がある．現在までにC_{60}が，自然界や宇宙空間のどのようなところに発見されているのかを，以下に見ていくことにしよう．

12.1　先カンブリア時代の岩石中のC_{60}

1992年,Arizona州立大学とOak Ridge国立研究所の共同研究グループは[4],ロシア産のシュンガイト(Shungite)[5]という変成した炭素質の石(炭素含有量99%)の中にC_{60}の結晶を発見した.シュンガイトは年代測定により,先カンブリア時代(数億年以前)のものと推定されている.C_{60}は太古から地球上に存在していたのだ.図12.1にBuseckらがとらえたシュンガイトの一部の高分解能電子顕微鏡写真を示す.丸く見えるのがC_{60}である.また彼らは,この試料の質量分析によってもC_{60}の存在を確認している.C_{60}の生成原因については不明だが,炭素質の岩石が何らかの高温の熱変成を受けたと考えられる.C_{60}が結晶状態で,シュンガイト中に存在するとは驚きである.いっぽう,Ebbesenらの探索[6,7]ではシュンガイト中にC_{60}は検出されていない.Ebbesenらはシュンガイト中のC_{60}生成はかなり局地的なもので,これは落雷などの外的な衝撃によってC_{60}が生成したためではないかと考えている.

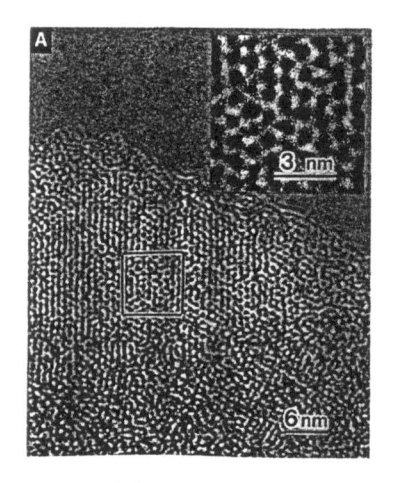

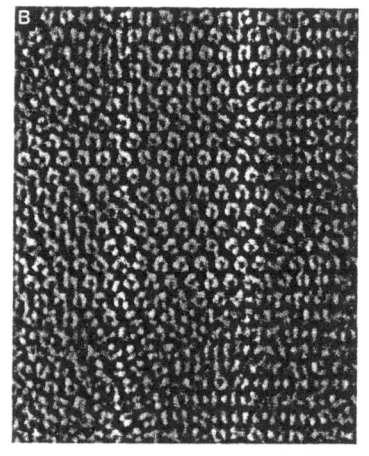

図12.1　(A)シュンガイトの高分解能透過型電子顕微鏡(HRTEM)像,(B)図(A)の挿入図と同じ倍率で測定した実験室で生成したC_{60}のHRTEM像[4].

12.2　恐竜絶滅時代の C_{60}

1994年，Rice大学の化学と地質学教室の共同研究グループは，ニュージーランド（Woodside Creek）のK/T境界（白亜紀／第三紀境界）の堆積物（約6,500万年前）中に C_{60} を発見した[8,9]．図12.2に示すのが，K/T試料の高速液体クロマトグラム（第4章4.4節）である．C_{60} の保持時間に対応するフラクションの吸収スペクトルは，C_{60} の吸収スペクトルに一致した．C_{60} の存在量はおよそ2ppmであった．また，C_{70} も検出され[9]，その存在量は0.77ppmと見積もられた．

K/T境界といえば，いわゆる恐竜絶滅の時代である．恐竜絶滅の原因については，多くの理由が考えられているが，最も有力な説は"彗星群地球衝突説"である[10,11]．この説では，数多くの彗星が短期間に地球に衝突することにより，全地球上で火災（山火事）を含む大異変が起こり，恐竜が死に絶えていったと考える[12]．もし，そうであれば局地的（あるいは全地球的）に山火事によって炭素が燃焼して，この際に C_{60} が生成したと考えられる．

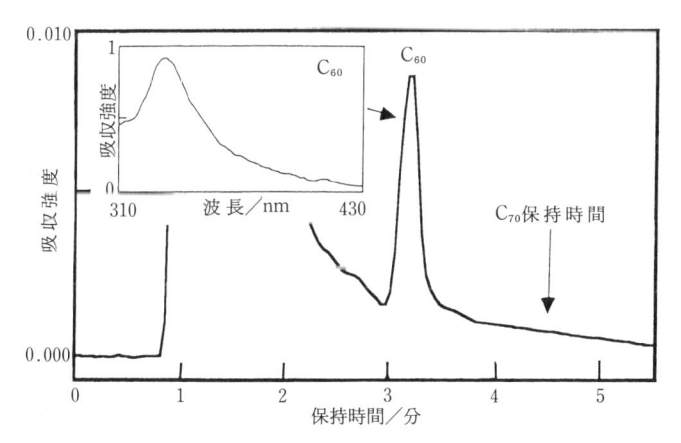

図12.2　K/T境界（New Zealand, Woodside Creek）でのサンプルの高速液体クロマトグラム[8]．112.3g岩石試料のトルエン抽出物．保持時間3.18分に現れるのが C_{60}．吸収スペクトル（挿入図）も標準試料の C_{60} の吸収に一致する．

12.3 生物大量絶滅時代の C_{60}

地球上の生物大量絶滅の中で，もっとも生物界に大打撃を与えた大量絶滅が，2億5千年前のペルム紀と三畳紀の境界（P/T 境界）で起こった絶滅である[13]．海生無脊椎動物の種は 96％が絶滅した．地球の生命史上，もっとも悲惨な大量絶滅である．腕足類，哺乳類型や爬虫類などが絶滅した．ここは，古生代と中生代の境界でもあり，P/T 境界大量絶滅はその後の地球上の生物進化の大きな転換点になったとされている．

1999 年に名古屋大学の化学と地球科学の共同研究チームは，犬山（愛知県）および金華山（岐阜県）の P/T 境界の黒色の泥質岩（jet-black carbonaceous claystones）中に C_{60} を発見した[14]．高速液体クロマトグラフィー（HPLC）（図 12.3）と紫外・可視吸収スペクトルの観測による詳細な検出・同定によって，これらの P/T 境界地層から採取した約 2kg の黒色泥質岩中には 0.3～1.0ppb（下限）の C_{60} が含まれていた．C_{60} の同定には，高感度・非破壊のフラーレン同定として優れている HPLC とアレイ型検出器が用いられた．P/T 境界地層での C_{60} の HPLC 検出は，K/T 境界よりさらに2億年も以前の地層で行われた，もっとも太古の C_{60}（2.45 ± 0.1 億年）の発見である．地球史上もっとも大きな生命大量絶滅時に

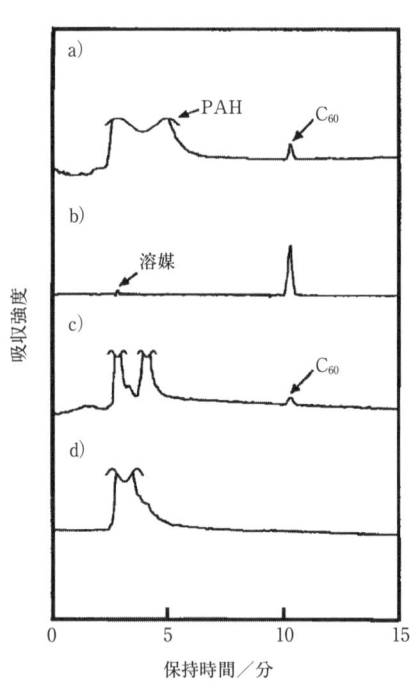

図 12.3 犬山（愛知県）および金華山（岐阜県）の P/T 境界で採取された，黒色の泥質岩の抽出物の HPLC チャート[14]；(a) P/T 境界抽出物（犬山）；(b) 実験室で合成された C_{60}；(c) P/T 境界抽出物（金華山）；(d) 赤色チャートの抽出物．

フラーレンが生成されていた！

興味深いことに，C_{60} は P/T 境界付近の色が黒い黄鉄鉱（FeS）を含んだ試料からのみ検出された．これは赤色チャートが赤鉄鉱（Fe_2O_3）を含んでいることと対照的である．赤色チャートは有機物の含有量が検出限界以下であり，酸素が豊富な状態で生成されたと思われる．一方，黒色泥岩は 2～5 重量％の有機炭素を含んでいる．つまりフラーレンは P/T 境界における酸欠状態で生成したことを示している．これは K/T 境界の場合と対照的である．K/T 境界ではフラーレンは非常に短い間に生成し，厚さ数 cm という非常に薄い地層中に保存されている．

P/T 境界では大規模な火山活動が活発であったことが知られている[13]．この超大規模の火山噴火によって，不飽和炭化水素を多量に含有する杉，松，シダ植物などが燃えてフラーレンを含んだススが多量に生成した．ススは海洋に沈殿して堆積する．当時の海洋は先に述べたように超酸素欠乏状態であった．一方，大気中には余剰の酸素が放出され，陸上では大規模な森林火災が起こったと考えられる．そのときススが形成され，そのなかにフラーレンが生成したと考えられている[14]．

名古屋大学の研究グループが P/T 境界地層に C_{60} を発見した 2 年後の 2001 年，Becker（California 大学 Santa Barbara 校）らは上海近郊の煤山（メイシャン）および兵庫県篠山市のペルム紀末地層から ^3He と ^{36}Ar が異常濃集された内包 C_{60}（He@C_{60}, Ar@C_{60}）を発見したと発表した[15]．^3He は太陽系形成時の産物であり，地球周辺にあったものはすでに宇宙空間に散逸したと考えられているため，地球形成後 40 億年以上が経過した顕生代の地層中には通常のプロセスでは含まれえない物質とみなされる．しかも，これらの希ガス内包の C_{60} は，巨大隕石が地球に衝突することによって飛び散った隕石起源の岩石中に存在したものだと主張した[16]．さらに Becker らは進んで，P/T 境界での生物の大量絶滅も隕石衝突で起きたと結論した．ただし，Becker らの同定に関しては，不確定要素があるため疑問視する研究者もいる[17]．

このような天然の試料の中で C_{60} がどのような機構で生成したか，あるいは地球科学的にどのような重要性をもつか，についてはまだ不明な点が多い．しかし，自然界での C_{60} 合成が実験室での合成法と全く異なったものであるとす

ると，C_{60} の生成メカニズムについて重要なヒントを与えるかも知れない．また，自然界に C_{60} が発見されたことは，単に天然の試料から C_{60} が採取できる可能性を示すだけではなく，C_{60} が新しい地球科学的あるいは宇宙科学的な指標になることが期待される．

12.4 落雷と隕石衝突による C_{60} の生成

C_{60} は岩石への落雷でも生成する．1993年，Arizona 州立大学の化学と地質学の研究チーム[18]は，コロラドの山中（Sheep Mountain）のフルグライト（Fulgurite）岩石から C_{60} を検出した．これは，天然のフルグライト岩石が落雷により高エネルギー状態になって溶けると共に，岩石中の有機物も高温状態になり C_{60} を生成したと考えられている．このときの落雷によるエネルギーは非常に大きく，直径 1 mm の面積に $1.5 \times 10^8 \text{erg/cm} \cdot \mu s$ 程度のエネルギーが注入され[19]，岩石は 30,000 K 程度まで加熱される．

また，1994年，California 大学（San Diego 校）・Argonne 国立研究所・NASA の共同研究グループは[20]，約 1.9 億年前にカナダのオンタリオで起こった有名なサドベリー（Sudbury）隕石の衝突時に C_{60} が生成したことを発見している．彼らは，サドベリー隕石の衝突時の堆積物の中に 1～10 ppm 程度の C_{60} を検出している．さらに同研究グループは，サドベリー堆積物に He を内包した C_{60}，He@C_{60}[21,22] を検出している．He@C_{60} で検出された ^{3}He/^{4}He の比は，太陽風値（solar wind value）より 20～30 % も大きく，マントル値（mantle value）より一桁大きい．このため彼らは，サドベリー堆積物中に発見された He@C_{60} は，サドベリー衝突時に地球外から運ばれてきたものであると結論している．同研究グループは，原始太陽系が形成される以前に He 原子内包の C_{60} が生成されたと考えている．

C_{60} がある種の炭素質隕石中にも存在している可能性も報告されている．1994年，NASA と Washington 大学の研究グループ[23]は，炭素質隕石が宇宙船（Long Duration Exposure Facility Spacecraft, LDEF）に衝突した時にできた宇宙船の表面のクレーターから C_{60} を検出している．これは，ある種の隕石（特に，炭素質隕石）中には，C_{60} が含まれていることを示している．もしそ

うであれば，地球上だけでなく，宇宙空間にも C_{60} が存在していることになる．果たして，C_{60} のような美しい形をした多原子分子が宇宙空間に存在するのだろうか？

12.5　星間空間に漂う C_{60} と関連物質

1985 年に Kroto と Smalley ら[2]によって初めて，サッカーボール型分子 C_{60} の生成が報告されて以来，宇宙空間における C_{60} の存在が議論されてきた[24-28]．Kroto と Smalley の共同研究は，Kroto の直鎖状炭素分子を中心とする星間分子の興味から始まった（第 1 章 1.3 節参照）[29]．また，1990 年に C_{60} の多量合成に成功した，Krätschmer と Huffman も星間空間に観測される未同定な吸収の起源物質の探索上にこの大きな発見を行った（第 1 章 1.4 節参照）．このように，C_{60} はその発見時より，非常に密接に宇宙空間と関連があった．

これまで見てきたように，実験室や地球上で炭素が燃えたり，高エネルギー状態になると C_{60} を生成する．宇宙空間には炭素が豊富に存在し，また高エネルギー状態も存在するので，宇宙空間に C_{60} が存在しても決して不思議ではない．特に，星間分子・星間塵の発生源である炭素星，超新星，惑星状星雲などの周辺で C_{60} が観測される可能性が大きい．また，C_{60} が宇宙空間に存在すると，その大部分は宇宙線によりイオン化されて C_{60}^+ の状態で存在すると考えられる[28,30]．実際に，星間空間にはすでに，HC_9N や $HC_{11}N$ などの直鎖状のシアノポリイン[25,28,31]や，C_3[32]や C_5[33]などの炭素クラスターが発見されていた．これらの炭素分子や炭素クラスターは主に，おうし座にある TMC-1 のような暗黒星雲や IRC+10216 のような低温の炭素星（carbon star）の周囲に大量に存在する．また，原始惑星状星雲 CRL 2688（通称 Egg Nebula）[25]もこれらの観測対象になっている天体として研究者の興味を引いている．

Krätschmer と Huffman らが C_{60} の多量合成法を発見したきっかけは，星間（interstellar）空間に観測される 217 nm の未同定の吸収バンド[34]の起源を探ろうとしたことが一つの大きな原因であった（第 1 章 1.4 節参照）．一時は C_{60} がこの吸収バンドの起源物質かと期待されたが，Krätschmer らの C_{60} の第一報[3]でこの説は否定された．実際に C_{60} を単離してその紫外吸収を調べると，

確かにC_{60}は220nm付近に強い吸収をもつが，C_{60}はこれ以外（たとえば260nmや340nm）にも強い吸収がある．ところが，星間空間にある未同定の物質は260nmや340nmに吸収をもたない．バッキーオニオン（第9章9.8節参照）の発見者であるUgarteら[35]は217nmに吸収をもつ未同定の物質の起源としてある種のバッキーオニオン[36]を提出している．

バッキーオニオンはナノチューブ（第9章9.1節）と同様の多層の入れ子構造をもっているが，その大きな特徴はほとんど球形に近い構造をとるということである．また，入れ子構造が球の中心までぎっしりと詰まっていることも大きな特徴である．バッキーオニオンはナノチューブの電子線（300kV）照射により生成するが，Ugarteらは，バッキーオニオンのサイズをある程度までそろえて吸収スペクトルを測定したところ，220nm付近に吸収ピークをもつことがわかった[36]．しかも，バッキーオニオンの入れ子の層の数を変化させると，その吸収のピークもシフトするという．宇宙空間のように高温・高圧あるいは低温・低圧の条件下では，地球上では予想もつかない化学反応が起こっている可能性がある．高温下ではチューブ状やグラファイト状の平面構造はもはや安定ではなく，自ら球状の構造へと自己会合（self-assemble）していくものと考えられる．重要なことは，高温下では炭素クラスターはアニールされてダングリングボンドをもたない構造へと変化するということである．星間空間でも，ダングリングボンドの数を可能な限り少なくしようとすると，炭素の集合体は必然的に球形の分子構造をとらざるをえなくなる．バッキーオニオンと星間物質との関連は，われわれの興味を実験室から宇宙空間へと誘ってくれる．

1987～1993年の間，多くの天文学者や宇宙物理学者が電波望遠鏡で星間空間にC_{60}分子を探索したが，全ての観測は失敗に終わっていた[26-28]．ところが，1994年になってESA（European Space Administration）とLeiden天文台の共同研究グループは[37]遂に，近赤外領域で星間空間にC_{60}の吸収を検出したと発表した（図12.4）．予想通り[28,30]，観測されたC_{60}の大部分は宇宙線などによってイオン化された状態C_{60}^+であった．C_{60}^+の同定には，実験室での低温固体アルゴンやネオンマトリックス中などでのC_{60}^+の結果[38-40]が用いられた．そして，驚くべきことに，彼らの見積もりでは星間空間に存在する炭素の0.3～0.9%はC_{60}^+の形で存在している．この見積もりが正しいとすると，と

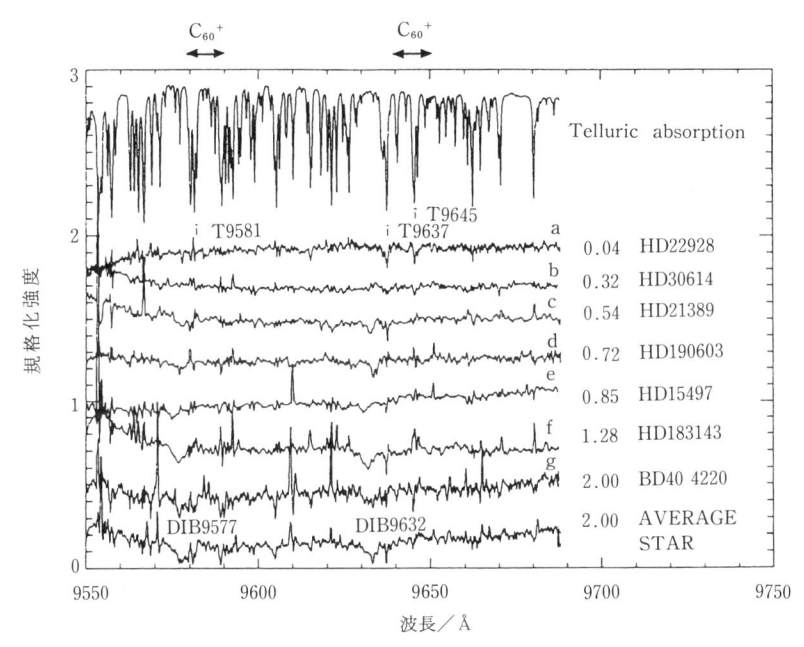

図12.4 星間でのC$_{60}^{+}$の近赤外スペクトル[37]．7個の星に対応するスペクトルa〜gに現れる9577と9632Åの吸収（拡散吸収バンド：DIB）は実験室のC$_{60}^{+}$の近赤外吸収（Arマトリックス中の9663±9，9724±4Åおよび，ネオンマトリックス中の9580±4，9642±3Å）に非常に近い．

てつもない量のC$_{60}$が星間空間に存在していることになる．

さらに2010年，カナダ，アメリカとフランスの共同研究チームは，Spitzer赤外天文衛星を用いてTc1と呼ばれる若い惑星状星雲（young planetary nebula）にC$_{60}$とC$_{70}$を発見した[41]．惑星状星雲（planetary nebula）とは，超新星にならずに一生を終える恒星が，赤色巨星となった際に放出したガスとして輝いている天体である．通常，質量が太陽の0.5〜8倍以下の恒星が惑星状星雲になるとされている．

Spitzer天文衛星が観測した，実際の赤外振動スペクトルを図12.5に示す．C$_{60}$は四つの赤外活性振動モードをもつが，その4本の全ての振動が観測された．不確定さがまったくない，完全な同定である．また，吸収ピークの高いS/N比に驚かされる．さらに，C$_{70}$も同時に観測されている．興味深いことは，これらのフラーレンは中性状態で見つかったことである．気相状態のフラーレ

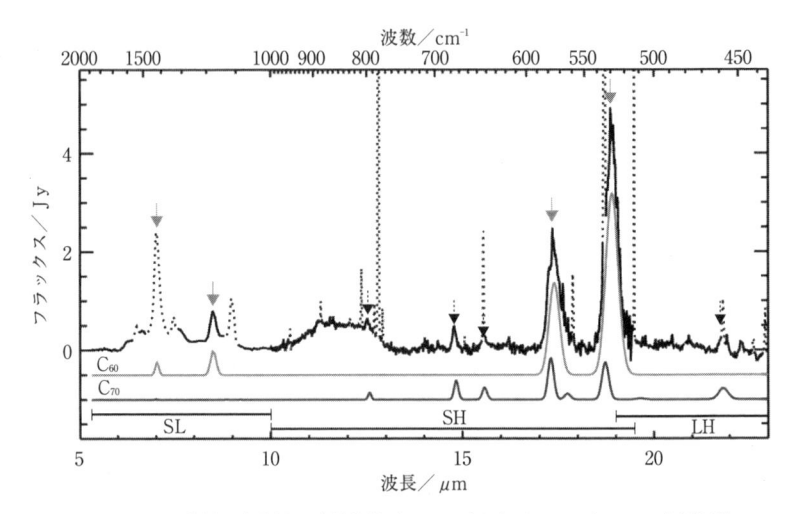

図12.5 Spitzer 赤外天文衛星が惑星状星雲 Tc1 に観測した，C_{60} と C_{70} の赤外振動スペクトル[41]．上段が実際に観測されたスペクトル，中段と下段はそれぞれ，330 K での C_{60} と C_{70} の理論計算スペクトル．四つの実線の矢印は C_{60} の四つの赤外活性モード，四つの破線の矢印は C_{70} の最も強度の強い四つの赤外活性モード．

ンのほとんどは，宇宙空間では宇宙線の照射により正イオンで存在する．実際先に述べた星間での観測では C_{60}^+ イオンで見つかっている．Tc1 惑星状星雲中のフラーレンは，ダスト微粒子の表面に固体状態で存在していると予想されている．Tc1 惑星状星雲中に存在する炭素の数％がこれらのフラーレンと見積もられた．大量のフラーレンが若い惑星状星雲に存在している！

惑星状星雲は水素が欠乏している領域であることが知られている．これは，フラーレンの成長において好条件である．今後も，各種の天文衛星を利用して，さまざまなタイプのフラーレンが宇宙空間に観測される可能性が高い．

以上で見てきたように，1990 年に Krätschmer と Huffman らにより多量に合成されるはるか以前に，自然は C_{60} の合成に成功していたことになる．非常に長い間，その姿を隠し続けてきた，第三の炭素形 C_{60} とフラーレンは，これからも私たちを新しい認識の旅へと誘ってくれるに違いない．C_{60} の発見者 Smalley はかつてその特別な安定性のために "C_{60} is one of the ancient molecules in the Universe." といった[42]．C_{60} は最も新しい炭素分子であると同時に，太古から宇宙空間を漂い続けている最も古い分子である．

引用文献と注

1) Polycyclic Aromatic Hydrocarbons and Astrophysics, eds. A. Leger, L. d'Hendecourt and N. Boccara, NATO ASI Series Vol. 191, D. Reidel, Dordrecht (1986).
2) H.W. Kroto, J.R. Heath, S.C. O'Brien, R.F. Curl and R.E. Smalley, *Nature*, **318**, 162 (1985).
3) W. Krätschmer, L. D. Lamb, K. Fostiropoulos and D. R. Huffman, *Nature*, **347**, 354 (1990).
4) P. R. Buseck, S. J. Tsipursky and R. Hettich, *Science*, **257**, 215 (1992).
5) Shungite石はロシアのKareliaのShungaという町の近くで産出する.
6) T. W. Ebbesen et al., *Science*, **268**, 1634 (1995).
7) P. R. Buseck and S. Tsipursky, *Science*, **268**, 1635 (1995). これは文献6)に対する反論である.
8) D. Heymann, L. P. F. Chibante, R. R. Brooks, W. S. Wolbach and R. E. Smalley, *Science*, **256**, 645 (1994).
9) D. Heymann, W. S. Wolbach, L. P. F. Chibante, R. R. Brooks and R. E. Smalley, *Geochim. Cosmochim. Acta*, **58**, 3531 (1994).
10) L. W. Alvarez, W. Alvarez, F. A. Asaro and H. V. Michel, *Science*, **208**, 1095 (1980).
11) P. Hut et al., *Nature*, **329**, 118 (1987).
12) I. Gilmour, W. S. Wolbach and E. Anders, "Major Wildfires at the Cretaceous-Tertiary Boundary", in Catastrophes and Evolution, Astronomical Foundations, ed. S. V. M. Clube, Cambridge Univ. Press, Cambridge (1989) pp. 195-213.
13) 熊澤峰夫, 伊藤孝士, 吉田茂生 共編,「全地球史解読」, 東京大学出版会 (2002), pp. 458-482.
14) T. Chijiwa, T. Arai, T. Sugai, H. Shinohara, M. Kumazawa and M. Takano, *Geophys. Res. Lett.*, **26**, 767 (1999).
15) L. Becker et al., *Science*, **291**, 1530 (2001).
16) L. Becker et al., *Science*, **293**, 2343 (2001).
17) この節の執筆には, 磯崎行雄教授(東京大学大学院総合文化研究科)に貴重なご議論を頂きました. 感謝申し上げます.
18) T. K. Daly, P. R. Buseck, P. Williams and C. F. Lewis, *Science*, **259**, 1599 (1993).
19) R. D. Hill, *J. Geophys. Res.*, **76**, 637 (1971).
20) L. Becker, J. L. Bada, R. E. Winans, J. E. Hunt, T. E. Bunch and B. M. French, *Science*, **265**, 642 (1994).
21) L. Becker, R. J. Poreda and J. L. Bada, *Science*, **272**, 249 (1996).
22) M. Saunders, R. J. Cross, H. A. Jimenez-Vazquez, R. Shimshi and A. Khong, *Science*, **271**, 1693 (1996).
23) F. R. di Brozolo, T. E. Bunch, R. H. Fleming and J. Macklin, *Nature*, **369**, 37 (1994).

24) R. Rabilizirov, *Astrophys. Space Sci.*, **125**, 331 (1996).
25) H. Kroto, *Science*, **242**, 1139 (1988).
26) A. Leger, L. d'Hendecourt, L. Verstraete and W. Schmidt, *Astron. Astrophys.*, **203**, 145 (1988).
27) W. B. Somerville and J. B. Bellis, *Mon. Not. R. Astr., Soc.*, **240**, 41 (1989).
28) T. P. Snow and C. G. Seab, *Astron. Astrophys.*, **213**, 291 (1989).
29) 『化学』編集部編,「C_{60}・フラーレンの化学」,化学同人 (1993), pp. 35-44, および pp. 175-185, に詳しい背景が述べられている.
30) A. Webster, *Nature*, **352**, 412 (1991).
31) H. W. Kroto, J. R. Heath, S. C. O'Brien, R. F. Curl and R. E. Smalley, *Astrophys. J.*, **314**, 352 (1987).
32) K. W. Hinkle, J. J. Keady and P. F. Bernath, *Science*, **241**, 1319 (1988).
33) P. F. Bernath, K. W. Hinkle and J. J. Keady, *Science*, **244**, 562 (1989).
34) T. P. Stecher, *Astrophys. J.*, **157**, L125 (1969).
35) D. Ugarte, *Nature*, **359**, 707 (1992).
36) W. A. De Heer and D. Ugarte, *Chem. Phys. Lett.*, **207**, 480 (1993).
37) B. H. Foing and P. Ehrenfreund, *Nature*, **369**, 296 (1994).
38) T. Kato et al., *Chem. Phys. Lett.*, **105**, 446 (1991).
39) K. Fostiropoulos, Dissertation, Universität Heidelberg (1992).
40) J. Fulara, M. Jakobi and J. P. Maier, *Chem. Phys. Lett.*, **211**, 227 (1993).
41) J. Cami, J. Bernard-Salas, E. Peeters and S. E. Malek, *Science*, **329**, 1180 (2010).
42) R. E. Smalley, The 5th International Symposium on Small Particles and Inorganic Clusters (ISSPIC 5), Konstanz, Germany, September 1990, での口頭発表.

索　引

英数字

1,2,4-トリクロロベンゼン　50
[2+2] シクロ付加　135, 144, 158
2方位モデル　96
III族　203
$(4n+2)$ 則　18
5回対称軸　69
[60] fullerene　82
6-5結合　95
[70] fullerene　82
A_1C_{60}　156
$A_2A'_1C_{60}$　161
A_3C_{60}　159
A15型構造　160, 167, 180
ABC sequence　99
ab initio 計算　18, 73, 219
A_g モード　56, 135
Ag (001)　217
air-sensitive　215
ancient molecules　340
Au (111)　63, 235
$(A_xB_{3-x}N)@C_{80}$　223
β 崩壊　235
bcc　→体心立方格子
BCS (Bardeen, Cooper and Schrieffer) 理論　179, 184
bct　→体心正方格子
BEDT-TTF　60
Buckminsterfullerene　55
Buckyclutcher　49, 211
Buckyprep カラム　49, 211
bunny ball　58
C_2-loss (脱離)　23
C_{60}　1, 55, 93
$(C_{60})_n$@SWCNT　318
C_{60}-O アダクツ　136
C_{60} 結晶　93, 105
C_{60} 多量合成法　9
C_{66}　224
C_{68}　224
C_{70}　69, 99, 188
C_{76}　73, 103
C_{78}　75
C_{82}　76
C_{84}　77, 104
C-C 結合距離　58, 69, 251
^{13}C-NMR　58, 69, 73, 75, 77, 79
CNT　→カーボンナノチューブ
CoMoCAT　272
CT 造影剤　236
Cu (111)　64
CV　→サイクリックボルタメトリー
CVD 法　268, 309
d 軌道　204
D バンド　301
DNA ラッピング　274, 276
DSC (differential scanning calorimetry, 示差走査熱量測定法)　103
DWCNT　→二層カーボンナノチューブ
EELS　→電子エネルギー損失分光法
Egg Nebula　337
$Er_2@C_{82}$　221
$(Er_2C_2)@C_{82}$　221
ESA (European Space Administration)　338
ESR　67, 202, 213
Euler の定理　81
EXAFS (extended X-ray absorption fine structure)　216
F_{1u} モード　56
fcc　→面心立方格子
Fuller, Richard Buckminster　6
fullerene black　30
fused pentagon　82, 224
g 因子　67
γ 線　235
G バンド　301
gas flow-cold trap 法　213
G/D 比　302
Gd^{3+} イオン　236
$Gd@C_{82}(OH)_{40}$　236
Gd-DTPA　236
Gd フラレノール　236

geodesic dome 6
GPC (gel permeation chromatography) モード 49
H_3O^+ イオン (oxonium ion) 4
^{3}He-NMR 79
H_g モード 56
HiP$_{CO}$ 273
HOMO (最高被占軌道) 62, 107
HOMO-LUMO ギャップ 7, 19, 70, 107, 200
HOMO バンド 109, 140
HOPG (highly-oriented pyrolitic graphite) 24, 63
HRTEM ⟶ 高分解能透過型電子顕微鏡
h_u 状態 63
INADEQUATE 法 77
IPR ⟶ 孤立五員環則
IPR 異性体 73, 76, 77, 79
IRC+10216 337
IUPAC 名 82, 201
k の量子化 296
K/T 境界 (白亜紀/第三紀境界) 333
(Li@C$_{60}$)$^+$ 209
(Lu$_3$N)@C$_{80}$ 223
LUMO (最低空軌道) 62, 107
LUMO バンド 109, 140
Mackay の式 3
MEM 法 (maximum entropy method:最大エントロピー法) 218
MRI ⟶ 核磁気共鳴診断法
MRI 造影剤 236
MWCNT ⟶ 多層カーボンナノチューブ
[n] fullerene 82
n 型半導体 324
n-ヘキサン 41
(Na@C$_{60}$)$^+$ 209
Na$_2$AC$_{60}$ 166, 182
NaCl 型 156
Na$_x$C$_{60}$ 165, 166
ODS カラム 46
orientational glass state 98
p 型半導体 324
π 軌道 61, 204, 296
π バンド 296
π^* バンド 112, 296
π プラズモン 113
Pentagon Road 84
PES ⟶ 光電子分光法
Pirkle カラム 49

P/T 境界 (ペルム紀/三畳紀境界) 334
R-因子 (信頼度因子:reliability factor) 97, 218
radial breathing mode (RBM) 301, 319
Ring-Stacking モデル 85, 233
σ 軌道 61, 296
S_1 (最低励起一重項状態) 65
Sc$_2$@C$_{66}$ 223
(Sc$_2$C$_2$)@C$_{84}$ 219
Sc$_3$C$_2$@C$_{80}$ 206
(Sc$_3$N)@C$_{68}$ 224
(Sc$_3$N)@C$_{80}$ 222
Schlegel の展開図 82
scotch-tape 法 308
Sheep Mountain 336
shrink-wrapping 過程 24
Si (100) 2×1 64
Si (111) 7×7 64
SiC 熱分解 309
SOMO (singly-occupied-molecular orbital) 224
sp^2 混成軌道 60, 311
sp^3 混成軌道 60, 311
Spitzer 赤外天文衛星 339
Stardome 6
STM ⟶ 走査型トンネル顕微鏡
STM 像 63, 217
Stone-Wales 転移 83
superatom ⟶ 超原子
SWCNT ⟶ 単層カーボンナノチューブ
T_1 (最低励起三重項状態) 66
t_{1u} 状態 63
(Tb$_2$@C$_{92}$)@SWCNT 320
Tcl 339
tight-binding モデル計算 73
TMC-1 337
TNT (trimetallic nitride template) 223
UPS ⟶ 紫外光電子分光
Woodside Creek 333
X 線吸収分光法 (X-ray absorption spectroscopy, XAS) 111
X 線構造解析 217 (「単結晶——」も参照)
X 線散乱 321
X 線遮蔽効果 237
X 線放出分光法 (X-ray emission spectroscopy, XES) 111
XANES (X-ray absorption near-edge structure) 75

XPS（X-ray photoemission spectroscopy） 225, 234
$(Y_2C_2)@C_{82}$　220

ア 行

アガロースゲル　275
アクチノイド元素　281
アーク放電法　7, 31, 76, 208, 247, 257
圧縮率　136
アニール過程　233
アームチェア型　251
アモルファスカーボン　319
アルカリ金属　151, 153, 175, 188
アルカリ土類金属　151, 167, 182, 286
アレイ型検出器　334
アレニウスプロット　120
暗黒星雲　337
アンモニアドープ　181
イオンインプランテーション法　208, 230
イオン化ポテンシャル　186, 227
イオンクラスレート構造　4
イオン半径　151
一次元結晶　322
移動相　41
移動度　21, 306
犬山　334
入れ子構造　338
陰極堆積物　262
隕石　335
渦巻（scroll）構造　248, 256
宇宙空間　331
宇宙線　340
宇宙船　336
宇宙物理学　331
"ウニ"形の成長形態　259
ウラン内包フラーレン　234
運動エネルギー放出　24
液体クロマトグラフィー　39
エネルギーギャップ　107, 299, 310
エネルギーバンド　63
エピタキシャルグラフェン　309
塩化ランタン　195
おうし座　337
黄鉄鉱　335
オスミウムの誘導体　58
オスミレーション反応　74
オニオン構造　278

オープンカラムクロマトグラフィー　41, 72, 210
音響フォノン　300
温度-圧力相図　137, 140

カ 行

開殻　18
開管　319
外接（exohedral）　201
外接構造　197
階層性　20
開端成長モデル　260
回転拡散　94
回転ジャンプ　98, 120
回転振動（libration）　101, 116
回転ポテンシャル　94
界面活性剤　274
カイラル角　251
カイラル型　251
カイラル指数　251
カイラルベクトル　250
化学気相成長法　267
化学シフト　73
化学反応性　235
殻（shell）構造　3
拡散バンド　8, 195
核磁気共鳴（nuclear magnetic resonance, NMR）　58（「^{13}C-NMR」「^{3}He-NMR」も参照）
核磁気共鳴診断法（magnetic resonance imaging, MRI）　236
核スピン　202
拡張ヒュッケル計算　19
核融合　331
核力　1
過酸化水素水　319
火山活動　335
ガス（中）蒸発法（gas evaporation 法、gas aggregation 法）　2, 30
価電子帯　107, 296
過渡吸収分光　65
カーバイド化　208
カーボンナノチューブ（carbon nanotube, CNT）　247
カーボンナノチューブの精製　273
カーボンブラック　34, 36
ガラス転移　94, 98, 120, 123, 139

カルビン 15	金属微結晶 284
還元波 67	空状態 109
環状芳香族炭化水素 18	屈折率 128
緩和時間 120, 122, 177	クラスター成長管 15
機械的剥離法 308	クラスター分子線・飛行時間質量分析装置 2
貴金属クラスター 4	
擬三重縮重 70	グラファイト 124
希釈法 152	グラフェイン 311
基準方位 159, 161	グラフェン 33, 116, 249, 295, 306
気相イオン移動度 220	グラフェンナノリボン 310
気相イオンクロマトグラフィー法 20, 233	グラフェンリボン 310
気相輸送触媒 269	クレーター 336
キッシュ・グラファイト 285	蛍光 302
希土類元素 168, 259, 281	蛍光寿命 66
基板成長法 268	蛍光測定 221
逆光電子分光法（inverse photoemission spectroscopy, IPES） 109	計算機シミュレーション 24, 321
	形状認識能 46
逆相 49	ケージ形成説 221
吸収スペクトル 107, 129	結合定数 62
吸収断面積 66	結晶構造 93, 153, 167
急性毒性 236	結晶成長 75
急冷-衝撃圧縮 146	ゲート電圧 324
キュリー則 126	ゲル 275
キュリー-ワイス則 227	嫌気下 213, 230
キュリー定数 227	原子内包型 197
共鳴ラマン効果 302	原始惑星状星雲 CRL2688 337
鏡面対称 69	元素マッピング 323
恐竜絶滅 333	五員環 19, 58, 80, 252
局所電子状態分布 64	五員環方位（P方位） 97, 139
局所密度汎関数近似（local density approximation, LDA） 63, 70, 179	高温レーザー蒸発法 29, 76, 198, 208, 267
	光学異性体 46
極性溶媒 41	光学遷移 300
極低温 60, 121	光学フォノン 300
巨大隕石 335	項間交差 66
巨大多層フラーレン 277	格子振動 116, 122, 308
巨大フラーレン 33, 80	高次フラーレン 45, 72, 103, 189
キラル 73, 78	格子ベクトル 251
金華山 334	高周波プラズマ 267, 269
近赤外領域 338	高周波放電 13
金属カーバイド内包フラーレン 219	高周波誘導加熱法 35
金属クラスター 2	高収率生成法 83
金属触媒 257	高速液体クロマトグラフィー（high performance liquid chromatography, HPLC） 45, 72, 334
金属窒化物内包フラーレン 222	
金属的チューブ 297	
金属内包構造 197	光電子脱離 17
金属内包ナノチューブ 287	光電子分光法（photoemission spectroscopy, PES） 78, 109, 115, 169, 189, 224
金属内包フラーレン 46, 200	
金属・半導体分離 274	高分解能透過型電子顕微鏡（HRTEM） 72,

80, 216, 320, 323, 332
黒色泥質岩 334
五重縮重 62
古生代 334
固体 C_{60} 63, 93, 105
固体表面 24
固定相 41
コネクティビティー 77
コヒーレンス長 183
孤立五員環則（isolated pentagon rule, IPR）
　73, 82, 223
五・六多面体 81
混合溶媒 49
混合ロッド 208, 267
コンタクト・アーク 31

サ 行

最近接距離 216
サイクリックボルタメトリー（cyclic voltammetry, CV） 67, 75, 225
再混成 61
サイズ依存性 21
最密充塡構造 2, 3
サッカーボール型 55, 58（「切頭二十面体構造」も参照）
サッカーボール構造仮説 6, 195
サドベリー隕石 336
三環状（ring III） 21
酸化 136
酸化還元電位 226, 232
酸化鉛 317
酸化波 67
酸欠状態 335
三次元ネットワーク構造 79
三重項状態 230
三重縮重 62
シアノポリイン 337
ジェリウムモデル 4
紫外光電子分光（ultraviolet photoemission spectroscopy, UPS） 17, 75, 115, 169, 220, 225
紫外レーザー 65
磁化率 125, 172, 177, 227
磁気特性 227
ジグザグ型 251
自己会合 338
自己組織化単分子（self-assembled monolayer,

SAM）膜 235
自然界 331
質量スペクトル 2, 16, 196
質量選別 20
シート抵抗 312
磁場冷却（field-cooled, FC）曲線 178
指標 336
四面体位置（T-site） 151
斜方晶 168
自由回転 93
柔粘性結晶 94
縮重軌道 62
シュンガイト 332
準分取 48
昇華装置 40
昇華法 39, 93
蒸気圧 282
状況証拠 201, 217
消光 135
硝酸 319
常磁性 126, 227
消衰係数 128
焼成 208
状態密度（density of states, DOS） 63, 107, 110, 172, 178, 297
衝突エネルギー 24, 217
衝突断面積 21
触媒CVD 267
触媒の失活 272
シリカゲルカラム 210
真空紫外レーザー光 17
真空昇華法 39
真空蒸着法 93, 103
振動-電子（振電）結合 130
振動の自由度 56, 121
振動モード 56, 70, 116
森林火災 335
彗星群地球衝突説 333
水素化グラフェン 311
水素結合クラスター 2
垂直電子親和力 17
垂直配列成長 270
スパーク放電 17
スーパーグロース 271
スピントロニクス 312
スピン偏極波動関数 202
スピン密度波（spin density wave, SDW）
　174

索引 347

墨　36
星間塵　7, 331
星間分子　5, 331, 337
正十二面体構造　4
清浄固体表面　64, 219
生成機構　83, 232
精製法　39
正二十面体構造　2
生物大量絶滅　334
生物の進化　331
製墨用スス　36
生理活性　235
赤外活性　56, 70, 339
赤外吸収スペクトル　56, 143, 339
赤色巨星　339
赤色チャート　335
赤鉄鉱　335
切頭二十面体構造　6, 55
セレンディピティー　1, 9
零磁場冷却（zero-field-cooled, ZFC）曲線　178
先カンブリア時代　332
占有状態　109
走査型 TEM　323
走査型トンネル顕微鏡（scanning tunneling microscopy, STM）　63, 80, 217
走査型トンネル分光法（STS）　324
走査バイアス電圧　64
相転移　94, 98, 119, 137, 157
ソックスレークロマトグラフィー　45

タ行

大異変　333
第三次高調波発生（third-harmonic generation, THG）　129
第三の炭素形　340
体心斜方晶　157
体心正方（bct）格子　155, 160
体心立方（bcc）格子　155
体積弾性率　136
堆積物　333
第二最近接距離　216
第二次高調波発生（second-harmonic generation, SHG）　130
ダイマー　159, 326
ダイヤモンド　124, 137, 146, 279
太陽風値　336

竹形ナノチューブ　269
多光子解離　23
ダスト微粒子　340
多層カーボンナノチューブ（多層 CNT, MWCNT）　247, 253, 262, 269, 299
多層グラフェン　309
多面体　81
単一カイラリティー　276
単一光子計数　66
炭化物　282
単環状構造　19
単環状（ring I）　21
短距離反発力　162
ダングリングボンド　16
単結晶 X 線構造解析　58, 80, 216, 231
担持触媒法　272
単斜格子　103
単斜（mc(AB)）構造　99
単斜（mc(ABC)）構造　99, 103
単斜晶系　75, 219
単純格子（primitive lattice）　101
単純立方（sc）格子　94
弾性散乱　300
弾性定数　303
弾性率　303
単層カーボンナノチューブ（単層 CNT, SWCNT）　247, 250, 257, 271, 295, 318
単層グラフェン　308
炭素吸収端　111, 113
炭素クラスター　5, 13, 337
炭素源　269
炭素質隕石　336
炭素スス　8
炭素星　337
炭素繊維　248
炭素微粒子　9
炭素六角網面　249
中空フラーレン　200
中性アルミナ　41
中性子回折　60
中生代　334
超音速膨張　13
超原子（superatom）　198, 227
超高真空　63, 152, 309
超高真空 STM　65
長距離クーロン力　162
超新星　331, 337
超伝導　161, 175

超伝導ギャップエネルギー　185
超伝導体　62
超伝導転移温度　175, 179
超伝導電子対（Cooper pair）　183
超微細結合定数（hyperfine coupling constant, hfc）　202
超微細構造（hyperfine structure, hfs）　202
超微粒子　1
超芳香族性　7
直鎖状　18
直鎖状炭素分子　337
直鎖状ポリイン　5
低温マトリックス放射線照射法　67
抵抗加熱法　7, 8, 30, 76, 208
泥質岩　334
ディラック粒子　306
鉄族金属　257, 284
鉄微粒子　286
テトラフェニルポルフィリン（TPP-RP）カラム　50
デバイ緩和時間　125
デバイ温度　121, 179
電界効果トランジスタ　324
電気泳動　275
電気化学測定　232
電気抵抗　107, 176, 300
電気抵抗率　168
電気伝導率　124, 169
点群　2
電子エネルギー損失分光法（electron energy loss spectroscopy, EELS）　75, 111, 114, 321
電子供与体　226
電子構造　105, 168, 295
電子受容体　226
電子照射　278
電子親和力　17, 227
電子線回折　58, 322
電子相関　109
電磁相互作用　2
電子輸送特性　324
電子励起状態　65
伝導帯　107, 296
電波望遠鏡　338
テンプレート　221, 323
同位体効果　185
透過型電子顕微鏡（TEM）　252, 318
同軸入れ子モデル　256

同軸多層構造　248
透明電極　312
ドープ　151, 175, 180, 320
トリヨードベンゼン誘導体　237
トルエン　41

ナ 行

内部転換　65
内包（encage, encapsulate, endohedral）　195, 201, 216
内包構造　218
ナノカプセル　260, 279, 327
ナノテクノロジー　319
ナノパーティクル　276
ナノピーポッド　317
ナノポリヘドロン　276
ナノワイヤ　287, 327
ナフタレン熱分解　36
二次元^{13}C-NMR法　77
二次元電子ガス　307
二層カーボンナノチューブ（二層CNT, DWCNT）　247, 262, 325, 327
二層グラフェン　311
二段階HPLC　211
ニトロフェニルエチル（NPE）　49
二硫化炭素　41
熱CVD　268
熱コンダクタンス量子　305
熱脱離質量分析法　40
熱抵抗　305
熱伝導　122, 304
熱伝導率　122, 304, 307
ネットワーク構造（フラーレン構造）　19, 80
熱分解　269
熱変成　332
熱膨張率　307
熱誘起　235
熱容量　110
熱レンズ法　66
根元成長モデル　260
燃焼法　34

ハ 行

ハイパーフラーレン　277
ハイブリッド・ナノカーボン物質　318
破壊強度　307

薄膜　103, 152
弾き出し（knock on）　279
八面体位置（O-site）　151
バッキーオニオン　277, 338
白金族金属　259
バックドカラム　46
発光スペクトル　133, 302
バリスティック　300
パルスアーク　266
ハロベンゼン　41
半経験的分子軌道計算　18
反結合　63
反磁性　125, 178
反転対称　69
半導体クラスター　2
半導体的チューブ　297, 324
半導体ヘテロ構造　228
バンドギャップ　140, 190
光音響スペクトル　131
光活性　131
光吸収　131, 302
光伝導　131
光透過率　308
光誘起ポリマー　135
非金属　224
非結合性電子　230
飛行時間型（time-of-flight, TOF）質量分析計　13
微細構造定数　308
非線形感受率　129
非線形光学効果　129
非弾性散乱　24, 300
非弾性中性子散乱（neutron inelastic scattering, NIS）　94
引張強度　304
比誘電率　124
ヒュッケル分子軌道計算　19, 62, 70, 107
兵庫県篠山市　335
表面張力　317
ピラシレン　83
ピラミッド化の角度　61
ピリジン　41, 229
ピレニルエチル（PYE）　49
ピレニルプロピル（PYP）　49
ファンデルワールスクラスター　2
ファンデルワールス力　2, 136, 162, 321
ファンホーベ特異性　299
フェルミエネルギー　178

フェルミ準位　63, 109, 169
フェルミ速度　178, 306
不完全燃焼　34
不飽和炭化水素　34, 335
フラグメンテーション　23
フラグメントイオン　24
プラズマシャワー法　209, 231
フラッシュクロマトグラフィー　45
フラーレン　1, 82
フラーレン構造　19
フラーレンナノウィスカー　277
フラーレンの収率　32, 33
フラーレン分離専用カラム　211
ブリルアン帯　107, 296
フルグライト　336
フロンティアカーボン社　34
分散関係　117, 296, 306, 311
分子形状認識　52
分子スイッチ　235
分子性結晶　105
分子動力学（molecular dynamics, MD）　25, 321
分子内振動モード　56, 116
分子内電子移動　203, 204, 218
分子内部構造　64
分取用　46
分析用　46
分離　39
閉殻　3, 18
閉殻電子構造　200
平均自由行程　122, 177, 300, 305
並進温度　13
平坦部（ファセット）　285
平面二環状（ring II）　21
平面認識能
ヘキサクロロアンチモン酸トリス（4-ブロモフェニル）アンモニウムル　231
ペルム紀末地層　335
変形 hcp（dhcp）構造　99
ベンゼン　41
ペンタブロモベンジル（PBB）　50
変調　324
ボーア磁子　173
方位ポテンシャル　162
放射化分析　235
放射光 X 線回折　231
放射性元素　235, 283
放射性ラベリング　235

ホッピング運動　220
ポリマー　142, 158, 322
ポリマー化　135
ポリメリック ODS　46
ポンプ・プローブ　65

溶解度　41
揺動運動　323
溶媒抽出法　39
より糸　270
四員環　135

マ 行

マイクロクラスター　1
マイクロ波プラズマ　269
マイスナー効果　178
魔法数　2
魔法数クラスター　1
マントル値　336
密度勾配超遠心分離法（density gradient ultracentrifugation, DGU）　274
未同定バンド　8
無極性溶媒　41
無垢（pristine）　162
煤山　335
メロヘドラル不規則　160, 182
面心立方（fcc）格子　93, 99, 104, 155
面心立方構造　75, 219
毛管現象　317
モノメリック ODS　46

ヤ 行

山火事　333
ヤング率　303
ヤーン-テラー効果　67, 173, 206
ヤーン-テラー歪み，変形　67, 73, 173
有機金属ガス　272
有機溶媒　39
有効磁気モーメント　227
融合反応　326
融合フラーレン　327
誘電関数　113, 127
誘電率　124, 127

ラ・ワ 行

落雷　332, 336
螺旋（herical）構造　248
ラマン活性　56, 70, 117
ラマン散乱スペクトル　57, 135, 301
乱層構造　254
ランタノイド系列　207, 221, 228
ランタン炭化物　279
リアルタイム観測　326
リサイクル HPLC　49, 77
立方晶系　219
リートベルト式精密化　97
流動触媒法　272
両極性　311
量子コンダクタンス　299
量子収率　66
菱面体（rh）構造　99, 143
臨界磁場　183
りん光寿命　66
励起一重項　65
励起子（エキシトン）　107
励起スペクトル　133
レーザー蒸発クラスター分子線・飛行時間質量分析装置　5, 13
レーザー脱離質量分析（Laser-Desorption Mass Spectroscopy, LDMS）　199
六員環　19, 58, 80
六員環方位（H方位）　97, 139
六方最密（hcp）構造　99
ロンドンの侵入深さ　183
若い惑星状星雲　339
惑星状星雲　337, 339

《著者略歴》

篠原 久典（しのはら ひさのり）

- 1953年　埼玉県生まれ
- 1979年　京都大学大学院理学研究科博士課程中退
- 現　在　名古屋大学大学院理学研究科教授，理学博士
- 研究テーマ：ナノカーボンの創製，評価と応用

齋藤 弥八（さいとう やはち）

- 1953年　愛知県生まれ
- 1980年　名古屋大学大学院工学研究科博士課程修了
- 現　在　名古屋大学大学院工学研究科教授，工学博士
- 研究テーマ：ナノスケール物質の創製，評価と応用

フラーレンとナノチューブの科学

2011年7月15日　初版第1刷発行

定価はカバーに表示しています

著　者　篠　原　久　典
　　　　齋　藤　弥　八

発行者　石　井　三　記

発行所　財団法人　名古屋大学出版会
〒464-0181　名古屋市千種区不老町1 名古屋大学構内
電話（052）781-5027／FAX（052）781-0697

ⓒ Hisanori Shinohara and Yahachi Saito, 2011

印刷・製本　㈱太洋社　　　　　　　　　　Printed in Japan
乱丁・落丁はお取替えいたします。　　　ISBN978-4-8158-0669-9

Ⓡ〈日本複写権センター委託出版物〉
本書の全部または一部を無断で複写複製（コピー）することは、著作権法上での例外を除き、禁じられています。本書からの複写を希望される場合は、日本複写権センター（03-3401-2382）の許諾を受けてください。

富岡秀雄著
最新のカルベン化学
B5・356頁
本体6,600円

伊澤康司著
やさしい有機光化学
A5・170頁
本体2,800円

野依良治著
研究はみずみずしく
―ノーベル化学賞の言葉―
四六・218頁
本体2,200円

高木秀夫著
量子論に基づく無機化学
―群論からのアプローチ―
A5・286頁
本体4,600円

野村浩康・川泉文男・香田忍著
液体および溶液の音波物性
A5・306頁
本体4,800円

福井康雄監修
宇宙史を物理学で読み解く
―素粒子から物質・生命まで―
A5・262頁
本体3,500円

土井正男・滝本淳一編
物理仮想実験室
―3Dシミュレーションで見る,試す,発見する―
A5・CD付・300頁
本体4,200円